Skin Treatment Manual

스킨 트리트먼트 매뉴얼

김선희 · 이혜원 · 하문선

부록 : 동영상 CD

CHUNG-KU Publisher

머리말

본 교재는 현대사회 속의 환경적 또는 내부적 요인에 의해 발생하는 신체반응과 변화로 인한 스트레스, 면역력 저하, 근육통, 비만, 혈액순환저하 등의 문제를 피부미용학적 원리로 접근하여 문제를 완화시켜줌으로써 건강하고 아름다운 삶을 살아가는데 도움이 되도록 하는 관리방법을 소개한 책입니다.

본 교재는 미용사(피부)에 대한 국가자격검정에 따라 피부미용을 하기위한 과정을 익혀 임상에 효과적으로 사용하는데 초석이 되고자 하였으며, 21C 글로벌 뷰티시장에서 각광을 받고 있는 안면관리 및 체형관리에 중점을 두어 근육과 림프계통의 기본원리 뿐만 아니라 경락의 원리를 바탕으로 '한국형 마사지'로 거듭난 매뉴얼테크닉으로 구성되어 있습니다.

여러모로 큰 관심과 기대를 가지고 내용구성에 최선을 다 하였으나 정리를 끝내고 보니 아직 미비한 점들이 많음을 절감하게 됩니다. 이러한 점들은 앞으로 여러 선배제현들의 지도편달을 받아 지속적으로 수정·보완해 나갈 것을 다짐하며 각별하신 성원과 사랑을 기대해 봅니다.

부디 이 책이 미용계열 학생들과 미용사(피부) 국가자격검정시험을 준비하시는 여러분께 많은 도움이 되길 바라며, 나아가 본 교재가 제시하는 'Skin treatment manual'을 적극 활용하여 혈액순환 및 림프순환을 촉진시키고 근육이완과 신체기능 활성화를 통해 탄력있고 윤택한 피부로 거듭나게 하는 전문가가 되시기를 바랍니다.

끝으로 본서의 출간을 위해 사진작업에 도움을 주신 교수님들과 학생 여러분께 깊이 감사드리며 어려운 여건 속에서도 출판을 맡아 애써주신 청구문화사 이상태 사장님과 임직원 여러분들께도 깊은 감사를 드리는 바입니다.

2011년 새봄

저자 드림

목 차

제1편 Skin Treatment

제1주차

Skin Treatment

(준비 및 위생관련 작업하기, 피부분석표 작성하기)

학습목표

※ 피부미용사 출제기준과 시험규정을 숙지하여 실기를 잘 할 수 있도록 준비한다.

1. 피부관리를 위한 준비

1) 피부관리사의 역할

① 피부관리사란 피부미용학, 피부학, 해부생리학, 화장품학, 보건학 등 피부미용을 위한 전문적인 지식을 갖추고 고객의 피부상태를 파악하여 피부가 건강하게 유지되도록 관리할 수 있는 전문가를 의미한다.
② 고객관리의 서비스 정신을 바탕으로 직업에 대한 확실한 신념을 가지고 피부관리를 시행한다.
③ 전문지식을 바탕으로 건강한 피부를 유지시킬 수 있도록 올바른 관리와 유용한 정보를 제공한다.

2) 피부관리사의 위생 상태

① 흰색 위생복, 흰색 실내화를 신는다.
② 손톱은 짧고 청결히 해야 한다.
③ 네일 에나멜을 칠하지 않는다.
④ 모든 액세서리는 착용하지 않는다.
⑤ 머리는 단정히 한다.
⑥ 입 냄새, 큰 호흡(콧김)이 고객의 얼굴에 정면으로 닿는 것을 방지하기 위하여 꼭 마스크를 착용하도록 한다.

3) 피부관리 전 준비 상태

① 피부미용관리에 필요한 화장품 및 도구 등을 준비한다.
② 소독된 도구와 기기, 헤어밴드, 타월 등을 효율적으로 배열 및 정돈한다.
③ 방에 온도, 공기(환기상태), 조명, 음악 여부 확인한다.
④ 주변 환경을 깨끗하고 안락하게 만든다.
⑤ 고객의 심리적 안정감을 취할 수 있게 조용한 음악을 튼다.
⑥ 고객의 눈에 부담이 가지 않도록 은은한 조명을 활용한다.
⑦ 고객 관리 카드를 미리 확인한 후 프로그램에 맞추어 모든 준비를 한다.

⑧ 고객의 피부에 이상이 있는 지를 확인한다.
⑨ 사용하는 화장품은 피부타입에 맞게 사용한다.
⑩ 크림 사용 시 반드시 스파츌러를 사용한다.
⑪ 관리사의 손은 항상 부드럽고 따뜻하게 해야 한다.

수험자 지참 공구목록			자격종목 및 등급	미용사(피부)	
번호	지참 공구명	규격	단위	수량	비고
1	위생복	상의 반팔 가운, 하의 긴 바지	벌	1	모든 복식은 흰색 통일
2	실내화	흰색	켤레	1	실내화만 허용
3	마스크	흰색	개	1	
4	대형타월	100×180cm, 흰색	장	2	베드용, 모델용
5	중형타월	65×130cm, 흰색	장	1	
6	소형타월	35×80cm, 흰색	장	5장 이상	습포, 건포 용
7	헤어터번(터번)	빌크로(찍찍이)형	개	1	분홍색 or 흰색
8	여성모델용 가운 및 겉가운	밴드(고무줄, 빌크로)형 일반형(겉가운)	벌	1	분홍색 or 흰색
9	남성모델용 옷	박스형반바지& T-셔츠	벌	1	하의-베이지 or 남색 상의-흰색
10	모델용슬리퍼		켤레	1	
11	필기도구	볼펜	자루	1	검은색 혹은 청색
12	알콜 및 분무기		개	1	필요량
13	일반솜		봉	1	탈지면, 필요량
14	비닐봉지, 비닐백 (지퍼백 등)	소형	장	각1	쓰레기처리용, 습포보관용 (두터운 비닐백)
15	미용솜		봉	1	화장솜
16	면봉		봉	1	필요량
17	티슈		봉	1	필요량
18	붓		개	2	클렌징, 팩용
19	해면		세트	1	필요량
20	스파츌러		개	3	클렌징, 팩용
21	보울(bowl)		개	3	클렌징, 팩 등
22	가위	소형	개	1	눈썹정리, 제모
23	족집게		개	1	눈썹정리, 제모
24	브러쉬		개	1	〃
25	눈썹칼	safely razer	개	1	눈썹정리

번호	지참 공구명	규격	단위	수량	비고
26	거즈		장	1	
27	아이패드		개	2	거즈, 화장솜 가능
28	나무스파츌러		개	1	제모용
29	부직포	7×20cm	장	1	〃
30	장갑	라텍스	켤레	1	〃
31	종이컵	100 ml	개	1	〃
32	보관통	컵형	개	2	스파츌러, 붓 등
33	보관통	뚜껑달린 통	개	2	알코올 솜 등
34	해면볼	소형	개	1	
35	바구니		개	2	정리용 사각
36	트레이(쟁반)	소형	개	1	습포용
37	효소		개	1	파우더형
38	고마쥐		개	1	크림형 or 젤형
39	AHA	함량 10%이하	개	1	액체형
40	스크럽제		개	1	크림형 or 젤형
41	팩	크림타입	set	1	정상, 건성, 지성
42	스킨토너(화장수)		개	1	모든 피부용
43	크림, 오일	매뉴얼테크닉용	개	1	〃
44	탈컴파우더		개	1	제모용
45	진정로션 혹은 젤		개	1	〃
46	영양크림		개	1	모든 피부용
47	아이 및 립크림		개	1	〃 (공용사용가능)
48	포인트 메이크업 리무버	아이, 립	개	1	모든 피부용
49	클렌징 제품	얼굴 등	개	1	〃
50	모델		명	1	

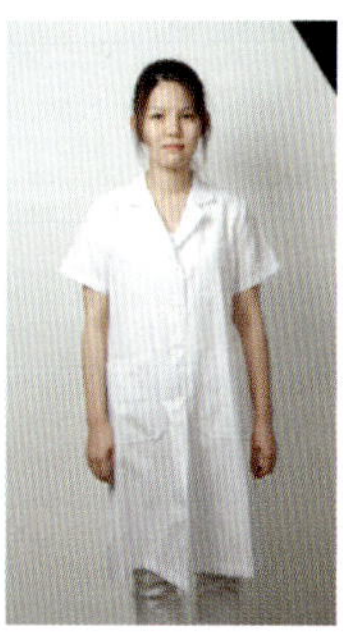

그림 1

그림 2

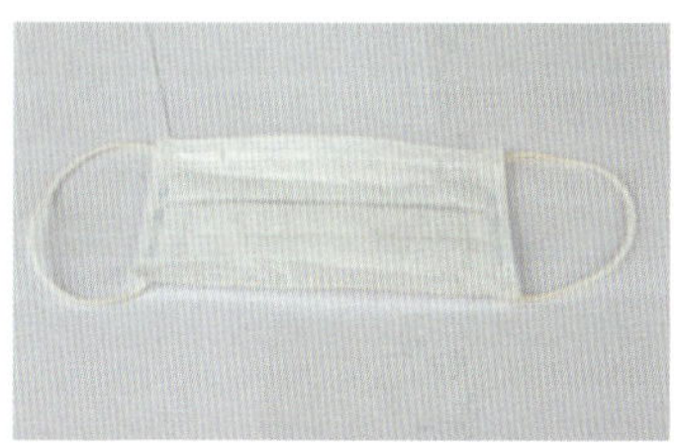

그림 3

그림 4

그림 5

그림 6

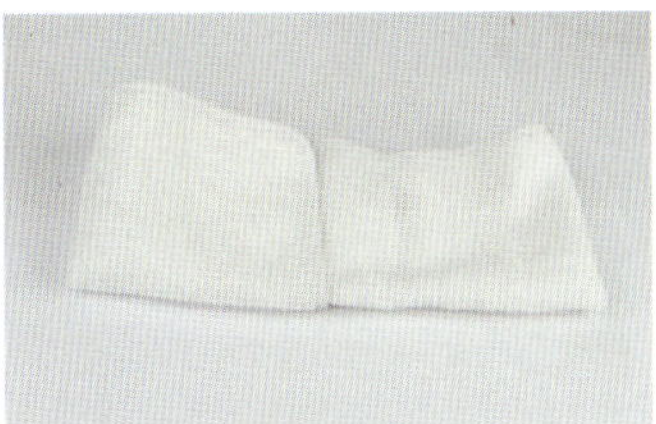
그림 7

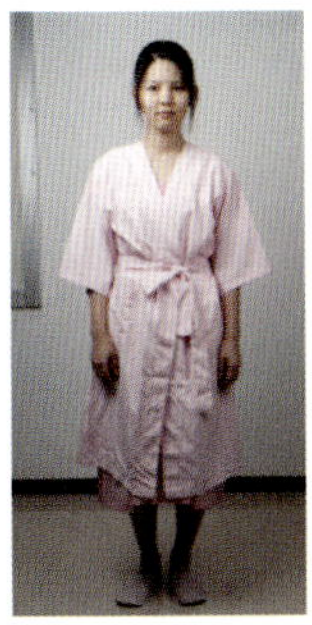
그림 8

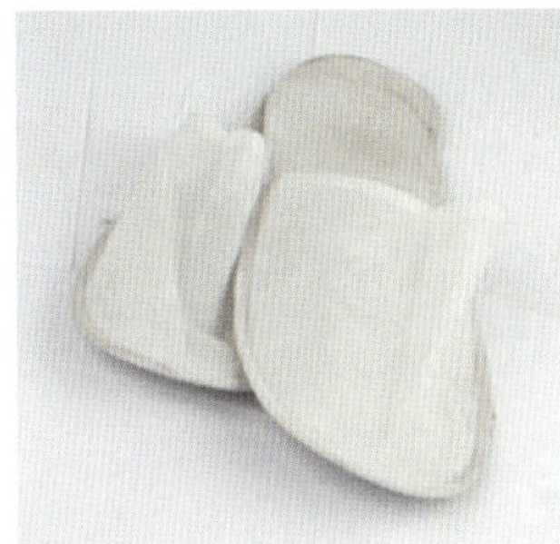
그림 9

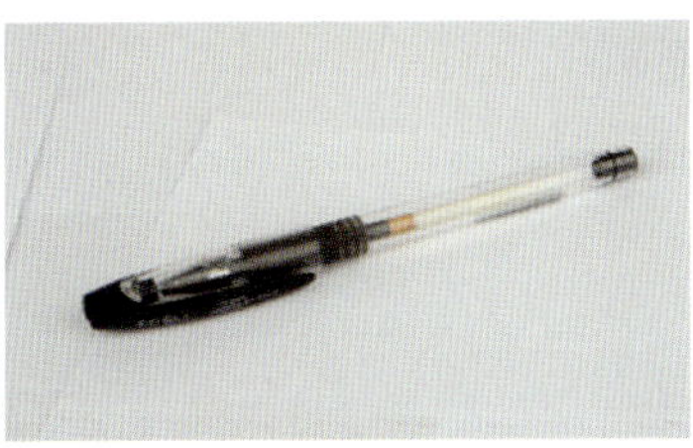
그림 10

그림 11

그림 12

그림 13

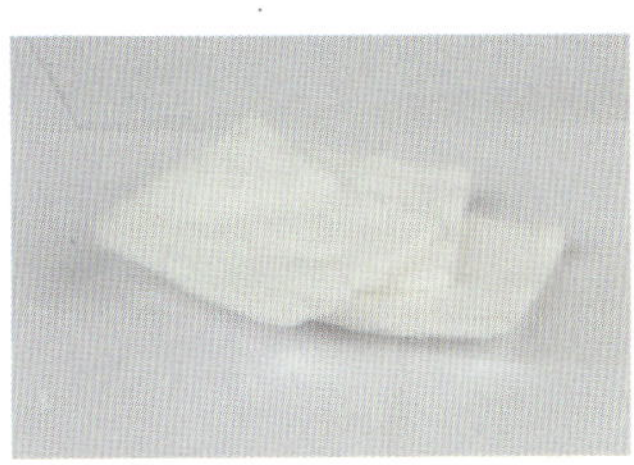
그림 14

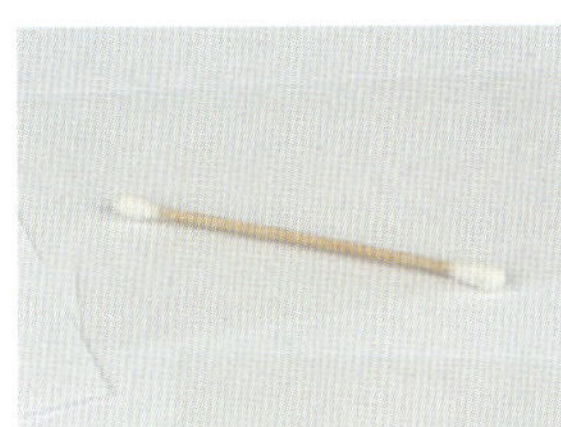
그림 15

그림 16

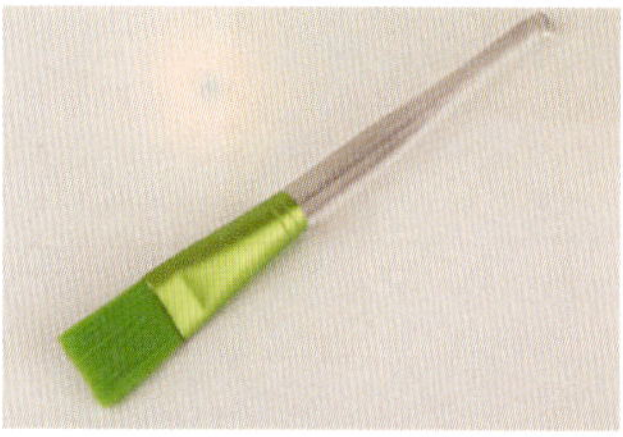

그림 17

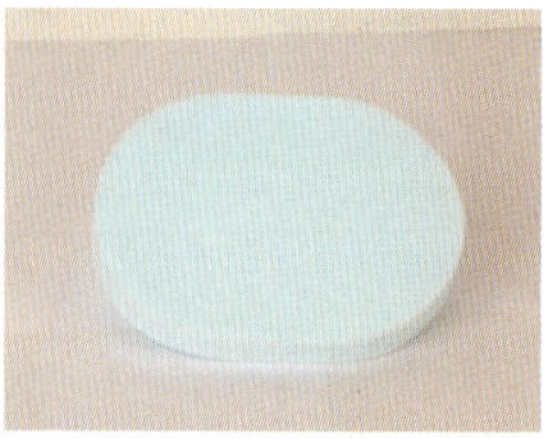

그림 18

그림 19

그림 20

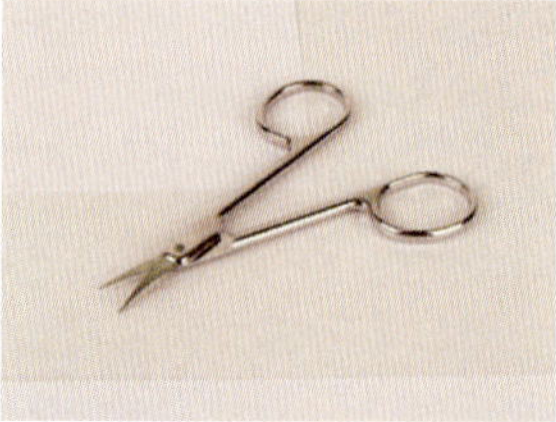

그림 21

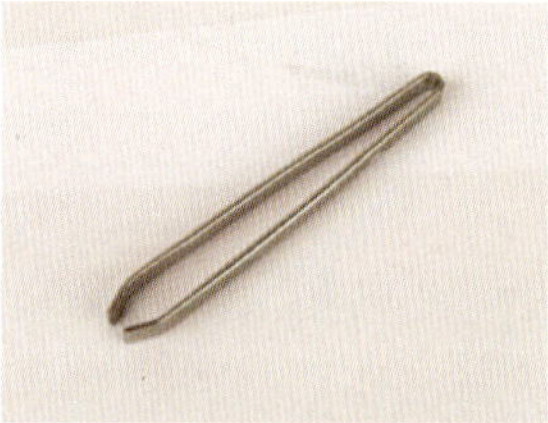

그림 22

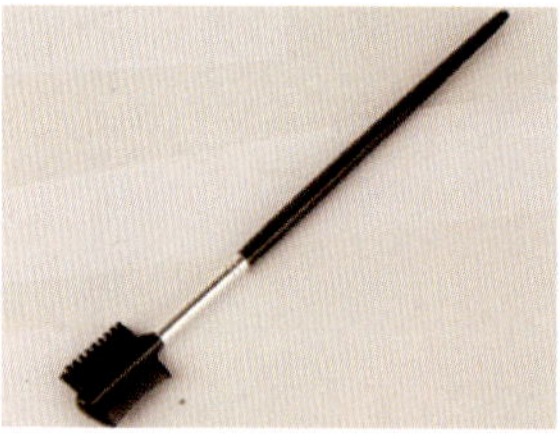

그림 23

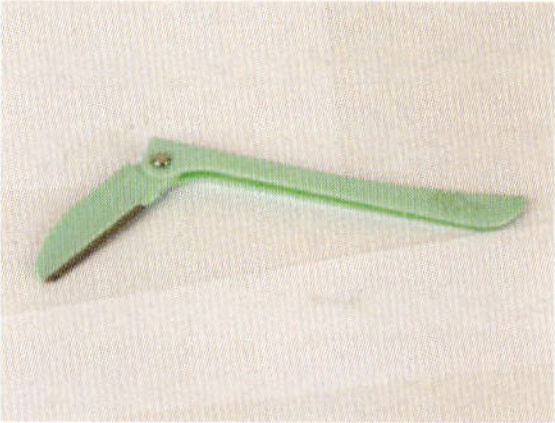

그림 24

그림 25

그림 26

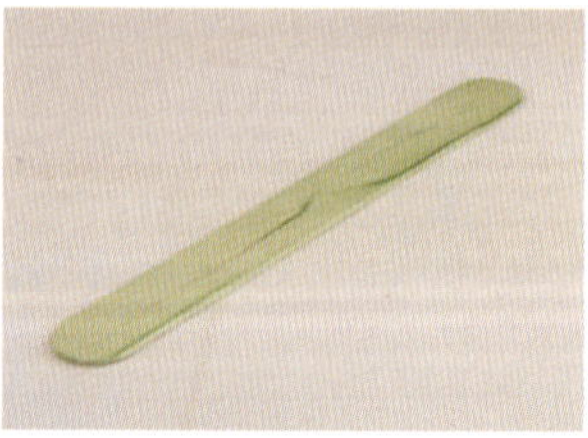

그림 27

그림 28

그림 29

그림 30

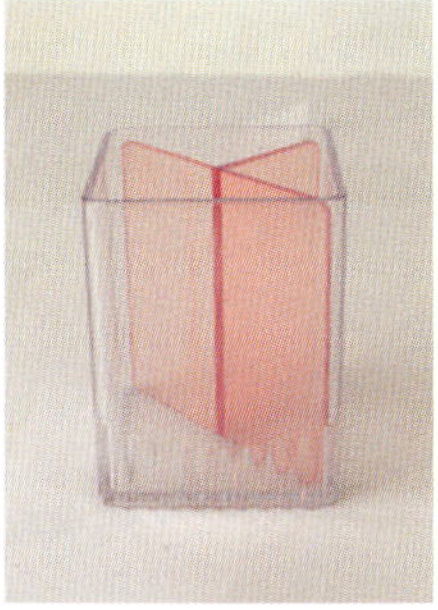

그림 31

그림 32

그림 33

그림 34

그림 35

그림 36

그림 37

그림 38

그림 39

그림 40

그림 41

그림 42

그림 43

그림 44

그림 45

그림 46

그림 47

그림 48

그림 49

그림 50

그림 51

2. 피부분석 방법

1) 피부분석의 종류 및 방법

(1) 문진

고객에게 질의응답을 통해 정보를 얻는 방법으로 고객의 알레르기 유무, 병력, 연령, 직업, 가족력, 식생활 습관과 생활리듬, 사용 화장품 등에 관한 질문에 답변한 것을 상세하게 기록한다.

질문 시에는 고객의 입장에서 쉽게 대답할 수 있도록 체계적이고 구체적으로 질문한다.

(2) 견진

육안으로 피부상태를 판별하는 방법이다. 피부 결, 모공의 크기, 여드름 종류, 피부투명도, 수분상태, 색소침착 그리고 모세혈관의 상태 등을 관찰한다.

확대경이나 우드램프를 사용하여 더욱 자세히 피부를 판별할 수 있다.

(3) 촉진

손의 촉감을 이용하여 피부를 만져보거나 눌러봄으로써 피부를 판별하는 방법이다. 자극에 대한 민감도, 피부의 탄력도, 부드러움, 매끄러움이나 거침, 조직의 두께, 유분의 함량 등을 관찰한다.

2) 피부분석 시 유의사항

① 동일한 피부라도 내적, 외적, 정신적, 식생활, 습관 및 환경, 호르몬요법, 생활리듬, 다이어트, 화장품, 냉난방, 임신 등 요인에 따라 변화될 수 있다.

② 피부분석 전에는 반드시 피부관리사의 손을 소독한다.

③ 피부분석 후에는 피부분석카드를 작성하며, 분석결과를 고객에게 자세히 설명하고 관리방법을 제시한다.

④ 전문적 지식을 가지고 정확히 피부를 분석하며 질문이 편안한 상태로 전달되어 고객과의 대화가 순조롭게 이루어져야 한다.
⑤ 클렌징이 끝난 후에 피부분석을 실시한다.
⑥ 확대경이나 우드램프를 사용할 때는 세안한 후 아이패드로 눈을 덮어 보호한다.
⑦ 외관 관찰시 비슷한 느낌을 받더라도 각 개인에게는 감수성의 차이가 있다는 점을 감안하여 항상 세부적인 데까지 신경을 써야 한다.
⑧ 피부타입에 따른 기기사용을 올바르게 해야 한다.
⑨ 피부분석에 따른 가정에서의 피부손질 방법 및 제품을 정확하게 추천해야 한다.

3. 피부유형

1) 피부분석

피부유형은 피부조직, 피지분비, 피부보습, 혈액순환, 색소침착, 피부안색, 모공상태, 피부 탄력성 등에 따라 세분된다.

의약품, 신체 내 호르몬 변화, 자외선 등의 내, 외적 요인들에 의하여 피부상태는 변화한다.

(1) 피부조직

① 피부두께와 피부 결, 보공의 크기 탄력도, 민감도에 따라 정상, 건성, 지성피부 등으로 분류한다.

② 피부안색, 혈액순환도, 색소침착의 정도에 따라 민감성, 노화, 모세혈관 확장피부 등으로 세분된다.

(2) 피부보습

① 표피와 진피의 수분함유도에 따라 표피 건성피부, 진피 건성피부로 분류된다.

② 수분함유도 : 수분 및 땀의 증발과 분비량에 의해 결정된다.

③ 피부 보습상태에 따라 각질화 상태, 피부유연성, 주름도, 피부의 이완도 등도 함께 측정된다.

(3) 피지분비

① 피부의 피지분비량에 따라 정상, 건성, 복합성, 지성피부로 분류된다.

② 모공 속의 각질화 상태나 피지의 분비물의 상태에 따라 코메도, 지루성, 여드름 피부 등으로 세분된다.

(4) 피부유형의 변화 요인

① 연령, 식습관, 스트레스 정도, 월경주기, 의약품 복용상태, 화장품 사용 등

② 자외선의 영향, 계절, 생활환경의 변화 등에도 영향을 받는다.

2) 피부유형과 관리

(1) 정상피부

피부조직, 피지선과 한선의 활동 또는 피부의 생리적 기능이 정상적이고 색소, 여드름, 잡티가 없는 이상적인 중성피부이다.

<특징>

① 피부 결이 섬세하고 매끄럽고 피부가 촉촉하여 윤기가 난다.
② 모공이 고르고 매끈하다.
③ 피부의 탄력성과 혈색도 좋고 세균에 대한 저항력이 있다.
④ 잔주름이 없고 기미, 잡티 등의 색소침착이 없다.
⑤ 메이크업이 잘 되며 장시간 화장이 지속된다.
⑥ 각질층의 수분함량이 10%~20%로 정상이고 표피세포 신진대사가 원활하다.

<관리방법>

① 관리 포인트 : 현 상태를 그대로 유지하는 것이다.
② 유, 수분의 균형을 맞추기 위해 지속적이고 규칙적인 수분관리가 필요하다.
③ 눈가 아이 전용크림, 자외선 차단제 사용과 규칙적인 식사, 충분한 수면을 취한다.

(2) 건성피부

피부가 건성화 되는 피부의 내, 외적 요인에 따라 건성피부, 표피 건성피부, 진피 건성피부 등으로 구분된다.
연령이 증가에 따라 쉽게 건성피부로 변한다.

<특징>

① 피부 결은 비교적 곱고 얇으나 윤기가 없고 각질이 일어나 거칠어 보인다.
② 모공은 매우 작아 눈에 잘 띄지 않는다.
③ 세안 후 피부가 심하게 당기고, 피부의 탄력이 없다. 저항력이 약하여 알레르기 반응이 일어나기 쉽다.
④ 잔주름이 많이 나타나고 색소침착이 쉽게 일어난다.
⑤ 메이크업이 장시간 지속되나 잘 들뜬다.

⑥ 각질층의 수분이 10% 이하로 부족하다.

<원인>

① 연령, 계절의 변화, 심한 다이어트, 사우나, 자외선 노출에 의해 피부는 쉽게 건조된다.

② 기능이 원활하지 않은 한선이나 피지선, 잘못된 화장품 사용이나 피부손상 후 냉, 난방풍 등의 후천적 요인으로 건성피부가 된다.

③ 유전적으로 피부조직과 각질층이 얇아 수분증발 방지기능이 약하면 건성피부가 된다.

<분류>

① 표피 수분 부족형 건성피부

- 주로 젊은 층에서 나타나며, 한선의 기능이 약화되거나 표피의 수분량이 부족하여 건조해진 상태이다.
- T-zone 부위의 모공이 크고 각질과 소양감이 심하지만 피부조직 얇고 가성주름이 형성되기 쉽다.

② 진피 수분 부족형 건성피부

- 노화피부에 많이 나타나며 성호르몬의 부족, 피부 자체의 수분공급 기능의 이상으로 피부의 결과 속이 모두 건조해진 상태이다.
- 엘라스틴이 탄력을 잃고 눈꺼풀이 처지거나 진성주름이 형성되며 각질층이 두꺼워진다.

<관리방법>

① 알카리성 비누를 이용한 과도한 세안을 자제하고, 더운물 보다는 미지근한 물로 세안하며 세안 후 즉시 기초제품을 바른다.

② 스킨은 알코올 함량이 적고 보습기능이 강화된 제품을 바르며 수분섭취를 많이 한다.

③ 비타민 A가 함유된 식품류(녹황색 야채, 간, 계란 노른자, 치즈 등)를 충분히 섭취한다.

④ 클렌저는 부드러운 밀크타입이나 부드러운 크림류를 사용한다. 외출 시에도 자외선 차단제를 꼭 바른다.

⑤ 냉난방은 피부건조화를 유발하므로 실내습도를 적절히 유지하여 피부의 수분증발을 억제한다.

⑥ 지나치게 유분이 많은 화장품 사용은 여드름의 원인이 되고 건성화를 가속화 시키므로 주의한다.

(3) 지성 피부

피지선 기능이 왕성해 피지가 과다 분비되는 피부이다. 피부표면이 번들거리며 모공은 열려진 상태이고 각질층이 두꺼워져 피부두께가 두꺼워지며 피지분비량의 정도에 따라, 지성피부에서 발전된 피부병변에 따라 피부유형을 세분할 수 있다.

<특징>

① 피부 결이 거칠고 각질층의 두께가 두꺼워 피부가 투명감이 없고 칙칙하다.

② 모공이 넓고 외부자극에 대한 저항력이 비교적 강하다. 더우면 더 번들거리고 햇빛에 의한 색소침착이 빨라진다.

③ T-zone 부위는 모공에 피지가 많이 쌓여 블랙헤드가 있고 여드름 등이 쉽게 보인다.

④ 윤기와 탄력이 있어 잔주름도 없는 편이고, 저항력이 강하고 노화도 느리게 진행된다. 메이크업이 잘 지워진다.

⑤ 유성 지루성 피부 : 각질층이 두껍고 모공이 확장되어 세균 등에 대한 방어력이 약하며 매우 번들거린다.

⑥ 건성 지루성피부 : 피부는 번들거리나 수분이 부족해 당기고 각질이 잘 일어나고 예민하여 유성 지루성피부 보다 여드름이 잘 발생한다.

<원인>

① 유전적인 영향이 가장 크고 호르몬제의 오용, 사춘기 호르몬 불균형 등의 원인으로 피지량이 증가한다.

② 영양소(지방, 탄수화물 등)의 과다섭취나 비장, 위장 또는 대장 등의 내과적 요인으로 피지선을 자극해 피지량이 증가한다.

<관리방법>

① 피지분비를 조절하고 확장된 모공 등의 피부문제를 해결하는 것이다.
② 탈지관리와 병행해 유, 수분의 밸런스를 맞추는 관리를 주기적으로 한다.
③ 정기적으로 필링과 재생관리를 통해 모공확장 피부를 관리하고, 딥 클렌징으로 모공속의 과다 각질 및 피지를 제거한다. 비타민 B군을 충분히 섭취한다.

(4) 복합성 피부

피부에 피지분비량이 일정치 않아 두 가지 이상의 피부유형이 나타나는 피부상태. 중년 이후에 주로 나타나는데 T-zone 부위는 지성, 나머지 부분은 건성피부의 특징을 나타낸다.

<특징>

① 피부 결이 전체적으로 균일하지 않다.
② T-zone 주위에는 유분기가 많은 반면 건성화 된 눈가나 뺨 등의 다른 부위는 당긴다.
③ 눈가에 잔주름이 보이고 색소침착도 생성되기 쉽다.
④ 메이크업이 고르게 잘되지 않는다.

<원인>

① 환절기, 피부에 맞지 않는 화장품을 장시간 사용 시 복합성 피부가 된다.
② 음식 섭취, 과로, 신경과민, 수면부족 등 불규칙한 생활과 연령, 기온변화에 의해서도 복합성 피부가 된다.

<관리방법>

① 관리 포인트 : T-zone,과 U-zone의 상태에 따라 보습과 피지관리를 적절하게 하는 것이다.
② T-zone 부위는 각질제거 및 탈지관리를 위한 팩을, U-zone 부위는 보습이나 영양팩으로 관리한다.
③ 기초 화장품은 복합성으로 사용하고 색소침착의 방지를 위해 자외선 차단제도 꼼꼼히 바른다.

(5) 민감성 피부

외부자극에 대한 저항력이 약하고 피부가 외부환경에 대한 반응에 예민한 피부유형이다. 소양증이 잘 발생하며 연령이나 피부타입에 관계없이 성격이 예민한 경우, 호르몬이 불균형한 산전, 산후, 생리전후, 갱년기, 대수술을 한 경우, 스트레스, 수면부족의 경우 등 일시적으로 민감해질 수 있는 요인은 매우 다양하다.

심리적, 정신적 요인과 매우 큰 연관성을 갖고 있고 원인에 따라 어떤 반응에 민감한지 판단하기 힘들다.

<특징>

① 피부 결은 외관상 섬세하나 건조하기 쉽고 외부환경 등 자극에 민감하다.
② 모공이 거의 보이지 않고 피부색도 투명하나 당기고 각질도 잘 일어난다.
③ 모세혈관이 피부 표면에 잘 드러나 보이며 복합성 피부상태일 경우가 많다.
④ 잔주름이 쉽게 형성되며 피부질환에 감염될 위험이 있고 색소침착의 위험도 크다.

<원인>

① 선천적인 요인이나 과다한 필링 등 잘못된 관리에 의해 발생할 수 있다.
② 위장, 간 등의 내장기능의 이상이나 내분비 이상, 자율신경계의 불안정 등 내적 요인에도 기인한다.
③ 정신적 인자 및 칼슘, 비타민, 마그네슘 부족 등 영양결핍으로 민감성 피부가 되기도 한다.

<관리방법>

① 관리 포인트는 보습과 피부진정, 최소한의 자극으로 면역을 강화시키는 것이다.
② 미지근한 물로 세안, 부드러운 타입의 모이스처라이저를 사용하되 지나친 유분공급은 피한다.
③ 심리적으로 안정을 취하며 자극적 음식이나 온도변화가 심한 곳에 노출되는 것을 피하며 물을 많이 마신다.

(6) 여드름 피부

지성피부에서 파생된 염증성 질환 피부이다. 주로 호르몬 불균형으로 인한 사춘기 이후에, 여러 가지 요인으로 인한 피지 과잉분비의 경우 중년층에서도 발생한다.

여드름은 비염증성인 면포, 염증의 심화 정도에 따라 구진, 농포, 결절, 낭종 등으로 구분된다.

<특징>

① 피부 결이 거칠고 피부 표면이 울퉁불퉁하다.

② 피지분비가 많아 피부는 이물질로 인해 지저분하고 건조하여 각질이 잘 일어나거나 여드름 반흔이 많다.

③ 잘못된 관리는 피부를 민감하게 하고 홍반, 염증을 동반하기도 한다.

<원인>

① 유전이 가장 큰 이유이다.

② 피지의 과다 분비로 모공을 막아 염증을 일으킨다.

③ 남성호르몬인 안드로겐, 여성호르몬인 프로게스테론의 영향이다.

* 안드로겐 : 피지선을 자극하여 피지분비를 촉진시키고 각질층이고 두껍게 만들며 보통 사춘기 이후 10대 피부는 안드로겐의 영향을 많이 받는다.

* 프로게스테론 : 황체호르몬으로 생리 전후의 여드름의 악화 원인이 된다.

④ 피부에 맞지 않은 화장품 사용, 변비, 스트레스 등에서도 기인한다.

<관리방법>

① 관리 포인트는 항균, 소염, 진정에 주목적을 두고 보습, 피지조절 등 유·수분 밸런스를 유지하는 것이다.

② 관리 후 후유증(반흔, 색소침착 등)이 남지 않도록 관리하는 것이 중요하므로 함부로 짜거나 만져서는 안 된다.

③ 주기적인 관리로 더는 악화되는 않도록 한다.

(7) 색소침착피부

<특징>

① 연한갈색 또는 암갈색, 흑갈색의 다양한 크기와 불규칙적인 형태로 나타나는 과색소 질환이다.
② 주로 얼굴의 뺨, 이마, 턱 부위, 일광 노출부위에 경계가 불규칙하게 또는 좌우 대칭적으로 발생한다.
③ 여성의 경우 임신을 전후하여 호르몬의 영향으로 발생하기도 한다.

<원인>

① 자외선에 장기 노출 시에 색소침착이 나타난다.
② 유전적인 요인은 약 30%이상이 가족적 병력에 의해 나타난다.
③ 임신기간 중 황체호르몬의 영향으로 임신성 기미가 나타난다.
④ 호르몬은 에스트로겐과 프로게스테론의 과다와 갑상선기능의 저하가 색소침착을 유발한다.
⑤ 여성 질환은 생리불순, 난소질환, 자궁질환 등이 원인이다.
⑥ 수은 및 납 성분이 함유된 화장품과 영양실조, 간질환 등도 원인이다.

<관리방법>

① 건조, 노화, 예민한 피부들이 색소침착이 잘 나타나기에 진정, 보습, 보호를 목적으로 관리한다.
② 자외선, 열, 강한 자극에 주의하며 부드러운 관리를 하도록 한다.]
③ 항상 자외선 차단제를 충분히 바른 후 메이크업으로 환경적인 자극으로부터 보호하도록 한다.
④ 비타민C(아스코르브산), 알부틴, 감초, 토코페롤 등이 함유된 전문제품을 사용하도록 한다.

(8) 모세혈관확장 피부

피부의 혈관이 확장되어 붉은 실핏줄이 피부 표면 가까이에서 보이는 상태이다.
각질 탈락 주기가 빨라 각질층이 얇아진다.
건성피부와 같이 나타나는 경우가 많고 주로 피부가 흰 경우, 노화피부에 더 많이 보인다.

<특징>

① 피부 결은 섬세하며, 표피가 매우 얇고 얼굴 중 온도가 가장 낮은 볼 부위에 잘 생긴다.
② 급격한 온도의 차이 등의 외부환경에 민감한 반응을 보이므로 주의해야 한다.
③ 피부의 탄력도가 적어지며 근육이 처진다.
④ 증상에 따라 모세혈관 확장증, 모세혈관 피부, 주사로 나뉜다.

<원인>

① 과다한 필링이나 너무 자극이 강한 피부관리 후 나타날 수 있다.
② 유전적으로 모세혈관이 약한 사람이나 기온의 변화가 큰 곳에 거주, 호르몬의 불균형 등으로 인해 나타난다.
③ 지성 피부이며 여드름이 잘 나거나 비, 위장장애, 만성변비, 갱년기장애에도 기인한다.

<관리방법>

① 관리 포인트는 보습과 진정, 혈관강화를 목적으로 한다.
② 자극이 최소화된 기초 화장품 사용, 자외선 차단제를 필수적으로 사용한다.
③ 혈관 강화를 위해 비타민 C, P가 함유된 음식을 섭취한다.

<피부유형별 예시>

정 상	건 성
- 모공과 피부 결이 섬세하고 매끄럽다. - 피부의 탄력성이 좋고 전반적으로 주름이 적다. - 세안 후 당기거나 번들거리지 않고 화장이 잘 지워지지 않는다. - 색소침착, 여드름, 잡티가 없고 피부색이 분홍빛이다. - 피부 결이 촉촉하고 윤기가 난다. - 건조하지 않으며 촉촉할 정도의 유분과 수분이 정상이다. - 유수분이 적당하고 당기거나 번들거리지 않는다. - 피부 결이 곱고 피부수분함량이 12%정도 되며 촉촉하다. - 수분이 촉촉해서 보기 좋은 피부로 주름이나 색소가 없다. - 매끄럽고 여드름도 없고 흉터도 없고 부드럽다. - 피지와 수분이 적당하고 트러블이나 잡티도 없고 부드럽다.	- 피부표면이 건조하고 윤기가 없으며 세안 후 피부가 심하게 당긴다. - 외관상 모공이 작고 피부 결이 섬세하게 보이나 잔주름이 잘 생긴다. - 크림을 발랐을 때 바로 흡수되지 않고 오래 지속되지 않는다. - 건조하고 까칠까칠하고 당긴다. - 피부 결이 곱고 유분기가 없다. - 정상피부 같아 보이나 건조하며 당긴다. - 피부가 거칠고 늘어져 있어 건조하다. - 각질이 많고 푸석푸석하다. - 건조하며 주름이 있고 탄력이 없다. - 살이 트고 갈라지고 건조하다.
지 성	**건지루성**
- 피부가 거칠고 두껍다. - 피부 톤이 칙칙하고 모공이 크다. - 메이크업이 잘 받지 않는다. - 피부의 번들거림이 심하고 피부가 거칠고 모공이 넓으며 표면이 귤껍질 같아 보인다. - 두꺼운 피부가 불투명하고 면포가 있다. - 모공이 크고 번들거린다. - 깊은 주름과 피부가 두텁고 각질이 많으며 유분이 많고 번들거리며 모공이 크다. - 각질이 두껍고 주름이 굵다. - 피지가 많고 모공이 넓으며 불규칙하다. - 모공이 크고 깊은 주름이 보인다. - 과각화현상이 있다.	- 피지 분비량은 많으나 당김이 심하다. - 피지 분비량은 많으나 당김이 심하고 피부가 예민하고 표피박리가 쉽게 나타난다.

〈고객관리카드〉

고객성명			
주민번호			
생년월일	년 월 일	나 이	
주 소			
휴대폰번호		자택 전화	
방문동기	□ 광고 □ 지인 소개 □ 기타( )		
개선시키고 싶은 피부문제점	□ 노화/검버섯 □ 모세혈관 확장증 □ 건성/각질화 □ 잔주름/진한주름 □ 지성 □ 기미 □ 여드름 □ 예민 □ 기 타 ( )		
병 력	□ 당뇨병 □ 고혈압 □ 소화불량 □ 변비 □ 천식 □ 간질병 □ 심장기능부전 □ 무좀 □ 루프스 □ 섬유종 □ 켈로이드 □ 생리불순 □ 아토피 □ 피부병 □ 알레르기(반응 :) □ 밀실공포증 / 협심증 □ 기 타( )		
생 리 주 기		콘택트렌즈 사용 유 / 무	임신 여부
현재 복용약	□ 항생제 □ 항히스타민제 □ 호르몬 □ 피임약 □ 이뇨제 □ 변비약 □ 기 타( )		
치료여부	□ 필링(Peeling) □ 여드름치료 □ 안면교정 □ 보톡스 주사 □ 주름수술 □ 가슴수술 □ 코 수술 □ 지방흡입(부위 :) □ 눈 수술(라식, 라섹 등 안구시술 :) □ 금속보철 이식(부위 :) □ 레이저치료(부위 : / 최종 시술일 :) □ 기 타 ( )		
생활습관	□ 운동여부(종목 : / 주 회) □ 흡연 □ 음주 □ 수면시간(시~ 시까지 / 총 시간) □ 다이어트		
사용화장품(제품 브랜드명과 타입)			
기초화장품			
기능성화장품			
색조 화장품			

관리일자 : / / 피부관리사 :	관리횟수	
다음관리날짜		
관리목적		
관리계획		
홈케어관리법		
피 부 결	□ 얇다 □ 정상 □ 거칠다	
모공의 크기	□ 거의 보이지 않음 □ 약간 보임 □ 크게 보인다. □ T존부위에만 크게 보인다.	
피지분비	□ 건성 □ 정상 □ 지성 □ 복합성	
여 드 름	□ 화이트헤드 □ 블랙 헤드 □ 화농성 □ 결정성 여드름	
수분상태	□ 피부표면의 수분부족 □ 진피층의 수분부족	
혈액순환	□ 홍반 □ 주사비 □ 모세혈관 확장증	
예 민 도	□ 정상 □ 예민 □ 과민	
색 소	□ 주근깨 □ 기미 □ 검버섯 □ 저색소침착	
탄 력 도	□ 좋음 □ 보통 □ 나쁨	
주 름	□ 눈가 주름 □ 비순구 주름 □ 이마 주름	
관리순서 및 사용제품		
기 타 특이사항		

[피부분석표 작성하는 장면 동영상]

<table>
<tr><th colspan="4">정상피부 관리계획 차트(care plan chart)</th></tr>
<tr><td colspan="2">비번호</td><td colspan="2">시험일자 : 201 . . .(부)</td></tr>
<tr><td rowspan="2">관리목적
및
기대효과</td><td colspan="3">관리목적 : 일반적으로 유분과 수분이 균형을 이루는 정상피부로 현재의 상태를 유지하기 위해 보습 관리를 해주며 주름이나 색소 침착을 사전에 예방하는 보호 관리를 함으로써 현재 상태를 유지하도록 노력한다.</td></tr>
<tr><td colspan="3">기대효과 : 피부에 영양과 보습을 유지하여 피부에 탄력과 생기를 불어넣어 건강하고 아름다운 피부로 만들어 주고자 한다.</td></tr>
<tr><td colspan="2">클렌징</td><td colspan="2">□ 오일 □ 크림 □ 밀크/로션 □ 젤</td></tr>
<tr><td colspan="2">딥클렌징</td><td colspan="2">□ 고마쥐 □ 효소 □ AHA □ 스크럽</td></tr>
<tr><td colspan="2">매뉴얼 테크닉 제품타입</td><td colspan="2">□ 오일 □ 크림</td></tr>
<tr><td colspan="2">손을 이용한 관리형태</td><td colspan="2">□ 일반 □ 림프</td></tr>
<tr><td colspan="2" rowspan="3">팩</td><td colspan="2">T존 : □ 건성타입팩 □ 정상타입팩 □ 지성타입팩</td></tr>
<tr><td colspan="2">U존 : □ 건성타입팩 □ 정상타입팩 □ 지성타입팩</td></tr>
<tr><td colspan="2">목부위 : □ 건성타입팩 □ 정상타입팩 □ 지성타입팩</td></tr>
<tr><td rowspan="4">고객관리
계획</td><td colspan="3">1주 : 매뉴얼 테크닉과 딥클렌징(효소)을 통하여 각질제거와 신진대사를 촉진, 혈액순환 개선을 해준다.</td></tr>
<tr><td colspan="3">2주 : 유, 수분의 균형을 지속적으로 유지하기 위하여 보습과 영양공급 위주로 관리해준다.</td></tr>
<tr><td colspan="3">3주 : 연령의 증가에 따른 주름과 노화방지를 위하여 영양 공급과 재생, 리프팅 관리에 중점을 둔다.</td></tr>
<tr><td colspan="3">4주 : 피부의 자연적인 밸런스를 지켜 주며 피부 스트레스 완화를 위하여 자생력을 높이기 위한 관리를 해준다.</td></tr>
<tr><td rowspan="2">자가관리
조언
(홈케어)</td><td colspan="3">제품을 사용한 관리 : 아침에는 외부환경으로부터 피부보호를 위해 비타민E와 세라마이드 제품을 사용한다.
저녁에는 수분의 유지를 높이고 피부를 보호하는 콜라겐, 히아루론산 제품을 사용한다.
주 1~2회 매뉴얼 테크닉과 수분마스크로 신진대사와 재생을 촉진시킨다.
미온수로 세안하며 유연화장수, 보습에센스 사용, 아이크림과 수분크림을 사용한다.</td></tr>
<tr><td colspan="3">기타 : 충분한 수면과 비타민A가 함유된 식품을 섭취하여 균형 있는 식습관을 가진다. 온도변화가 심한 주변환경은 피하며 스트레스 등의 내적환경에도 주의한다.
외출 시에는 자외선 차단제를 사용한다.</td></tr>
</table>

<table>
<tr><th colspan="3">건성피부 관리계획 차트(care plan chart)</th></tr>
<tr><td colspan="2">비번호</td><td>시험일자 : 201 . . .(부)</td></tr>
<tr><td rowspan="2">관리목적
및
기대효과</td><td colspan="2">관리목적 : 유, 수분이 부족한 건성피부로 피부표면에 보습과 영양을 충분히 공급하고 잔주름 발생과 피부거칠음이 다분히 우려되는 피부로서 규칙적인 보습관리를 목적으로 한다.</td></tr>
<tr><td colspan="2">기대효과 : 피부에 수분과 보습관리를 통해 잔주름을 예방하고, 피부가 건조하지 않게 하며 수분 함유도를 높여 신진대사와 재생을 촉진시킨다.</td></tr>
<tr><td colspan="2">클렌징</td><td>□ 오일 □ 크림 □ 밀크/로션 □ 젤</td></tr>
<tr><td colspan="2">딥클렌징</td><td>□ 고마쥐 □ 효소 □ AHA □ 스크럽</td></tr>
<tr><td colspan="2">매뉴얼 테크닉 제품타입</td><td>□ 오일 □ 크림</td></tr>
<tr><td colspan="2">손을 이용한 관리형태</td><td>□ 일반 □ 림프</td></tr>
<tr><td colspan="2" rowspan="3">팩</td><td>T존 : □ 건성타입팩 □ 정상타입팩 □ 지성타입팩</td></tr>
<tr><td>U존 : □ 건성타입팩 □ 정상타입팩 □ 지성타입팩</td></tr>
<tr><td>목부위 : □ 건성타입팩 □ 정상타입팩 □ 지성타입팩</td></tr>
<tr><td rowspan="4">고객관리
계획</td><td colspan="2">1주 : 매뉴얼 테크닉과 딥클렌징(효소)을 통하여 각질제거와 신진대사를 촉진시킨다.</td></tr>
<tr><td colspan="2">2주 : 보습효과가 우수한 에센스를 사용하고 피부의 영양공급과 보습력을 강화시킨다.</td></tr>
<tr><td colspan="2">3주 : 잔주름 발생과 피부 노화진행이 예상되므로 주름관리 및 리프팅 관리를 해 준다.</td></tr>
<tr><td colspan="2">4주 : 피부의 자연적인 밸런스를 지켜주며 피부 자생력을 높이기 위한 관리를 해준다.</td></tr>
<tr><td rowspan="2">자가관리
조언
(홈케어)</td><td colspan="2">제품을 사용한 관리 : 아침에는 미온수로 가볍게 세안하며, 히아루론산, 세라마이드 고보습 에센스와 영양크림, 자외선 차단제를 사용한다.
저녁에는 과도한 클렌징을 자제하며 노화에 대응하여 재생관리 제품을 사용한다.
주 1~2회 매뉴얼 테크닉과 2주에 1회 정도 딥클렌징을 해주며 수분마스크를 사용하여 신진대사와 재생촉진 관리를 해준다.</td></tr>
<tr><td colspan="2">기타 : 과도하게 지나친 클렌징은 삼가며, 냉난방의 건조한 주변환경을 피한다.
충분한 수분을 섭취함으로써 건조함을 예방한다.
외출 시에는 자외선 차단제를 사용한다.</td></tr>
</table>

<table>
<tr><th colspan="2">지성피부 관리계획 차트(care plan chart)</th></tr>
<tr><td>비번호</td><td>시험일자 : 201 . . .(부)</td></tr>
<tr><td rowspan="2">관리목적
및
기대효과</td><td>관리목적 : 피지조절, 모공수렴, 수분공급이 필요한 지성피부로 피지제거 및 피지분비 조절과 면포에 따른 트러블을 감소시키는데 있다.</td></tr>
<tr><td>기대효과 : pH를 조절해 주고 피지분비로 늘어난 모공을 수축시키고, 피지와 노폐물을 제거하며 혈액순환을 좋게 함으로써 깨끗하고 맑은 피부를 기대한다.</td></tr>
<tr><td>클렌징</td><td>☐ 오일 ☐ 크림 ☐ 밀크/로션 ☐ 젤</td></tr>
<tr><td>딥클렌징</td><td>☐ 고마쥐 ☐ 효소 ☐ AHA ☐ 스크럽</td></tr>
<tr><td>매뉴얼 테크닉 제품타입</td><td>☐ 오일 ☐ 크림</td></tr>
<tr><td>손을 이용한 관리형태</td><td>☐ 일반 ☐ 림프</td></tr>
<tr><td rowspan="3">팩</td><td>T존 : ☐ 건성타입팩 ☐ 정상타입팩 ☐ 지성타입팩</td></tr>
<tr><td>U존 : ☐ 건성타입팩 ☐ 정상타입팩 ☐ 지성타입팩</td></tr>
<tr><td>목부위 : ☐ 건성타입팩 ☐ 정상타입팩 ☐ 지성타입팩</td></tr>
<tr><td rowspan="4">고객관리
계획</td><td>1주 : 클렌징 단계로서 모공 청결과 각질 제거에 중점을 두어서 관리한다.</td></tr>
<tr><td>2주 : 피지흡착과 노폐물을 제거한 후에 유, 수분 밸런스를 위한 수분과 유분공급을 하 여 관리한다.</td></tr>
<tr><td>3주 : 트러블 흔적과 모공축소를 위한 재생과 탄력강화 관리를 한다.</td></tr>
<tr><td>4주 : 피부 스트레스 완화와 집중 재생관리와 진정에 중점을 둔다.</td></tr>
<tr><td rowspan="2">자가관리
조언
(홈케어)</td><td>제품을 사용한 관리 : 아침에는 위치하젤, 티트리 등 피지조절 성분을 함유한 유분기가 적은 제품을 사용한다.
저녁에는 노폐물과 피지흡착, 피부정화를 위한 설퍼와 살리실산 제품을 사용한다.
주 1~2회 매뉴얼 테크닉과 딥클렌징(AHA)으로 신진대사와 재생을 촉진한다.</td></tr>
<tr><td>기타 : 충분한 수면과 베타카로틴이 풍부한 과일과 채소를 섭취한다. 기름진 음식은 되도록 먹지 않는 것이 좋다.
외출 시에는 자외선 차단제를 사용한다.</td></tr>
</table>

<table>
<tr><th colspan="3">복합성 피부관리 계획 차트(care plan chart)</th></tr>
<tr><td colspan="2">비번호</td><td>시험일자 : 201 . . .(부)</td></tr>
<tr><td rowspan="2">관리목적
및
기대효과</td><td colspan="2">관리목적 : 피지분비가 불균형하여 부분적으로 과다한 부위와 건조한 부위가 있는 복합성 피부로 T존은 피지를 흡착 해주고 U존은 보습과 영양을 공급해 줌으로써 지속적이고 세심한 관리가 필요하다.</td></tr>
<tr><td colspan="2">기대효과 : T존 부위는 피지분비 조절과 청정관리를 통해 깨끗하게 해주며 U존 부위는 수분공급을 통해 촉촉하고 부드러운 피부를 기대함으로써 건강하고 아름다운 피부를 기대한다.</td></tr>
<tr><td colspan="2">클렌징</td><td>□ 오일 □ 크림 □ 밀크/로션 □ 젤</td></tr>
<tr><td colspan="2">딥클렌징</td><td>□ 고마쥐 □ 효소 □ AHA □ 스크럽</td></tr>
<tr><td colspan="2">매뉴얼 테크닉 제품타입</td><td>□ 오일 □ 크림</td></tr>
<tr><td colspan="2">손을 이용한 관리형태</td><td>□ 일반 □ 림프</td></tr>
<tr><td colspan="2" rowspan="3">팩</td><td>T존 : □ 건성타입팩 □ 정상타입팩 □ 지성타입팩</td></tr>
<tr><td>U존 : □ 건성타입팩 □ 정상타입팩 □ 지성타입팩</td></tr>
<tr><td>목부위 : □ 건성타입팩 □ 정상타입팩 □ 지성타입팩</td></tr>
<tr><td rowspan="4">고객관리
계획</td><td colspan="2">1주 : 매뉴얼 테크닉과 딥클렌징(AHA)을 통하여 각질제거와 신진대사를 촉진시킨다.</td></tr>
<tr><td colspan="2">2주 : T존과 U존 부위를 따로 관리하여 유, 수분 밸런스의 균형을 유지시킨다.</td></tr>
<tr><td colspan="2">3주 : 잔주름 발생과 탄력저하가 다소 우려됨으로 재생과 리프팅 관리를 해준다.</td></tr>
<tr><td colspan="2">4주 : 피부의 자연적인 밸런스를 지켜주며 피부의 자생력을 높이기 위한 관리를 해준다.</td></tr>
<tr><td rowspan="2">자가관리
조언
(홈케어)</td><td colspan="2">제품을 사용한 관리 : 아침에는 비누세안을 자제하며, T존과 U존 부위 제품을 따로 사용한다.
저녁에는 클렌징 로션과 폼 클렌징으로 이중세안을 하며, 건조한 부위 위주로 수분 전용 세럼과 영양크림으로 보습을 강화한다.
주 1~2회 매뉴얼 테크닉과 각질손질로 신진대사 촉진과 탄력강화 관리를 해준다.
주 1회 T존 부위에 피지 흡착팩을 사용하며 U존 부위는 보습팩을 사용하다.</td></tr>
<tr><td colspan="2">기타 : 냉, 난방의 온도 등의 환경적인 요인에 민감하게 반응하므로 그 때마다 철저하게 대응하며, 외출 시 자외선 차단제를 사용한다.</td></tr>
</table>

제2주차

Skin Treatment
(클렌징 하기, 눈썹 정리하기)

학습목표

※ 포인트 메이크업을 비롯한 안면 클렌징 동작을 숙지하고 티슈, 해면, 습포, 토너 동작을 익혀 잘 마무리 할 수 있도록 하며, 얼굴형에 맞도록 눈썹을 정리한다.

1. 클렌징

1) 목적

① 각질, 피지, 먼지, 메이크업 제거로 피부를 청결히 한다.
② 피부의 노화되고 각화된 표피를 부드럽게 연화시킨다.
③ 노폐물을 제거함으로써 피부의 생리기능을 도와 혈액순환을 촉진한다.
④ 화장품의 유효성분들의 효율적 흡수를 돕는다.

2) 주의사항

① 클렌징 시 동작을 부드럽고 신속하게 3분 이내로 동작을 실시한다.
② 피부타입에 따라 적절한 클렌징 제품을 선택하여야 한다.
③ 포인트 메이크업 클렌징은 눈에 자극이 없도록 주의한다.
④ 메이크업 잔여물이 남지 않도록 꼼꼼하게 체크한다.
⑤ 물은 미온수나 정제수를 사용한다.

3) 클렌징제의 종류

① Cleansing Milk : 로션 타입의 클렌징 제품으로 크림보다 세정력은 조금 떨어지나 성분은 유하며 수분함유도가 조금 더 높은 것이 특징이다. 건성 및 민감성 피부, 엷은 화장을 주로 하는 피부에 좋다.
② Cleansing Cream : 주로 유화된 수분과 유분의 용해 작용에 의한 활동으로 세정이 되므로 짙은 화장이나 유성화장 및 중성, 건성피부 및 민감한 피부에 좋다.
③ Cleansing Oil : 완전한 오일형태로 이루어진 제품이지만 친유성(W/OE)과 친수성(O/WE) 형태로 나누어진다. 건성, 민감성, 노화피부, 분장, 짙은 화장 시에 사용하면 좋다.
④ Cleansing Gel : 지방성이 없어 알레르기 피부, 지성, 여드름, 트러블 피부에 좋다.

4) 정리대 준비물

① 미용솜
② 면봉
③ 티슈
④ 스펀지(해면)
⑤ 온습포
⑥ 볼
⑦ 아이, 립 메이크업 리무버
⑧ 클렌징제품(피부유형에 따라 선택)
⑨ 화장수

그림 1. 스킨 트리트먼트 제품

2. 포인트 메이크업 클렌징

1) 포인트 메이크업 클렌징 방법

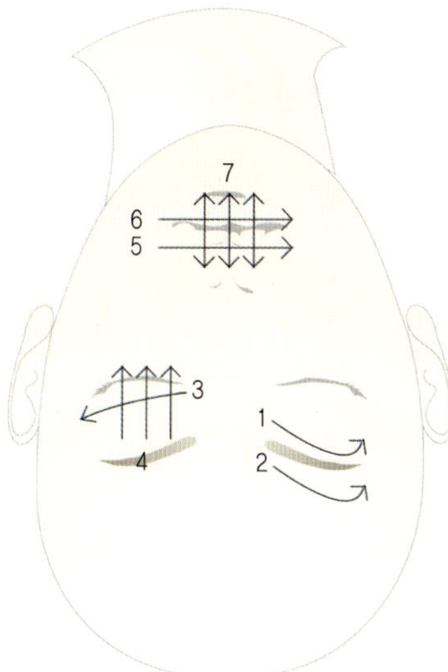

그림 2. 포인트 메이크업 클렌징 순서

[포인트 메이크업 클렌징 순서]

① Eye Make-up Remover를 적신 퍼프를 양 눈과 입술에 1~2분정도 덮어둔다.

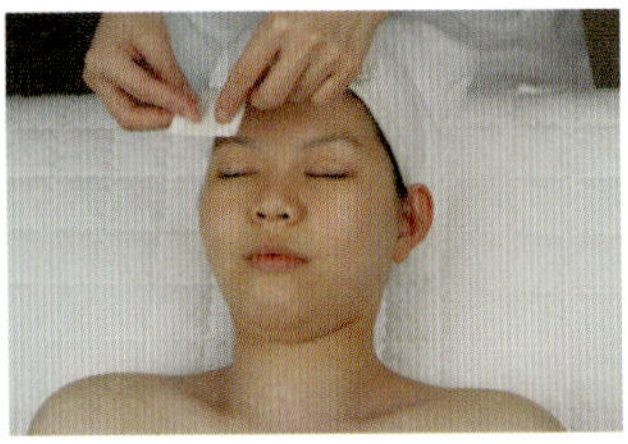

그림 1

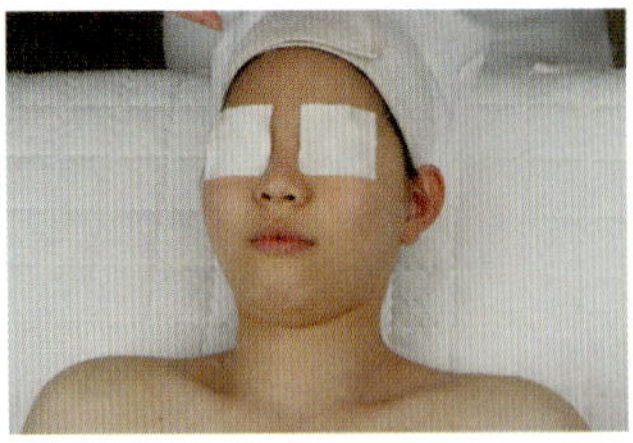

그림 2

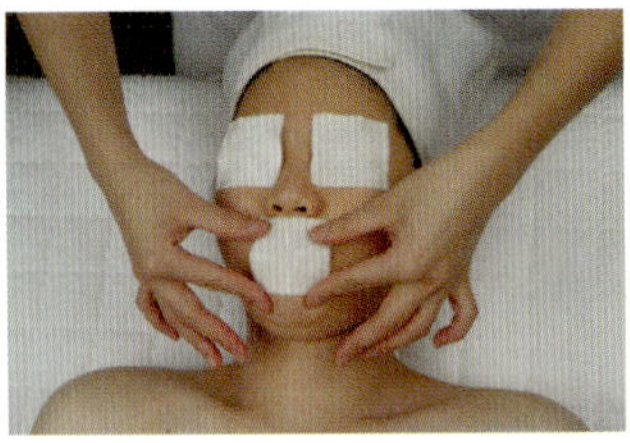

그림 3

② 아이섀도우 : 한손으로 눈썹앞머리를 눌러 고정한 후 눈두덩이에서 눈썹꼬리 방향으로 2~3회 가볍게 눌러 닦아낸다.

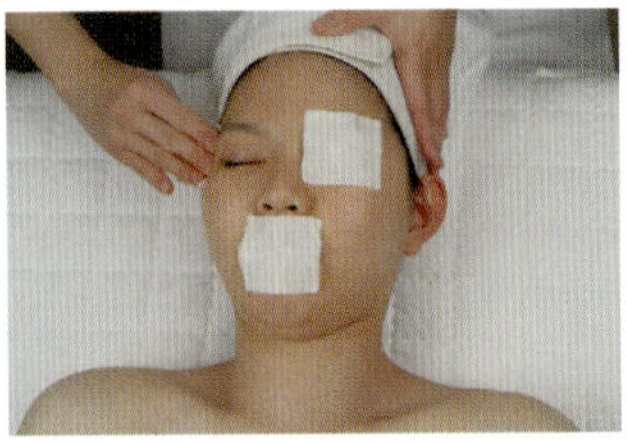

그림 1

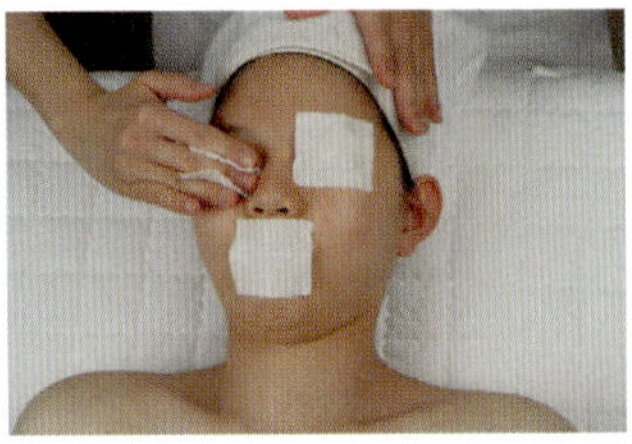

그림 2

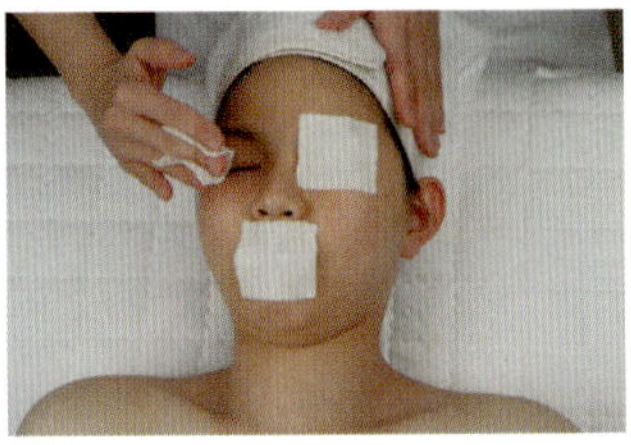

그림 3

③ 눈썹 : 한손은 눈썹앞머리를 눌러 고정한 후 눈썹머리에서 눈썹꼬리 방향으로 가볍게 눌러 닦아낸다.

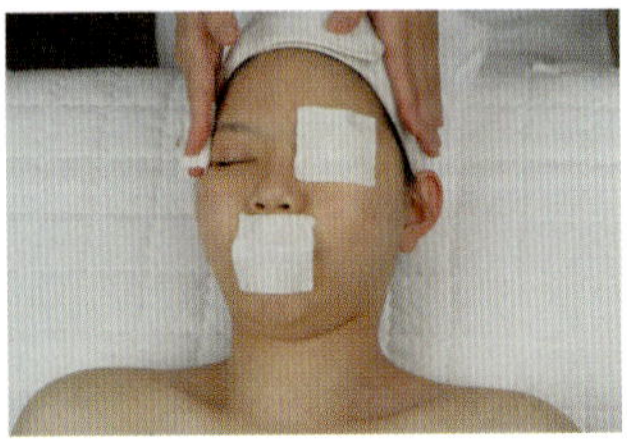

그림 1

④ 아이라인 : 면봉을 이용하여 눈 꼬리 쪽으로 가볍게 닦아낸다.

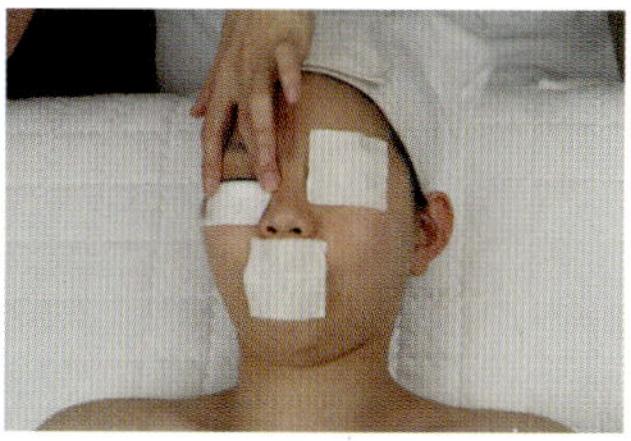

그림 1

⑤ 마스카라 : 눈 밑에 젖은 미용 솜을 받쳐놓고 면봉을 위에서 아래로 닦아낸 후 미용 솜을 눈썹 쪽 로 접어 올려서 눈 꼬리 쪽으로 닦아낸다.

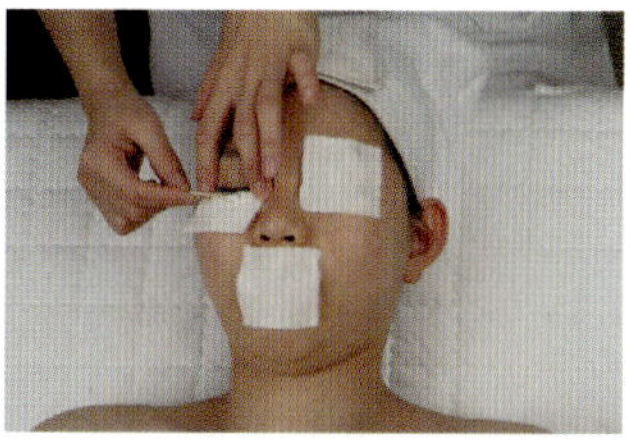

그림 1

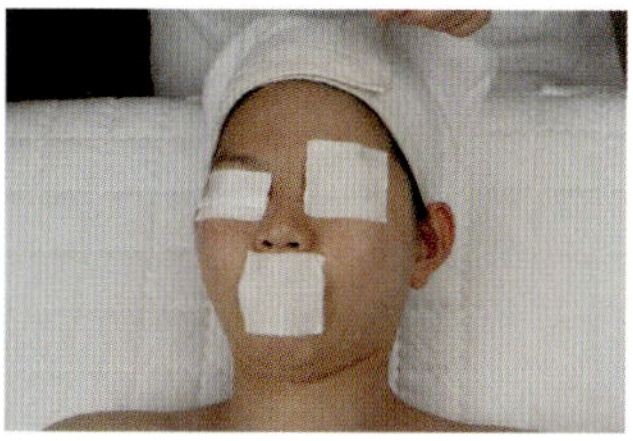

그림 2

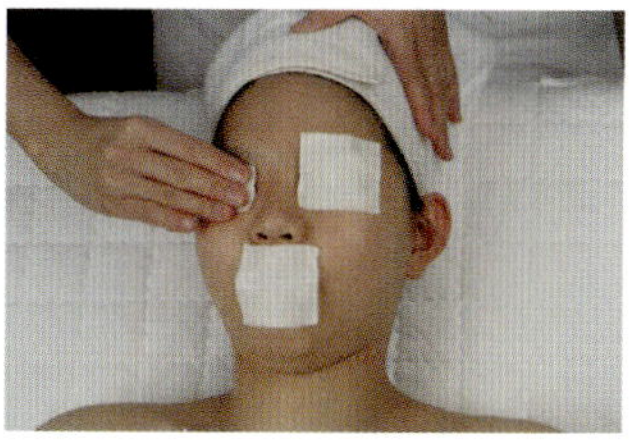

그림 3

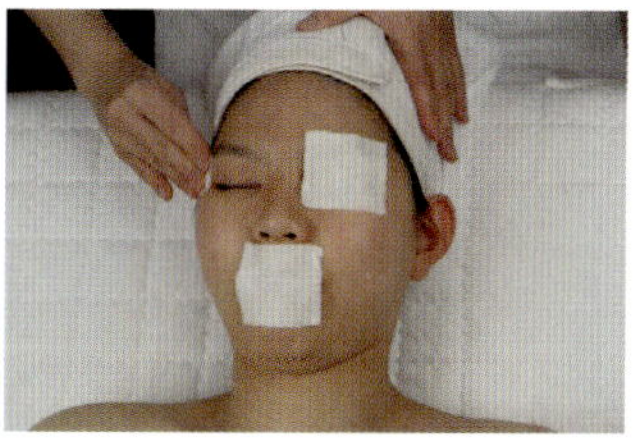

그림 4

⑥ 입술 : 한손으로 입술 끝을 가볍게 누르고 윗입술은 위에서 아래로 아랫입술은 밑에서 위로 닦아준다.

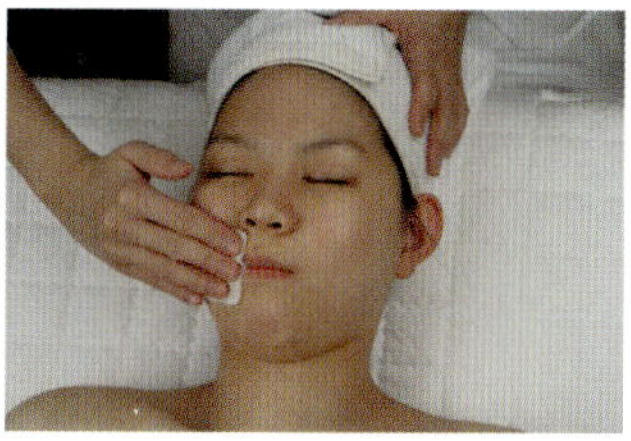

그림 1

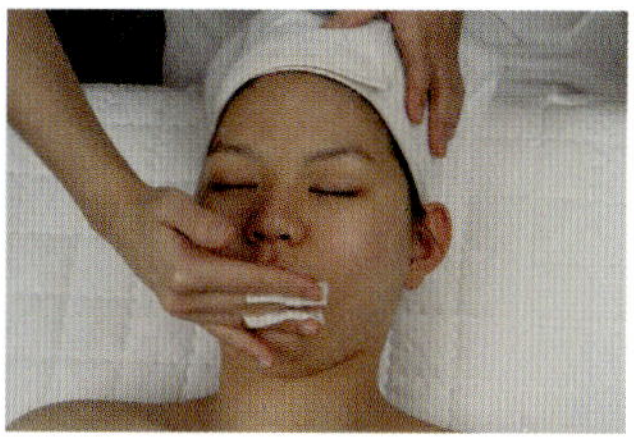

그림 2

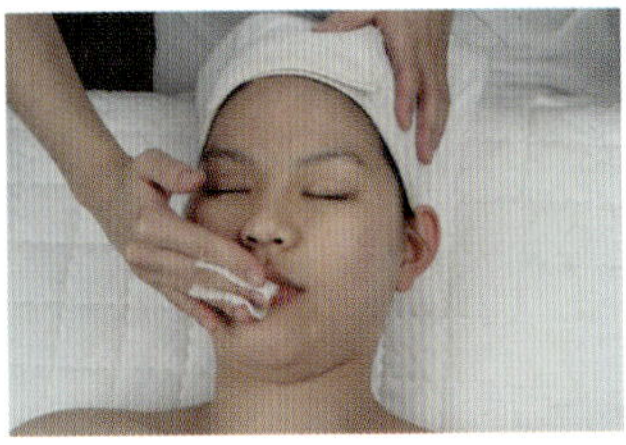

그림 3

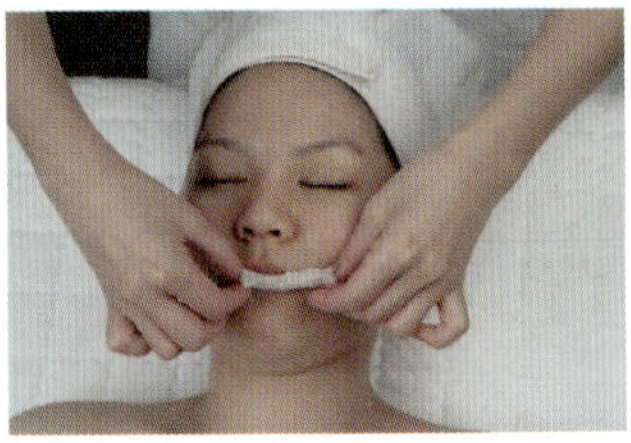

그림 4

3. 클렌징

<시험관련 클렌징 주의사항>

① 제품을 얼굴과 데콜데(상부)까지 전체적으로 도포한 후 문지르기는 2~3분정도 유지한다.
② 손을 이용한 테크닉을 보기 위함이므로 손을 이용하여 도포한다.
③ 해면 테크닉 전 티슈를 이용한 보조작업을 할 수 있다.
④ 동작은 신속하고 부드럽게 하며 능숙하지만 강하고 자극적이지 않아야 한다.
⑤ 사용한 코튼이나 해면을 다시 클렌징 부위에 재사용하지 않아야 한다.
⑥ 클렌징제가 얼굴의 화장을 잘 분해하도록 손을 이용하여 문지른다.

<클렌징 순서>

① 클렌징 제품도포 : 양손으로 클렌징제를 믹스한 후, 목을 스치듯 내려가 데콜데까지 제품도포하기

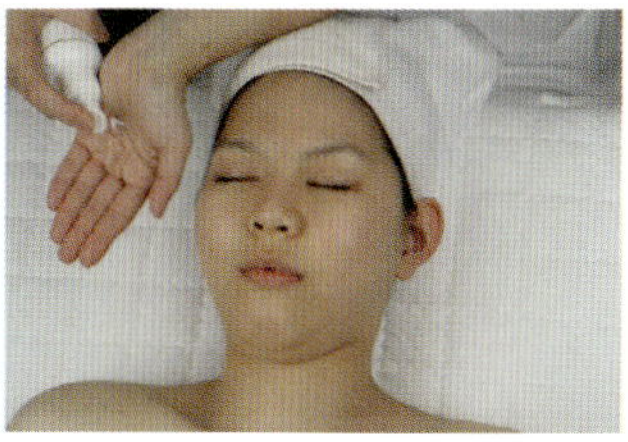

그림 1

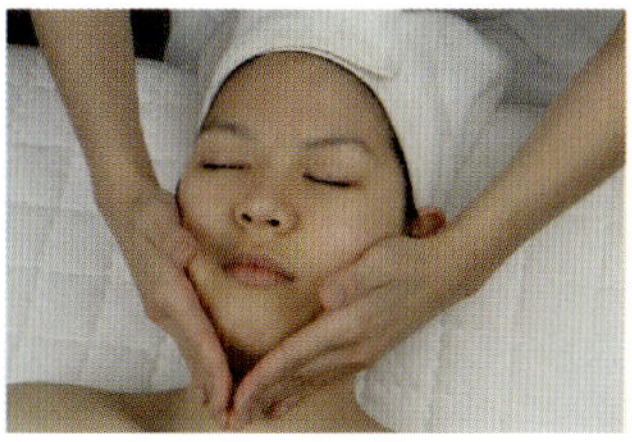

그림 2

② 데콜데에 손가락 전체를 이용하여 원 그리기 및 손바닥 전체로 쓸어주기 반복하기

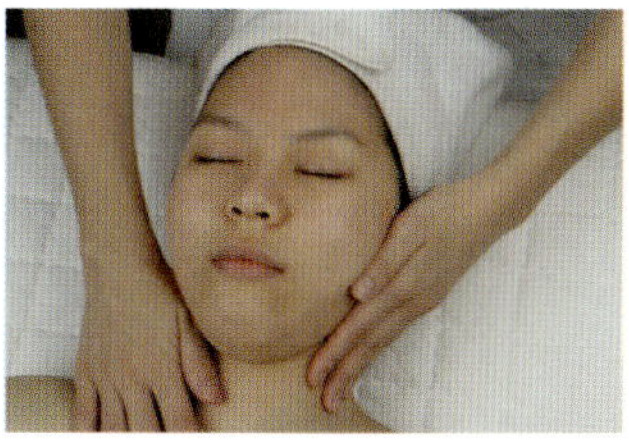

그림 1

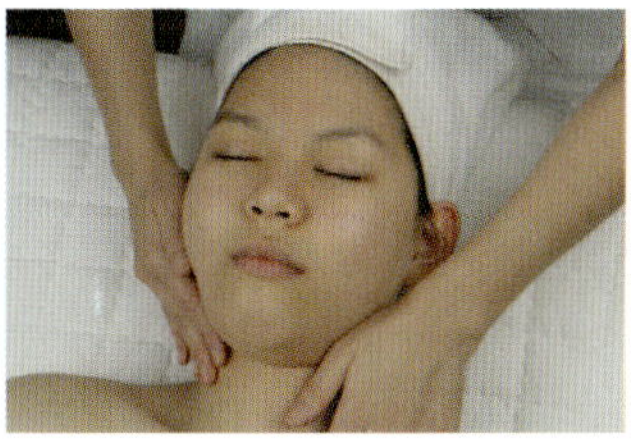

그림 2

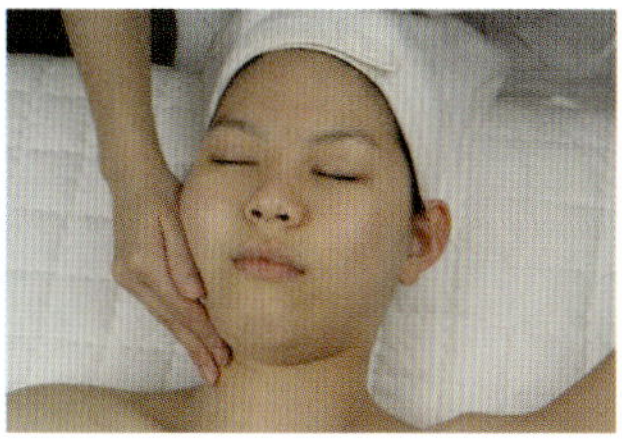

그림 3

③ 다시 목을 쓸며 올라가고(이때는 목을 여러 번 쓸어준다.)

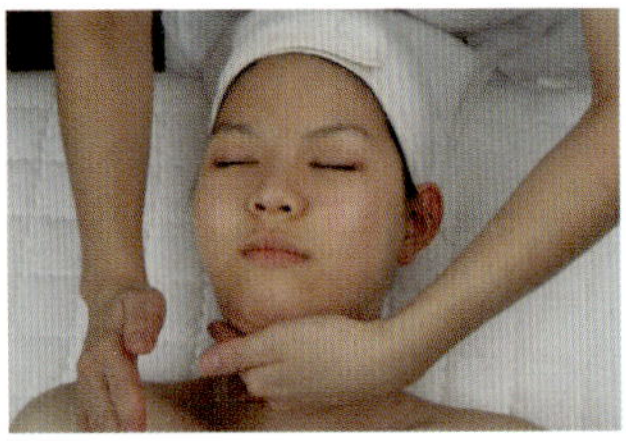

그림 1

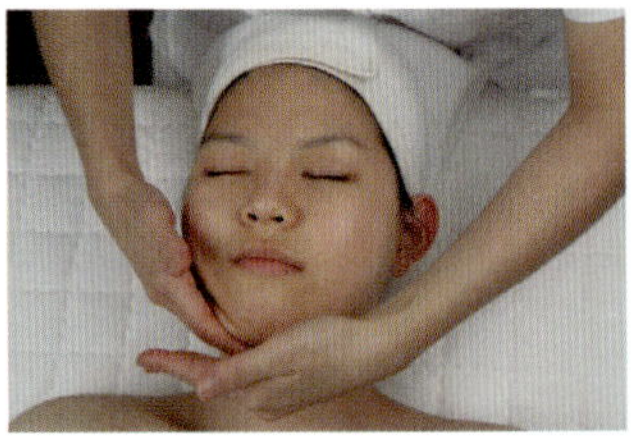

그림 2

④ 턱부터 원 그리기(귓볼을 향해 반복한다.)

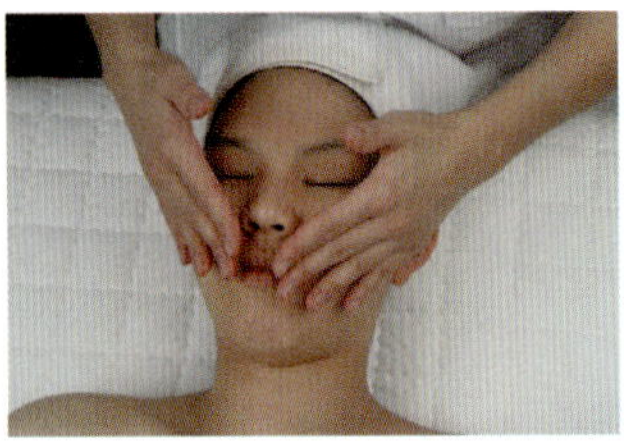

그림 1

⑤ 볼 부위 원 그리기(2등분하여 작은 원을 여러 번 그린 후 손가락 전체를 이용하여 큰 원 그리기 반복하기)

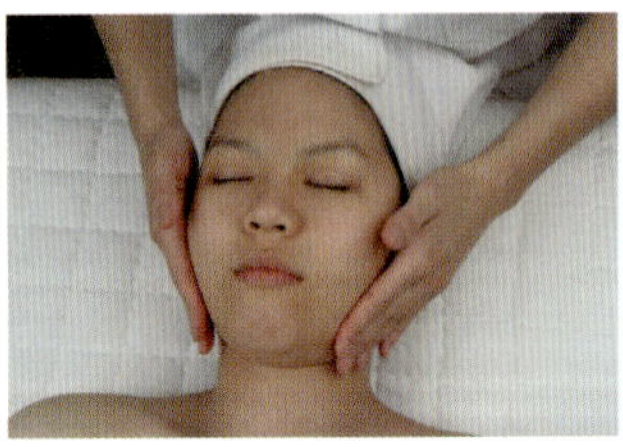

그림 1

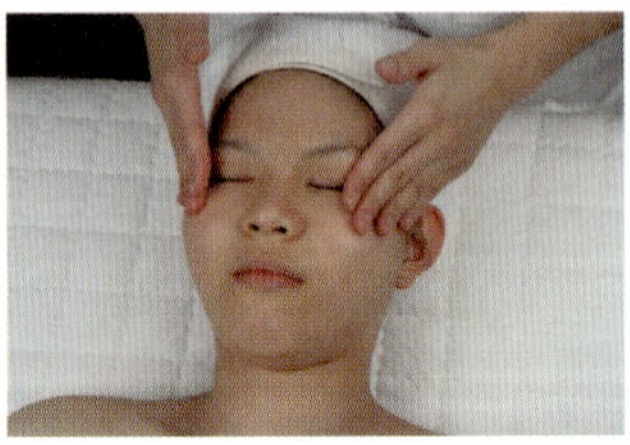

그림 2

⑥ 콧볼 원 그리기

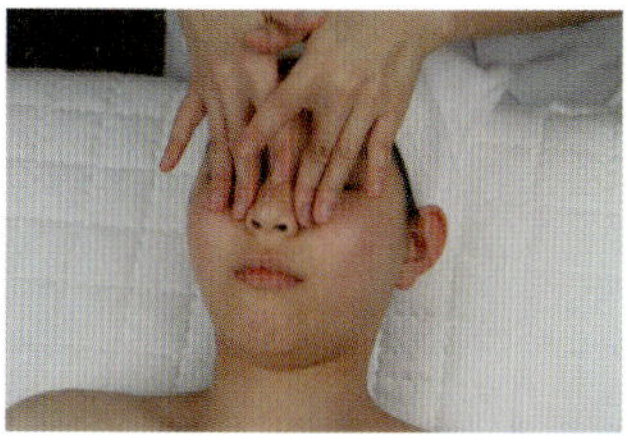

그림 1

⑦ 코벽과 콧등 쓰다듬기

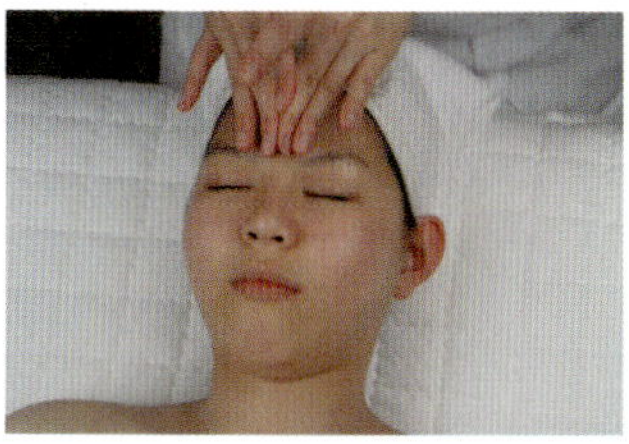

그림 1

⑧ 눈 주위 써클하기

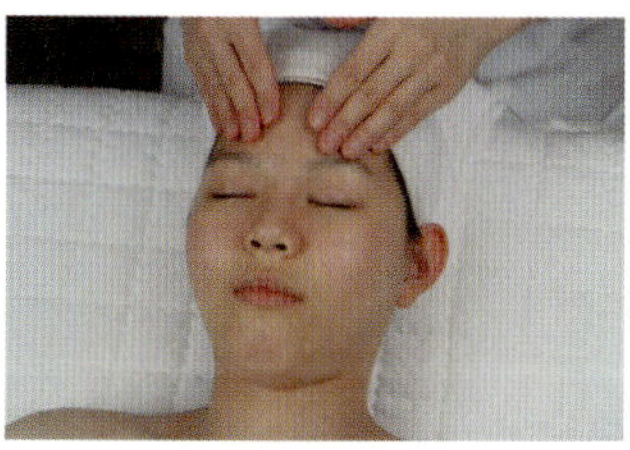

그림 1

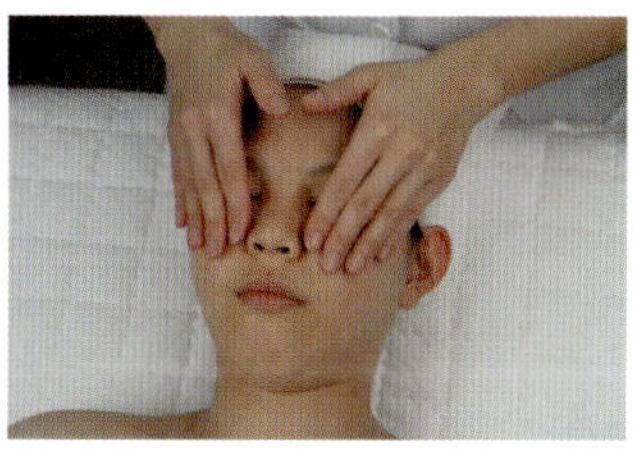

그림 2

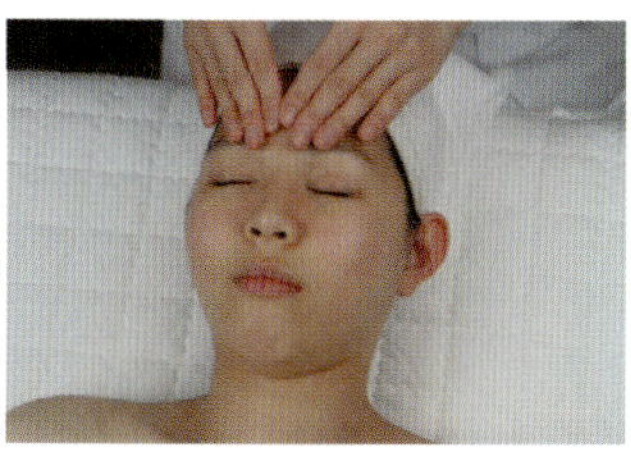

그림 3

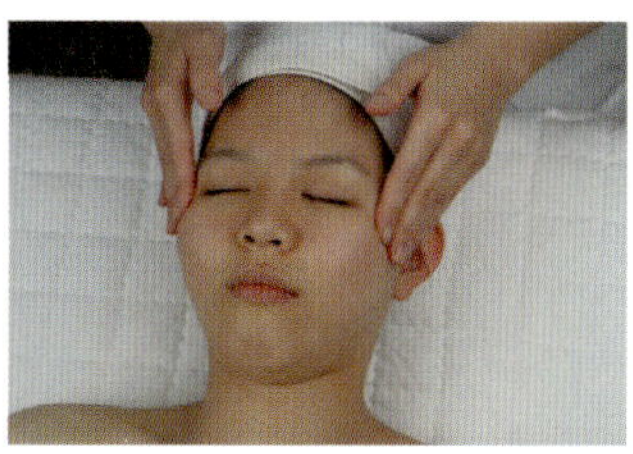

그림 4

⑨ 이마 원 그리기 → 이마 가로로 쓰다듬기

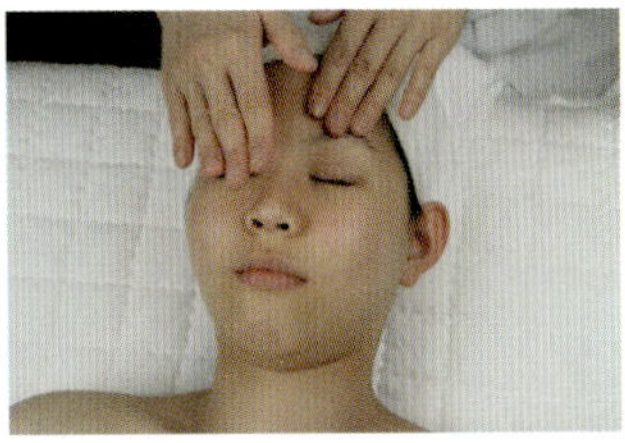

그림 1

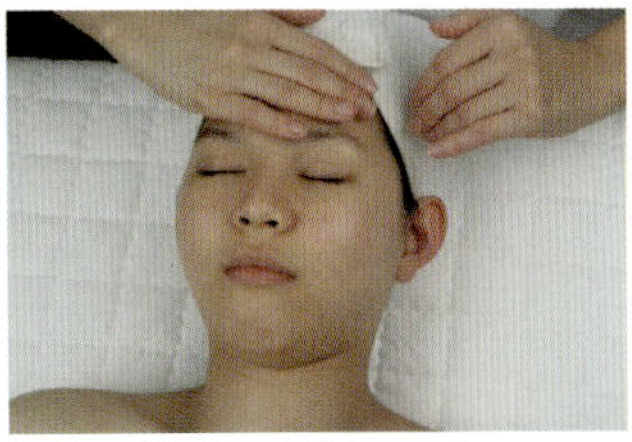

그림 2

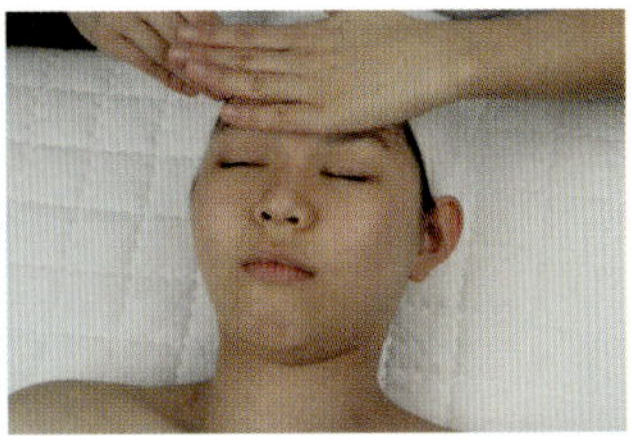

그림 3

⑩ 귀 앞으로 내려와 턱에서 마무리하기

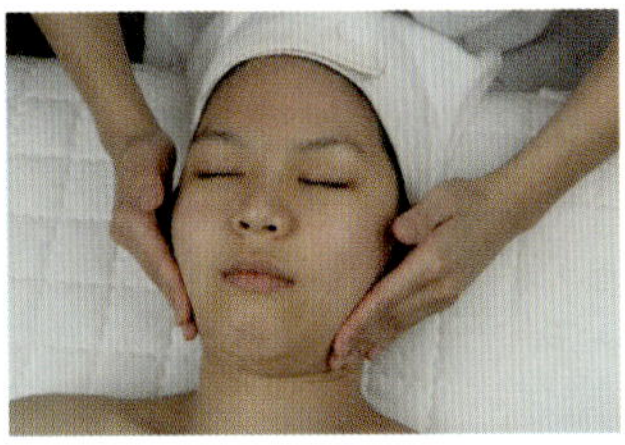

그림 1

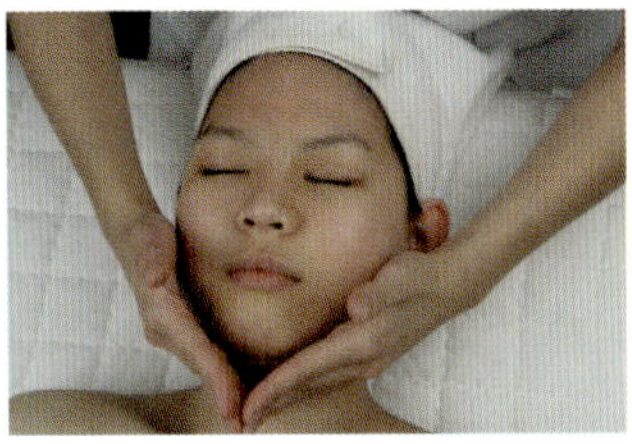

그림 2

4. 티슈 사용법

티슈의 사용은 클렌징제의 유분기를 제거하기 위함이다.

[티슈 사용법 순서]

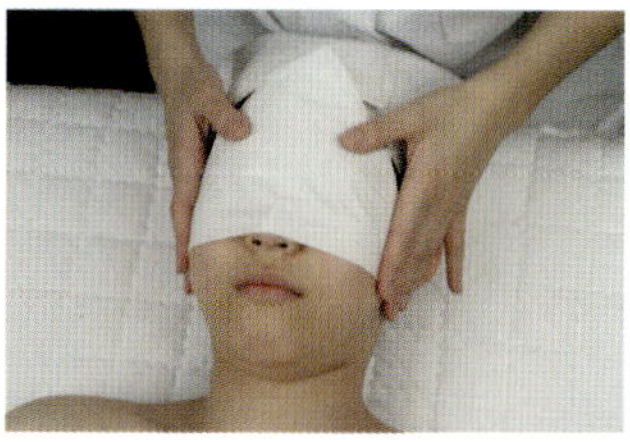
그림 1

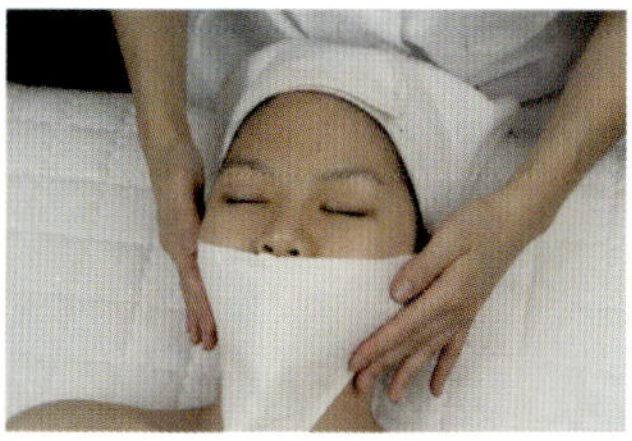
그림 2

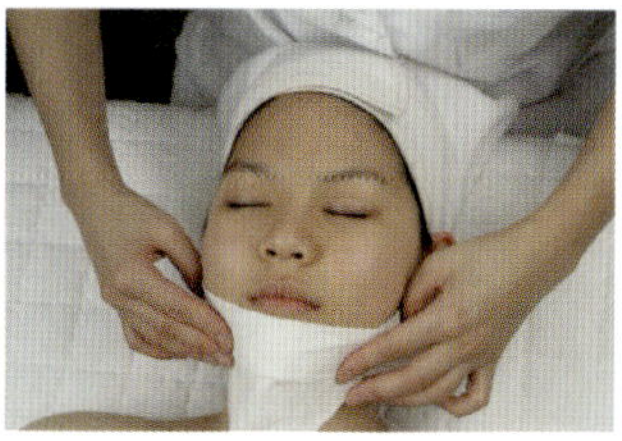
그림 3

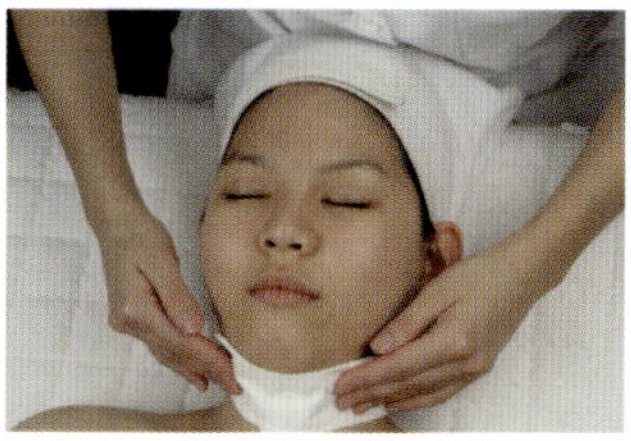
그림 4

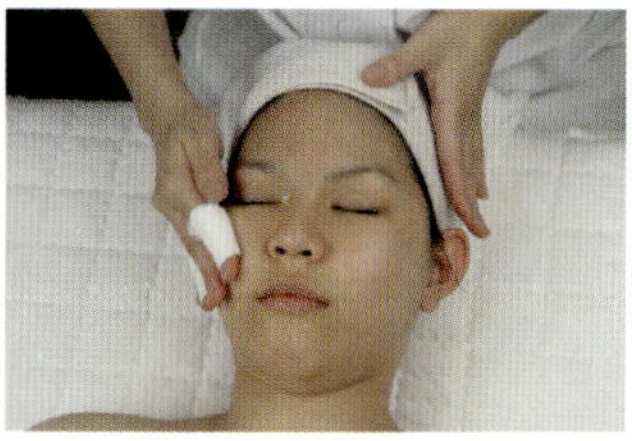
그림 5

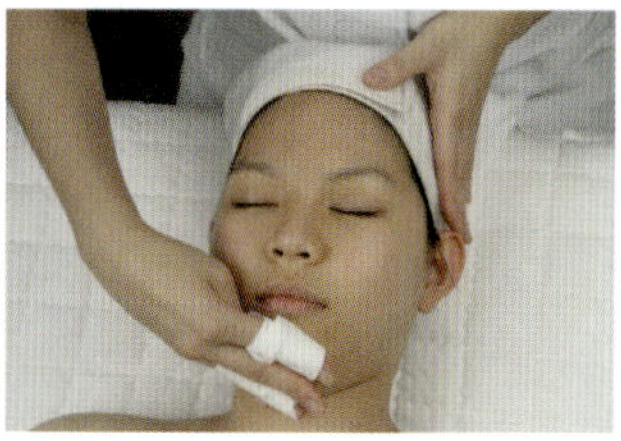
그림 6

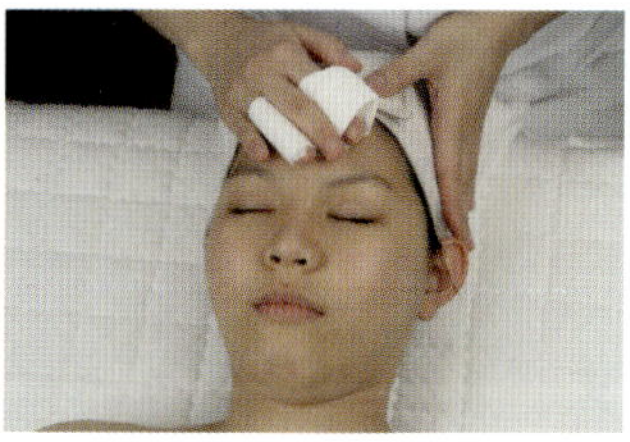
그림 7

5. 해면

1) 주의사항

① 클렌징 후 미지근한 물에 적신 해면을 이용하여 클렌징 후에 남아있는 잔여물을 닦아 낸다.

② 해면은 부드러운 천연소재가 좋으며, 너무 크거나 작으면 사용에 불편이 있으므로 적당한 크기를 선택한다.

③ 물기를 알맞게 조절하고, 해면을 깨끗한 면으로 돌려가며 닦아낸다.

④ 여드름 피부나, 염증성 병변이 있는 피부를 시술할 때는 1회용 면 패드를 사용한다.

2) 순서

<해면 사용법>

① 눈 부분을 지그시 누른 후 관자놀이 방향으로 닦아낸다.

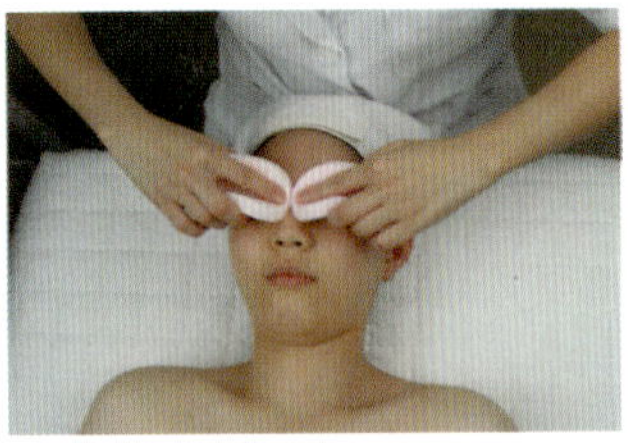

그림 1

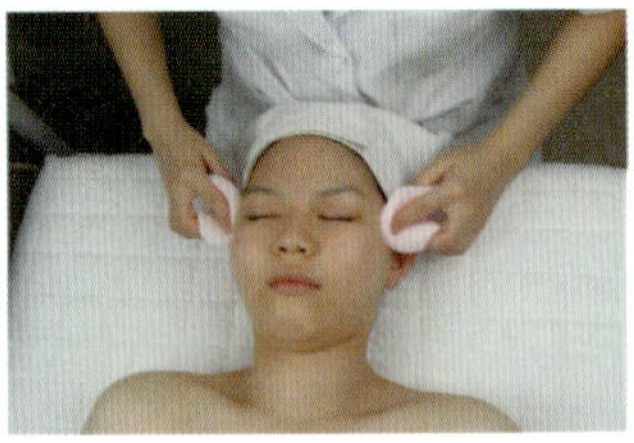

그림 2

② 이마 부분을 3등분하여 중앙에서 사선으로 관자놀이 방향으로 닦는다.

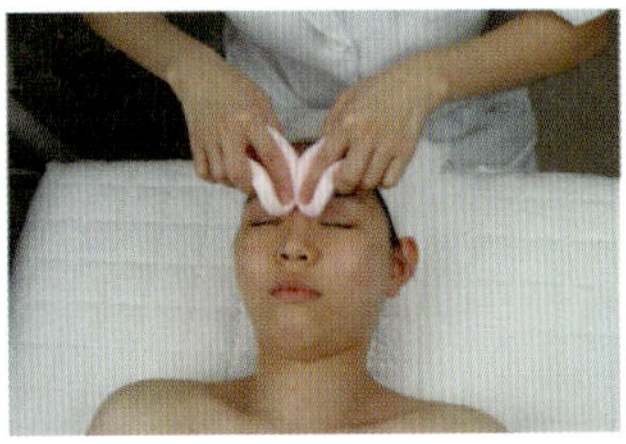

그림 1

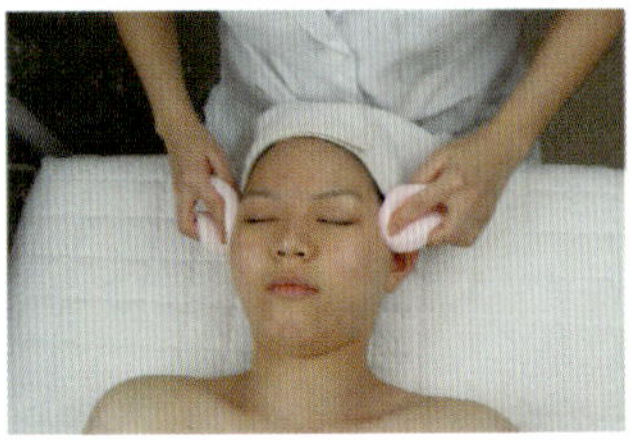

그림 2

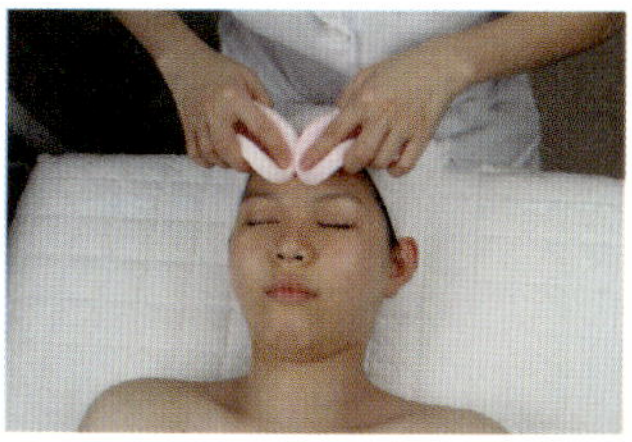

그림 3

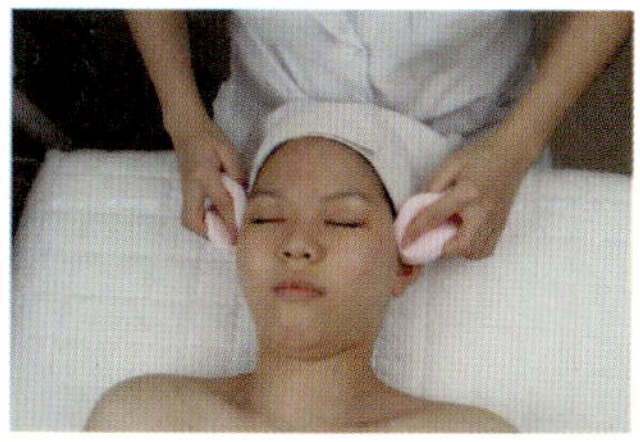

그림 4

③ 콧등, 코벽, 코볼을 닦는다.

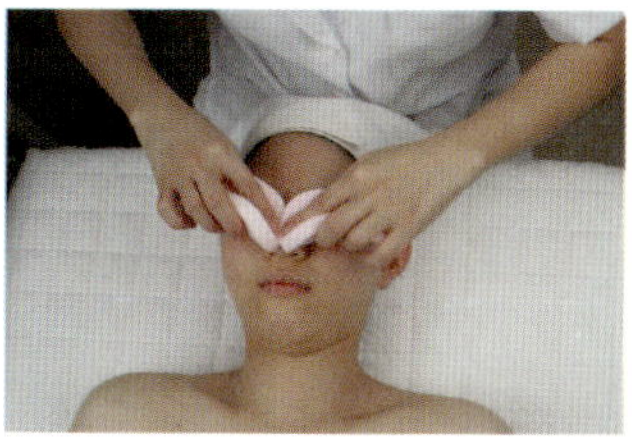

그림 1

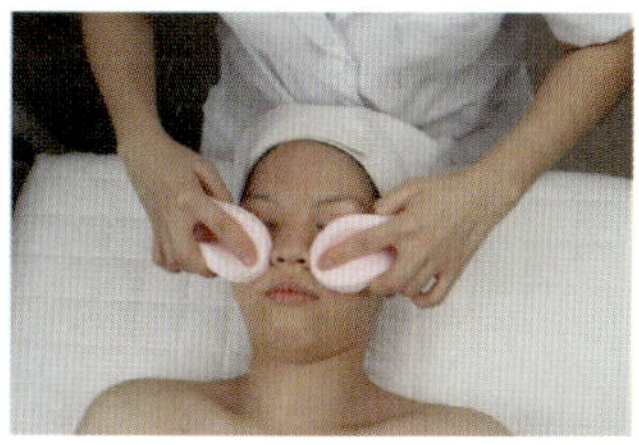

그림 2

④ 양 볼을 삼등분하여 안쪽에서 바깥쪽으로 닦는다.

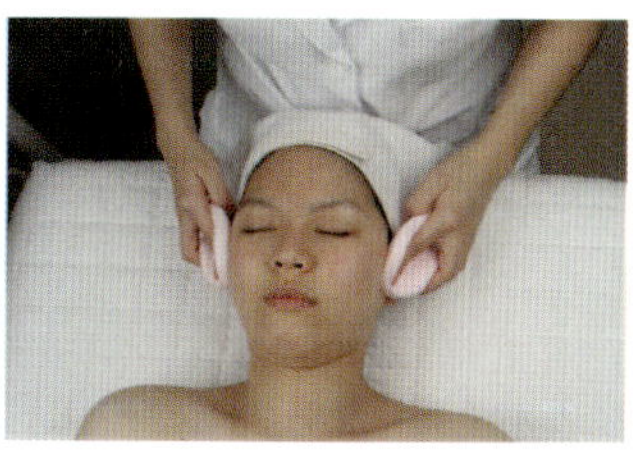

그림 1

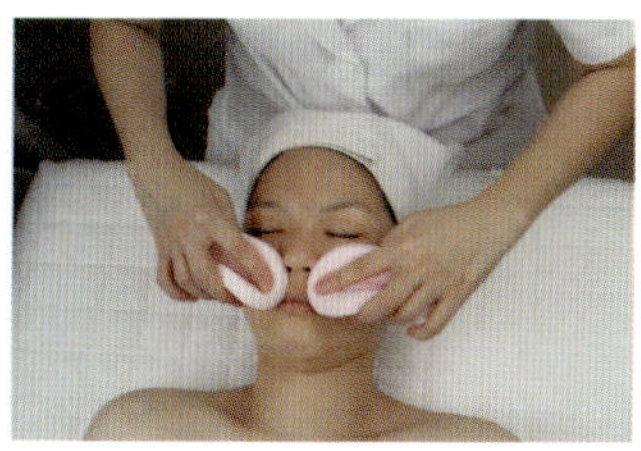

그림 2

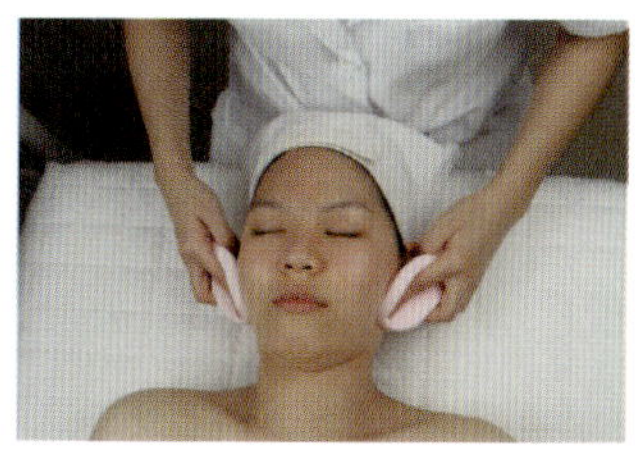

그림 3

⑤ 입술 주변과 인중, 턱 부위를 닦는다.

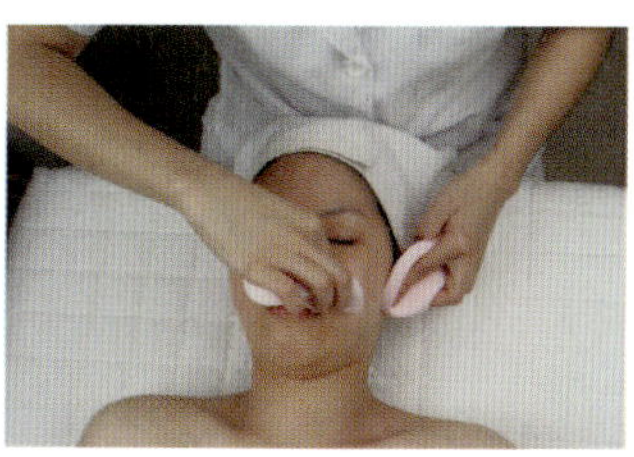

그림 1

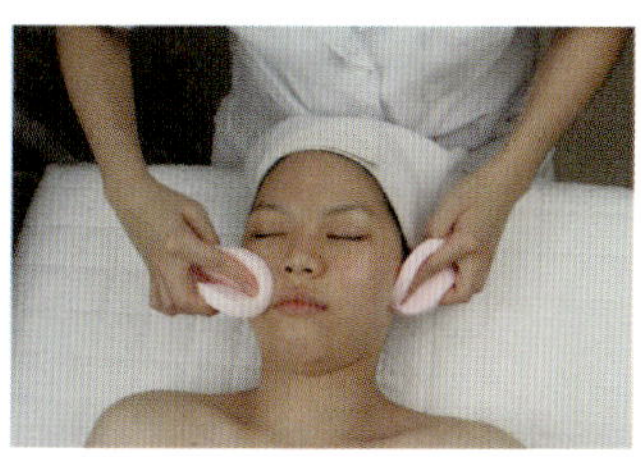

그림 2

그림 3

그림 4

⑥ 목과 가슴에서 어깨선을 따라 닦는다.

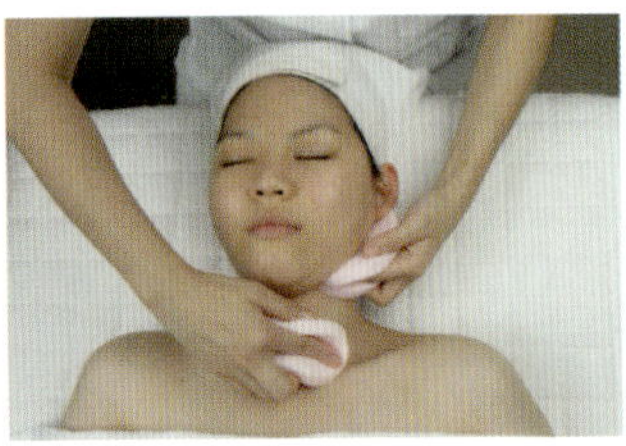

그림 1

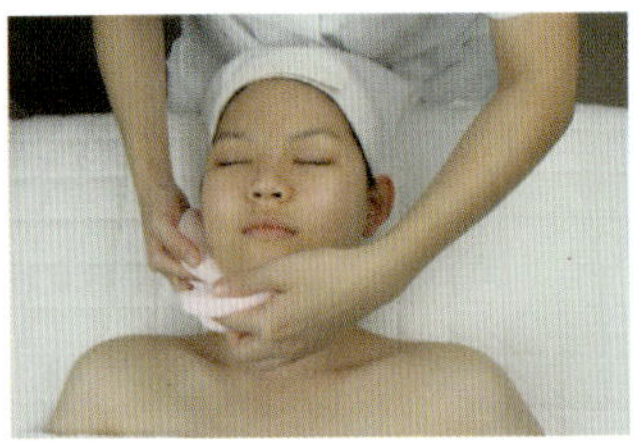

그림 2

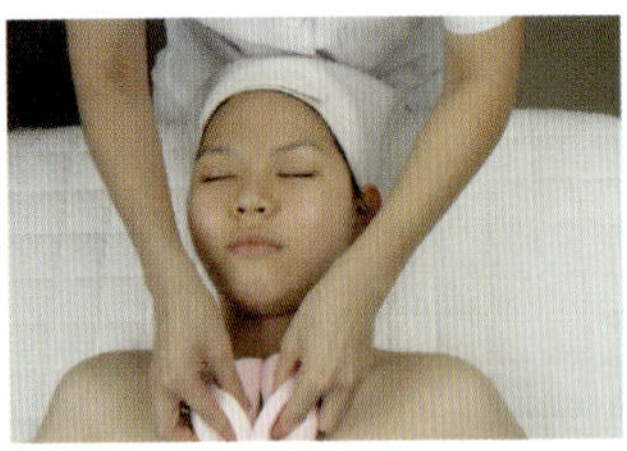

그림 3

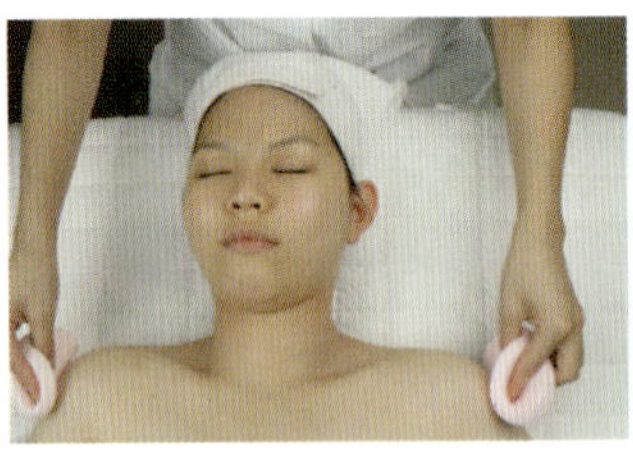

그림 4

⑦ 목의 측면을 연결하여 귀 앞 점까지 깨끗하게 닦는다.

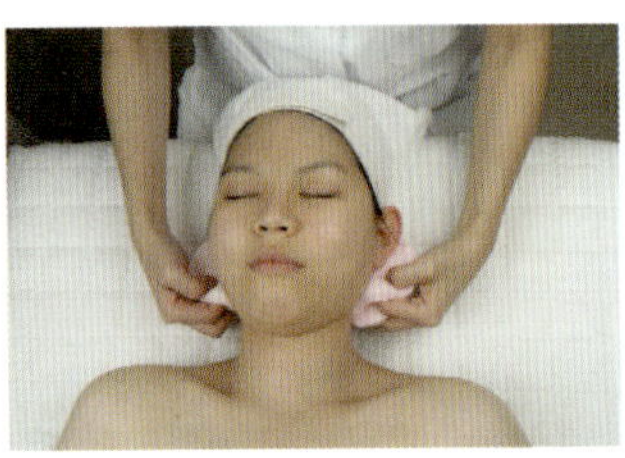

그림 1

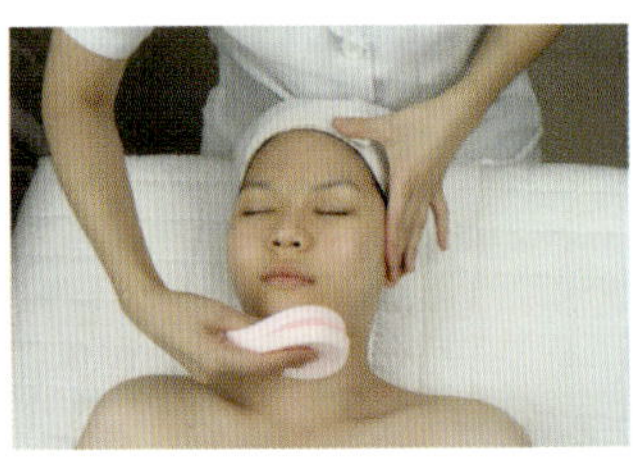

그림 2

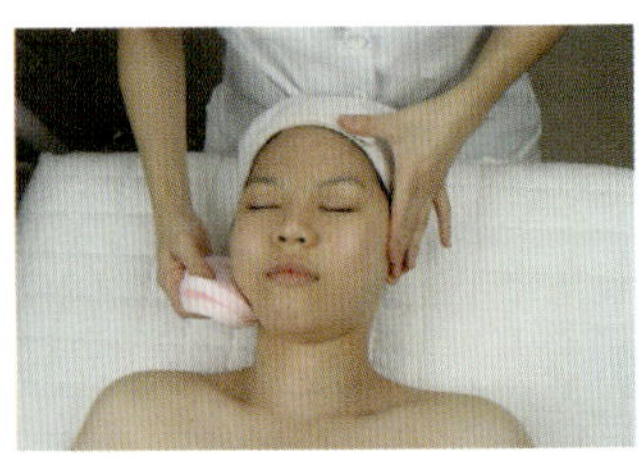

그림 3

6. 습포

1) 목적

① 피부 관리과정 중 잔여물을 닦거나 각 단계마다 필요할 때 사용한다.

② 온 습포 : 따뜻한 습포로 피부표면의 노폐물과 노화된 각질의 제거를 용이하게 하며 모공을 확장, 혈액순환을 촉진시켜 피부를 깨끗하고 부드럽게 만들어 준다.

③ 냉 습포 : 차가운 습포로 피부 관리의 진정단계 또는 마무리 단계에 사용한다.

2) 주의사항

① 온 습포와 냉 습포를 필요의 목적에 따라 구분하여 사용한다.

② 온도에 주의하며 반드시 적절한 온도를 체크한 후 고객에게 적용한다.

③ 피부에 자극 없이 부드럽게 닦는다.

3) 사용방법 및 순서

<습포 사용법>

① 온습포는 반으로 접어 3등분하여 온장고에 넣어둔다.

② 온습포 사용 전 관리사가 온도체크를 한 후 손님 콧등을 타고 서서히 내린다.

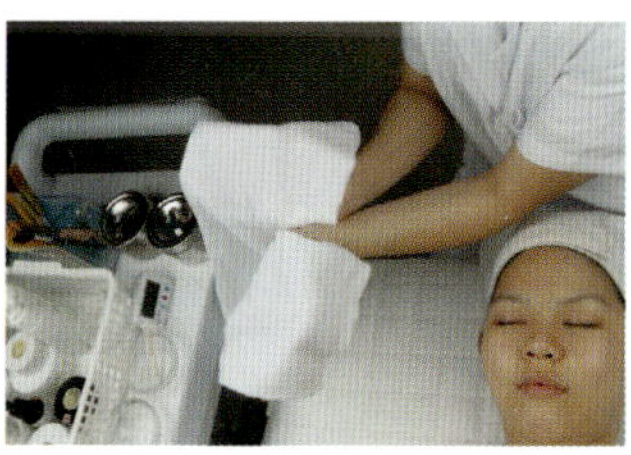

그림 1

③ 코밑에 습포를 놓고 타월을 삼각형으로 접는다.

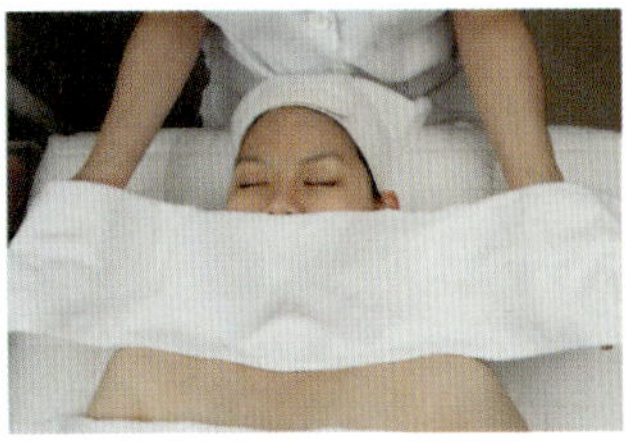
그림 1

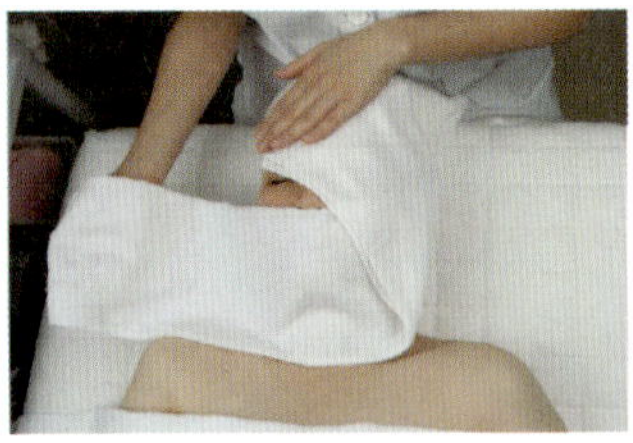
그림 2

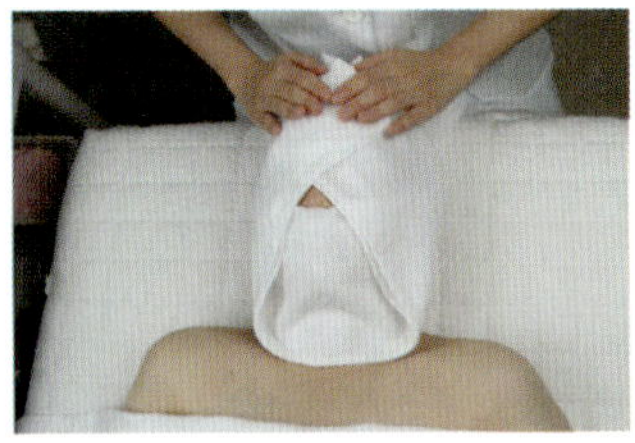
그림 3

④ 양손을 모아 이마와 양볼을 지긋이 눌러준다.

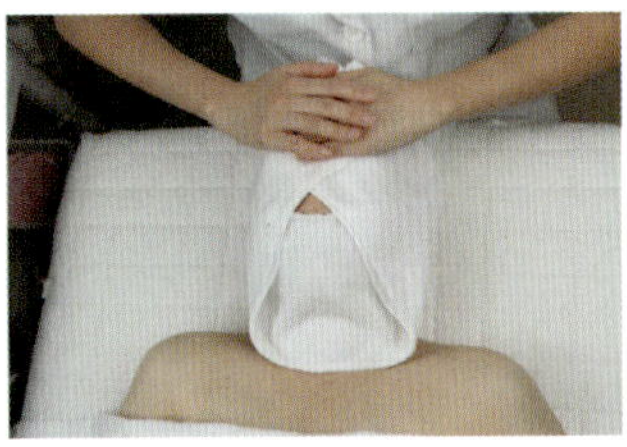
그림 1

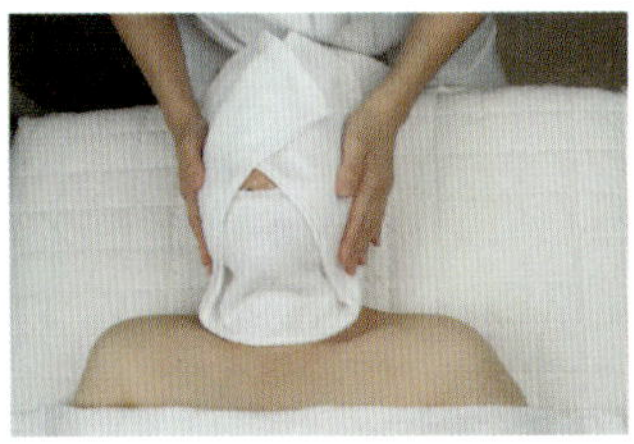
그림 2

⑤ 해면과 같은 방법으로 사용한 수건의 면을 돌려가며 부드럽게 닦는다.

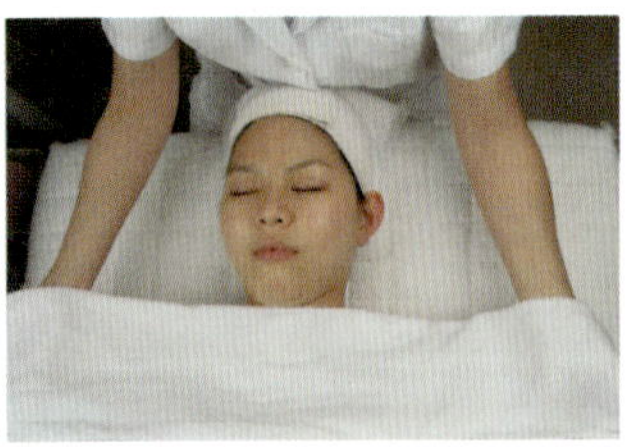
그림 1

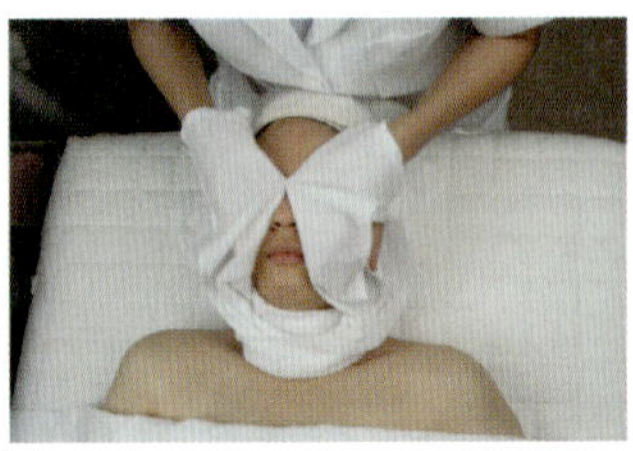
그림 2

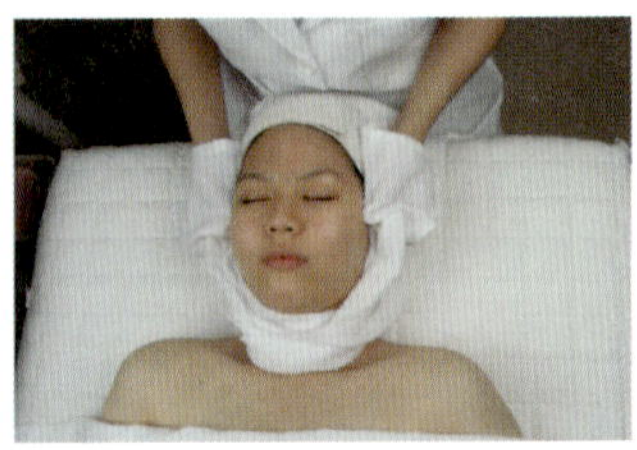
그림 3

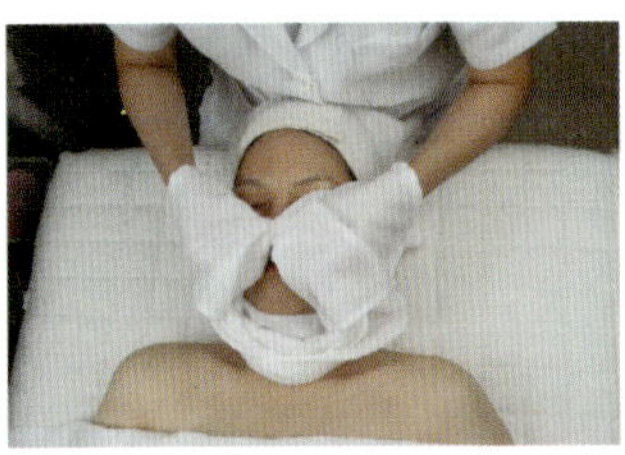
그림 4

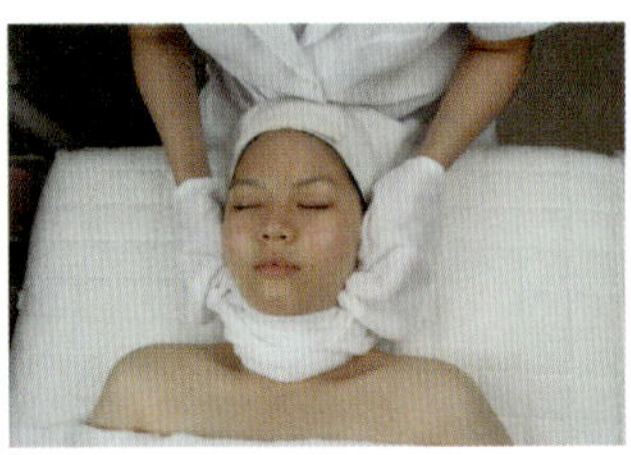
그림 5

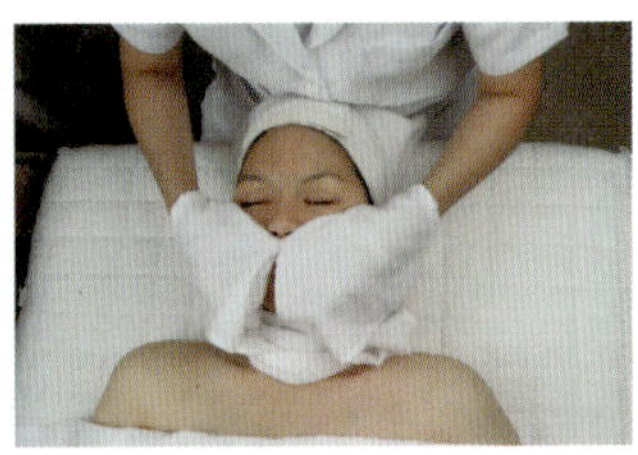
그림 6

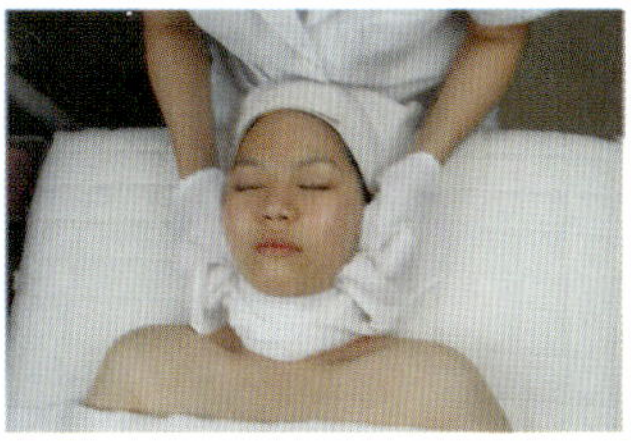

그림 7

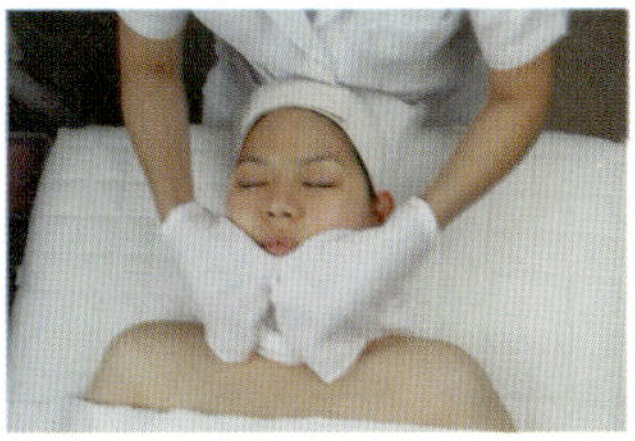

그림 8

⑥ 아래턱을 닦은 후 수건을 반으로 접어서 다리미 형태로 손에 끼워서 목 → 가슴 → 어깨 → 귀까지 깨끗하게 닦아준다.

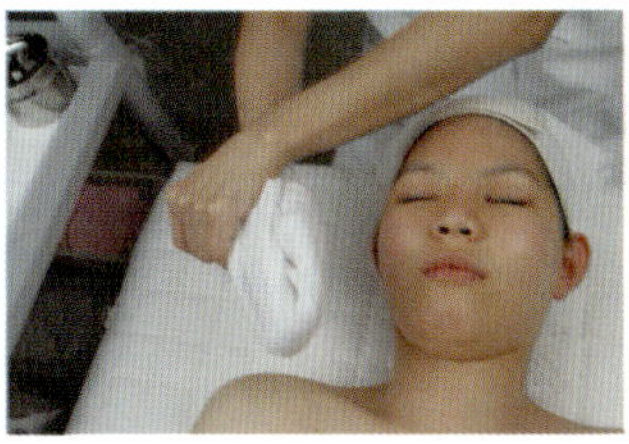

그림 1

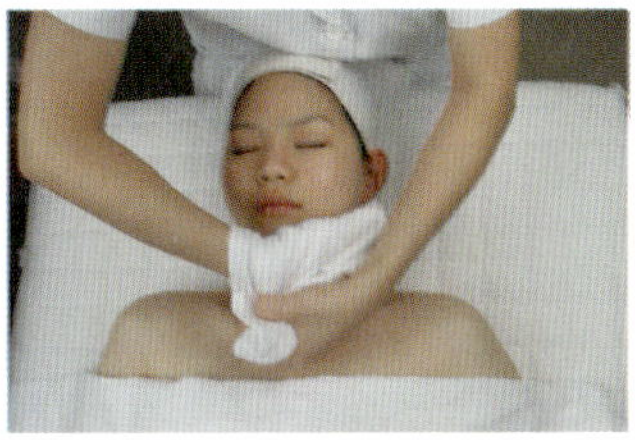

그림 2

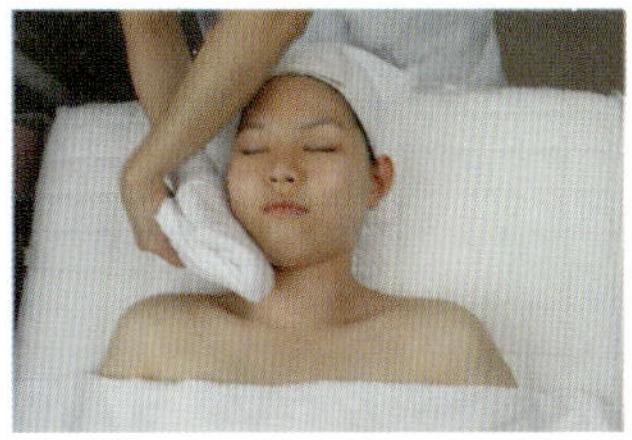

그림 3

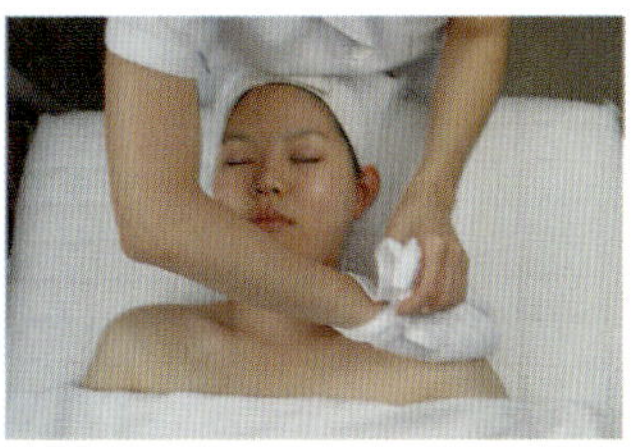

그림 4

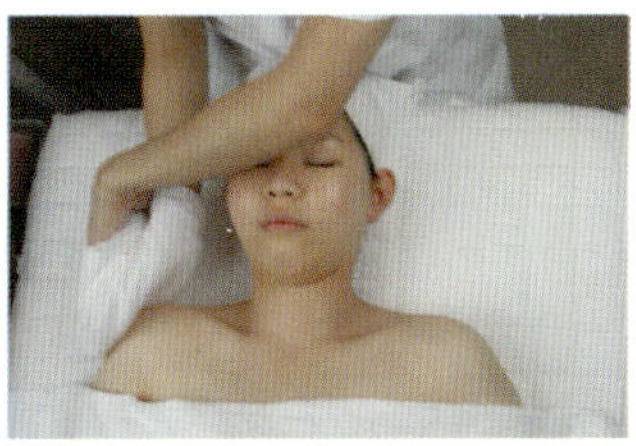

그림 5

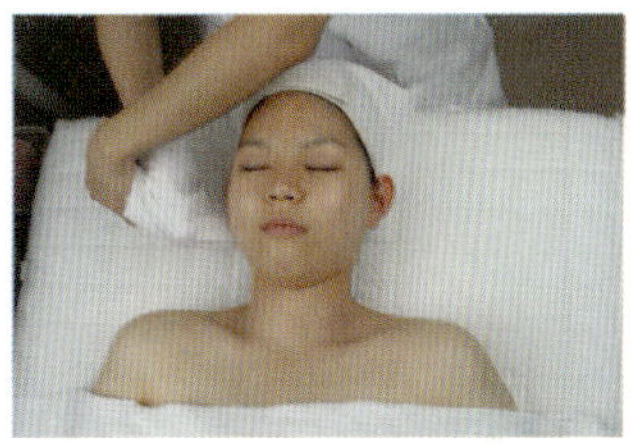

그림 6

7. 토너

1) 목적

① 피부에 남아있는 클렌징 제품의 잔여물을 닦아낸다.
② 각질층에 수분공급 및 피부 생리작용을 조절한다.
③ 세안 후 불균형 상태의 피부의 pH 밸런스를 조절한다.
④ 트리트먼트의 첫 보습단계로 피부를 매끄럽게 하고 유연성을 향상시킨다.
⑤ 모공과 피부의 일시적인 긴장과 수축효과를 준다.

2) 사용방법

① 클렌징 후 화장 솜에 화장수를 충분히 묻혀서 얼굴을 반으로 나누어 안에서 밖으로 얼굴의 근육의 결을 따라 발라준다.
② pH 밸런스를 맞추어 주고 잔여물을 제거하기 위해 중지에 끼워 사용한다.
③ 손으로 가볍게 고타법으로 두드려 주듯이 침투시킨다.

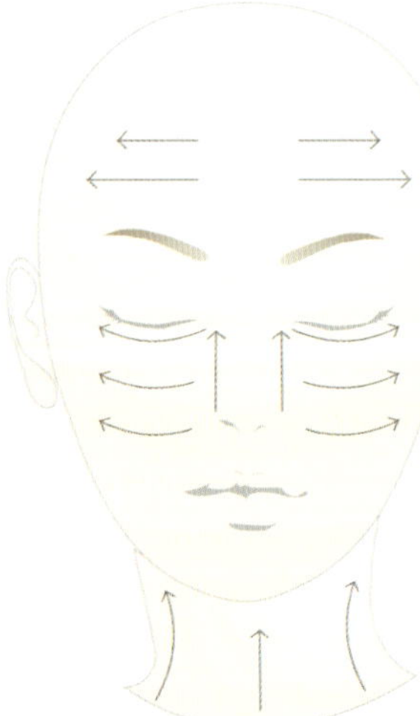

그림 3. 화장수 사용방법

3) 사용 순서

① 화장수를 화장솜에 적당량 도포한다.
② 오른쪽 눈아래, 눈두덩이, 오른쪽 눈썹, 이마 순서로 도포한다.

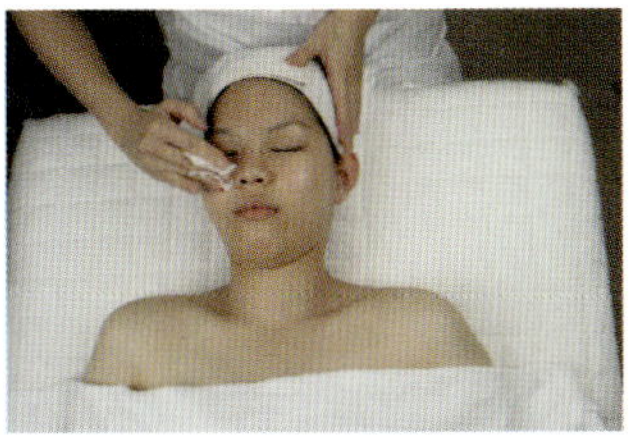
그림 1

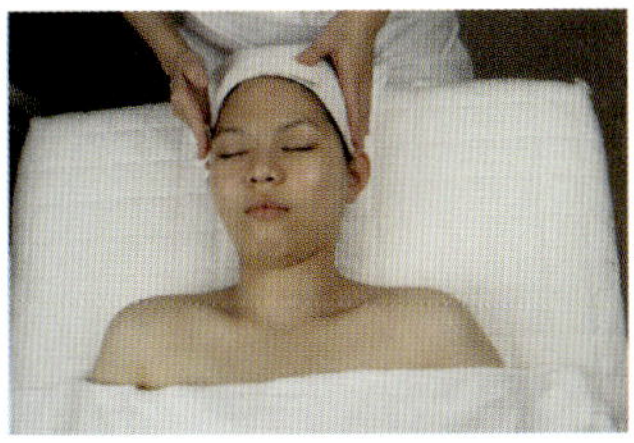
그림 2

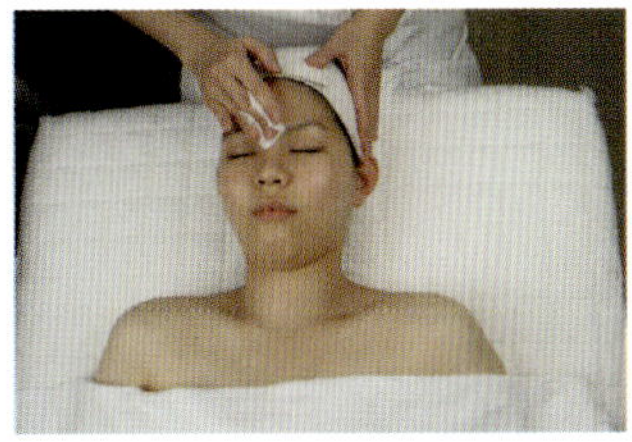
그림 3

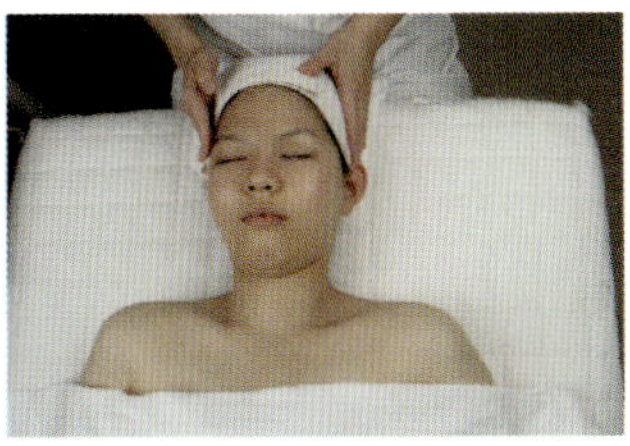
그림 4

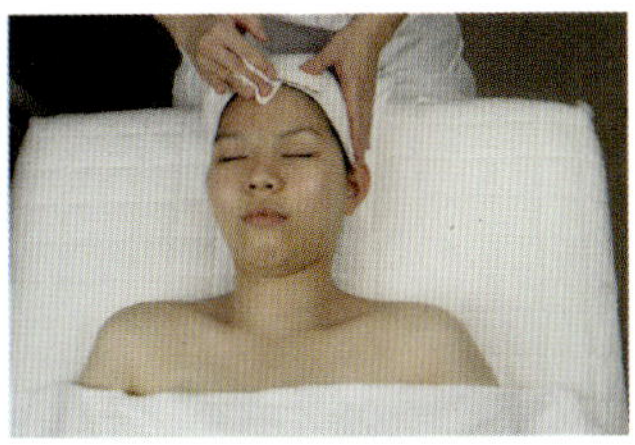
그림 5

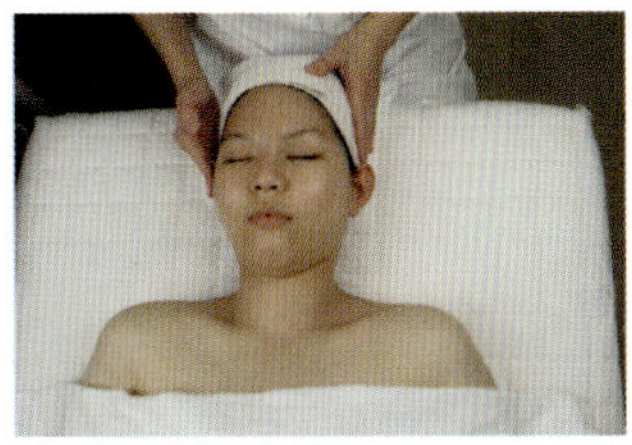
그림 6

③ 오른쪽 볼과 턱 주위에 도포한다.

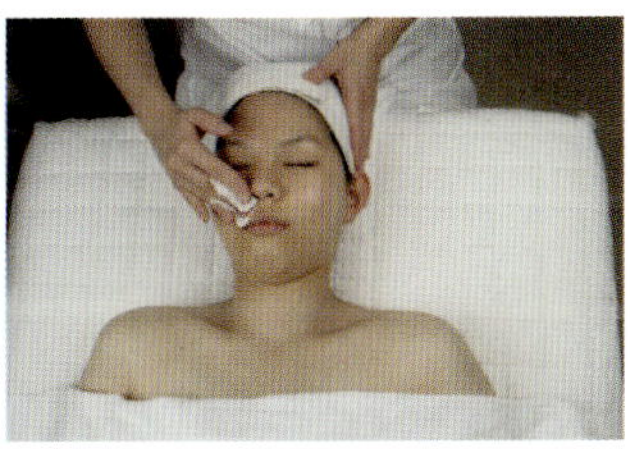
그림 1

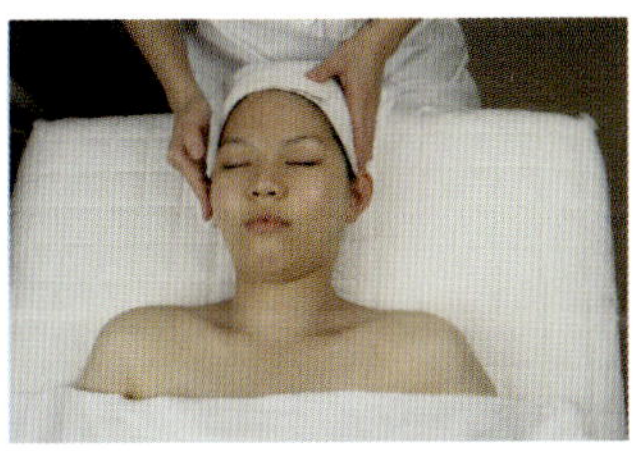
그림 2

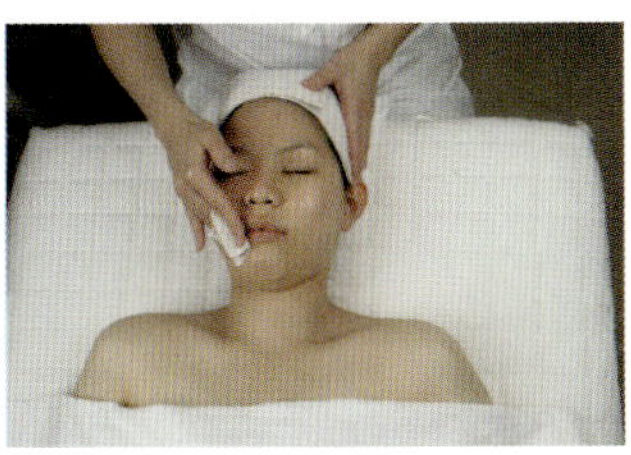
그림 3

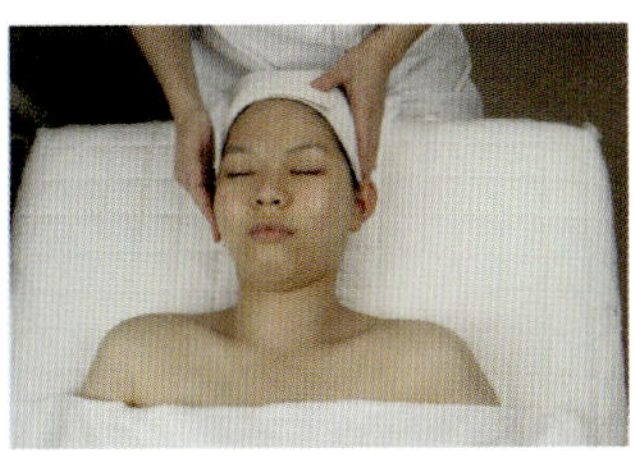
그림 4

④ 턱선을 따라 왼쪽으로 이동한 후에 왼쪽 볼과 코 부위에 도포한다.

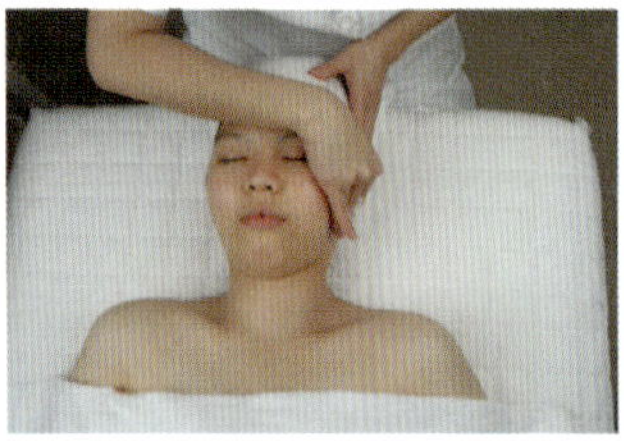
그림 1

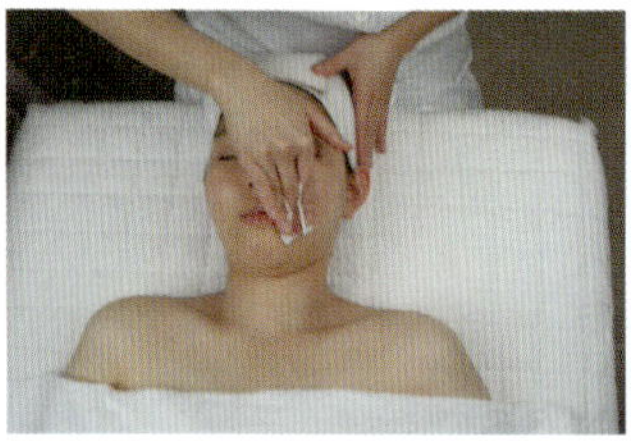
그림 2

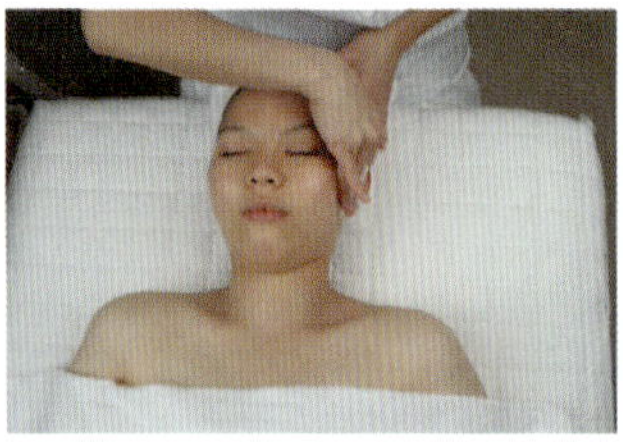
그림 3

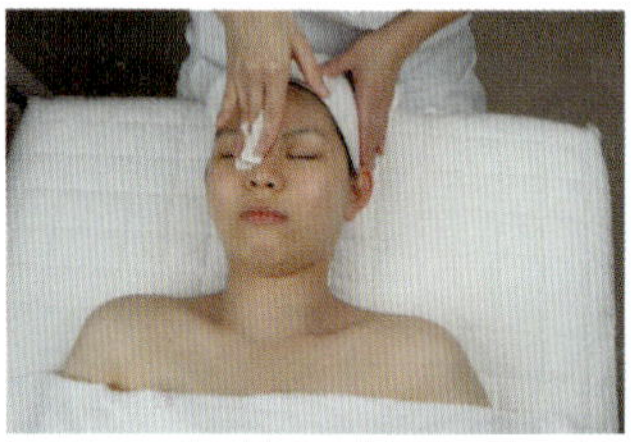
그림 4

⑤ 왼쪽 눈 주위에 도포한 후에 왼쪽 이마로 연결하여 도포한다.

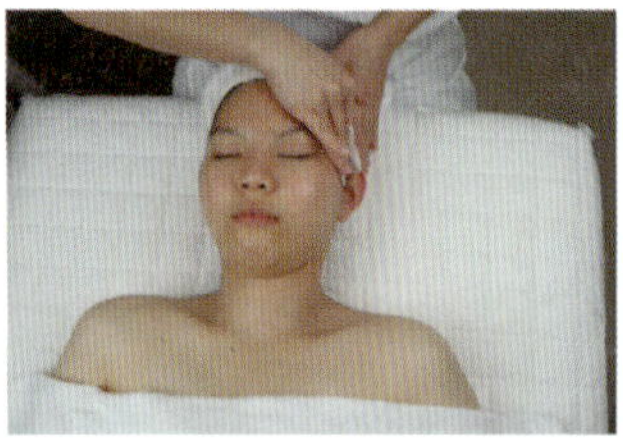
그림 1

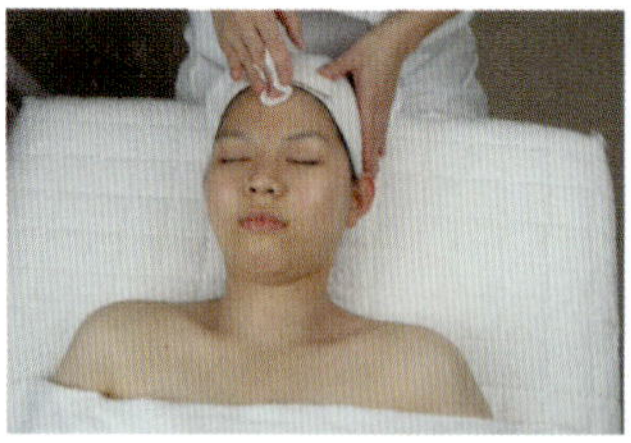
그림 2

그림 3

⑥ 턱선과 데콜테에 토너를 고루 도포한 후에 마무리 한다.

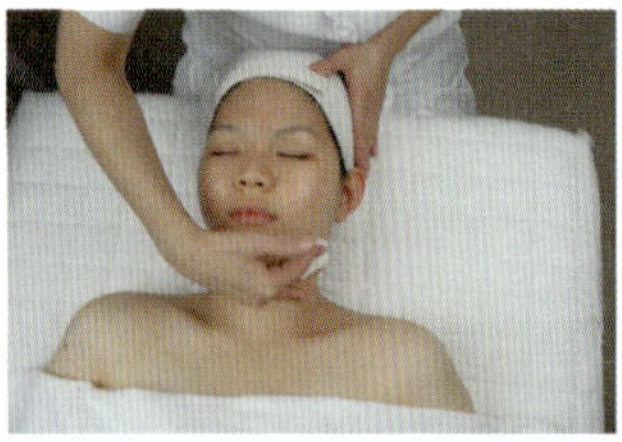
그림 1

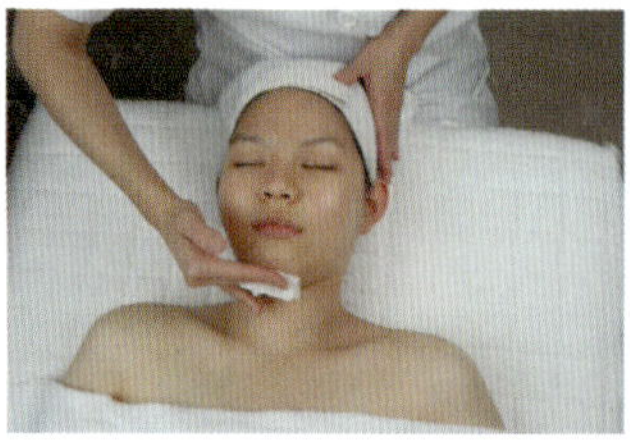
그림 2

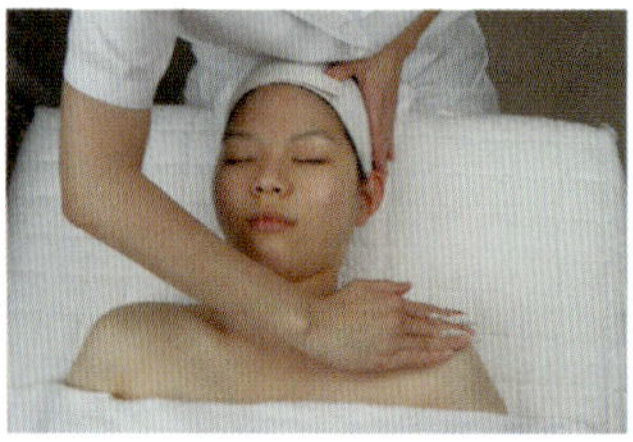
그림 3

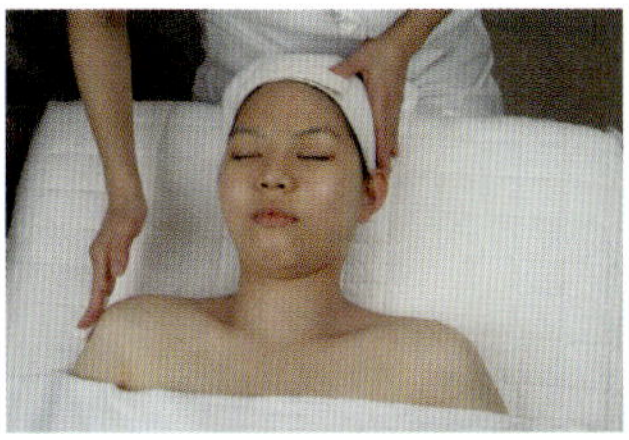

그림 4

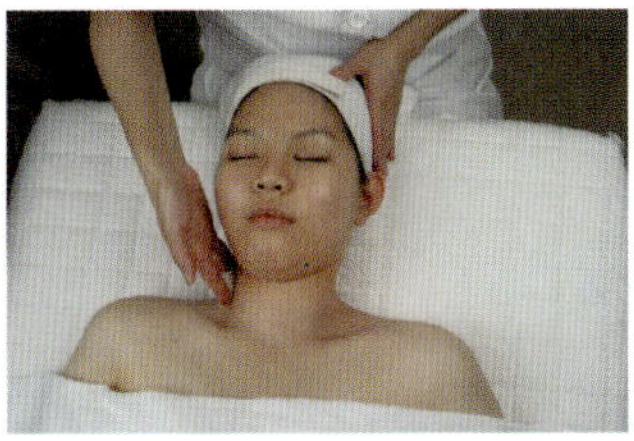

그림 5

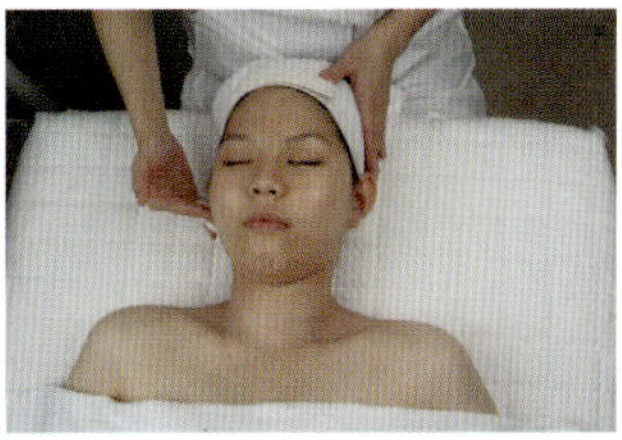

그림 6

<클렌징 동영상>

8. 눈썹정리

1) 눈썹정리용 도구

가위, 칼, 미용솜, 알코올, 족집게, 브러시

2) 주의해야 할 사항

① 눈썹 정리 도구(수정가위, 족집게, 면도날)를 반드시 소독하여 사용한다.
② 상처가 나지 않도록 해야 한다.
③ 얼굴 형태에 맞도록 눈썹모양을 잡아 자연스럽게 정리한다.

3) 눈썹모양 만들기

① 눈썹 끝이 처지면 우울해 보이고 힘이 없어 보이므로 처지지 않도록 한다.
② 되도록 눈썹 밑 부분을 중심으로 눈두덩이 부위를 깨끗하게 정리한다.
③ 눈썹 산이나 눈썹 윗부분을 지나치게 정리하지 않도록 한다.
④ 눈썹이 굵고 숱이 많거나 길어서 지나치게 강하게 느껴질 때는 눈썹 빗을 이용하여 수평으로 빗은 후 고정시켜 눈썹 손질 가위로 수직 자르기를 한다.

4) 눈썹의 기본구조

① 눈썹의 시작점은 콧방울과 수직으로 올라간 부분이다.
② 눈썹 산의 위치는 앞머리를 시작점으로 전체 길이의 2/3지점이다.
③ 눈썹의 끝은 눈꼬리를 사선으로 지나 만나는 선이다.

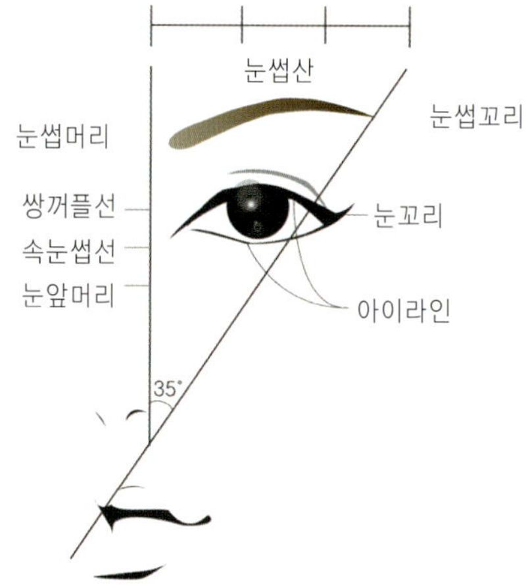

그림 4. 눈썹의 기본 구조

<눈썹정리>

5) 눈썹정리 방법 및 순서

① 눈썹 부분을 소독 한다.

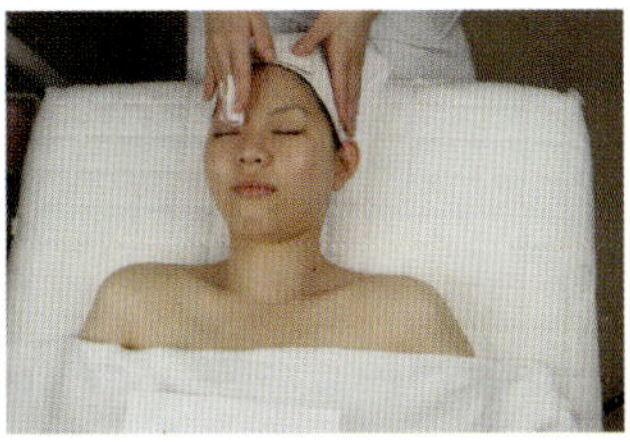

그림 1

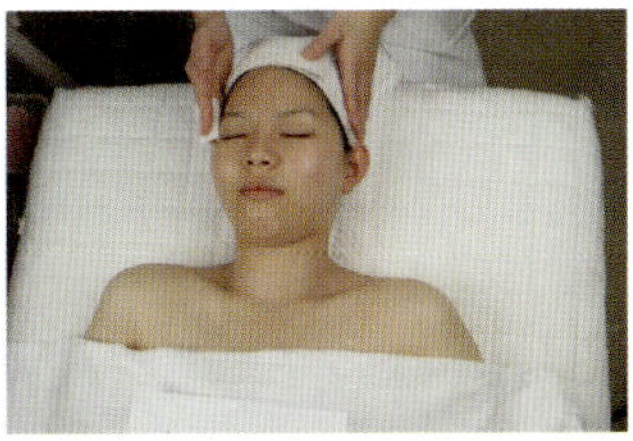

그림 2

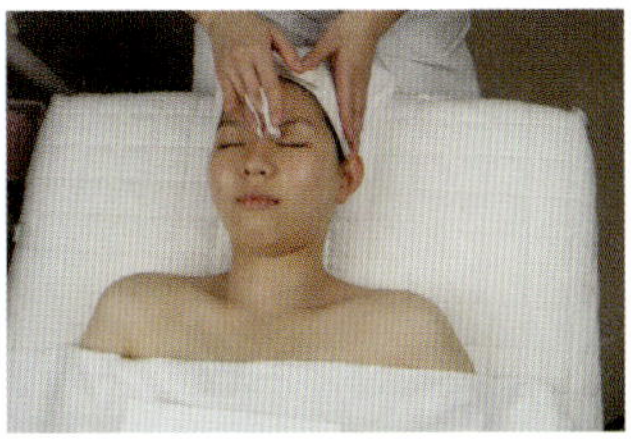

그림 3

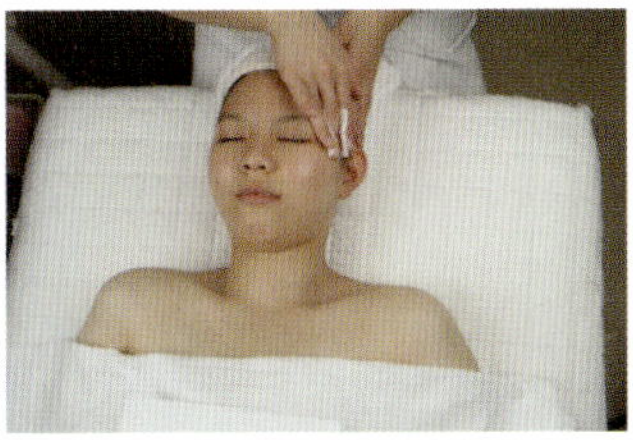

그림 4

② 눈썹 정리 도구를 청결하게 소독한다.

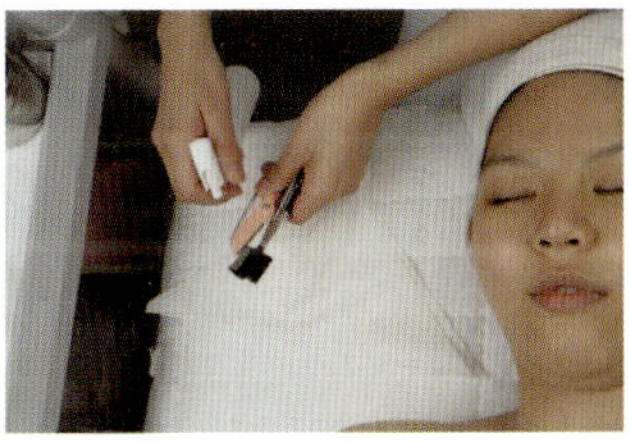

그림 1

③ 족집게를 사용할 때는 눈썹이 난 방향으로 뽑고, 미용 눈썹 칼은 사선으로 잡고 밀어낸다.

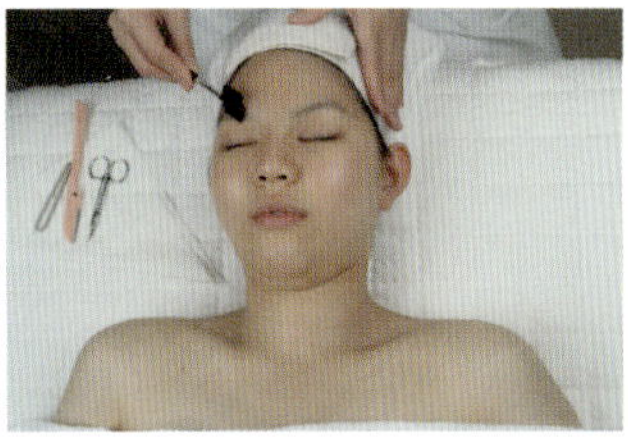

그림 1

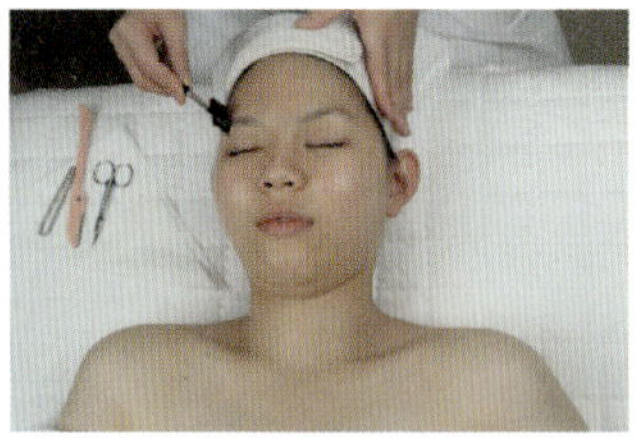

그림 2

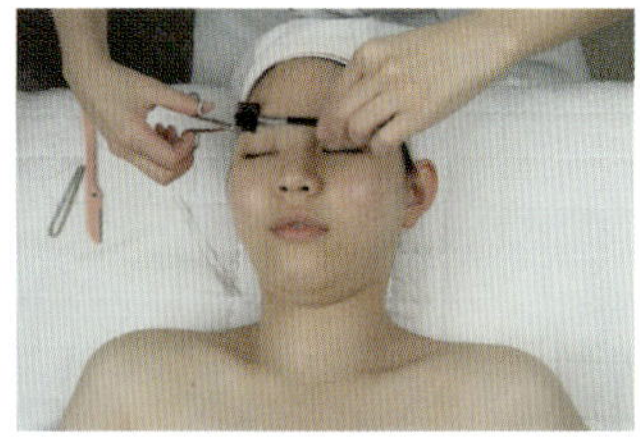

그림 3

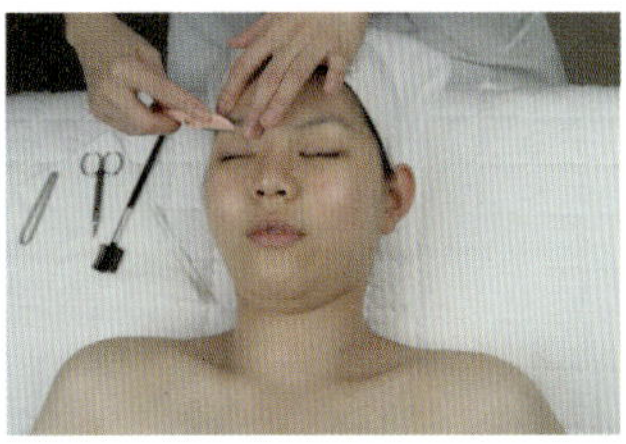

그림 4

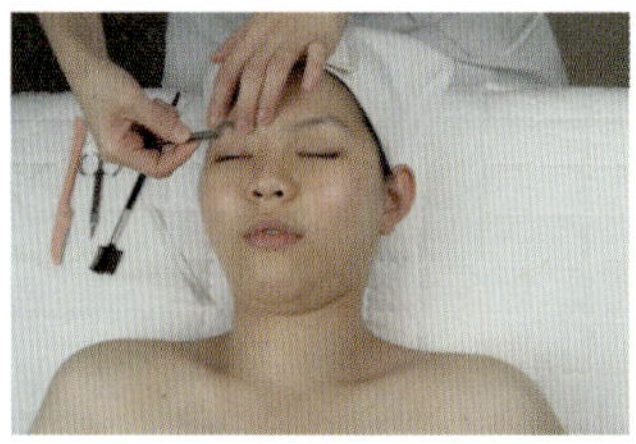

그림 5

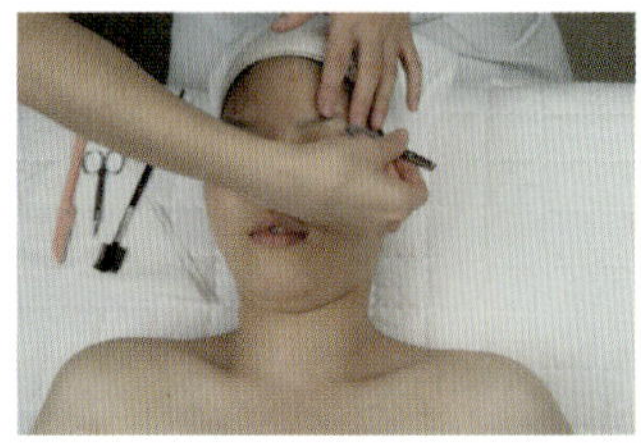

그림 6

④ 소독 솜으로 닦는다.

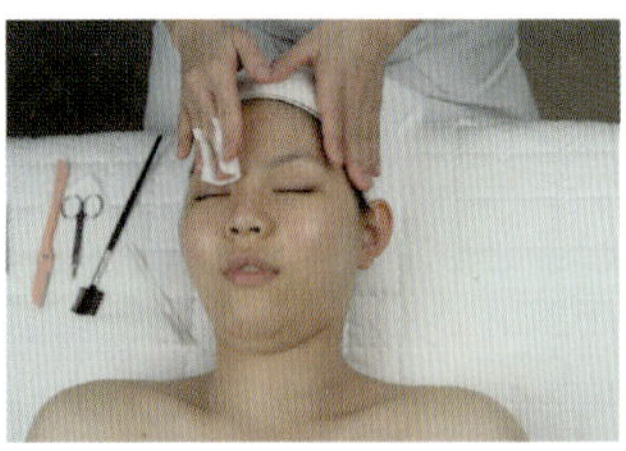

그림 1

제3주차

Skin Treatment

(딥 클렌징 하기-효소, AHA, 고마쥐, 스크럽)

학습목표

※ 4가지 딥 클렌징의 특징과 사용방법을 숙지하고 피부타입에 맞는 제품을 사용하도록 학습한다.

1. 딥 클렌징

1) 목적

① 모공속의 노폐물과 피지를 제거한다.
② 노화되고 각화된 각질을 제거하여 세포의 기능을 촉진시킨다.
③ 다음 단계의 화장품의 효율적 흡수를 도우며 피부표면을 매끄럽게 한다.
④ 혈액순환을 촉진시키고 안색을 정화시킨다.

2) 딥 클렌징의 효능

① 클렌징의 효과가 있다.
② 피부의 불필요한 각질세포를 제거한다.
③ 모공 확장을 억제시킨다.
④ 혈색을 맑게 한다.
⑤ 피지 분비가 정상화 되도록 도와준다.
⑥ 각질을 제거하여 화장품의 침투가 용이하게 한다.

(1) 딥 클렌징 효소

크림타입과 파우더타입이 있고 효소가 주성분으로 효소성분의 발효를 도와 각질을 제거한다. 시간, 온도, 습도를 적절히 조절하여야 한다. 스팀을 분사하거나 스팀 타월을 함께 이용하는 것이 효과적이다. 단백질 분해효소가 함유되어 자극 없이 각질을 제거하므로 여드름피부, 예민 피부에도 사용이 가능하다.

<효소 시술 과정>

[딥클렌징 시술]

① 손 소독을 실시한다.

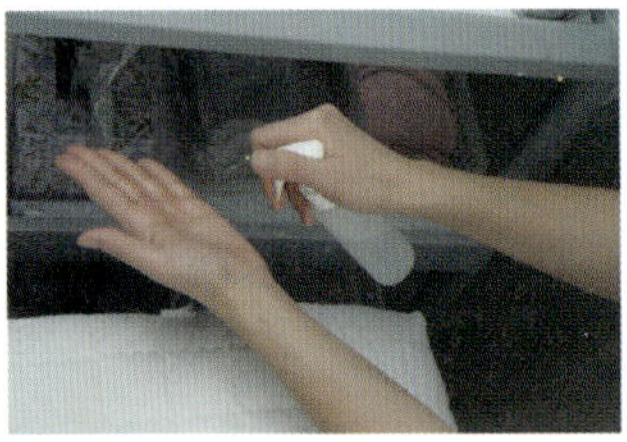

그림 1

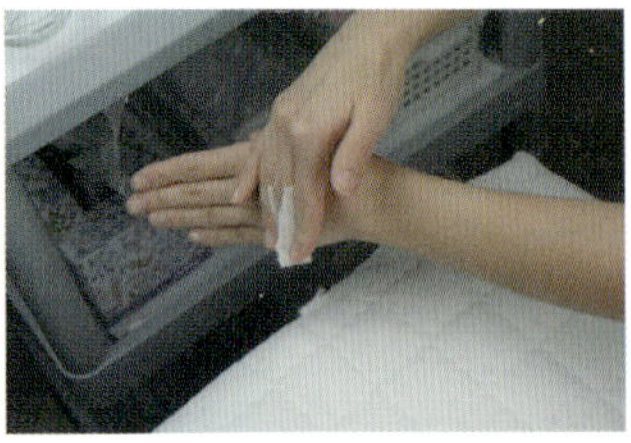

그림 2

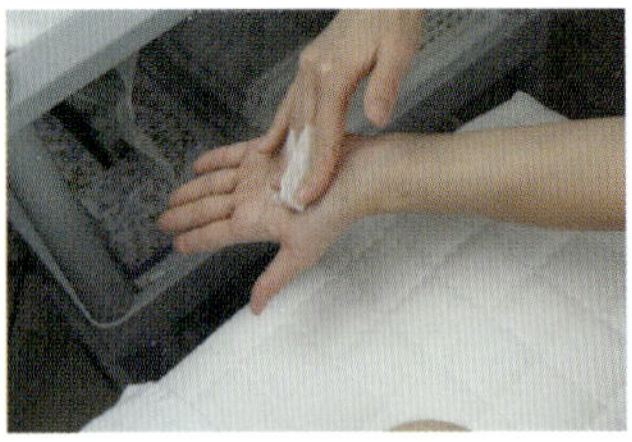

그림 3

② 아이, 립 패드를 먼저 해준다.

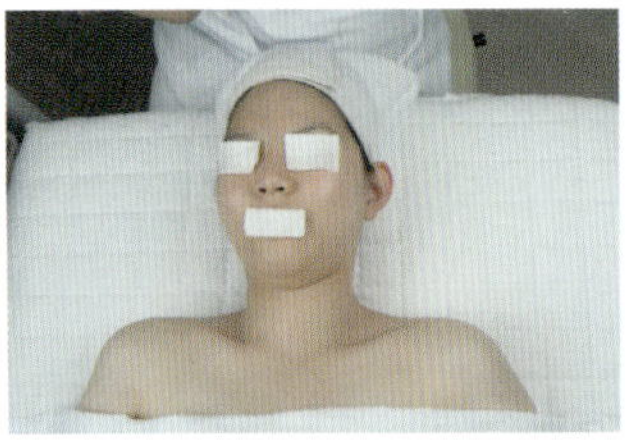

그림 1

③ 유리볼에 적당량의 효소를 덜은 후, 정제수를 배합할 때 너무 묽지 않게 유화시킨다.

그림 1

④ 도포 순서는 근육 결 방향에 맞추어서 붓으로 오른쪽 볼부터 도포한다.
(오른쪽 볼 → 턱선 → 왼쪽 볼 → 인중 → 코 부위 → 이마 순서로 도포한다.)

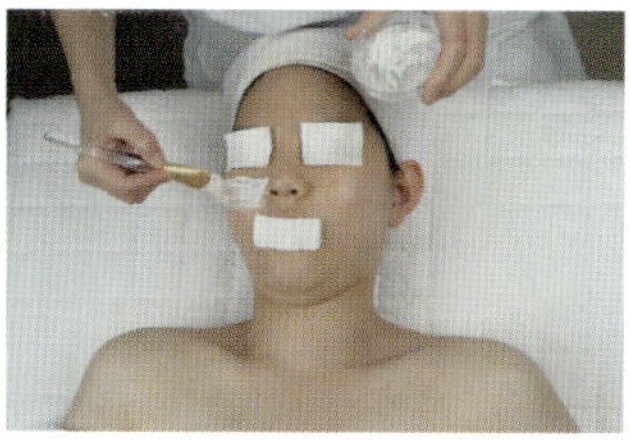
그림 1

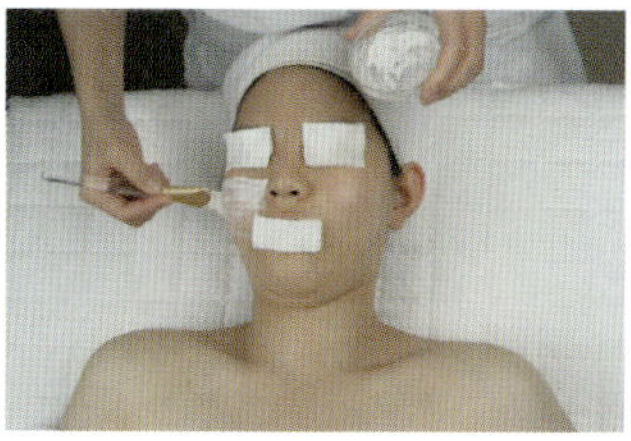
그림 2

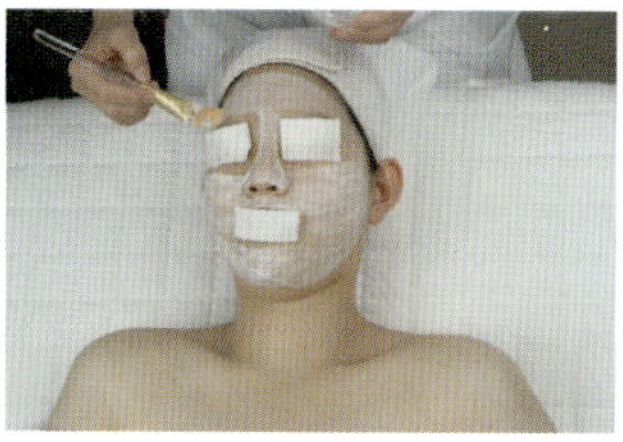
그림 3

⑤ 온 습포 1을 걷어낸 후 거즈를 아래에서 위쪽으로 제거하고 아이, 립 패드를 제거한다.

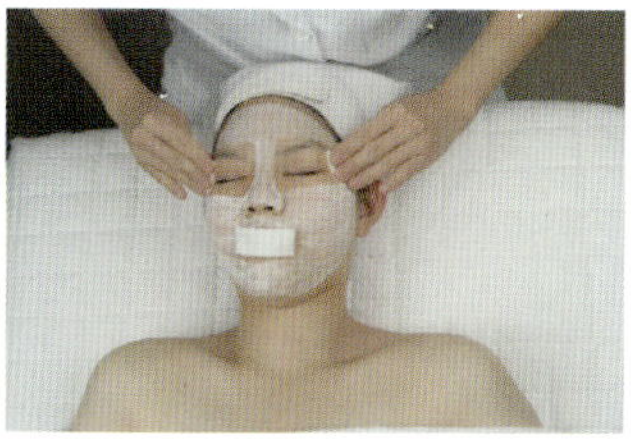
그림 1

⑥ 해면으로 잘 닦아낸 후에 온 습포 2를 사용하여 잔여물이 남지 않도록 깨끗이 정리한다.

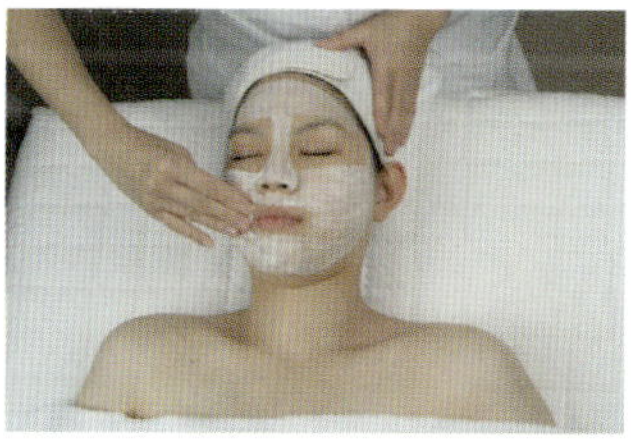
그림 1

그림 2

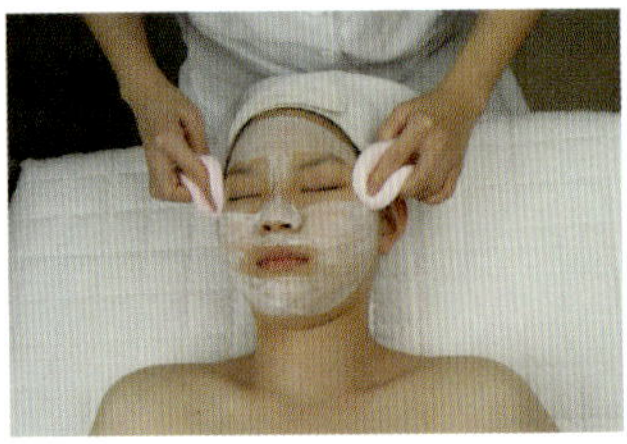

그림 3

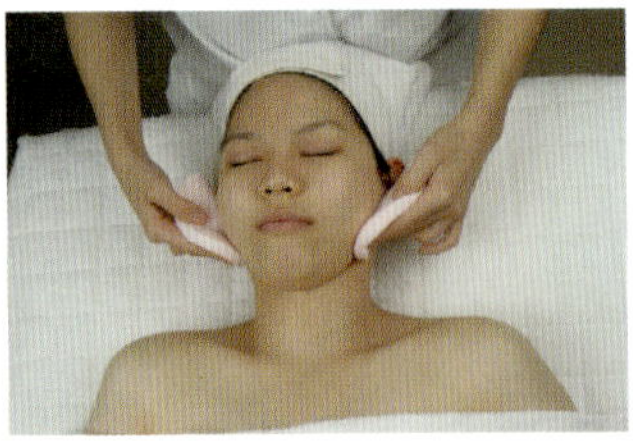

그림 4

⑦ 토너로 정리한 후에 마무리 한다.
(효소시술 시에는 온습포가 2장 필요하다.)

<딥클렌징 효소 동영상>

(2) 딥 클렌징 AHA

복합과일산으로 과도한 죽은 각질세포를 녹여 감소시켜주는 성분으로 글리콜릭산, 젖산, 사과산, 주석산, 구연산 등이 있다. 사용 시 농도(10%를 넘지 않도록 한다), 도포시간, pH를 정확하게 적용하여야 한다. 사용 후 진정관리를 해 주어야 한다.

<AHA 시술과정>

① 손 소독 실시 후, 아이, 립 패드를 먼저 올려 준다.
② AHA 적당량을 유리볼에 덜은 후 팩 붓을 이용하여 도포한다.
(오른쪽 볼 → 턱선 → 왼쪽 볼 → 인중 → 코 부위 → 이마 순서로 도포한다)
③ 잠시 동안 방치한다(도포 시에 제품이 흐르지 않도록 주의한다).
④ 일정 시간이 지난 후 해면을 사용하여 닦아낸다.
⑤ AHA 는 냉 습포를 사용하여 정리한 후 스킨으로 마무리한다.
⑥ 터번을 정리 한 후에는 항상 손 소독을 실시한다.
⑦ 시간이 남을 경우 왜건의 청결 상태 및, 사용한 유리볼을 깨끗이 닦아서 정리한다.

<딥클렌징 AHA 동영상>

(3) 딥 클렌징 고마쥐

동, 식물성 각질분해 효소를 함유하고 있으며 얼굴에 적당량을 도포하고 건조시킨 후 근육 결을 따라 손가락으로 밀어내며 제거한다. 지성피부나 노화피부에 효과적이다.

<고마쥐 시술 과정>

① 손 소독을 실시한다.
② 고마쥐를 적당량을 유리볼에 덜어서 사용한다.
③ 오른쪽 볼 → 턱 → 왼쪽 볼 → 인중 → 코 → 이마 순서로 얇게 도포한다.
④ 도포 완료 후 화장 솜으로 아이패드, 립 패드를 올려준다.
⑤ 터번으로 귀를 감싸고 어깨 밑에 티슈를 깔아준 후, 고마쥐 크림을 밀어낸다.
⑥ 왼손으로 텐션을 주어 지탱을 하고 오른손 3,4지를 이용하여 얼굴 중심에서 바깥쪽 방향으로 밀어낸다(제한 시간이 있으므로, 오른쪽 볼과 이마 부위만 밀어낸다).
⑦ 손끝에 정제수를 묻혀서 가볍게 러빙(rubbing)한 후에 아이, 립 패드를 제거한다.
⑧ 해면을 사용하여 닦아 낸 후, 어깨 밑의 티슈를 제거해 준다.
⑨ 감싸고 있던 귀를 내어서 터번을 정리·정돈 한 후, 손 소독을 실시한다.
⑩ 온습포를 사용하여 잔여물이 남지 않도록 귀 부위까지 잘 닦아준다.
⑪ 스킨으로 정리하여 마무리한다.

<딥클렌징 고마쥐 동영상>

(4) 딥 클렌징 스크럽

알갱이가 있는 세안제를 얼굴에 도포한 후 손끝에 물을 묻혀 나선형으로 부드럽게 문지른다. 모공속의 피지 및 노폐물을 제거하며 혈액순환을 촉진한다. 민감한 부위는 자극을 주지 않도록 하며 알갱이가 눈에 들어가거나 피부에 남지 않도록 주의한다.

<스크럽 시술과정>

① 손 소독을 실시한다.
② 스크럽 적당량을 스파츌러를 이용해 유리볼에 덜어서 사용한다.
③ 팩 붓으로 충분히 유화시킨 후 오른쪽 볼 → 턱 → 왼쪽 볼 → 인중 → 코 → 이마 순으로 도포한다.
④ 도포 후에 아이패드와 립 패드는 적용하지 않아도 된다.

⑤ 깨끗한 유리볼에 정제수를 준비한 후 2, 3, 4지를 이용하여 정제수를 손끝에 묻힌 후, 얼굴을 T존 부위를 중심으로 러빙해준다.
⑥ 충분히 러빙 한 후에 아이, 립 패드를 제거해준다.
⑦ 해면을 이용하여 닦아낸 후, 온습포를 사용하여 정리한다.
⑧ 스킨으로 얼굴을 정리한 후, 마무리한다.

* 모든 딥클렌징 과정 후에는 유리볼에 잔여물이 남지 않도록 깨끗이 정리한다.

<딥클렌징 스크럽 동영상>

제4주차

Skin Treatment
(손을 이용한 얼굴관리하기)

학습목표

※ 피부유형에 맞는 제품으로 매뉴얼 테크닉을 사용하여 방향성, 속도와 리듬감, 유연성을 학습하며 마무리 할 수 있도록 한다.

1. 매뉴얼 테크닉(Massage)의 정의

매뉴얼 테크닉(Massage)이란 그리스어의 'Masso'(문지르다), 'Massein'(반죽하다, 쓰다듬다)에서 유래된 것으로 인체의 근육 조직을 쓰다듬거나 마찰하거나 문지르거나 두드리거나 주무르는 행위를 말하며, 고객의 심리적 안정 및 신체조직의 기능회복과 혈액순환과 신진대사를 증진시켜 체내 노폐물의 배설작용과 피로회복을 통해 건강한 피부, 몸을 유지하는데 그 목적이 있다.

2. 매뉴얼 테크닉(Massage)의 효과

- 피부의 탄력성과 흡수성 증가시킨다.
- 혈액순환과 림프순환의 촉진한다.
- 신진대사의 촉진 및 신체기능을 회복한다.
- 노화각질 및 조직의 노폐물 제거한다.
- 조직의 경직성 이완 및 완화작용을 한다.
- 피부의 모세혈관 강화시킨다.
- 내분비기능을 조절한다.
- 신체의 면역력을 증가시킨다.
- 심리적 안정감을 준다.
- 영양물질의 흡수를 용이하게 한다.

3. 매뉴얼 테크닉(Massage) 효과에 영향을 미치는 인자

1) 방향

마사지를 할 때 내리는 동작은 가볍게 하고 올리는 동작은 끌어 올리듯이 마사지 한다. 피부 결에 따라 마사지한다.

2) 압력

가볍게 시작해서 약-강-약으로 압력을 조절한다.

3) 속도와 리듬

부드럽고 천천히 시작해서 맥박 뛰는 속도로 리듬감 있게 한다.

4) 마사지에 필요한 영양물질

마사지 동작의 유연성과 영양물질의 흡수를 위해 크림, 오일, 로션, 젤타입 등의 화장품을 활용한다.

5) 자세

① 관리자는 허리를 곧게 편다.
② 발은 어깨 넓이만큼 벌리고 힘의 중심은 힙에 둔다.
③ 양팔은 편안한 상태로 손목에 힘을 뺀다.
③ 자세가 바르면 등과 어깨 등의 통증이나 피로를 느끼지 않는다.

6) 시간

얼굴 마사지의 시간은 고객의 피부상태에 따라 10~20분 정도가 적당하다.

4. 매뉴얼테크닉(Massage)의 기본 동작

모든 마사지는 아래의 기본 동작과 그것을 변형시킨 동작으로 이루어진다. 처음시작은 부드럽게 점차 강하게 마무리는 부드럽게 약-강-약으로 끝을 낸다.

1) 경찰법

손바닥 전체로 피부표면에 밀착하여 일정한 속도로 부드럽게 쓰다듬고 어루만지는 방법이다.

(1) 적용부위

① 제품 도포 시에 실시한다.
② 얼굴, 전신 전체의 처음과 끝마무리 동작에 실시한다.

(2) 효과

① 진정, 긴장 완화로 심리적 안정효과가 있다.
② 모세혈관 확장에 효과적이다.
③ 혈액, 림프의 순환을 촉진시킨다.
④ 부종감소에 효과적이다.

2) 강찰법

두 손가락의 끝 부분을 피부에 대고 원을 그리거나 변형된 형태로 근육 결을 따라 누르면서 문지르듯이 마사지 하는 동작이다.

(1) 적용부위

① 주름이 생기기 쉬운 부위 : 이마, 입가, 눈가에 중점적으로 실시한다.
② 부분마사지 할 때 : 이마나 볼 등에 적용한다.

(2) 효과

① 혈액순환 촉진을 촉진한다.
② 탄력성 증진 및 결체조직 강화한다.
③ 근육의 긴장을 이완시킨다.
④ 피지선 자극으로 노폐물 제거한다.

(3) 분류

① chucking : 가볍게 치듯이 문지르기
② rolling : 원을 그리듯 굴리기
③ wringing : 짜듯이 비틀기

3) 유연법

마사지법 중 가장 강한 동작으로 피부를 주물러서 반죽하는 동작이다. 피부조직을 사선으로 리듬감 있게 손가락 전체를 이용하여 집어주는 동작과 피부조직을 깊게 쥐고 주물러서 반죽하는 동작이다.

(1) 적용부위

① petrissage : 얼굴 부위의 턱, 뺨 부위
② pulling : 무릎과 머리를 제외한 신체의 모든 부위

(2) 효과

① 혈관을 확장하고 신진대사를 활성시킨다.
② 근육의 피로, 경련을 해소한다.
③ 근육의 긴장이완과 근육을 강화한다.
④ 피하조직과 결체조직의 부기를 감소시킨다.
⑤ 근육의 노폐물 제거하여 신진대사를 원활하게 한다.

(3) 분류

① petrissage : 집어주기
② kneading : 주무르기
③ pulling : 당기면서 반죽하기

4) 고타법

양손을 빠르고 가볍게 튕기듯이 강약을 조절하여 두드리는 동작이다.

(1) 적용부위

① 얼굴부위 : 손가락 끝으로 두드리기
② 전신부위 : 손의 측면, 주먹, 손바닥 전체로 두드리기

(2) 효과

① 경직된 근육을 이완시킨다.
② 근육피로를 해소한다.
③ 피부의 탄력성 증가시킨다.
④ 지방의 과잉축적 방지한다.
⑤ 신경과 근육에 자극을 주어 기능을 항진시킨다.

(3) 분류

① hacking : 손의 측면 또는 손등으로 두드리기
② cupping : 손을 컵 모양으로 하여 두드리기
③ slapping : 손가락 측면으로 두드리기
④ tapping : 손가락으로 피아노 치듯이 두드리기
⑤ beating : 가볍게 주먹을 쥐어 두드리기

5) 진동법

손바닥 전체 또는 손가락을 이용하여 해당 부위에 밀착시켜 빠르고 고르게 강약을 조절하여 떨어주며 진동시키는 동작이다.

(1) 적용부위

① 얼굴부위 : 목, 턱 부위
② 전신부위 : 팔, 다리, 복부 등

(2) 효과

① 혈액순환과 림프순환을 촉진한다.
② 경직된 근육을 이완하는 효과가 있다.
③ 결체조직의 탄력을 증가시킨다.
④ 근육 및 신경의 자극으로 기능을 항진시킨다.

(3) 분류

① vibration : 떨어주기
② pulling shaking : 끌어당기면서 흔들기
③ pressure shaking : 압박하면서 흔들기

5. 안면 근육

안면관리 동작을 시행 할 때는 근육의 위치와 방향을 고려하여야 한다.
주름이 형성되는 부위를 살펴보면 주로 근육의 방향과 일치하는 것을 알 수 있다.

<안면에 위치한 주요 근육>

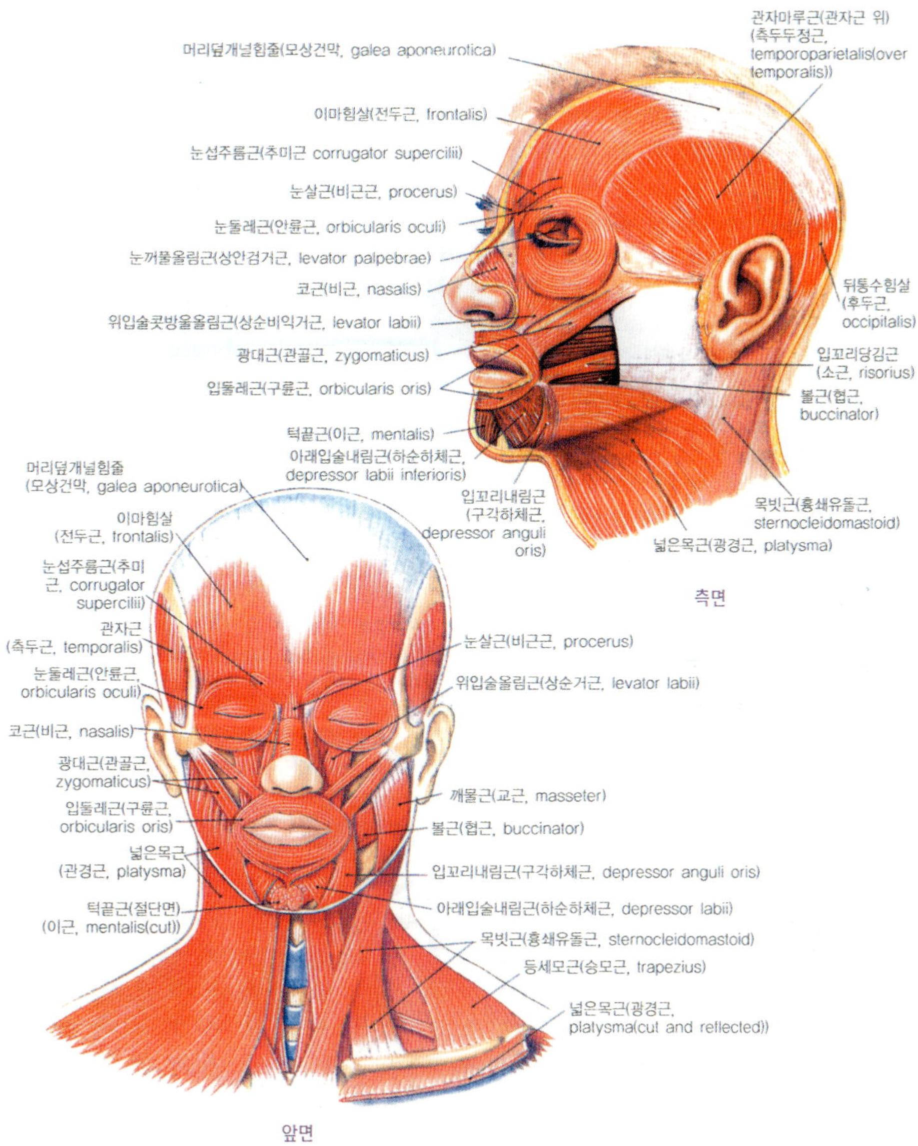

그림 1. 안면 근육

- 전두근 : 눈썹을 위로 당기는 기능을 가지고 있으며 이마 주름과 관계있다.
- 후두근 : 두피를 뒤로 당긴다.
- 안륜근 : 눈을 감고 뜨는 것과 관계가 있다.
- 추미근 : 미간에 세로방향의 주름을 만든다.
- 비　근 : 횡부, 익부, 비중하체근, 코를 좁게 하여 얼굴을 찡그리게 한다.
- 구륜근 : 입을 닫고 입술을 오므린다.
- 협　근 : 입안의 압력을 유지하고 성난 표정을 만든다.
- 이　근 : 턱에 주름을 만든다.
- 교　근 : 하악골을 위로 당긴다.
- 흉쇄유돌근 : 좌·우측 양쪽 중 한쪽 근육만 수축하면 얼굴을 반대편으로 돌리며 턱을 올리고 양쪽을 동시에 수축하면 얼굴이 위로 향하게 된다.

<손을 이용한 얼굴관리 순서>

① 안면과 데콜데에 마사지 크림(오일) 전체 도포 – 마사지 크림을 스파츌러를 이용 유리볼에 적당량을 덜어내어 두 손으로 가볍게 편 뒤 크림을 따뜻하게 하여 양손바닥을 이용해 쓰다듬기 동작으로 가슴→목→턱→볼→코→이마 순으로 부드럽게 펴 발라 도포한다.

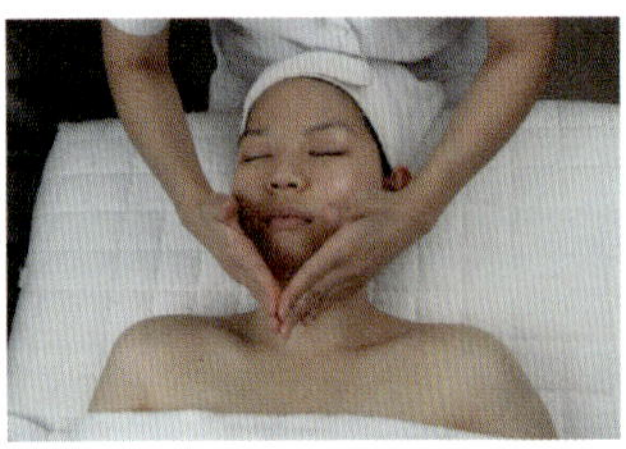

그림 1

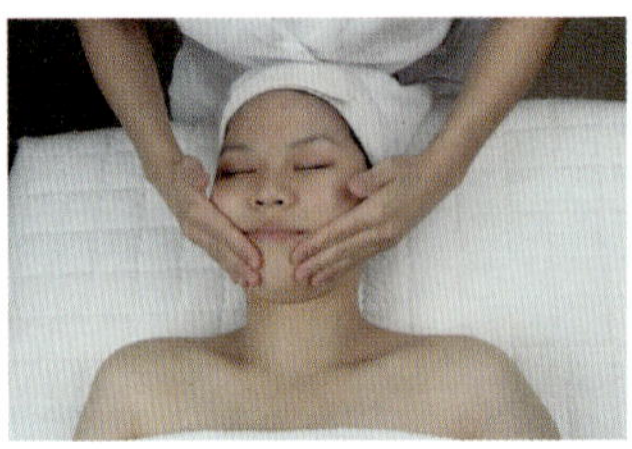

그림 2

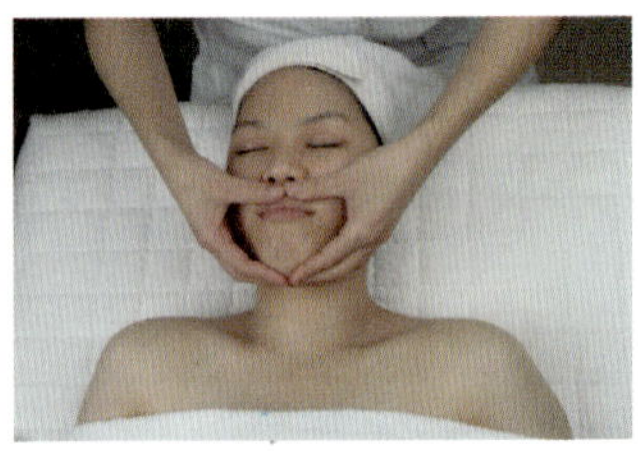

그림 3

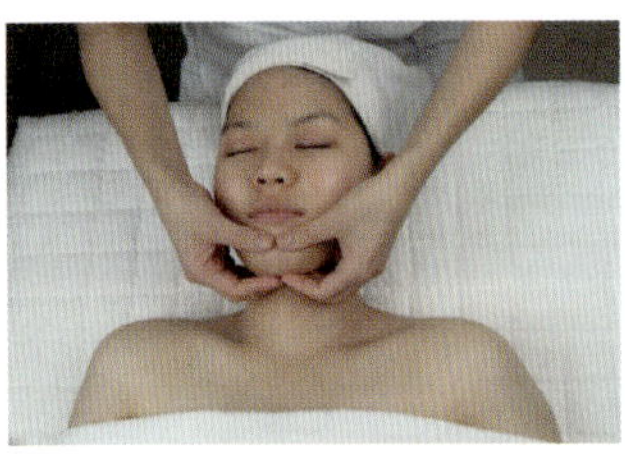

그림 4

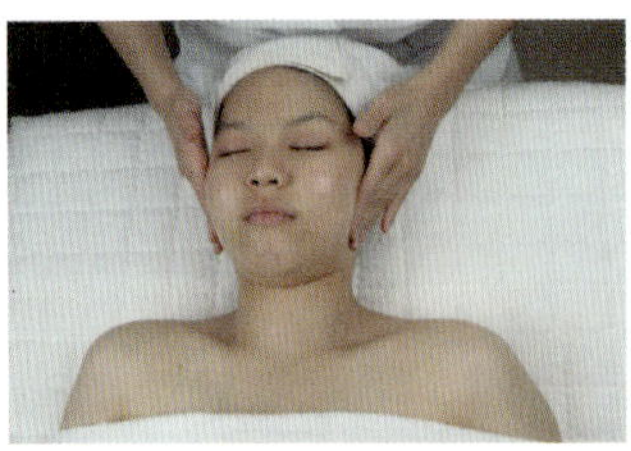

그림 5

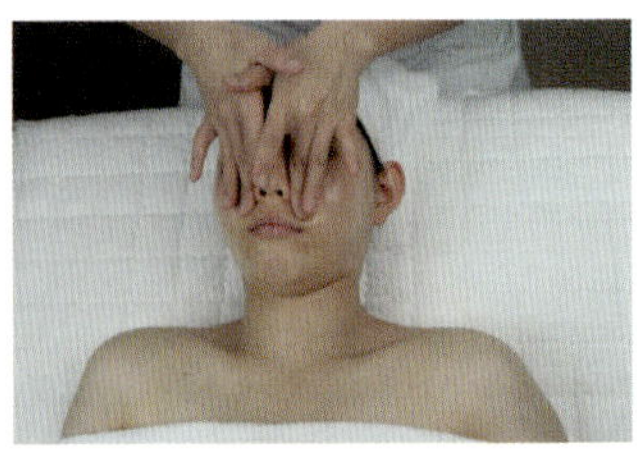

그림 6

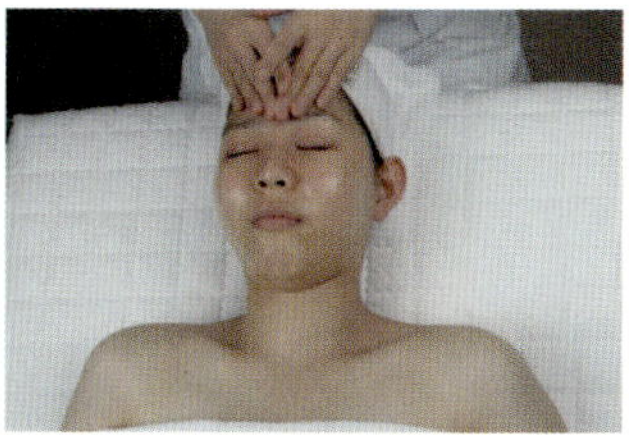
그림 7

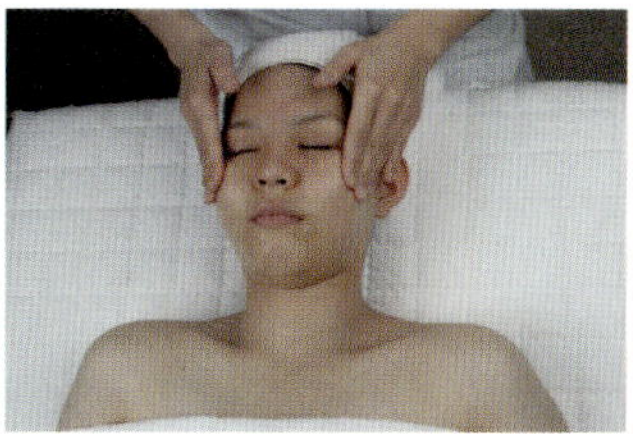
그림 8

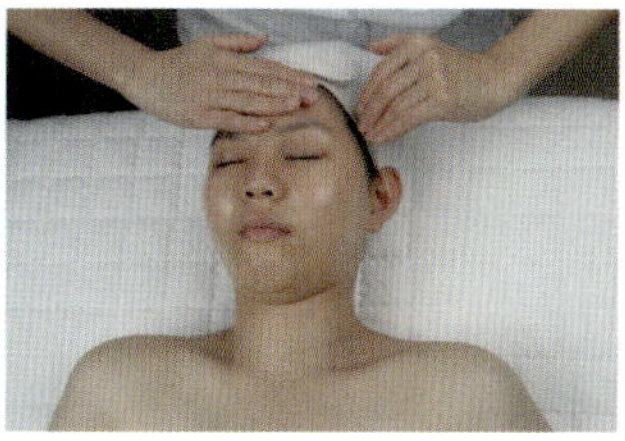
그림 9

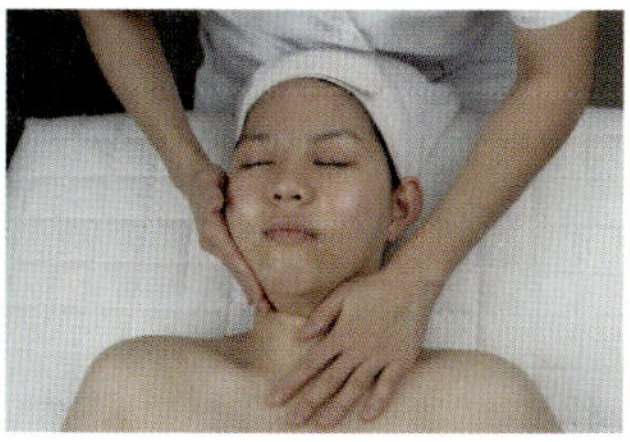
그림 10

② 데콜테 마사지(좌 ↔ 우 쓰다듬기 8회 실시)

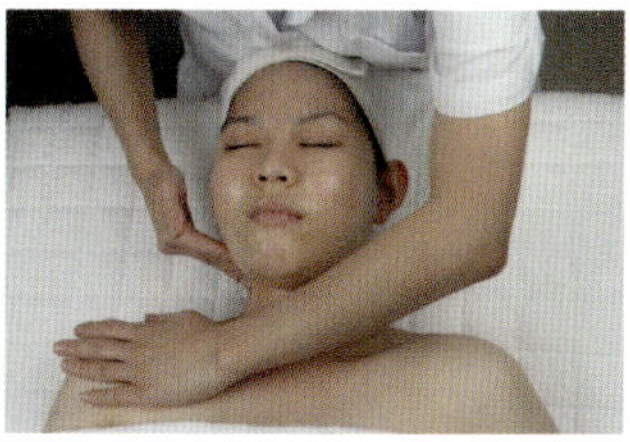
그림 1

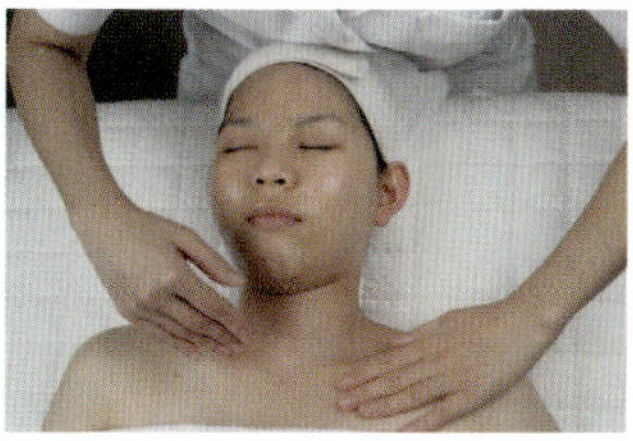
그림 2

③ 왼손은 왼쪽 어깨에 위에 얹고 오른손으로 왼쪽부터 파도모양으로 문지르기(오른쪽, 왼쪽 번갈아 가면서 8회 실시)

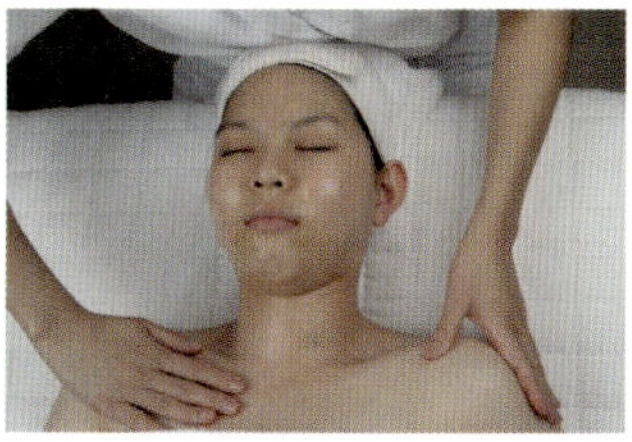
그림 1

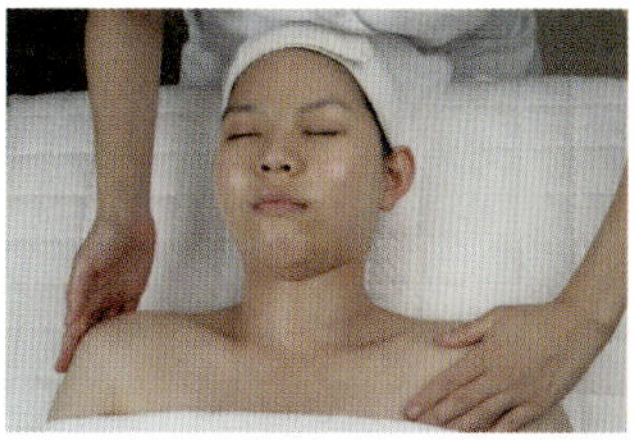
그림 2

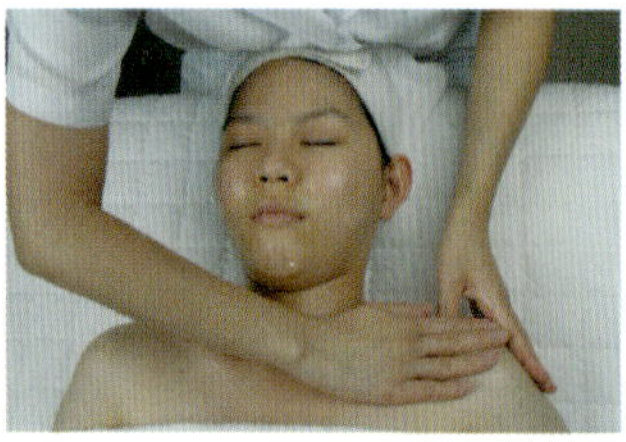
그림 3

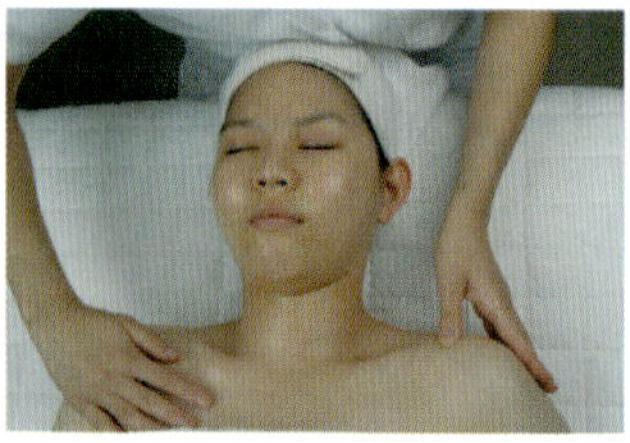
그림 4

④ 데콜데 마사지 수영방향, 수영반대방향으로 문지르기 8회 실시

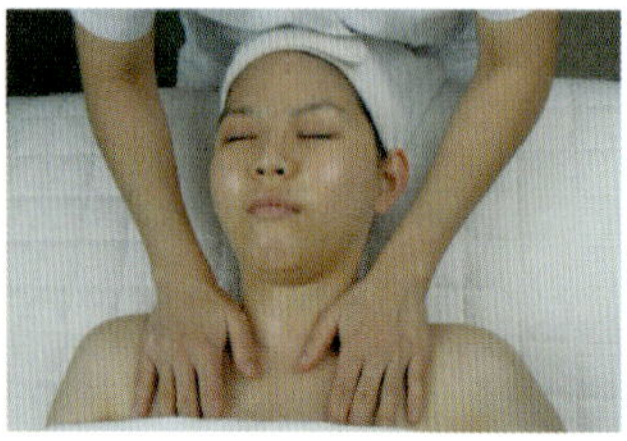
그림 1

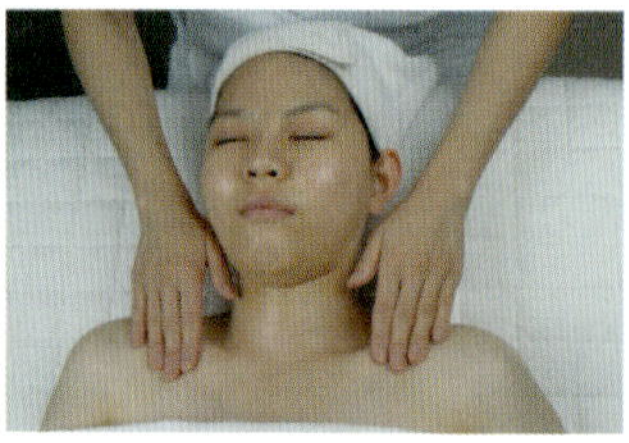
그림 2

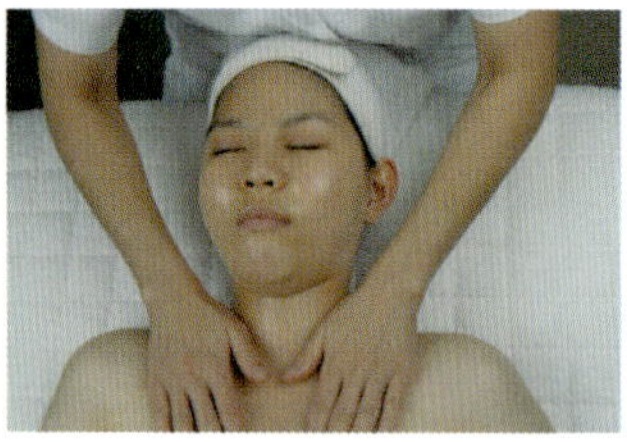
그림 3

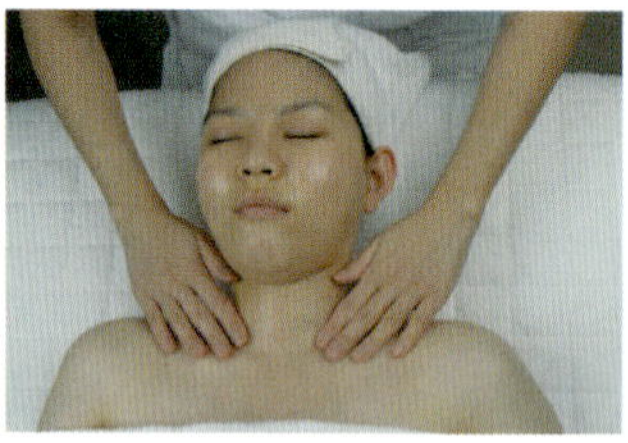
그림 4

⑤ 4번과 동일한 방법으로 바이브레이션

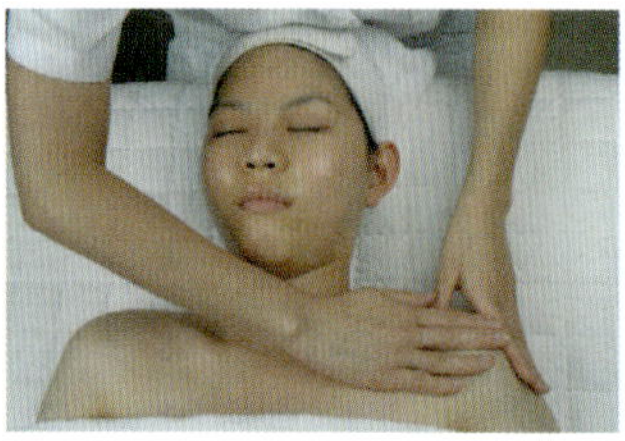
그림 1

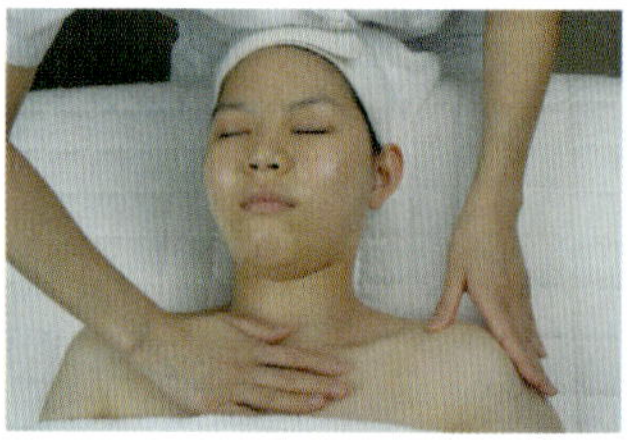
그림 2

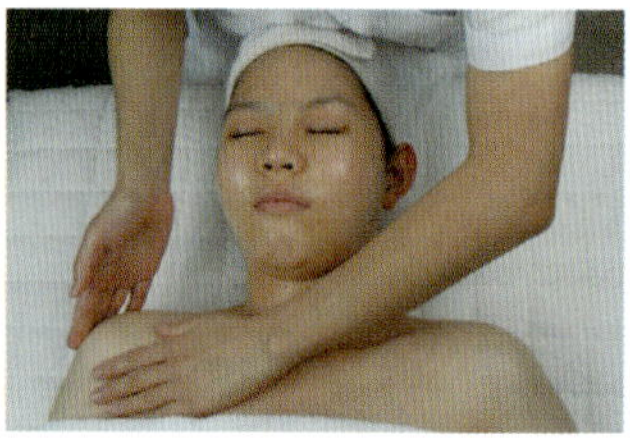
그림 3

⑥ 목 쓸어 올리기(양 손바닥을 교차시키며 목을 아래에서 위쪽으로 쓰다듬고, 왼쪽에서 시작→오른쪽으로 가서 다시 왼쪽으로 반복 2회)

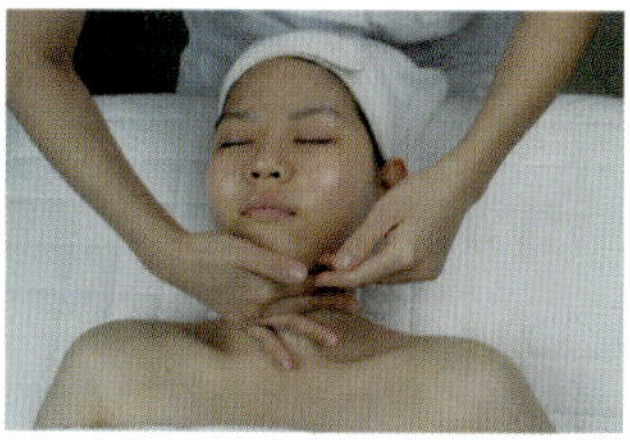
그림 1

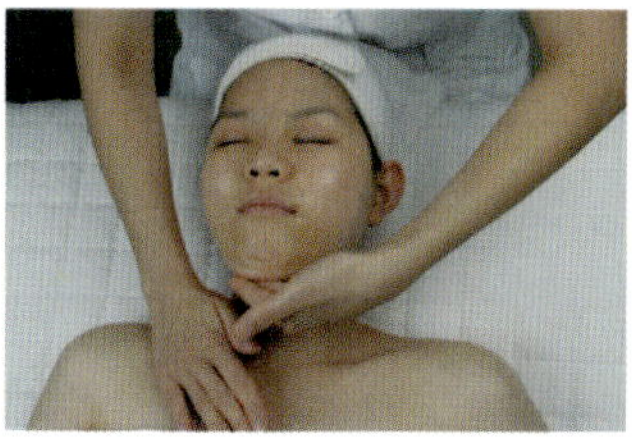
그림 2

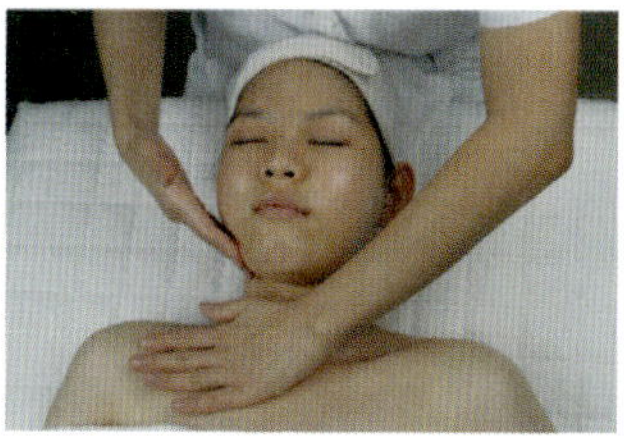
그림 3

⑦ 턱 밑(승장) 엄지로 굴려주기

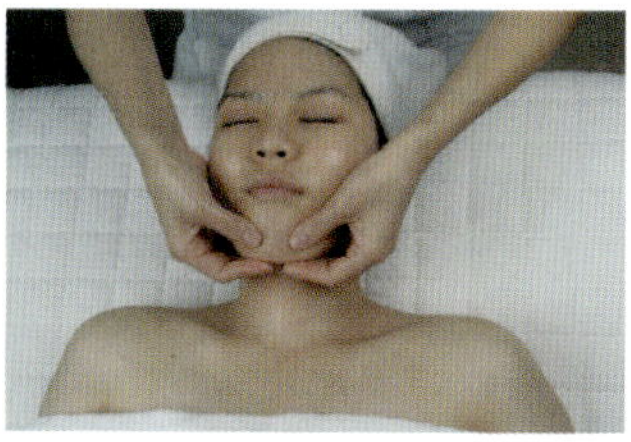
그림 1

⑧ 턱 밑(승장)에서 인중으로 원 그리듯이 마사지

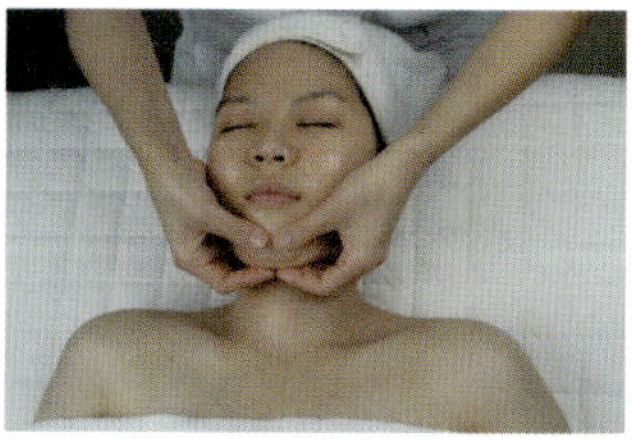
그림 1

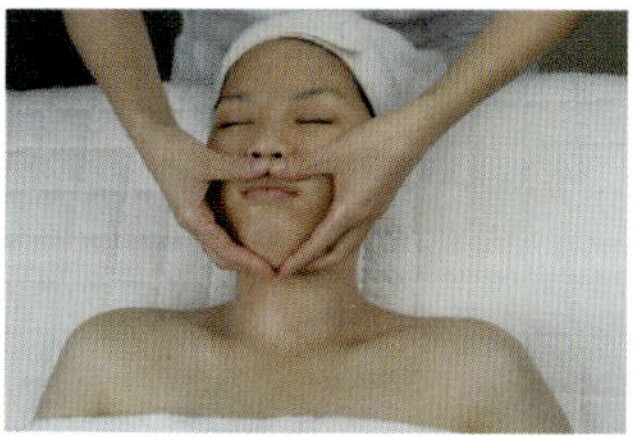
그림 2

⑨ 2~3지 턱 선에 끼워서 턱선 고랑파기

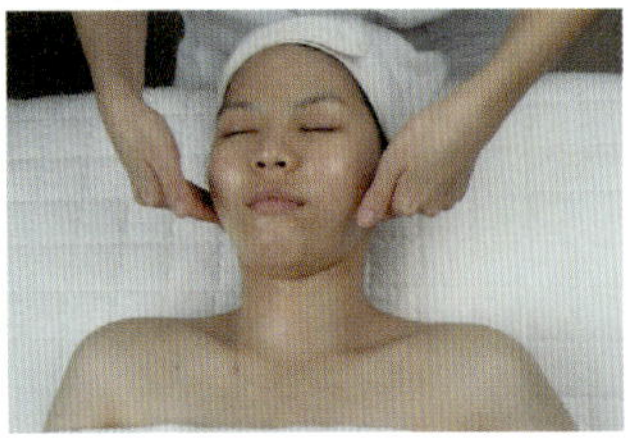

그림 1

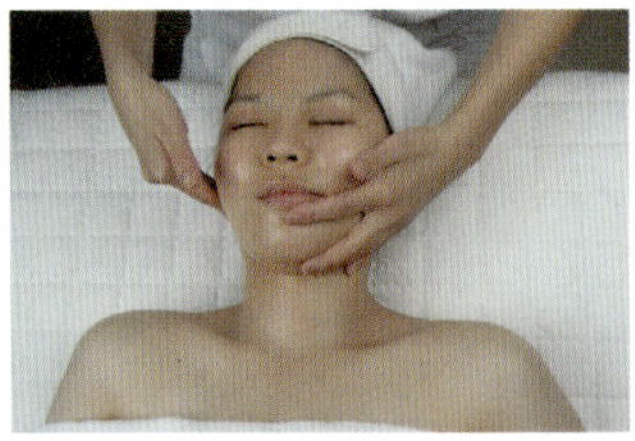

그림 2

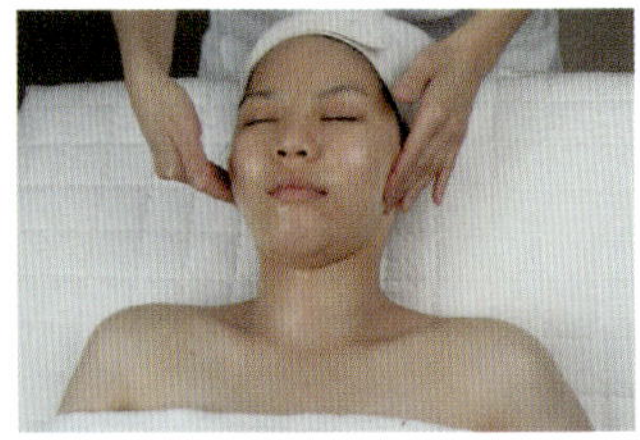

그림 3

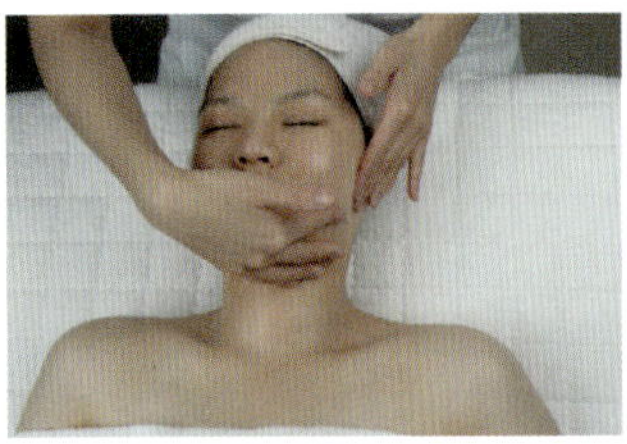

그림 4

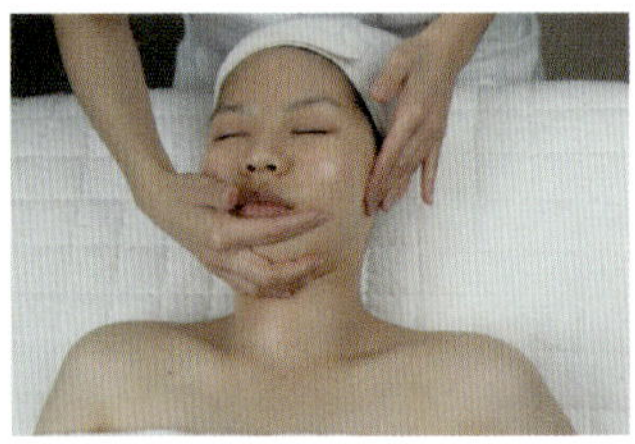

그림 5

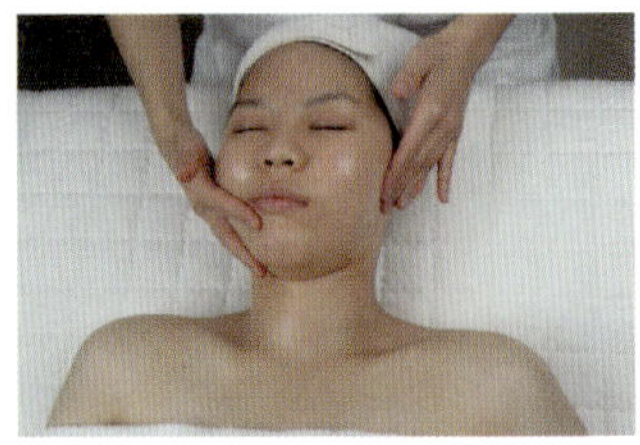

그림 6

⑩ 얼굴 볼 부위 3단계 서클모양으로 문지르기

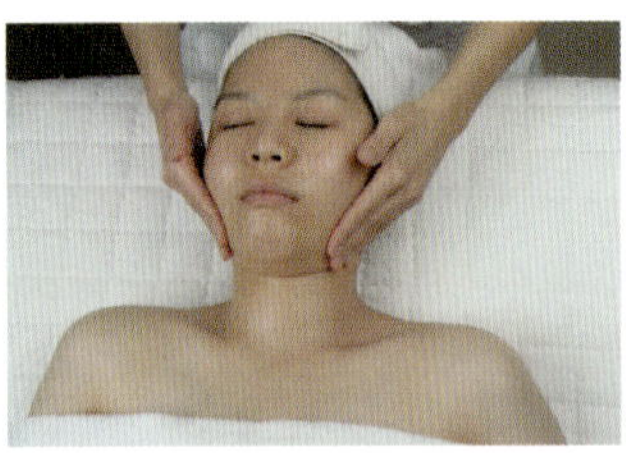

그림 1

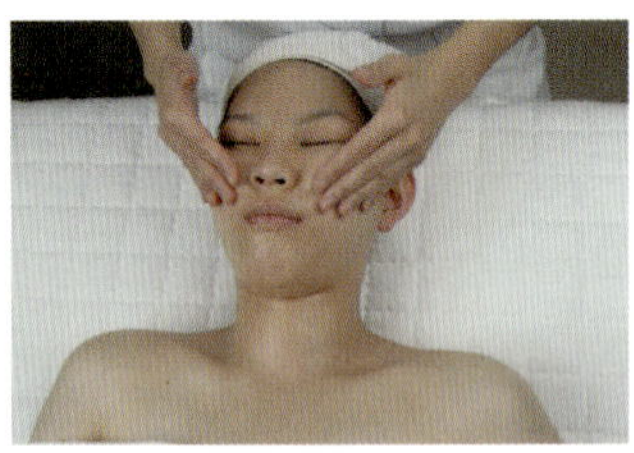

그림 2

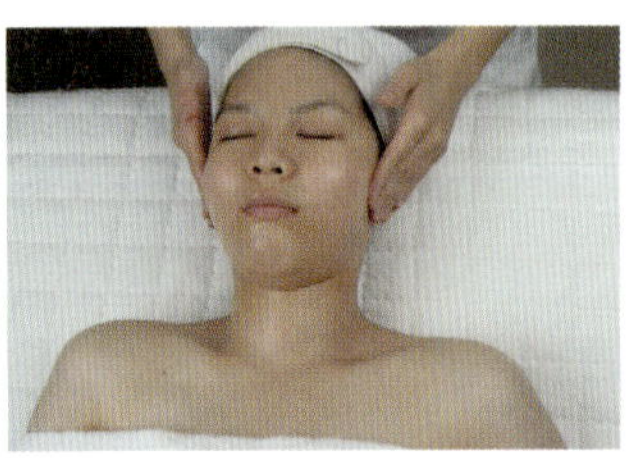

그림 3

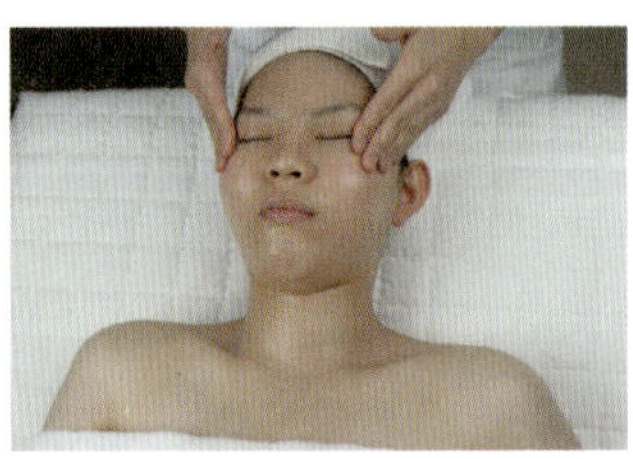

그림 4

⑪ 코 옆(영향) 수영 방향으로 중지로 굴려주기

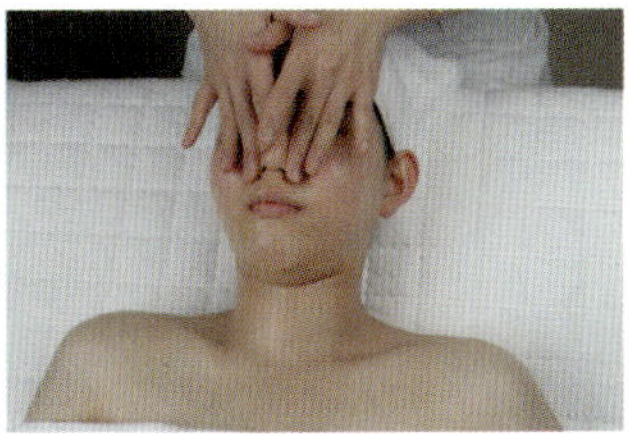

그림 1

⑫ 중지로 코벽 세워서 쓸어주기 실시 한 후, 길게 입꼬리부터 미간까지 길게 세워서 쓸어주기

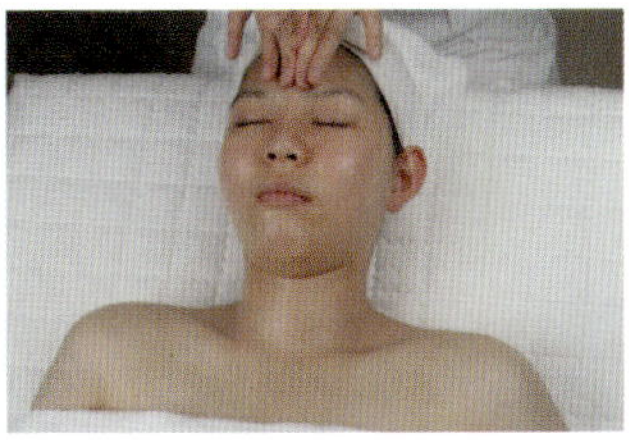

그림 1

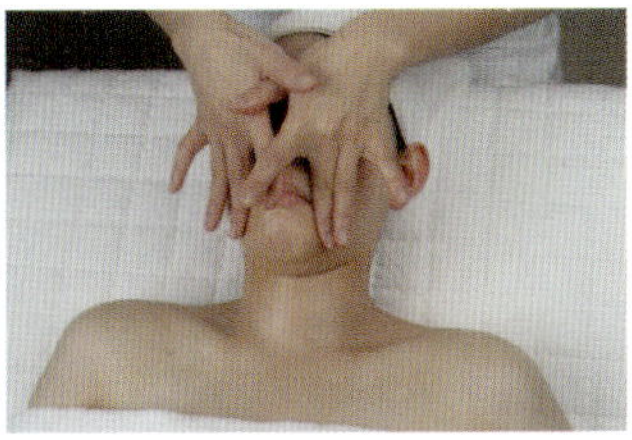

그림 2

⑬ 눈 주변 써클하고 엄지와 검지로 눈썹 집어주기

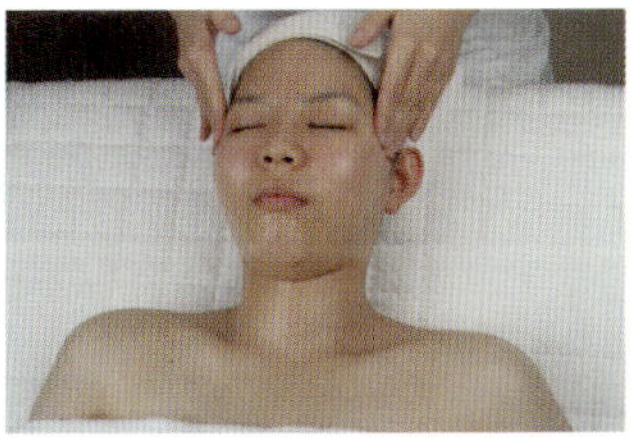

그림 1

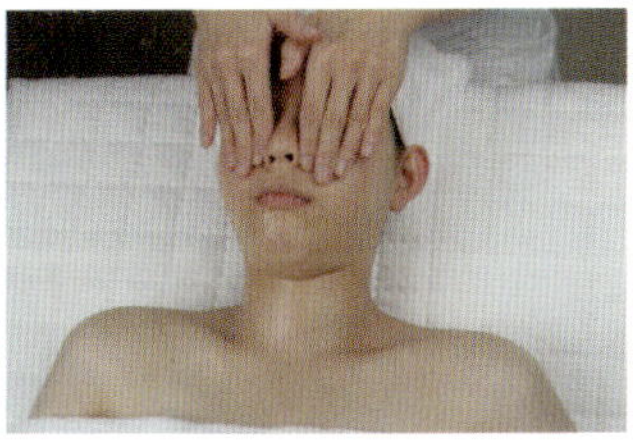

그림 2

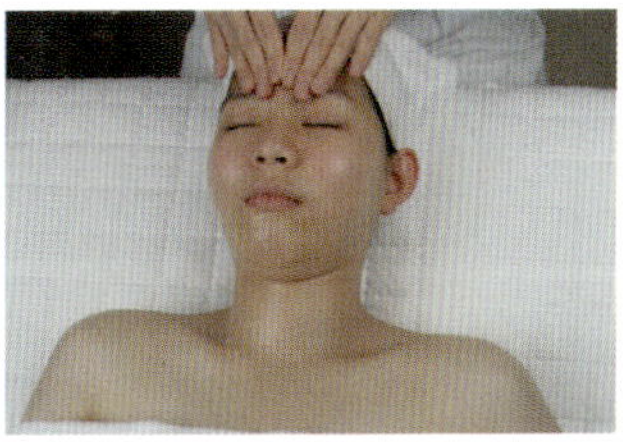

그림 3

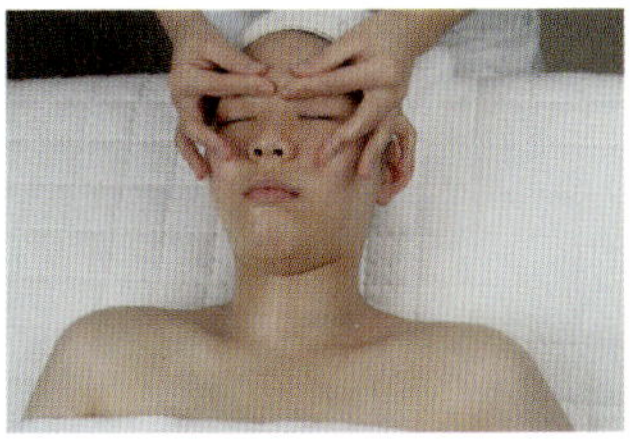

그림 4

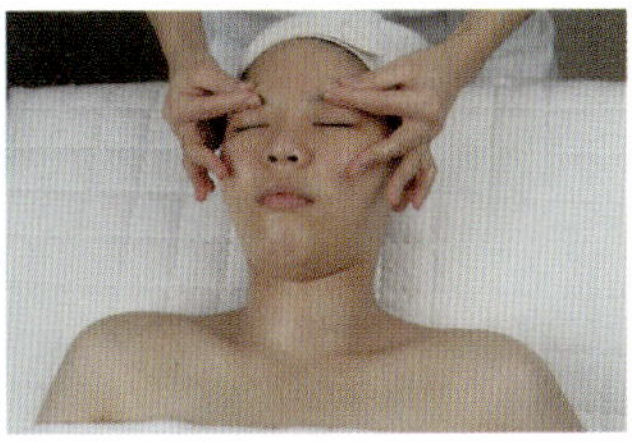

그림 5

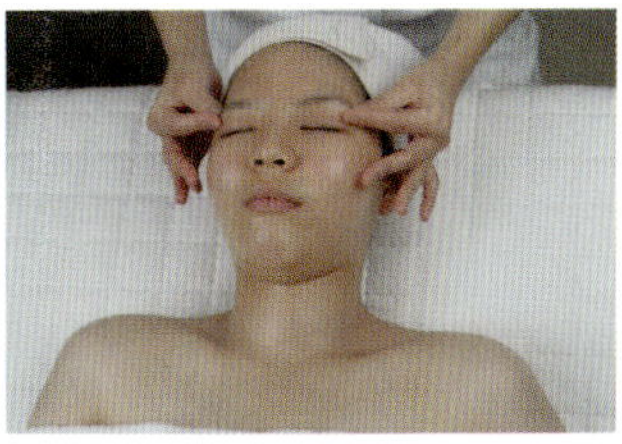

그림 6

⑭ 눈 꼬리 작은 8자 그려주기 8회 실시

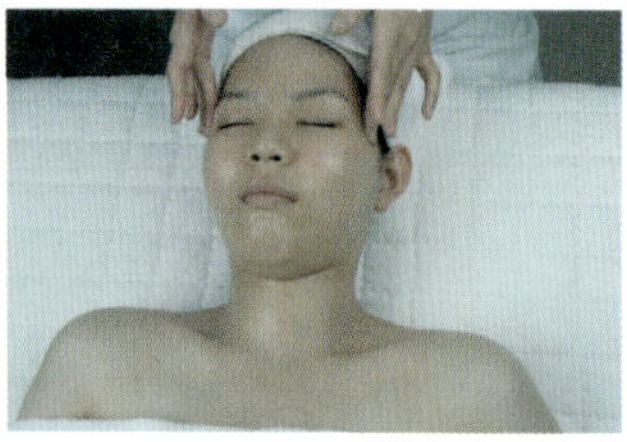

그림 1

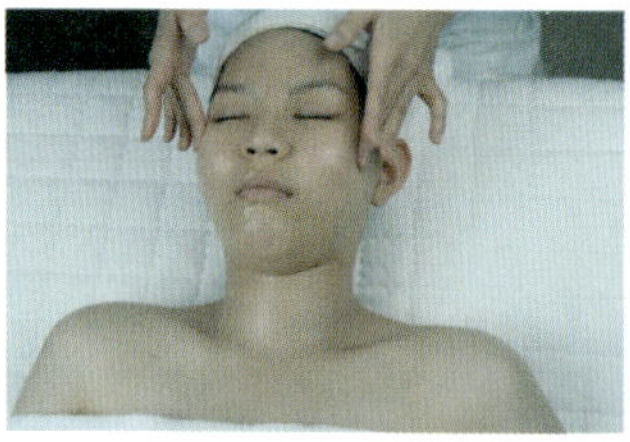

그림 2

⑮ 이마 너클(문지르기) 좌, 우로 이동 2회 반복 실시

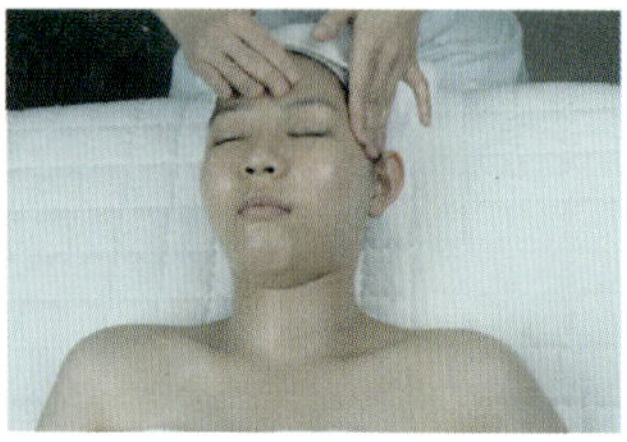

그림 1

⑯ 이마 쓸어주기(세로, 가로 방향으로 연결동작 실시)

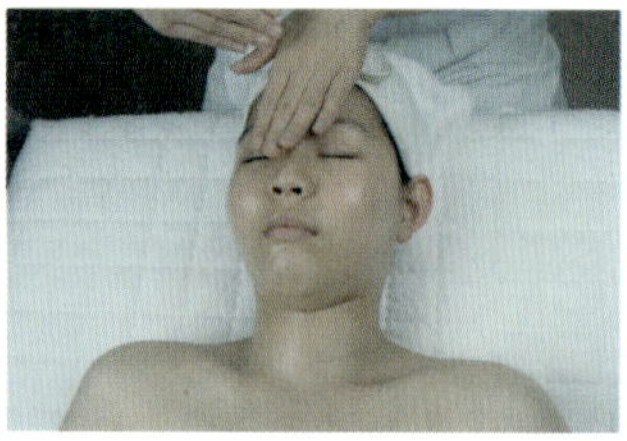

그림 1

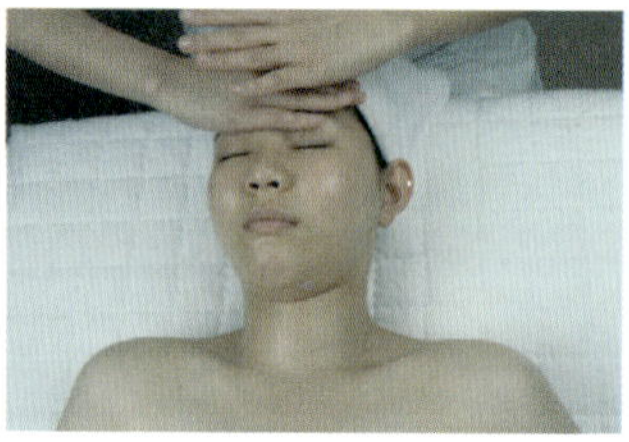

그림 2

⑰ 턱선으로 이동하여, 왼손 2~3지 사이에 턱을 끼고 오른손은 손바닥으로 쓸어주기 (반대쪽도 동일하게 8회 반복 실시)

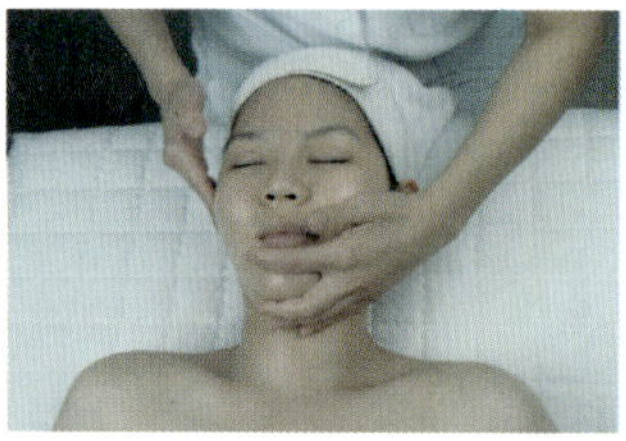

그림 1

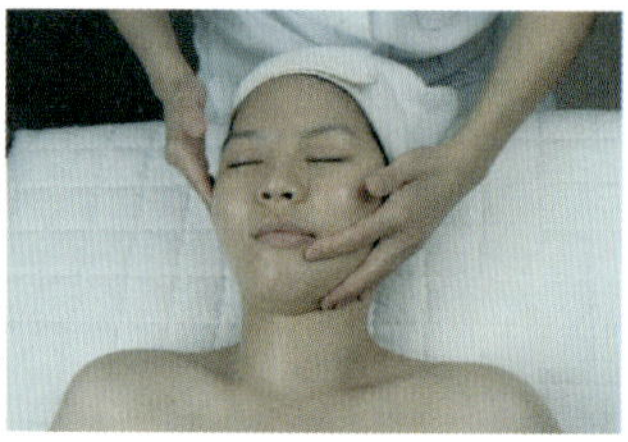

그림 2

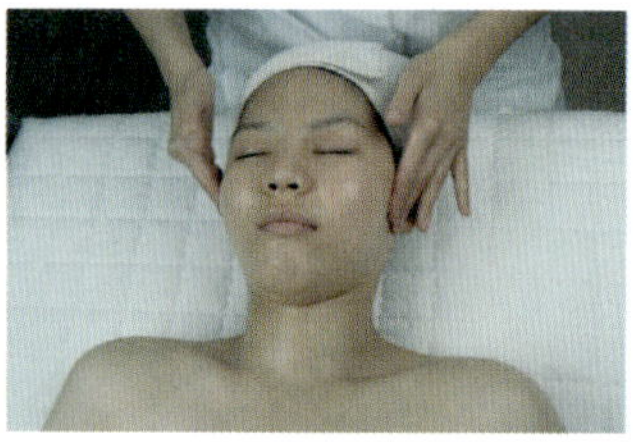

그림 3

⑱ 입 꼬리에서 중지를 이용하여 작은 숫자 8자 모양 그리기

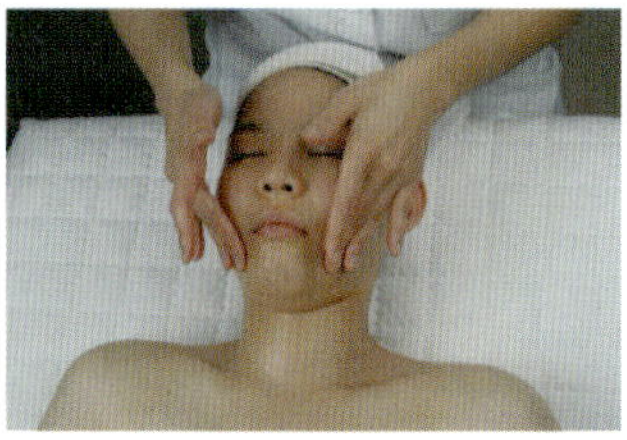
그림 1

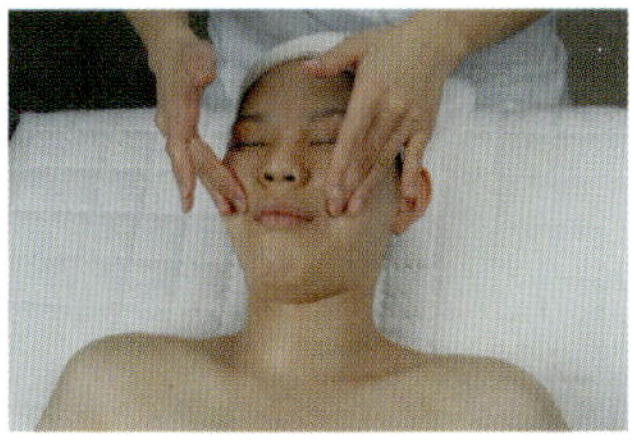
그림 2

⑲ 볼 부위 전체적으로 닥터 자겟(집어주기)한 후 바이브레이션(진동)

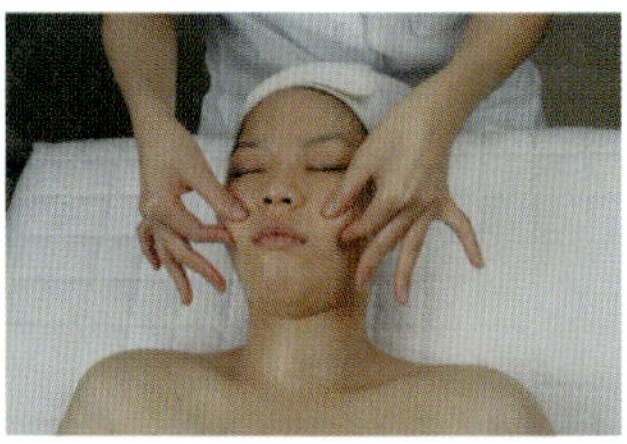
그림 1

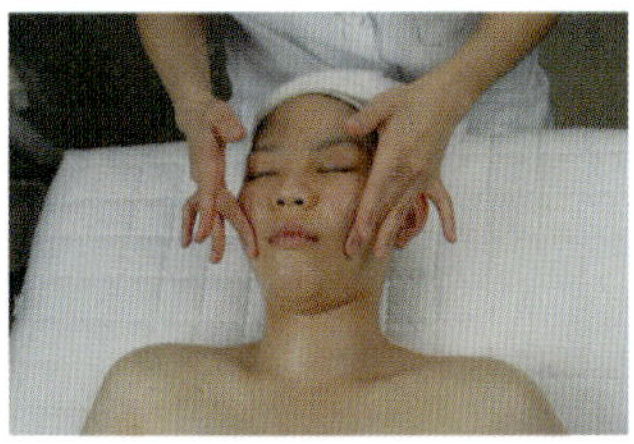
그림 2

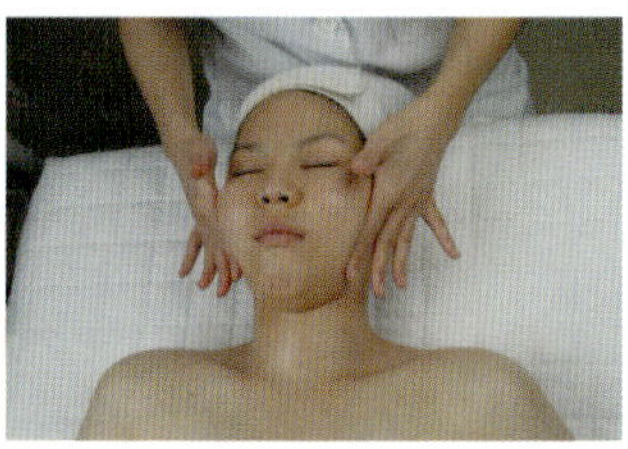
그림 3

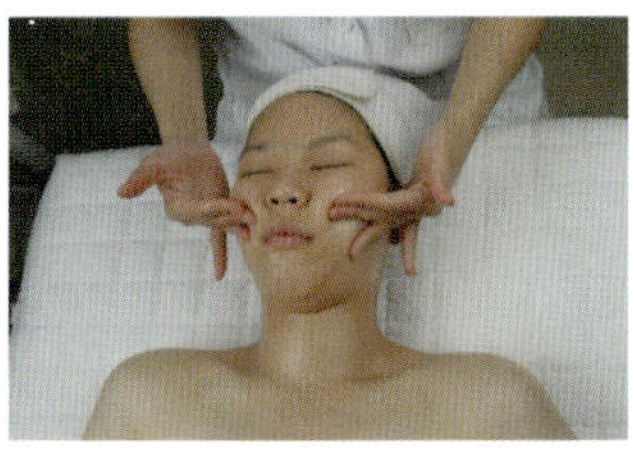
그림 4

⑳ 눈 큰 서클(오른쪽, 왼쪽으로 큰 8자 모양의 큰 안경 그리기 동작) 후, 눈꼬리 부위 중지로 지그재그 문지르기

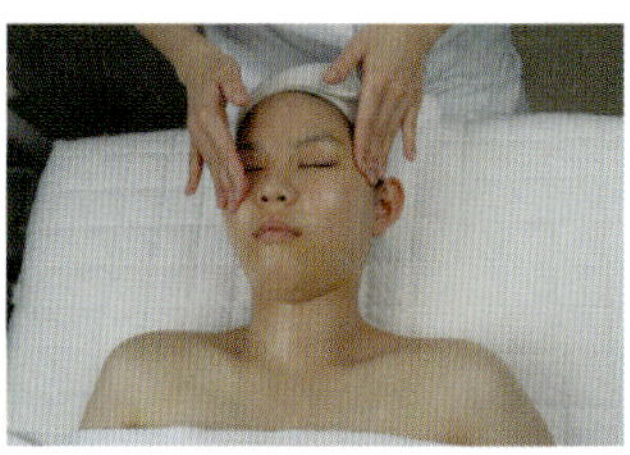
그림 1

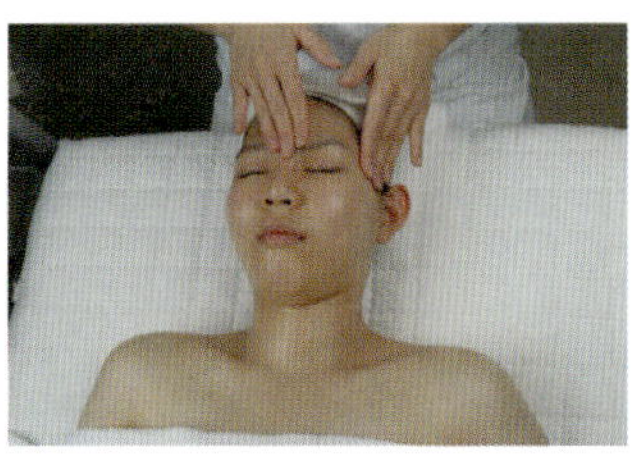
그림 2

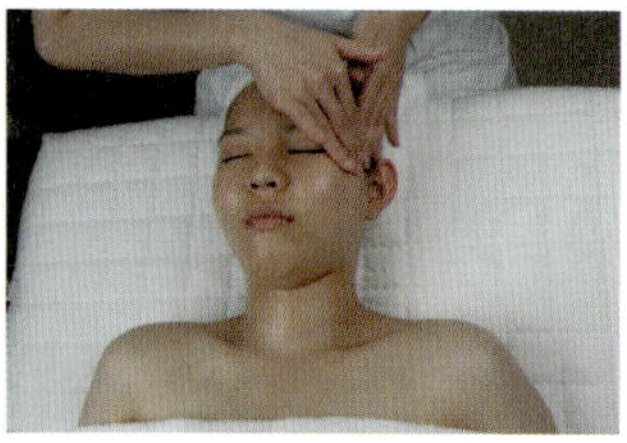

그림 3

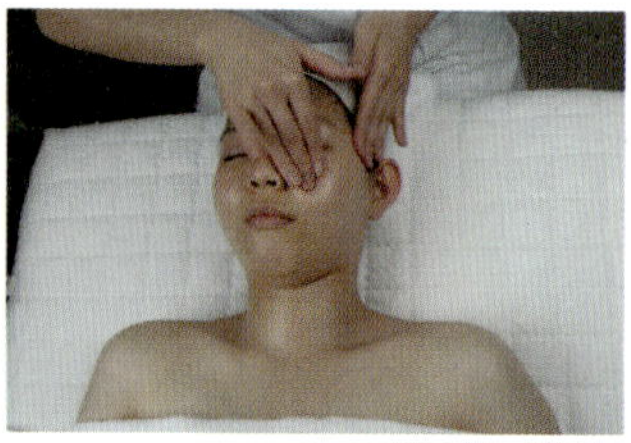

그림 4

㉑ 이마 쓸어주기 세로 → 가로 8번

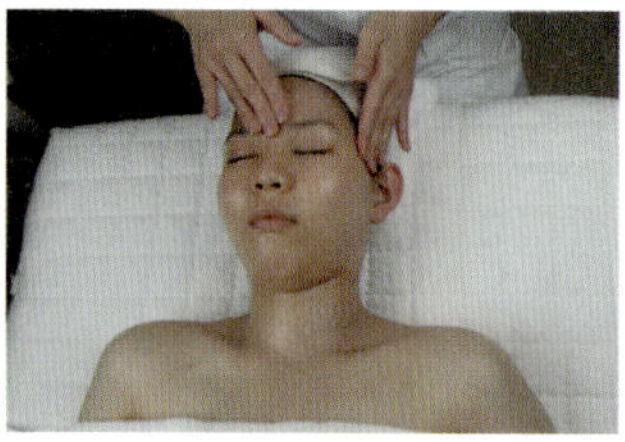

그림 1

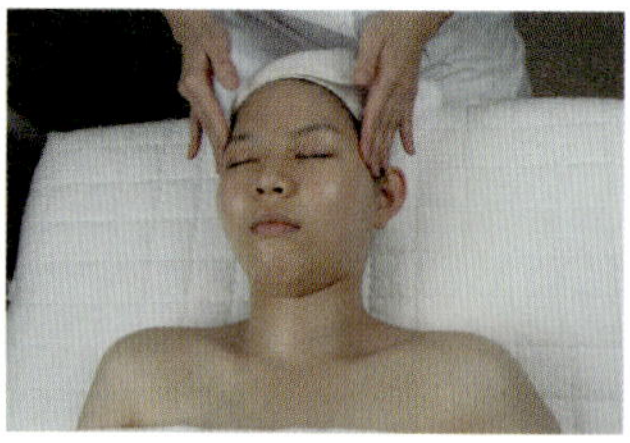

그림 2

㉒ 양손 모두 턱선 중앙쪽으로 이동하여 3단계로 나누어 합장하듯이 쓸어주기

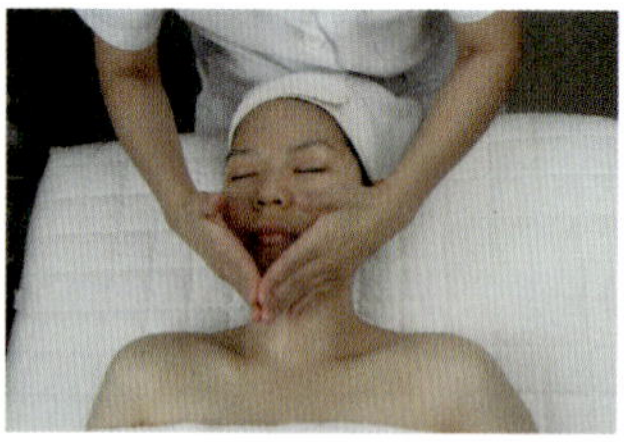

그림 1

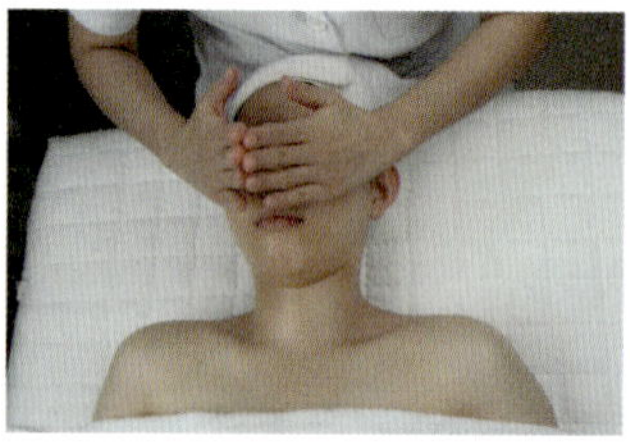

그림 2

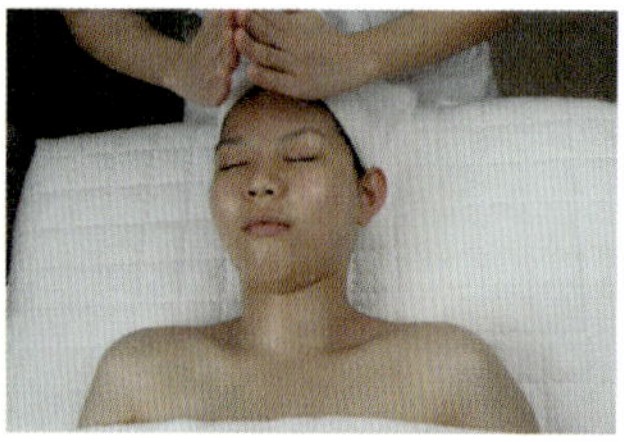

그림 3

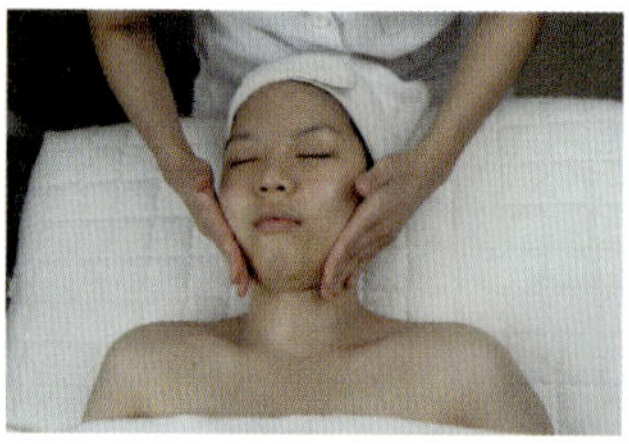

그림 4

㉓ 데콜데로 내려와 에플라쥐 실시 후 목선 세로 방향으로 쓸어 올리면서 타고 올라옴

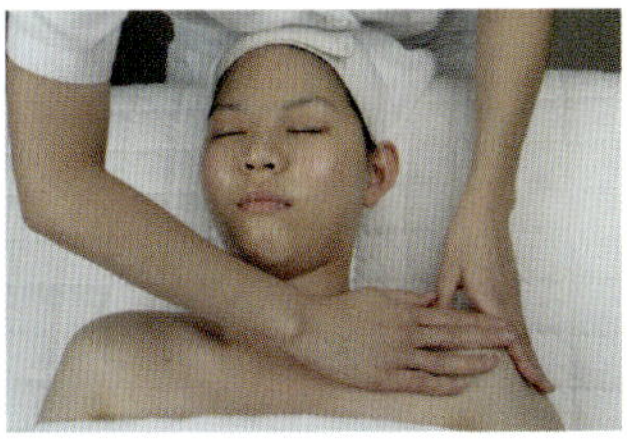

그림 1

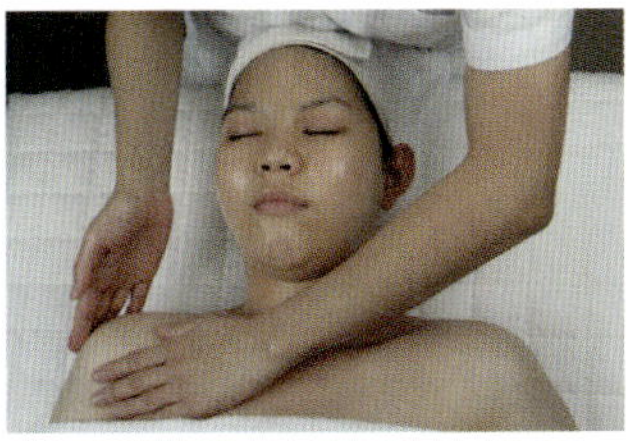

그림 2

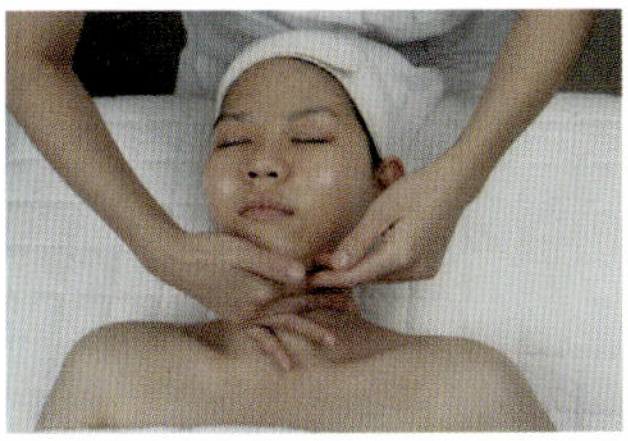

그림 3

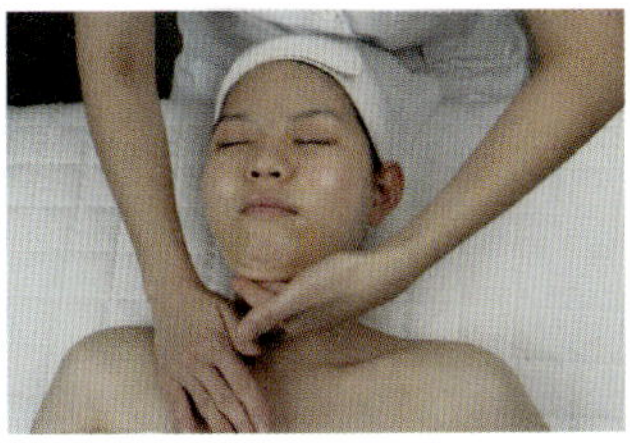

그림 4

㉔ 턱선, 볼부위 3단계 굴리기 동작

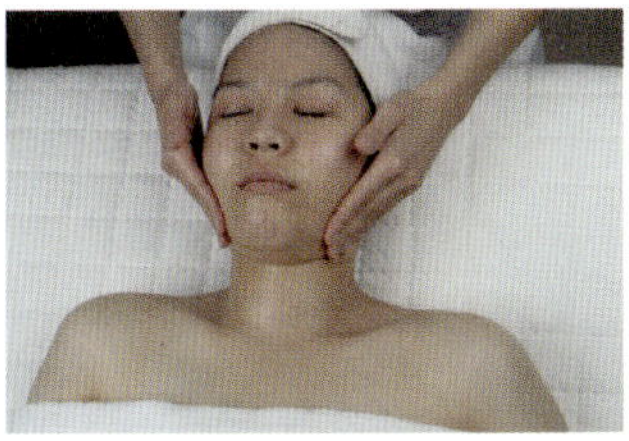

그림 1

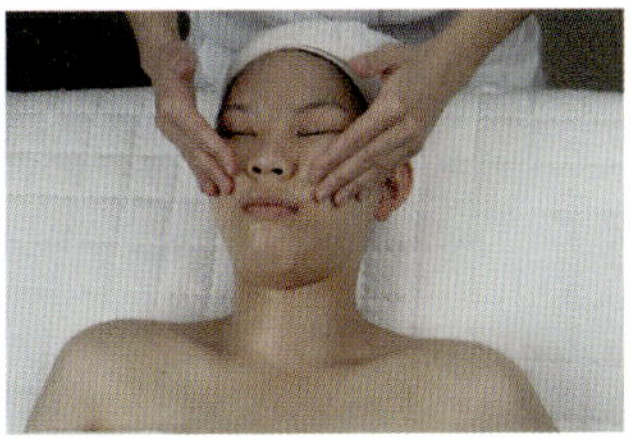

그림 2

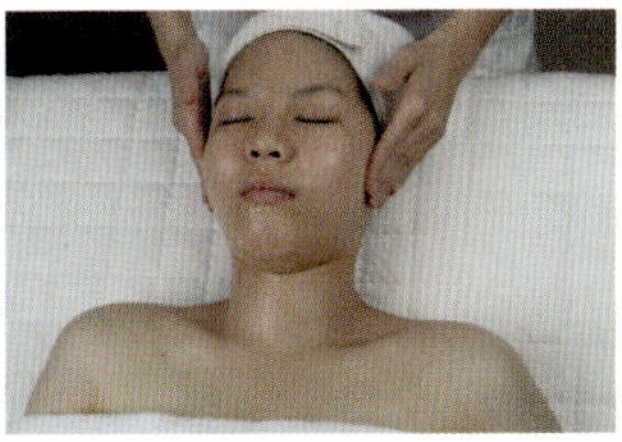

그림 3

㉕ 코 벽 타고 쓸어주기

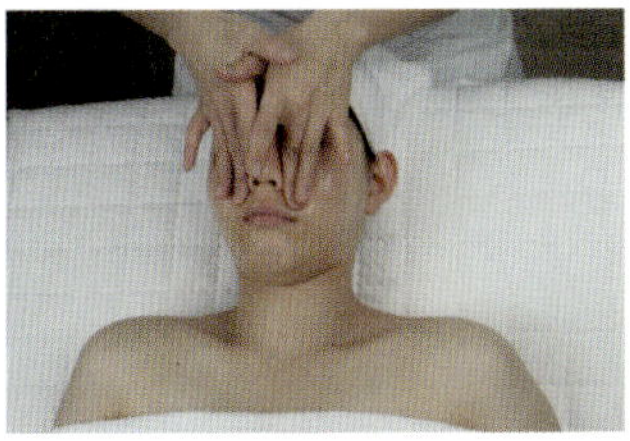

그림 1

㉖ 눈 주위부터 볼 부위까지 크게 3단계 서클(눈에서 눈 밑 → 눈에서 광대뼈 부위까지 → 눈에서 입꼬리 옆까지 크게 이마 쓸어주기)

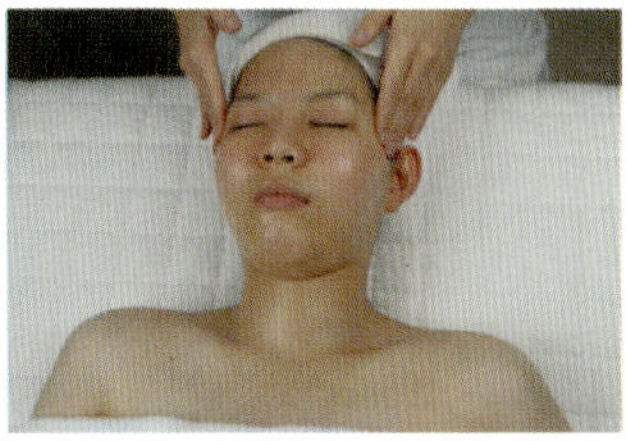

그림 1

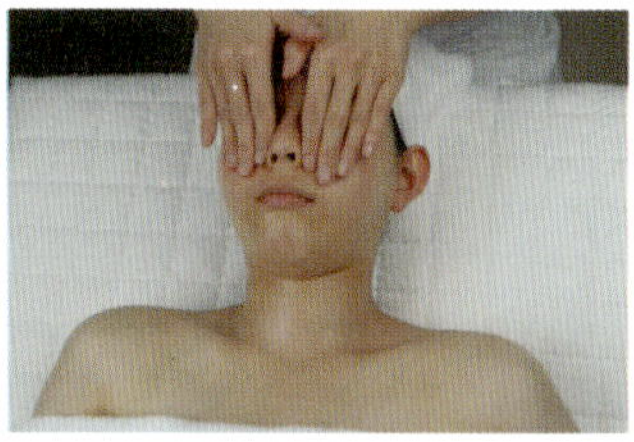

그림 2

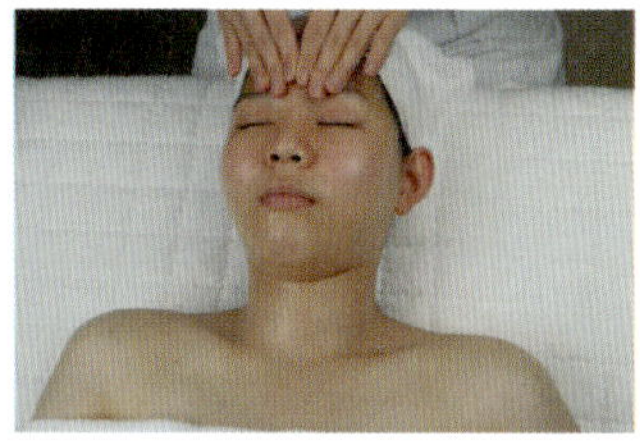

그림 3

㉗ 턱으로 내려가서 합장하듯 3단계 쓸어 올리기

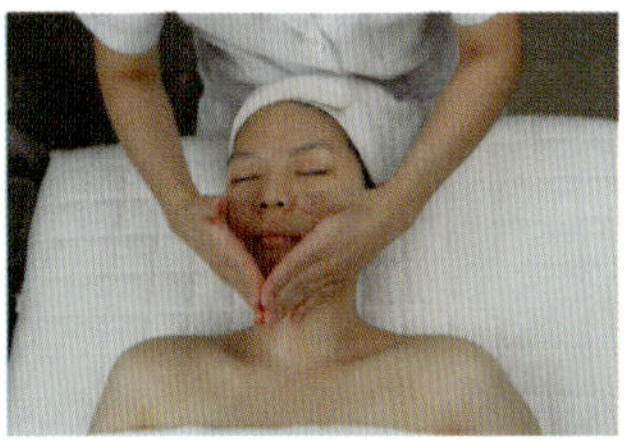

그림 1

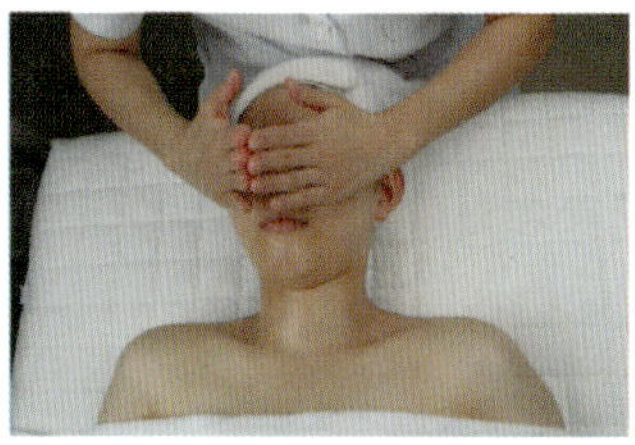

그림 2

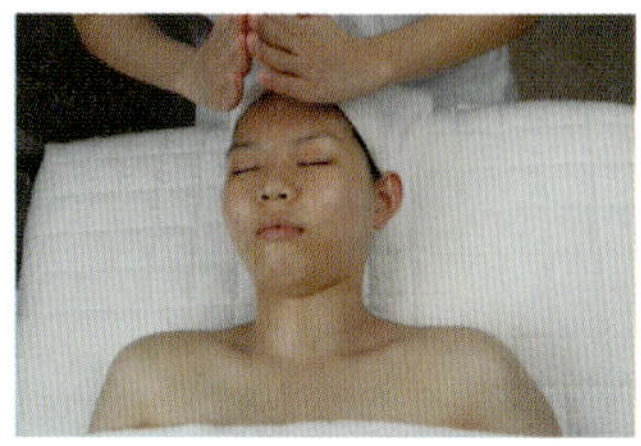

그림 3

㉘ 턱선에서 머리 위쪽 방향으로 끌어 올리듯이 마무리

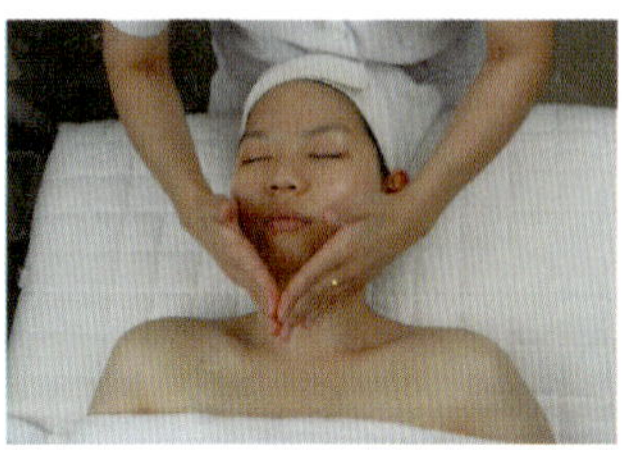

그림 1

제5주차

Skin Treatment
(팩하기, 마스크하기)

학습목표

※ 피부유형에 맞는 제품을 사용하여 적절한 방법으로 사용하여 잘 마무리 할 수 있도록 한다.

1. 팩 시술 방법

1) 준비물

크림팩 3종, 스파츌러, 팩붓, 면봉, 젖은 솜, 냉습포, 해면, 토너, 아이크림, 영양크림

2) 주의사항

① 팩을 유리볼에 덜어놓은 후 바른 팩은 고객의 오른쪽 귀옆, 혹은 왼쪽 귀옆에 올려놓는다. 지시사항이 있을 시 지시사항에 따르도록 한다.
② 팩 바르는 순서, 방향이 틀리고 골고루 발리지 않으면 안 된다.
③ 팩은 피부결 방향으로 도포해야 한다.
④ 피부타입에 맞는 팩을 사용해야 한다.
⑤ 감독위원이 손으로 부위를 가리키면 어떤 팩을 사용하였느냐에 대한 질문이므로, 당황하지 말고 해당부위에 대한 팩을 손으로 가리키면 된다.
⑥ 팩의 두께는 피부의 결이 보이면 안 되고, 너무 두꺼워 덕지덕지한 느낌이 나서도 안 된다.
⑦ 데콜테 영역은 쇄골 밑 3cm까지 허용되며, 둥글게 부채모양처럼 발라준다.

3) 시술순서

① 손 소독을 실시한다.
② 아이크림과 립크림을 눈 주위와 입 주위에 도포한다.
③ 유리볼에 각각에 해당하는 T존 팩, U존 팩, 목과 데콜테 팩을 덜어놓는다.
④ 팩붓으로 제품을 도포한다.
(U존 팩 : 턱, 볼 → T존 팩-코, 이마 → 목과데콜테 팩 → 목, 데콜테 순으로 바른다.)
⑤ 아이패드와 립 패드를 해준다.
⑥ 터번을 푼다(영양성분이 침투되도록 잠시 놓아둔다).
⑦ 터번을 정돈한 후 손 소독을 실시한다.
⑧ 해면을 사용하여 팩의 잔여물이 남지 않도록 닦아낸다.

⑨ 냉 습포로 마무리 한 후에 토너로 정리한다.

⑩ 스파츌러로 아이크림을 덜어 눈가와 입술에 도포한 후 손가락으로 펴 바른다.

⑪ 스파츌러로 영양크림을 덜어 손으로 얼굴과 데콜테까지 도포한 후 손가락으로 펴 바른다.

[팩 시술 순서]

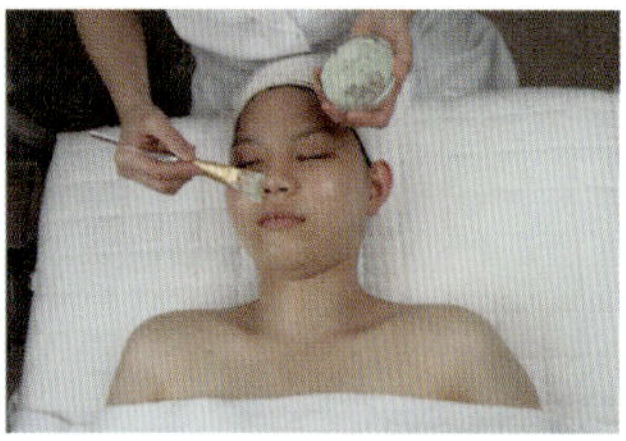
그림 1

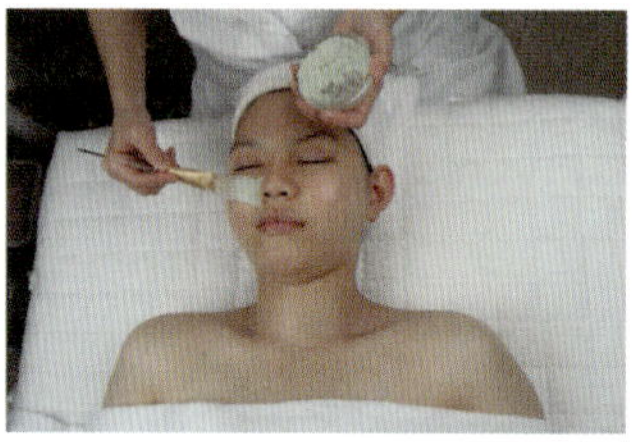
그림 2

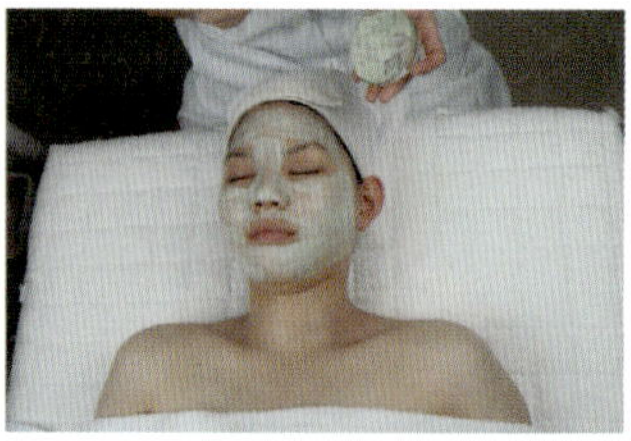
그림 3

그림 4

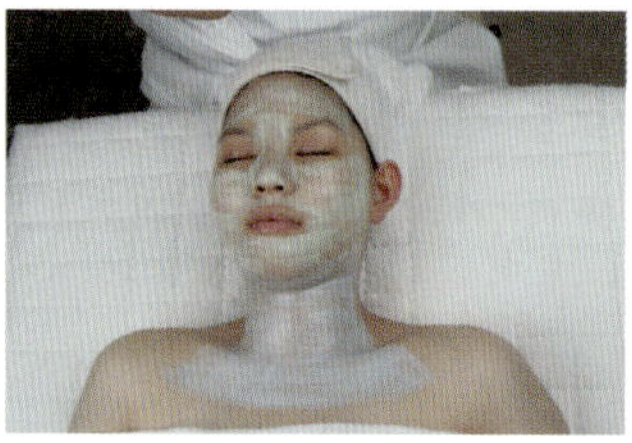
그림 5

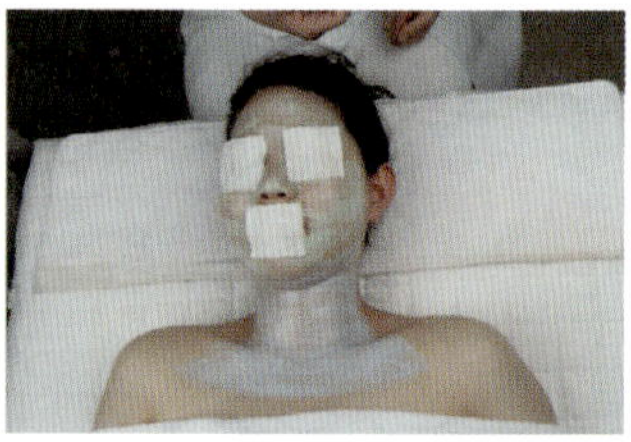
그림 6

<팩 시술 동영상>

※ 마스크 하기는 Salon Treatment의 9주차 특수팩을 참조한다.

제6주차

Skin Treatment

(팔, 다리관리 및 제모하기)

학습목표

※ 팔, 다리, 등의 근육 특징, 근육 결에 따라 적절한 방법으로 문지르거나 주무르는 동작을 학습한다. 올바른 제모방법을 숙지하여 위생과 청결을 유지하며 학습한다.

1. 팔 관리방법 및 순서

<팔 관리>

① 모든 작업의 시작 전에는 손 소독을 반드시 실시한다.

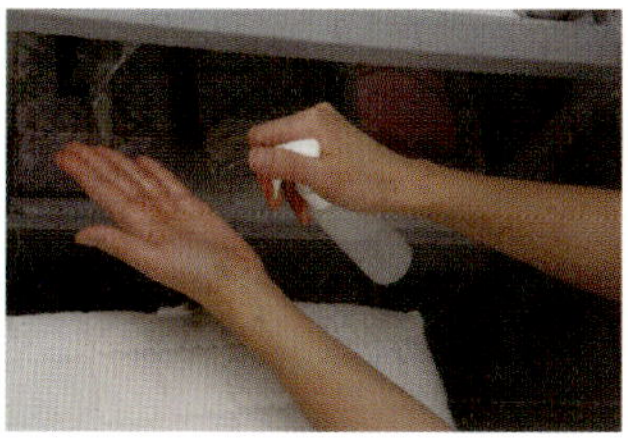
그림 1

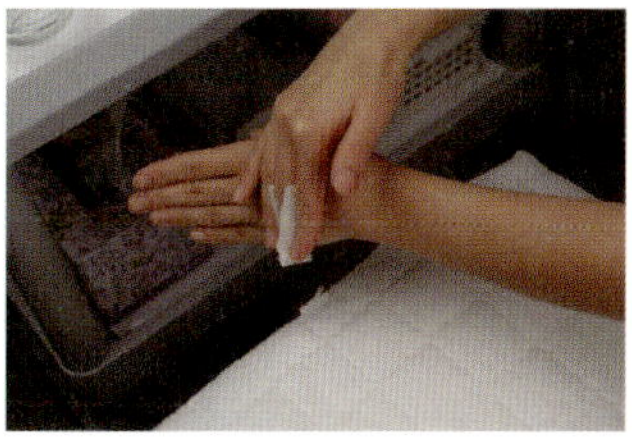
그림 2

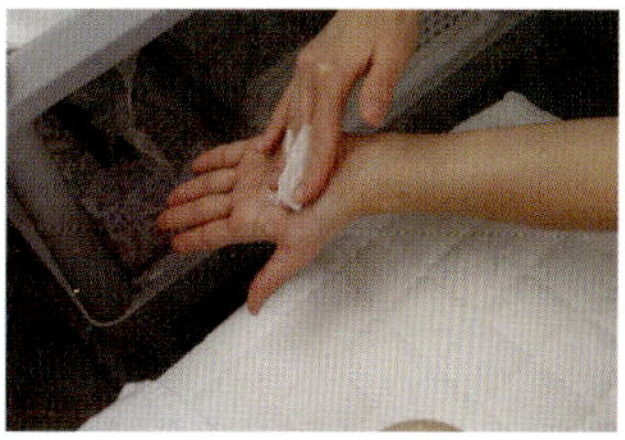
그림 3

② 스킨 토너를 이용하여 팔 부위를 클렌징 한다(탈지면을 이용하면 손쉽게 닦을 수 있으며 손가락 사이사이까지 클렌징 작업을 실시한다).

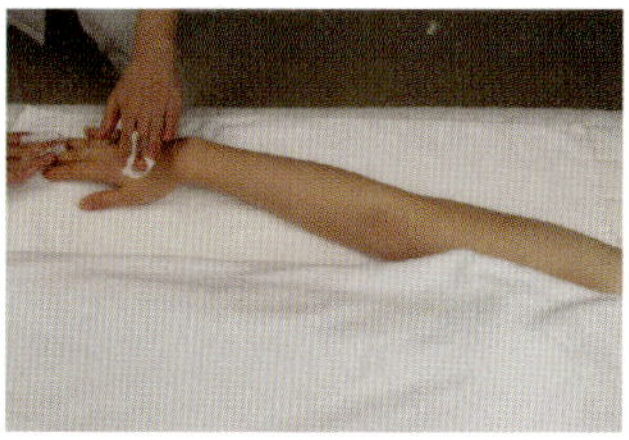
그림 1

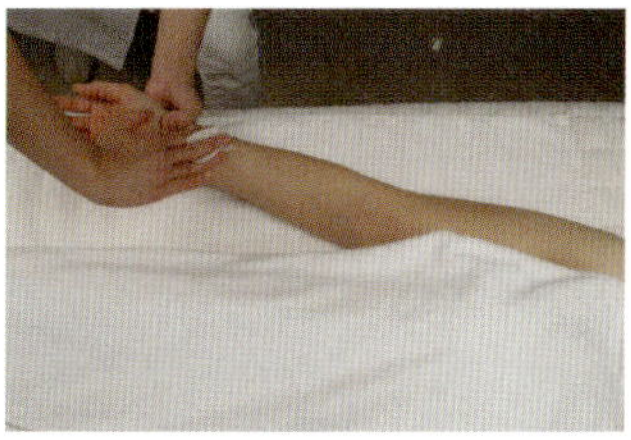
그림 2

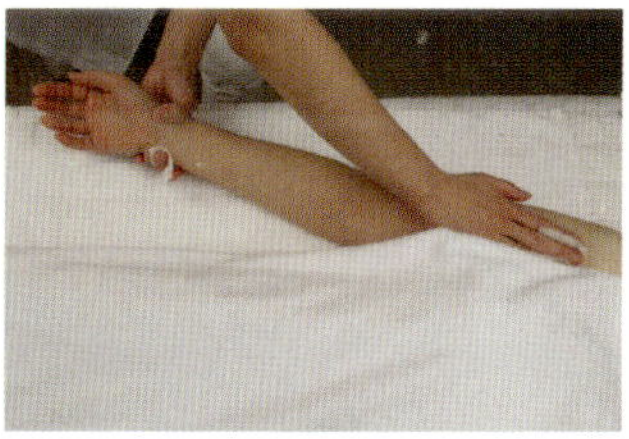
그림 3

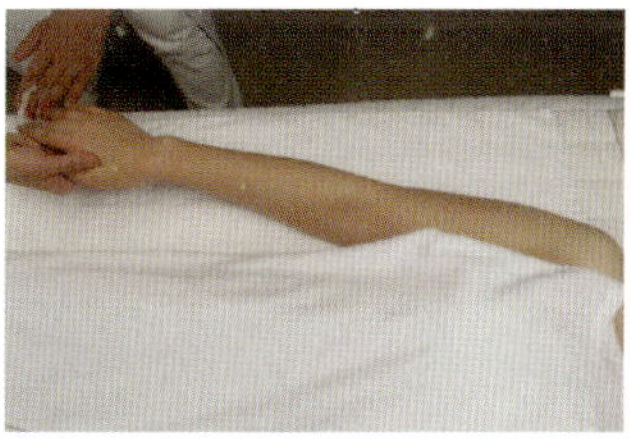
그림 4

③ 유리볼에 적당량의 오일을 준비한다.

④ 오일을 팔 전체에 고루 도포한다.

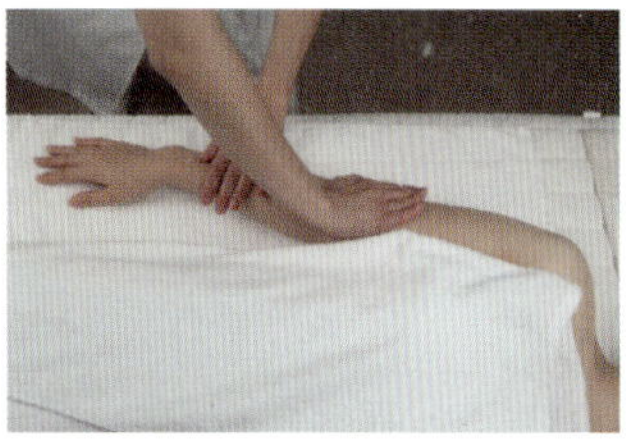

그림 1

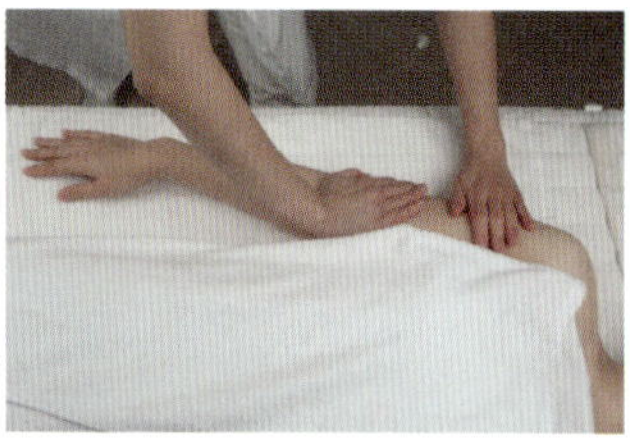

그림 2

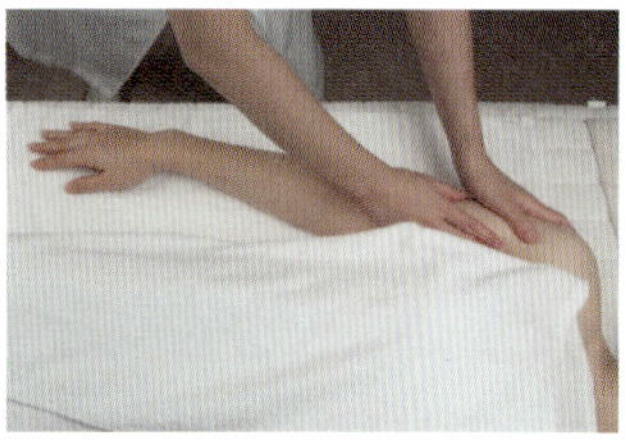

그림 3

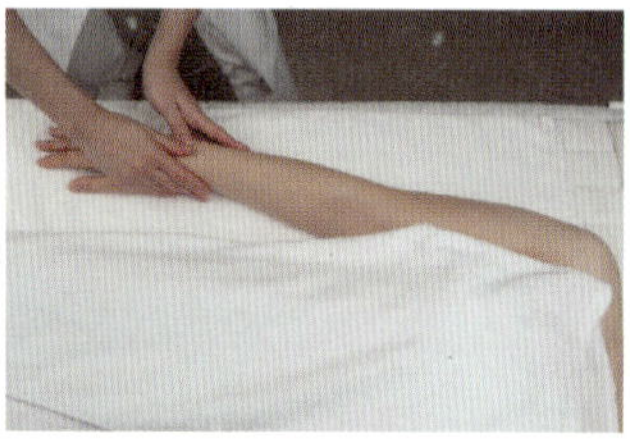

그림 4

⑤ 팔 전체를 길게 쓰다듬기 동작을 실시한다.

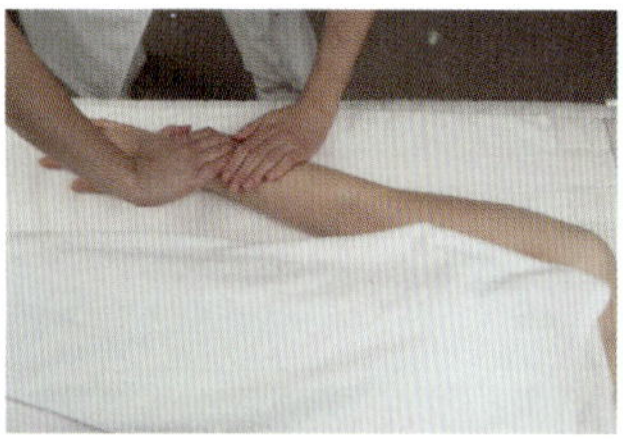

그림 1

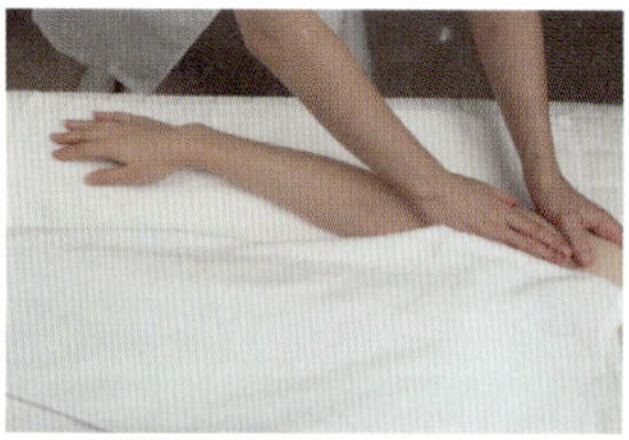

그림 2

⑥ 한손 씩 번갈아 교차하면서 전체적으로 쓸어주기 동작을 실시한다.

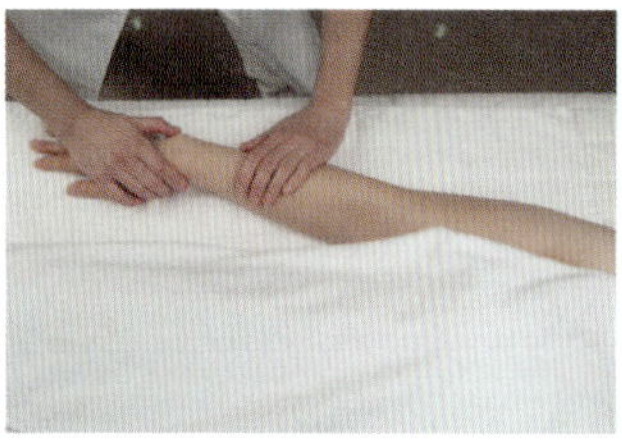

그림 1

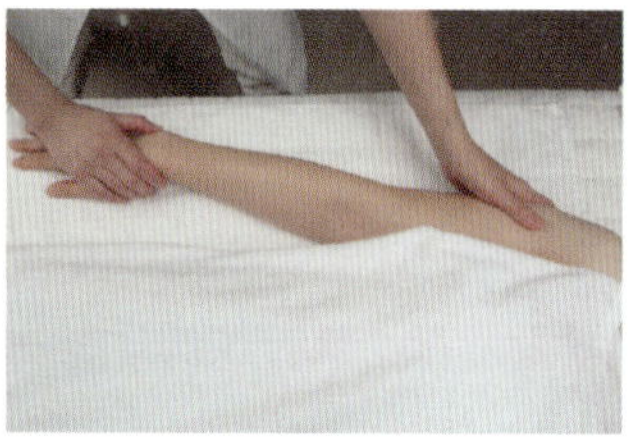

그림 2

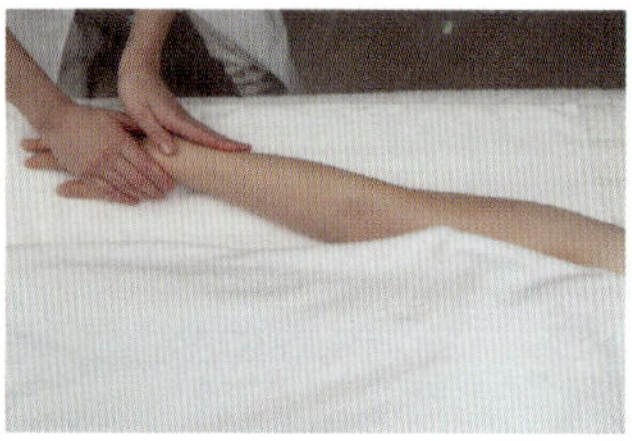

그림 3

⑦ 4지를 이용하여 팔목부터 어깨까지 하트 모양을 그리듯이 가지치기 동작을 실시한다.

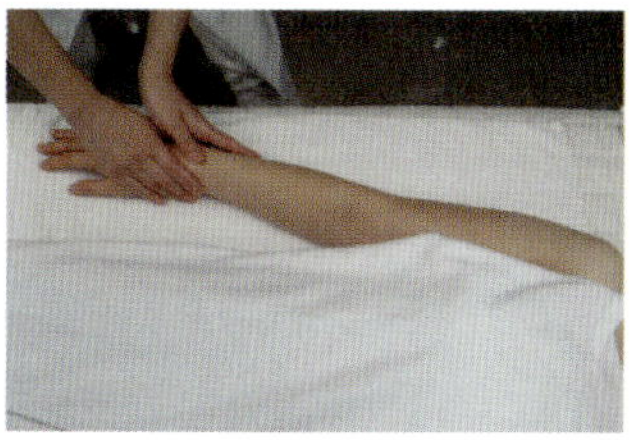

그림 1

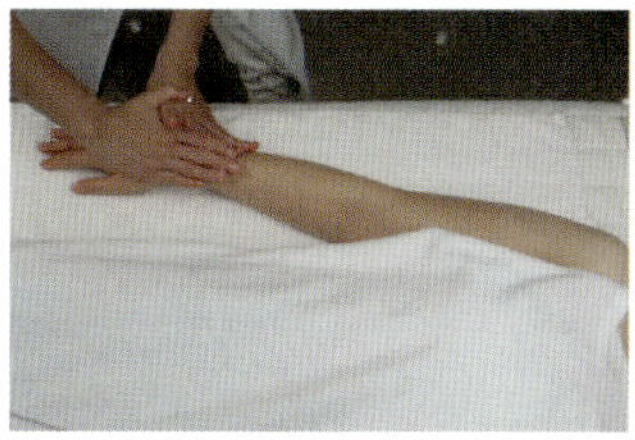

그림 2

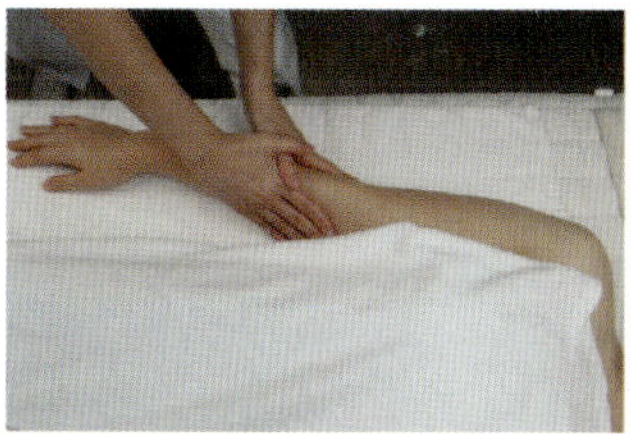

그림 3

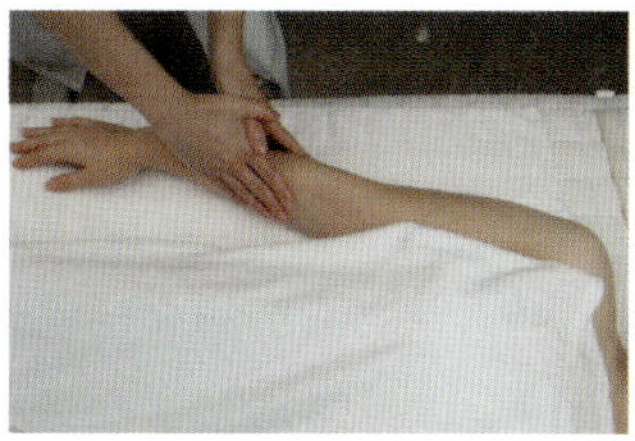

그림 4

⑧ 손목 들고 양쪽 새끼손가락 깍지 끼고 손등 하트 모양그리기를 실시한다.

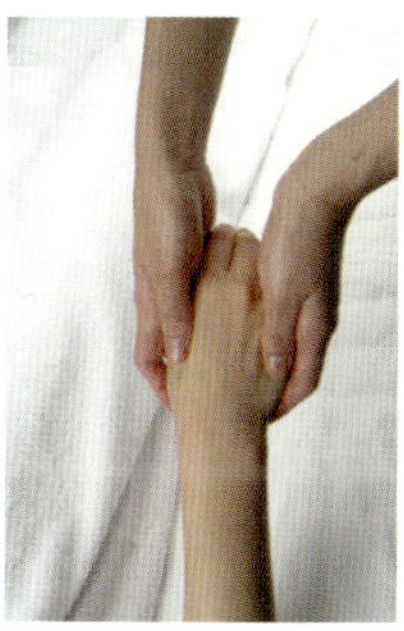

그림 1

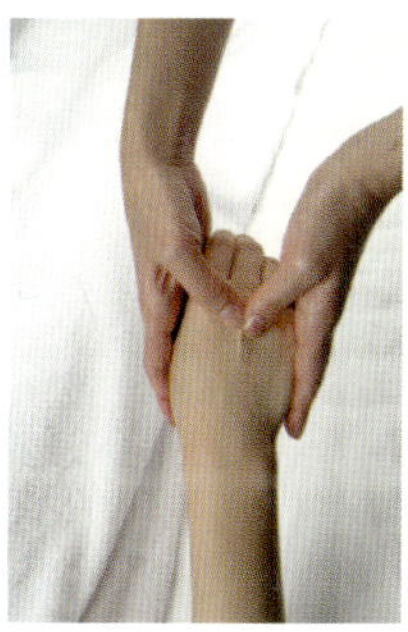

그림 2

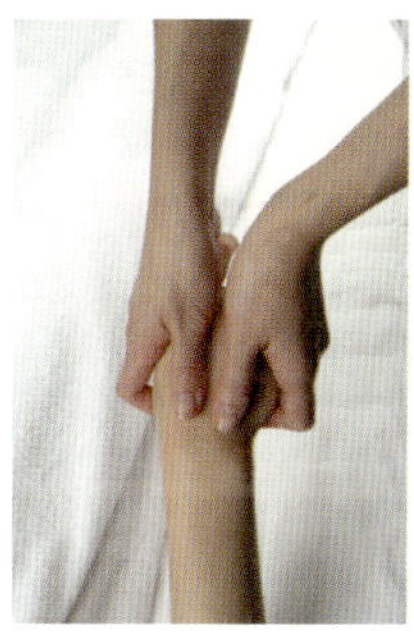

그림 3

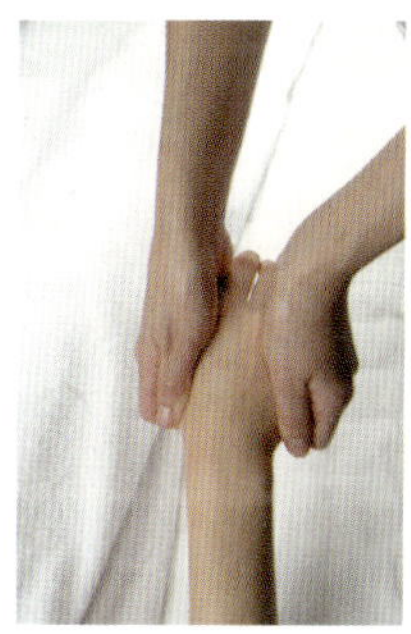

그림 4

⑨ 손바닥을 좌, 우로 지그재그 마사지 동작을 실시한다.

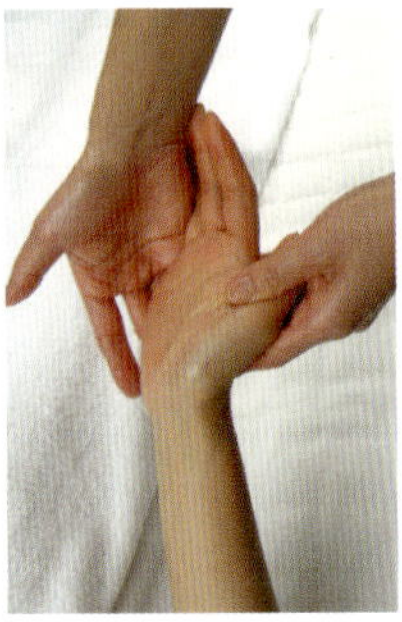

그림 1

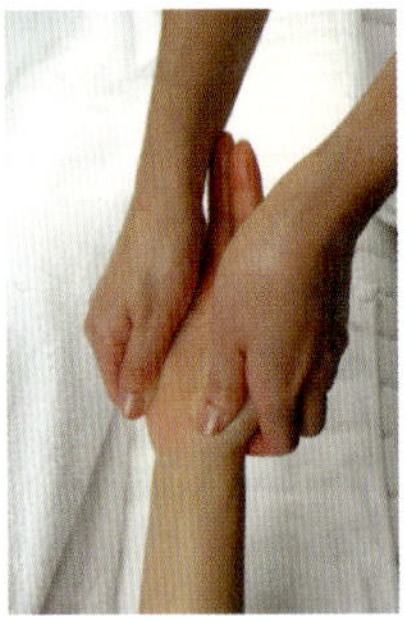

그림 2

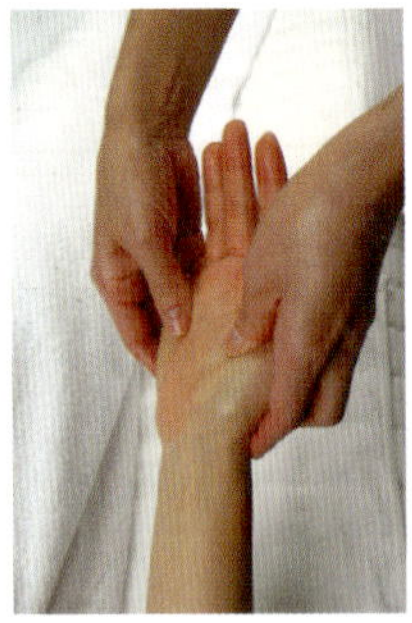

그림 3

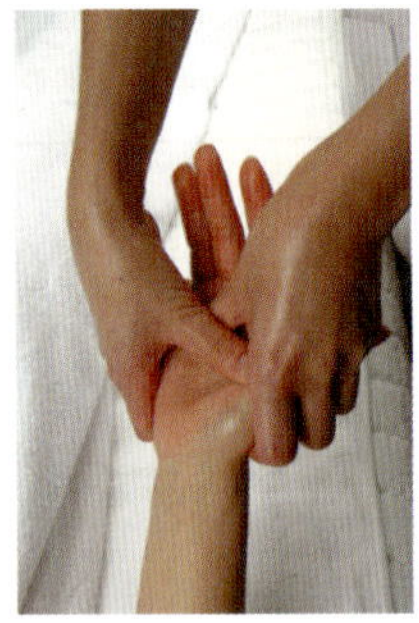

그림 4

⑩ 손가락을 하나하나 좌, 우, 상, 하로 지긋이 마사지 한다.

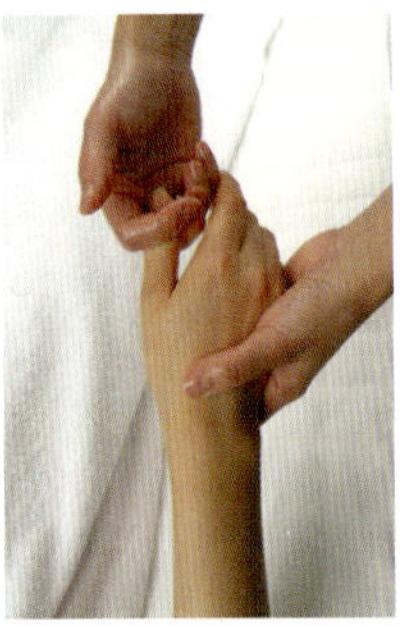

그림 1

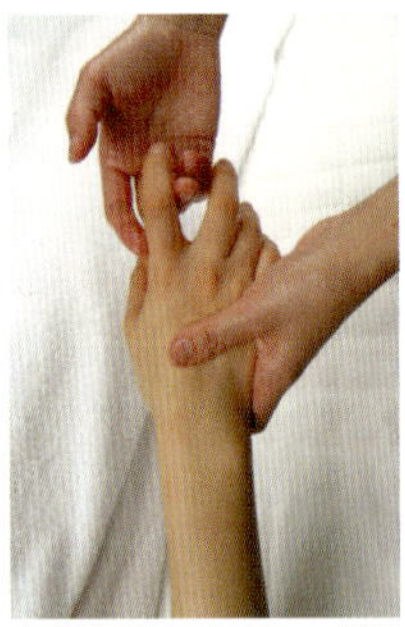

그림 2

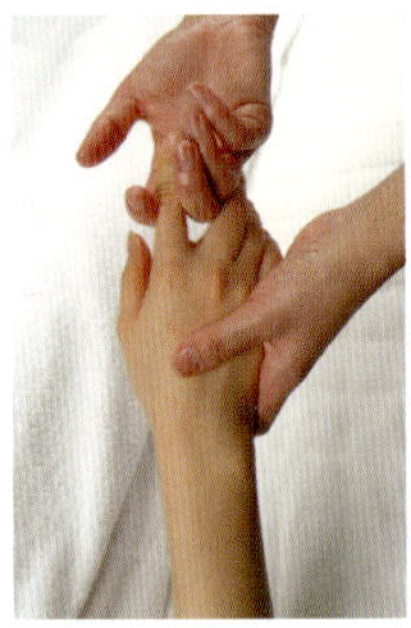

그림 3

⑪ 손등 부위로 이동하여 손등 골파주기를 실시한다.

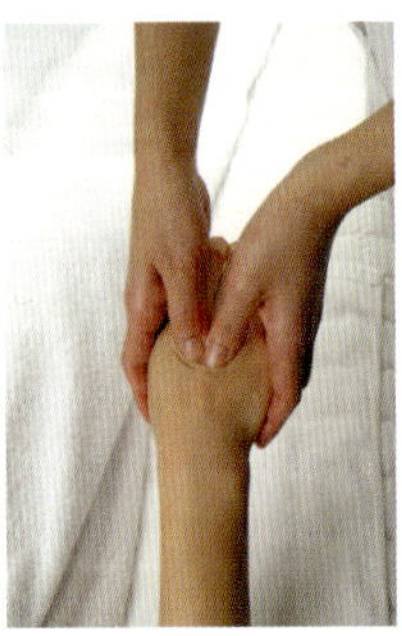

그림 1

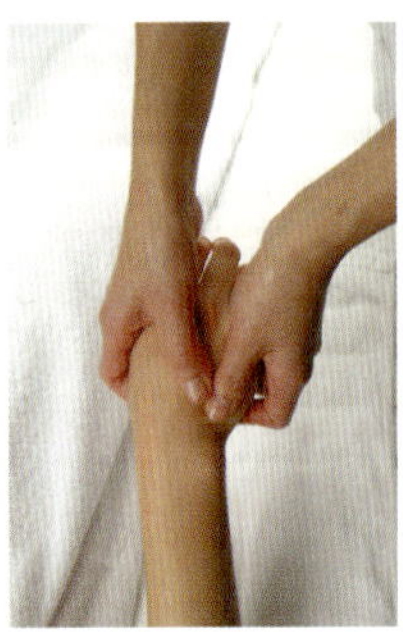

그림 2

⑫ 에플라지 동작으로 전체적으로 팔 부위를 길게 쓸어준다.

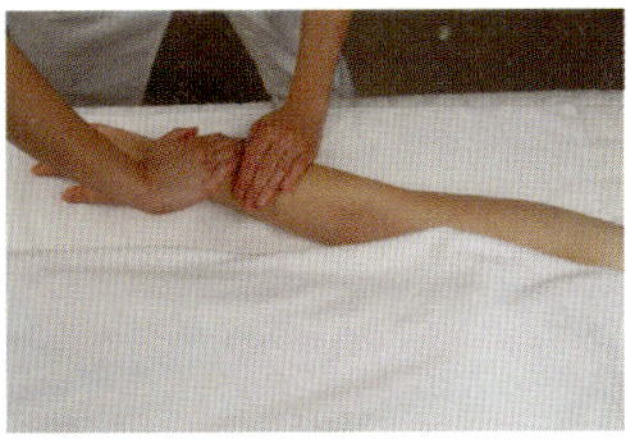
그림 1

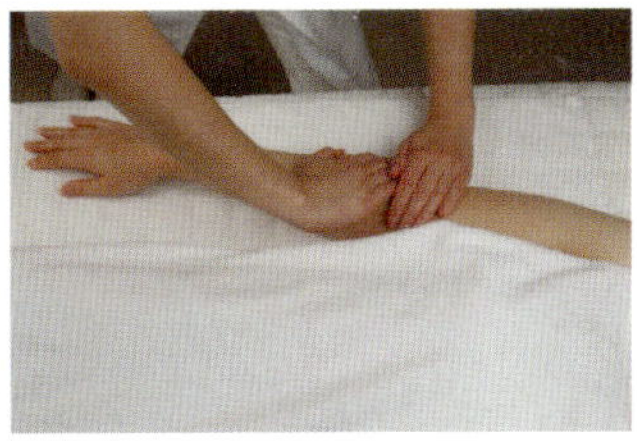
그림 2

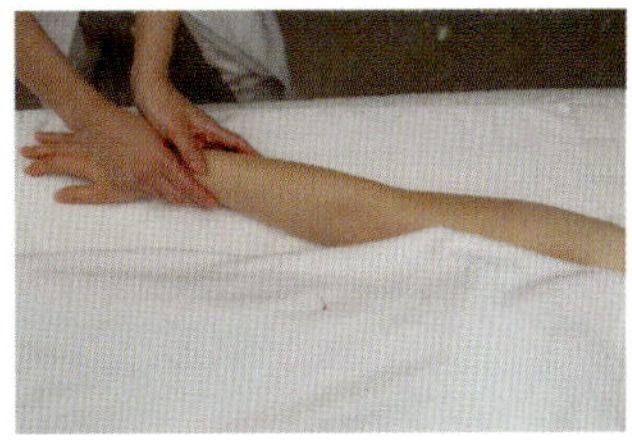
그림 3

⑬ 팔목부터 팔꿈치까지 하완 부위를 4지를 이용하여 왼쪽, 오른쪽을 교대로 쓸어주기 동작을 실시한다.

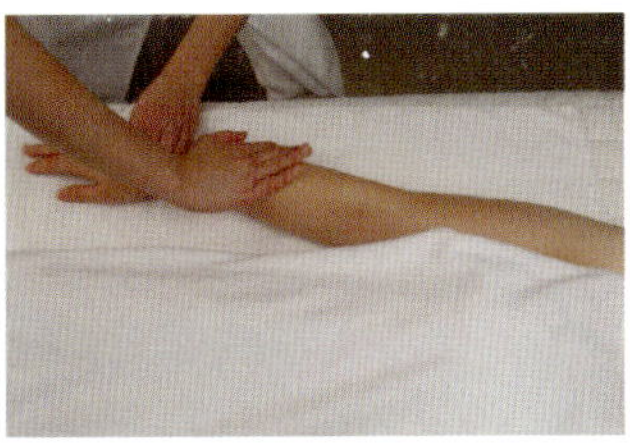
그림 1

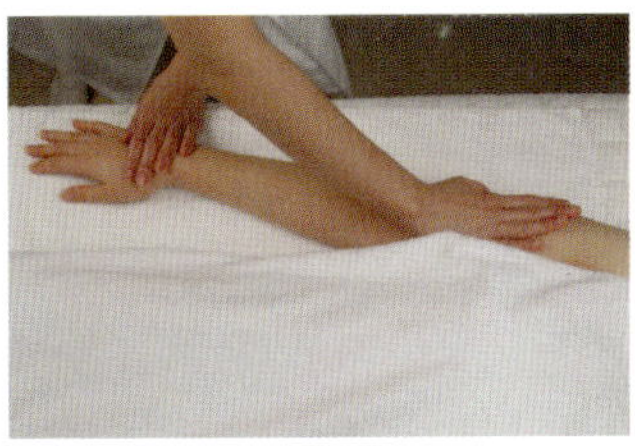
그림 2

⑭ 팔 전체 짜주기 동작을 실시한다.

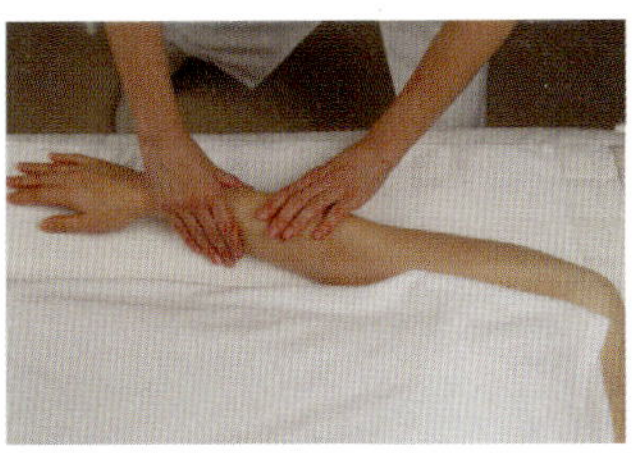
그림 1

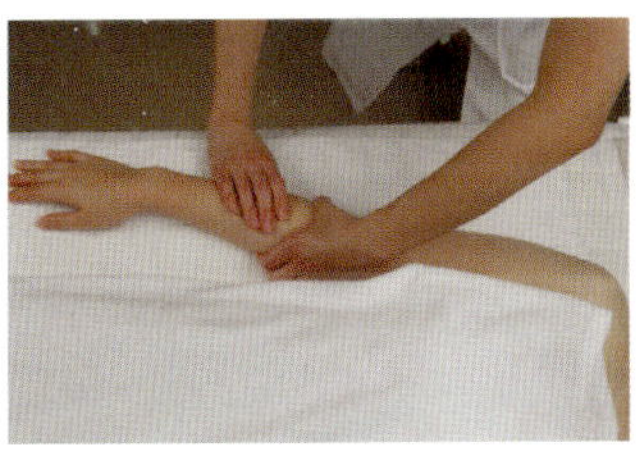
그림 2

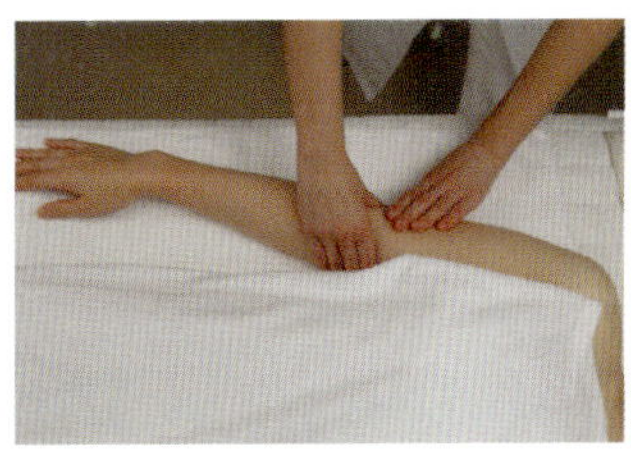
그림 3

⑮ 팔 전체를 세로로 하모니카 동작을 길게 실시한다.

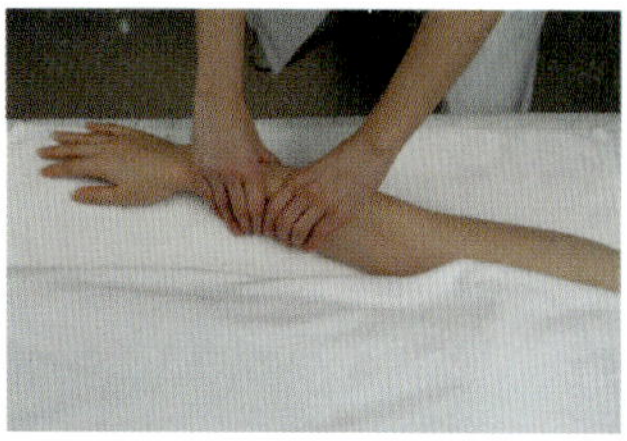

그림 1

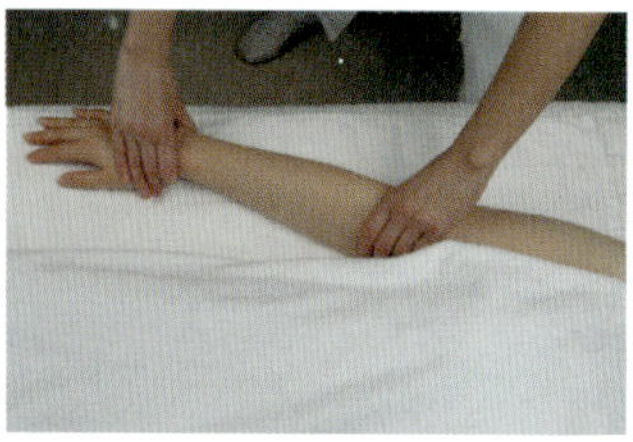

그림 2

⑯ 에플라지 실시 후, 전체적으로 바이브레이션을 실시한다.

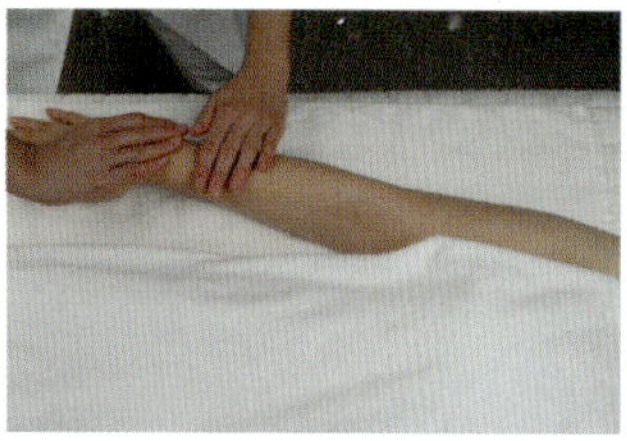

그림 1

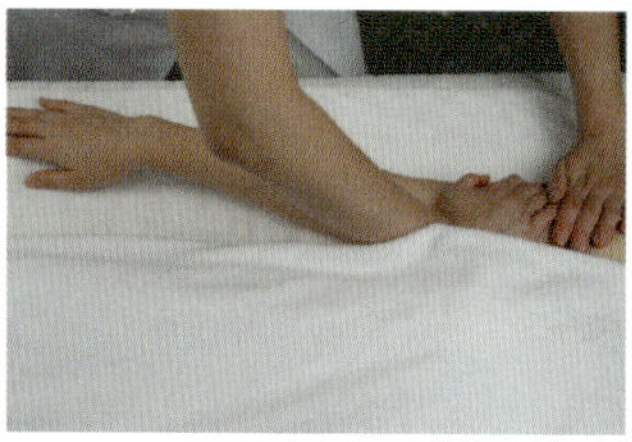

그림 2

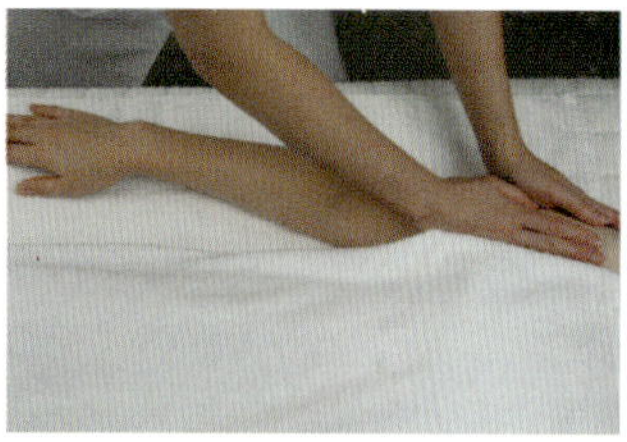

그림 3

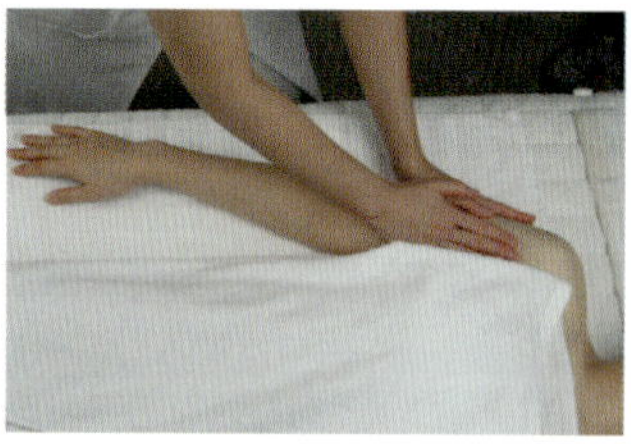

그림 4

⑰ 양손과 한손을 교대로 전체 쓸어주기를 실시한 후 손가락 쪽에서 빼주면서 마무리 해준다.

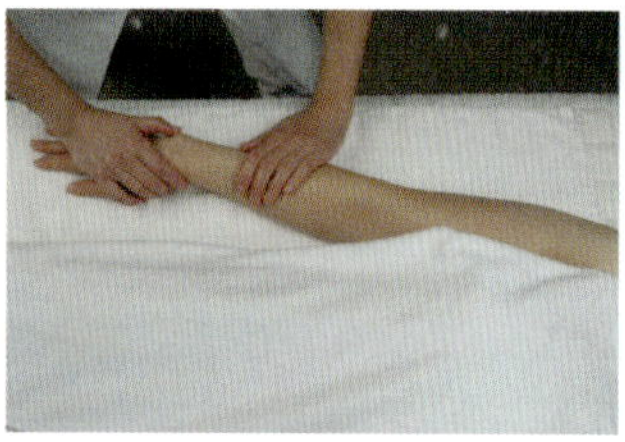

그림 1

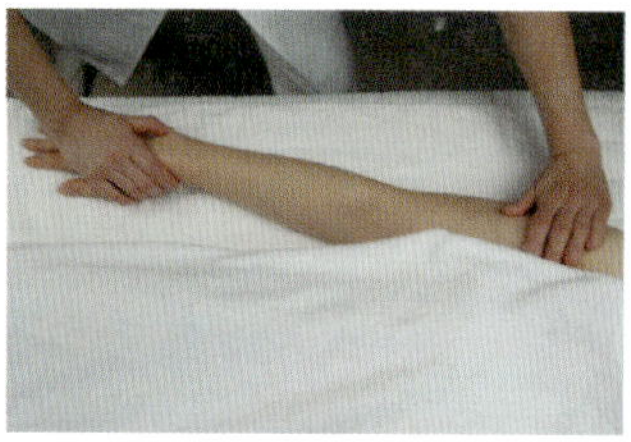

그림 2

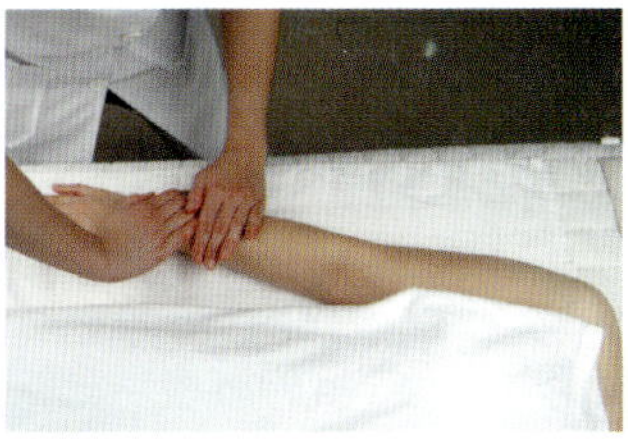

그림 3

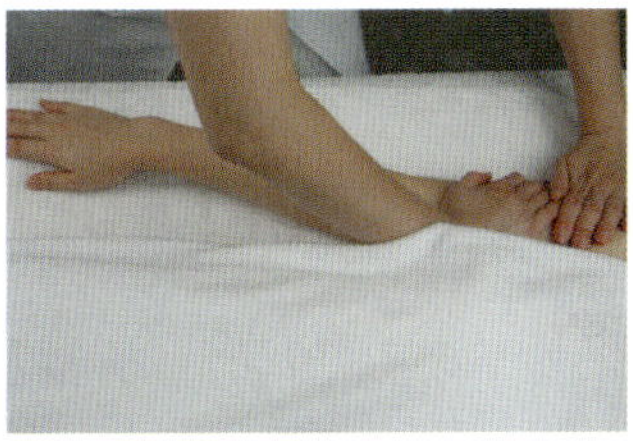

그림 4

⑱ 온습포를 해 준다. 오일 잔여물이 남지 않도록 손가락 사이까지 잘 닦아 준다.

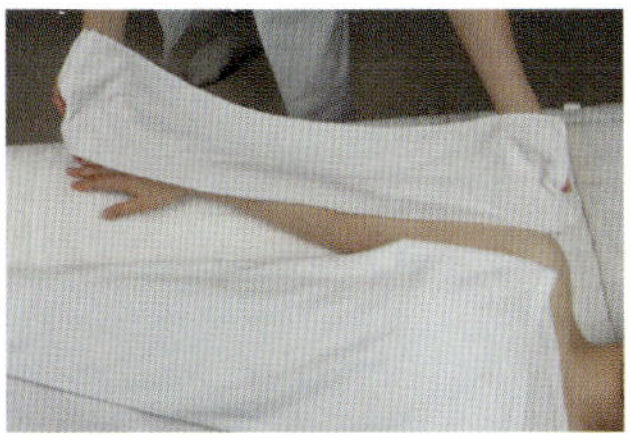

그림 1

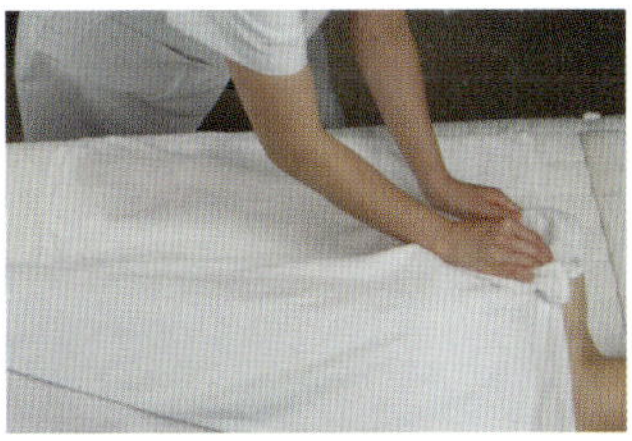

그림 2

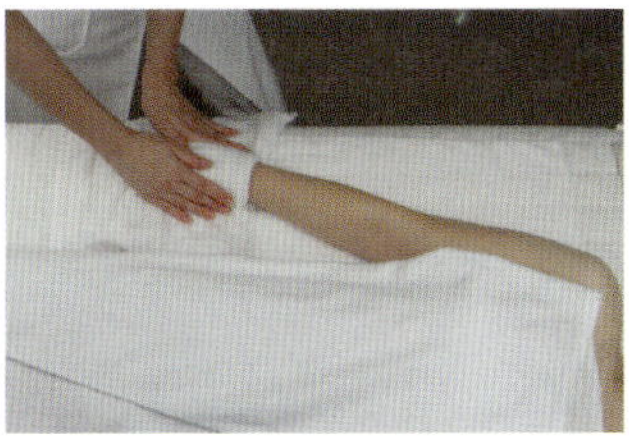

그림 3

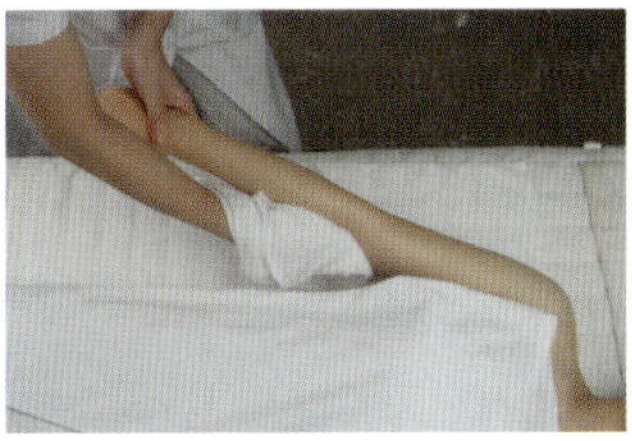

그림 4

⑲ 토너로 정리하고 관리가 끝나면 고객을 대타올로 덮어줌으로써 마무리 한다.

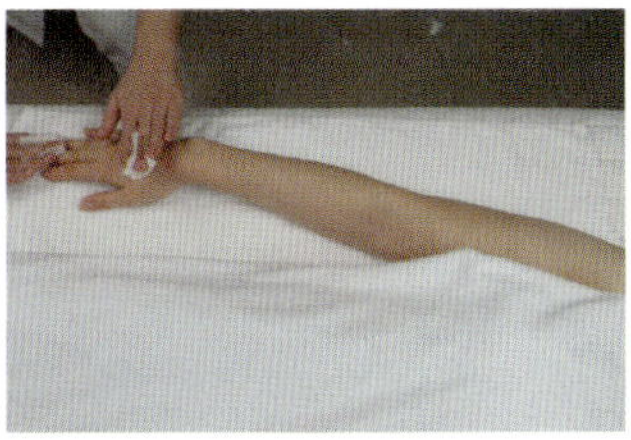

그림 1

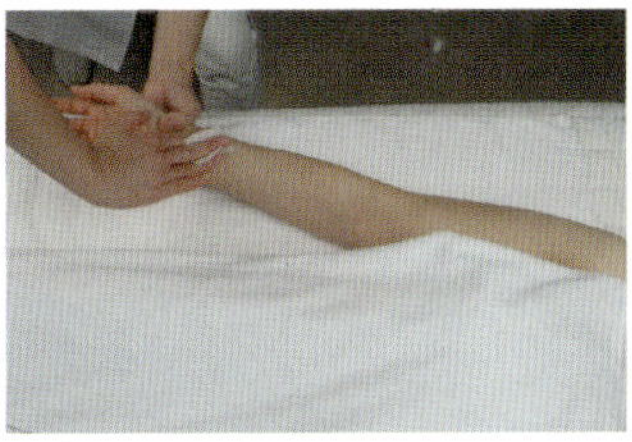

그림 2

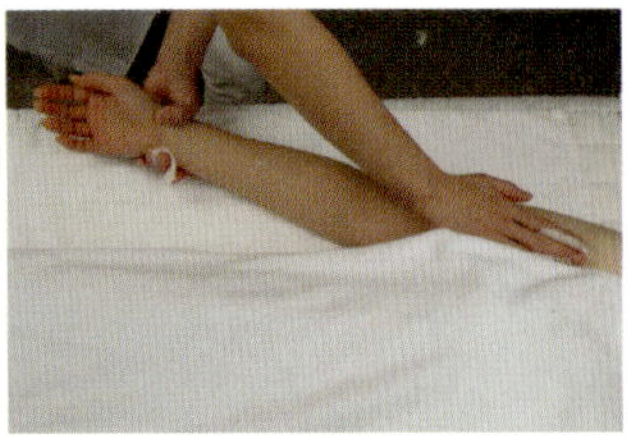

그림 3

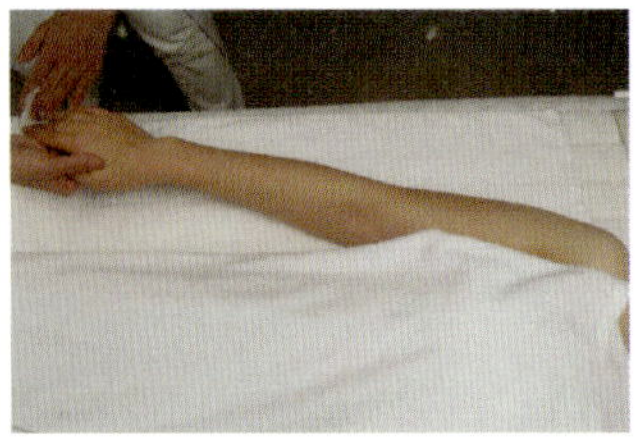

그림 4

<팔 관리 동영상>

2. 다리 관리 순서

① 작업의 시작 전에는 손 소독을 반드시 실시한다.

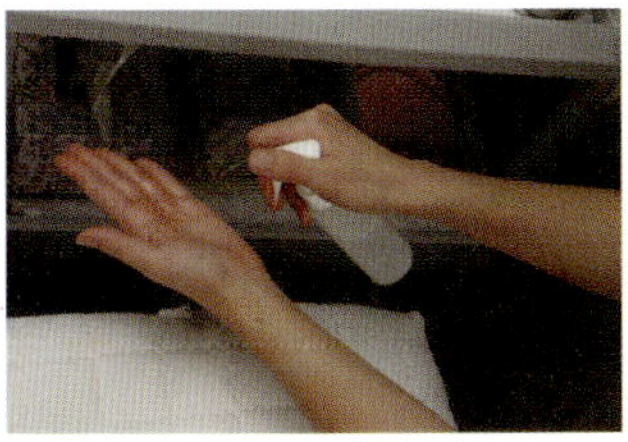

그림 1

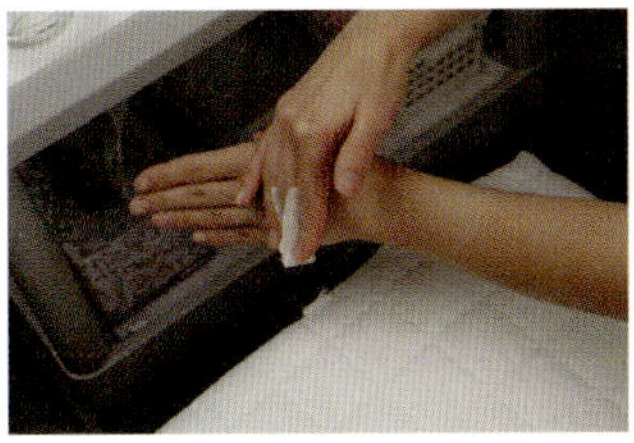

그림 2

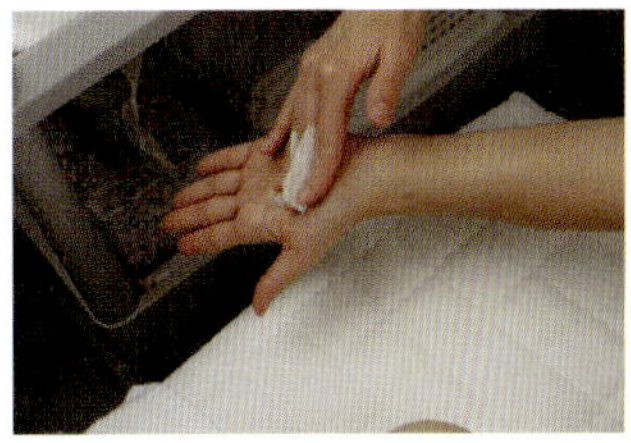

그림 3

② 스킨 토너를 이용하여 다리 부위를 클렌징 한다(발 부위까지 발가락 사이까지).

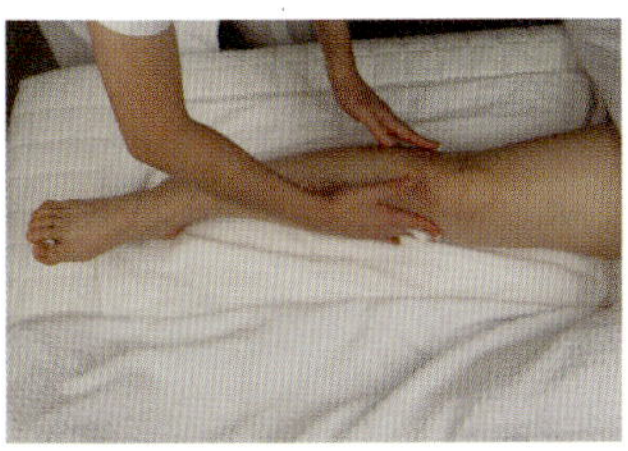

그림 1

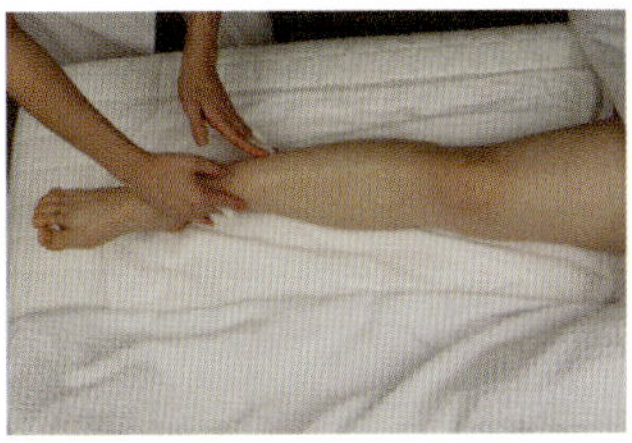

그림 2

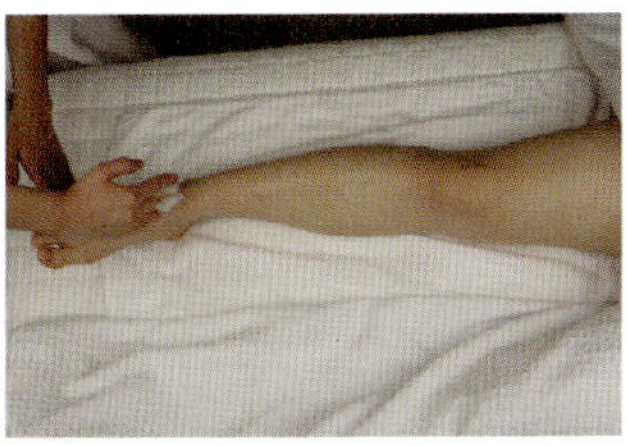

그림 3

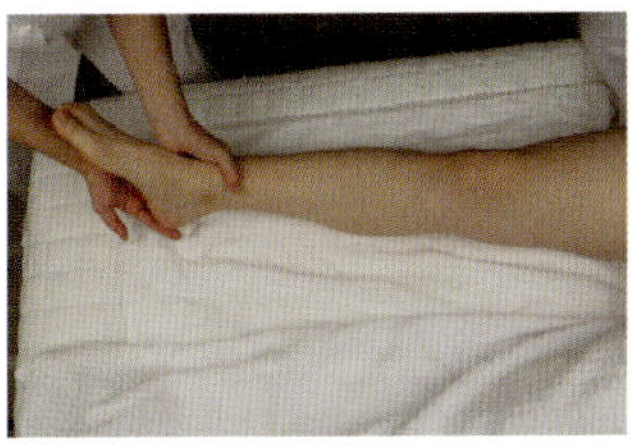

그림 4

③ 유리볼에 적당량의 오일을 준비한다.

④ 오일을 다리 전체에 발목에서 위쪽으로 고루 도포한다.

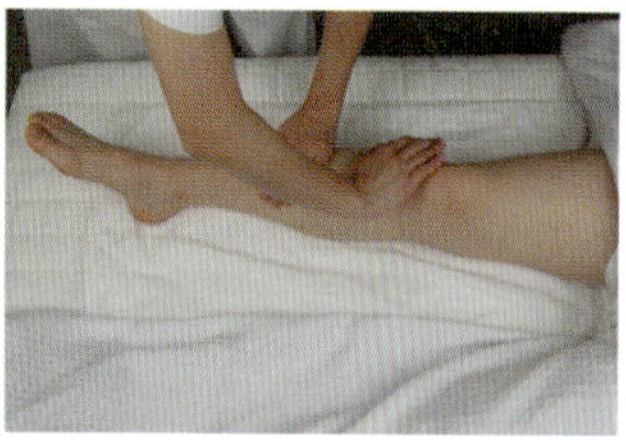

그림 1

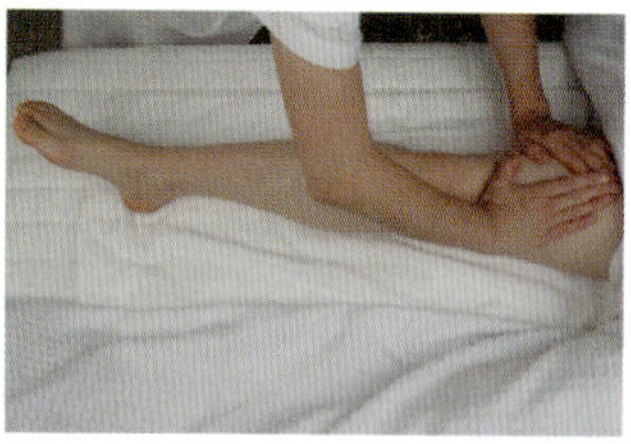

그림 2

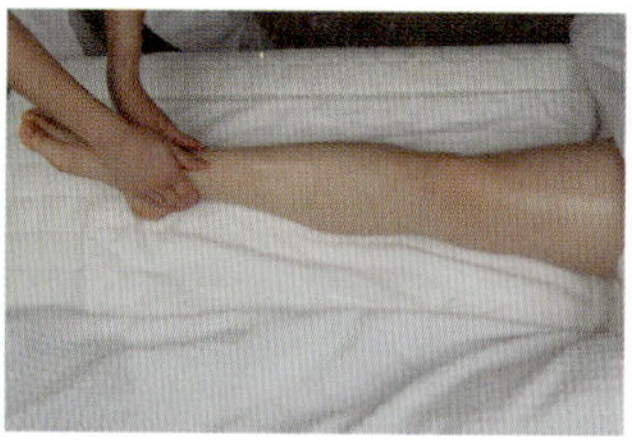

그림 3

⑤ 다리 전체를 길게 쓸어주기 동작을 실시한다.

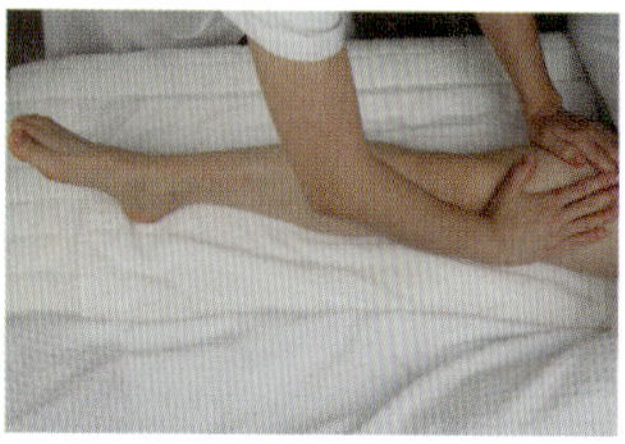

그림 1

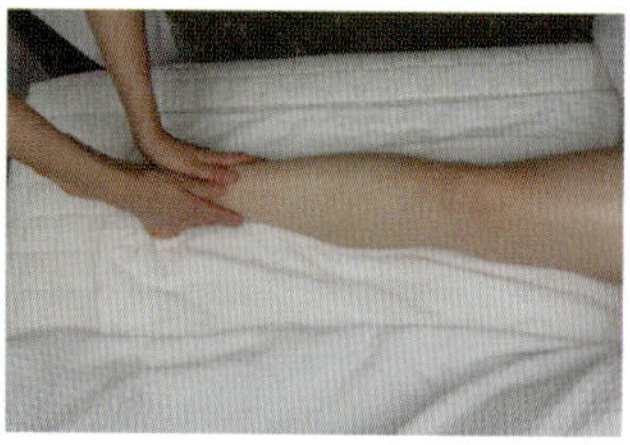

그림 2

⑥ 발바닥 샌드위치 동작을 실시한다.

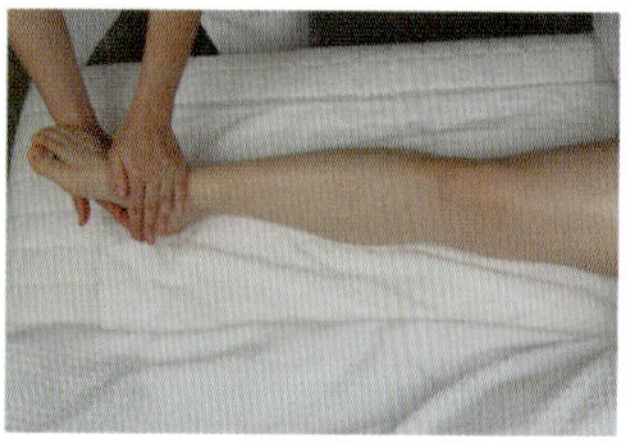

그림 1

⑦ 발 부위를 스트레칭 해 준다.

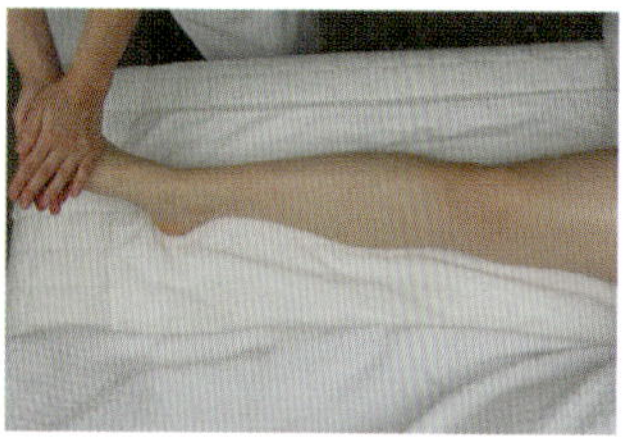

그림 1

⑧ 발등 부위에 골파주기 동작을 실시한다.

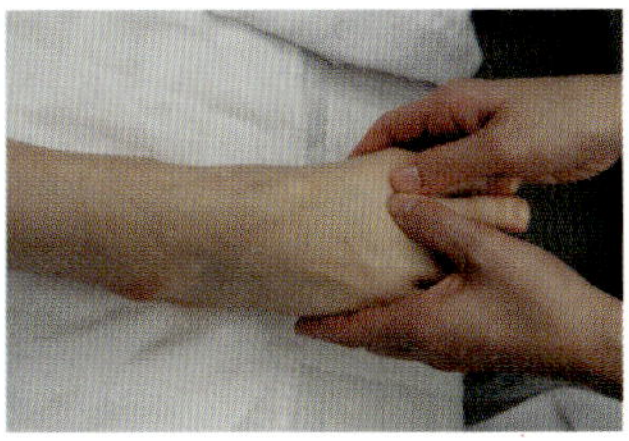

그림 1

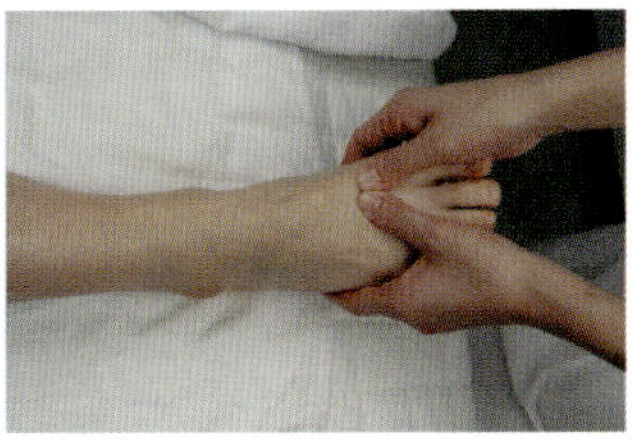

그림 2

⑨ 발등을 엄지를 이용하여 좌, 우 지그재그 마사지 한다.

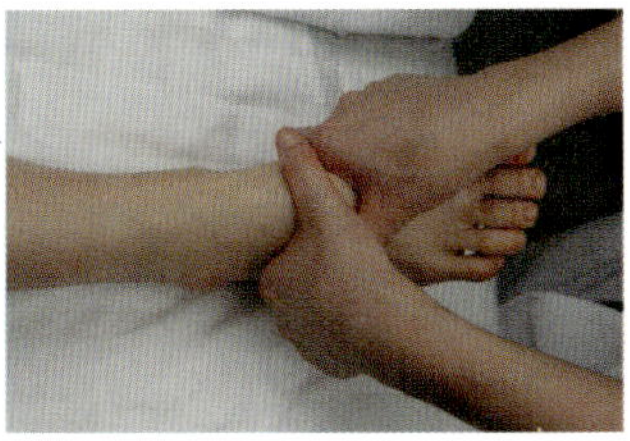

그림 1

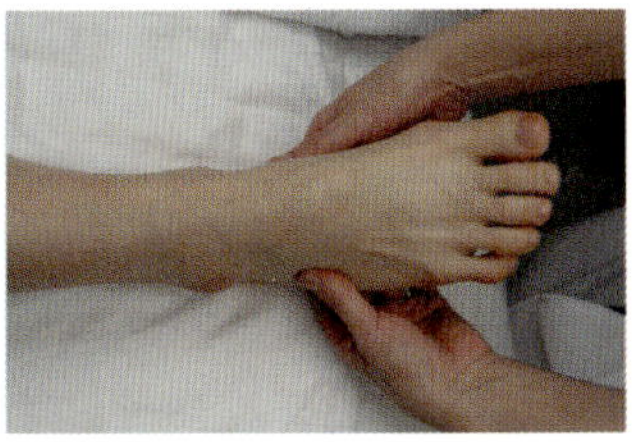

그림 2

⑩ 발등을 엄지로 사과 쪼개기(하트 모양) 그리듯이 마사지 한다.

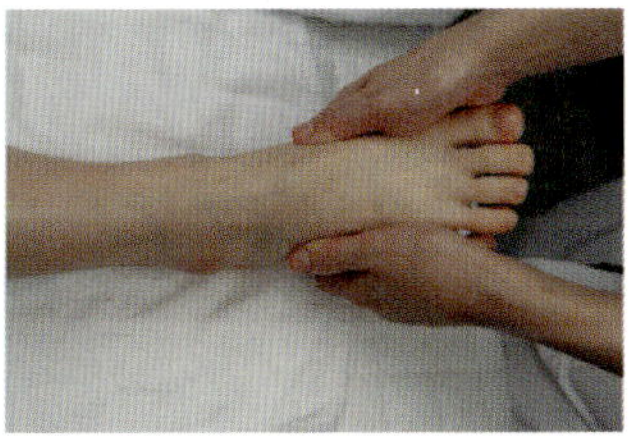

그림 1

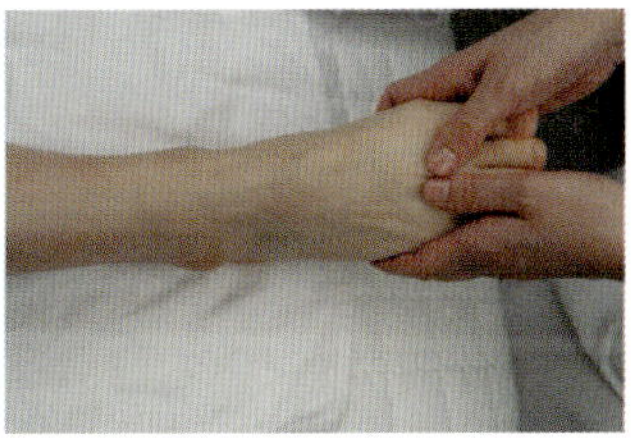

그림 2

⑪ 발목을 복숭아 뼈를 고정한 후, 4지를 이용하여 굴리듯이 마사지 한다.

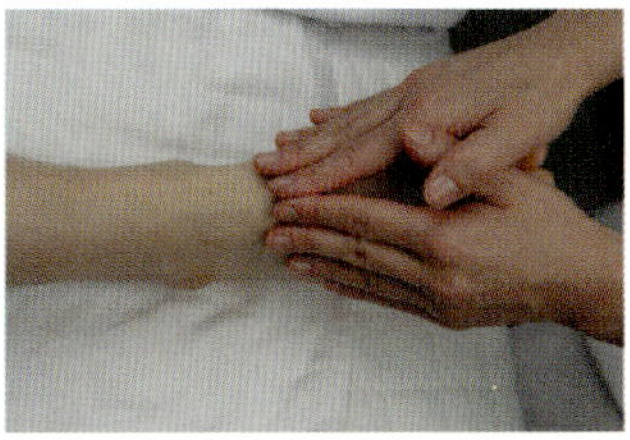

그림 1

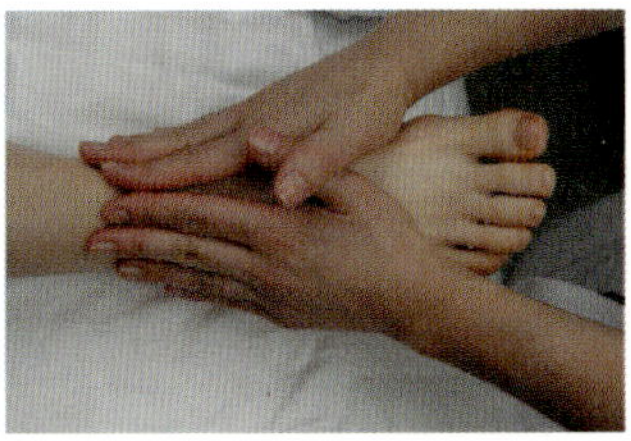

그림 2

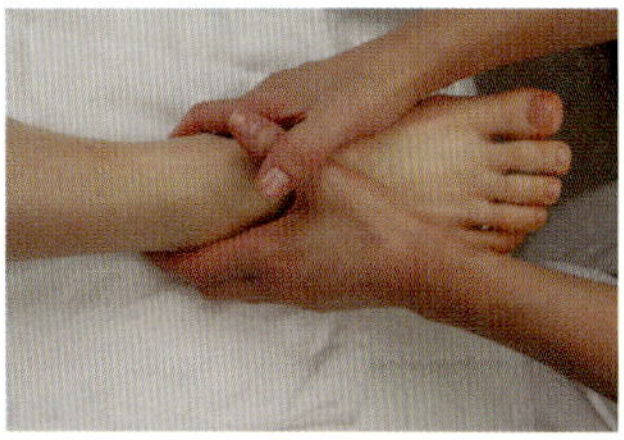

그림 3

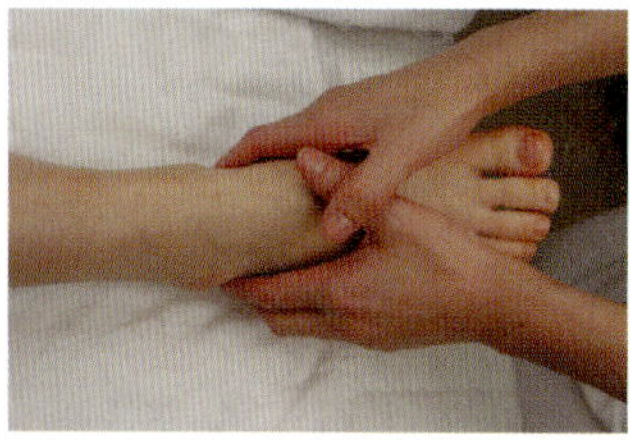

그림 4

⑫ 다리 전체를 에플라지 동작으로 길게 쓰다듬기 동작을 실시한다.

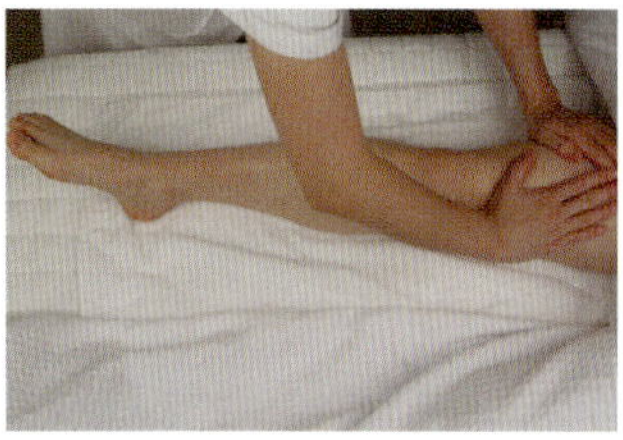

그림 1

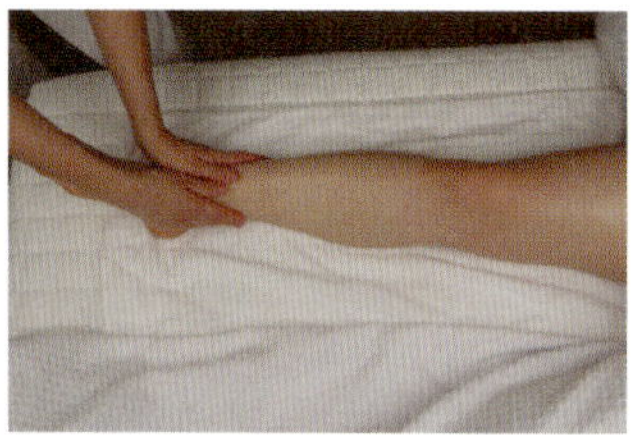

그림 2

⑬ 다리를 2등분 하여 발목부터 무릎까지 양손을 이용하여 하트모양을 그리며 마사지 한 후, 무릎 위쪽을 동일하게 마사지 한다.

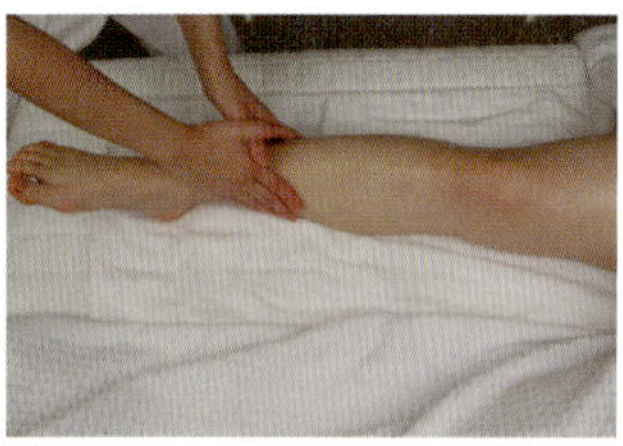

그림 1

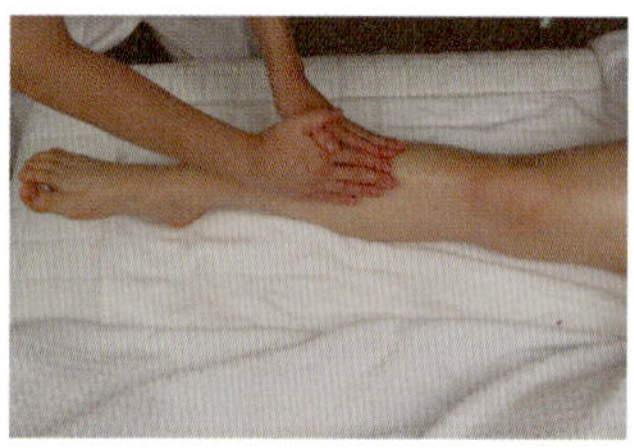

그림 2

⑭ 에플라지 실시 후, 무릎을 세운 자세로 발목에서 위쪽으로 양손으로 쓸어 올린 후, 한손으로 쓸어 올려 준다.

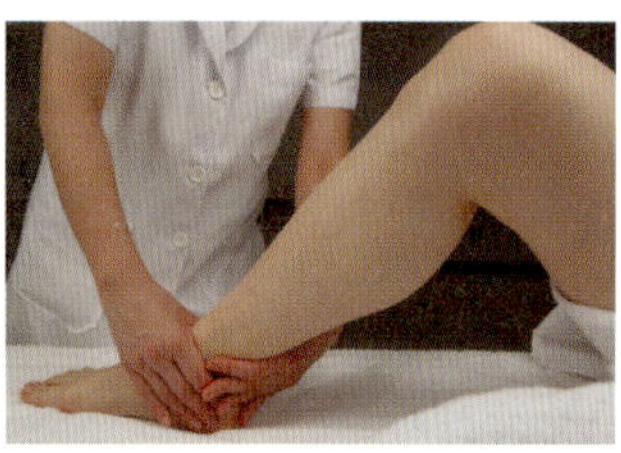

그림 1

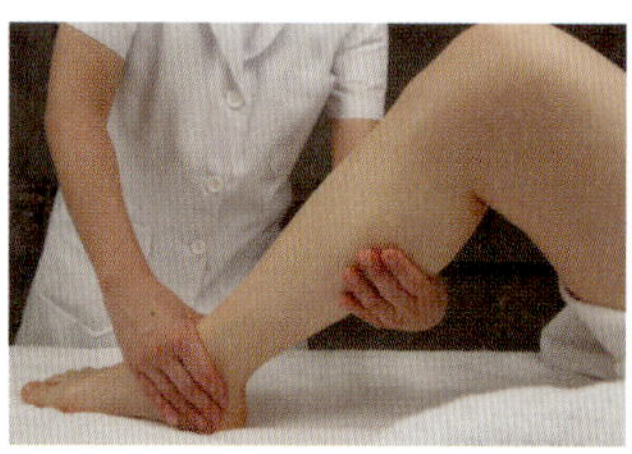

그림 2

⑮ 한 손씩 번갈아 가며 반죽하듯이 쓸어 올린 후, 양손으로 짜주기(비틀어가며) 마사지를 한다.

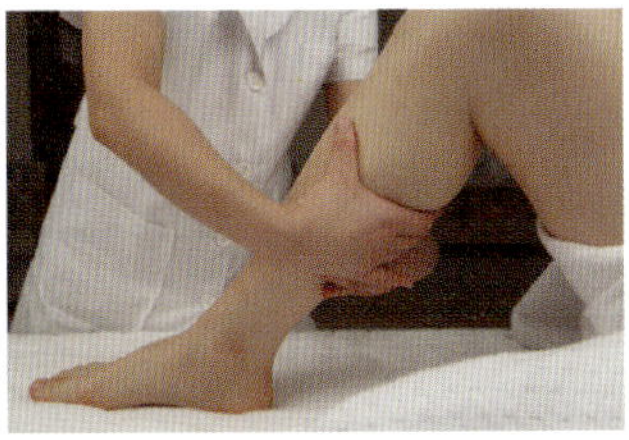
그림 1

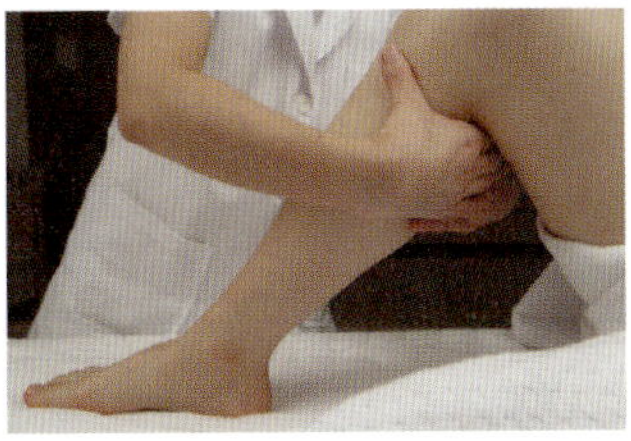
그림 2

⑯ 다리 펴서 옆으로 눕힌 자세에서 에플라지 동작 후, 짜주기, 하모니카 동작 실시 후, 다리 안쪽으로 쓰다듬기 실시 후 다리를 곧게 펴준다.

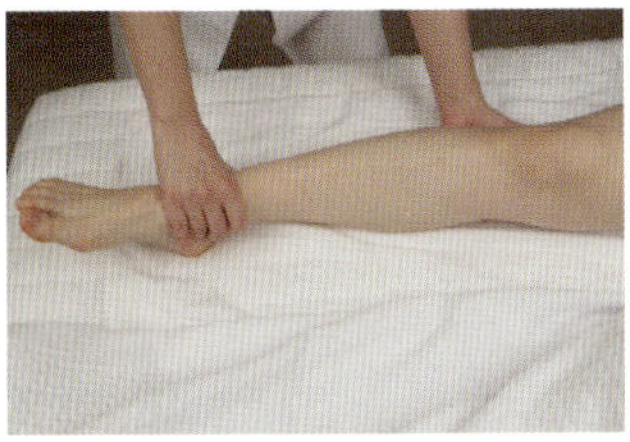
그림 1

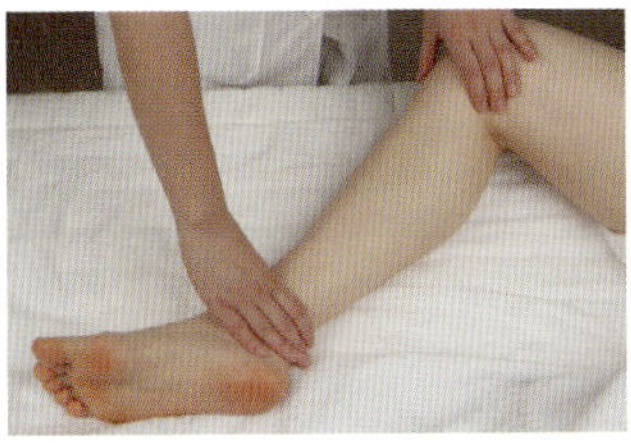
그림 2

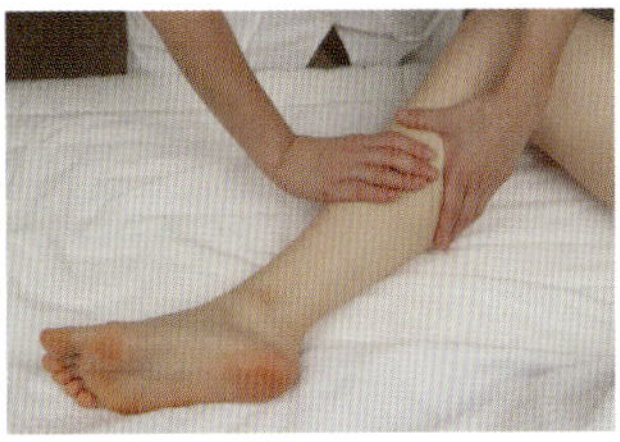
그림 3

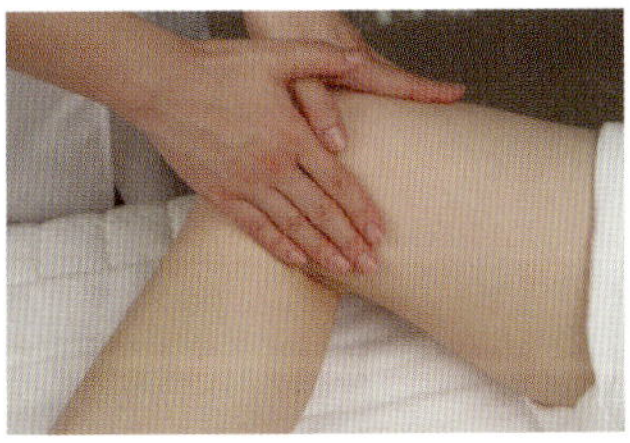
그림 4

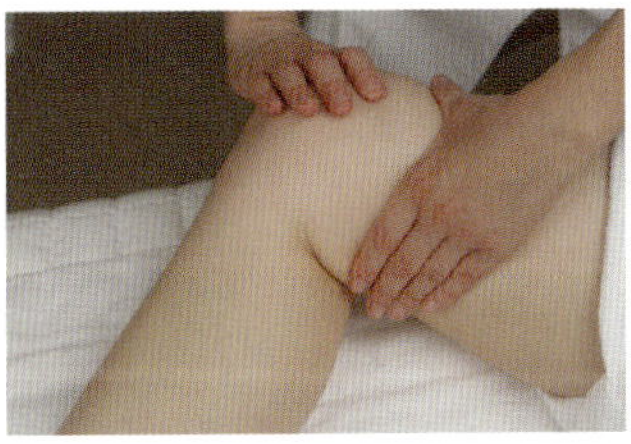
그림 5

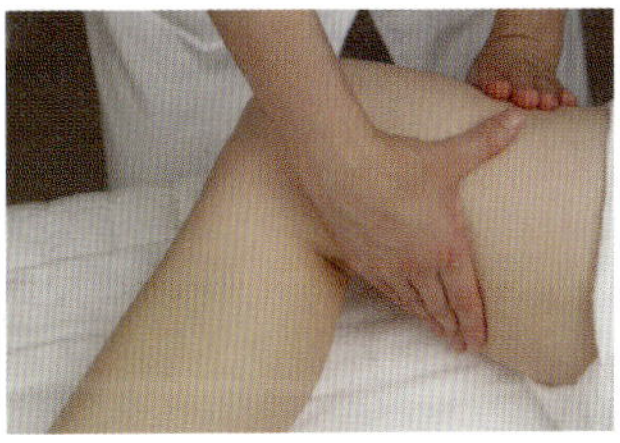
그림 6

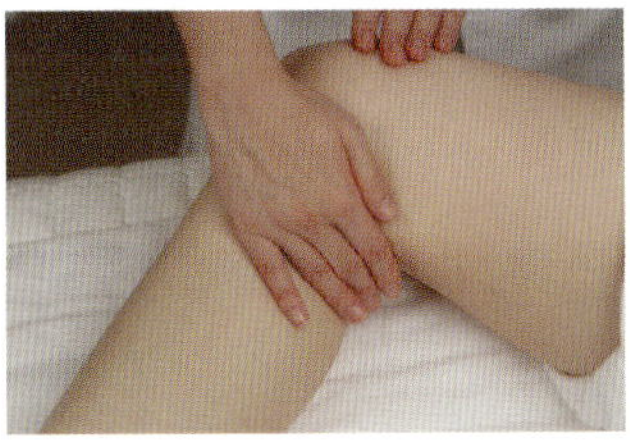
그림 7

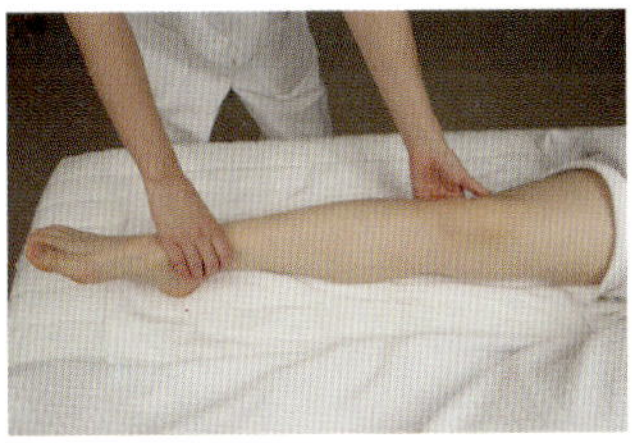
그림 8

⑰ 에플라지 실시 후, 한 손씩 번갈아 가며 반원 그리며 쓰다듬기 한다.

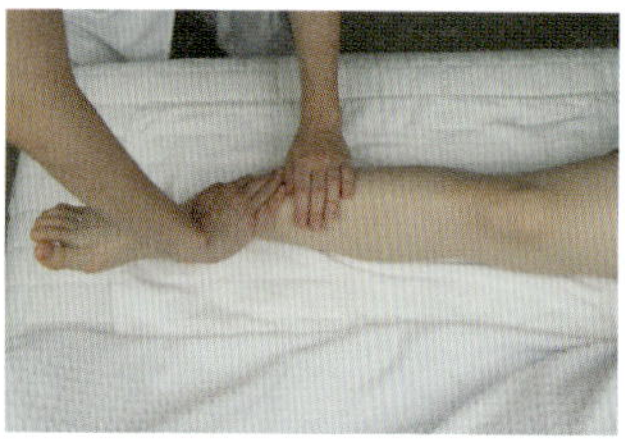

그림 1

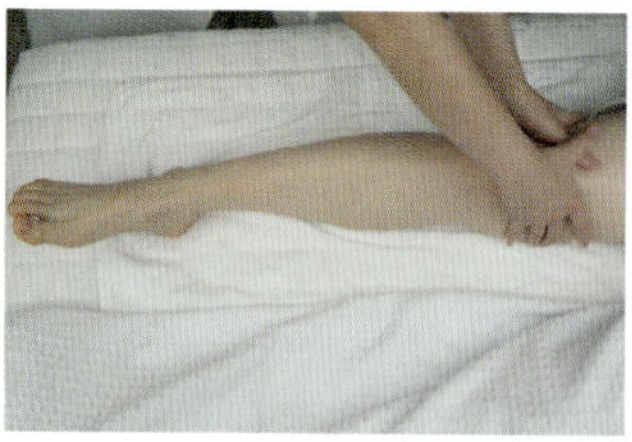

그림 2

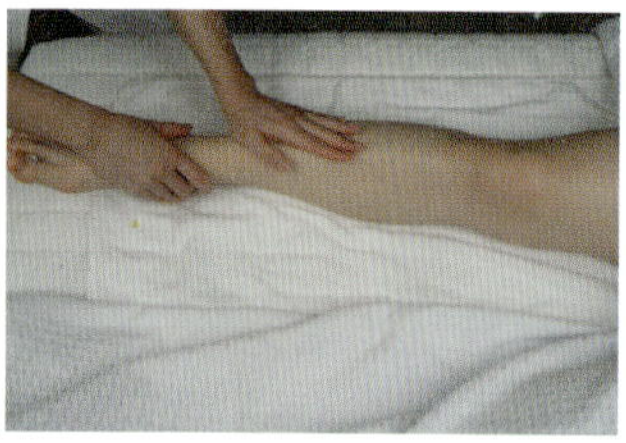

그림 3

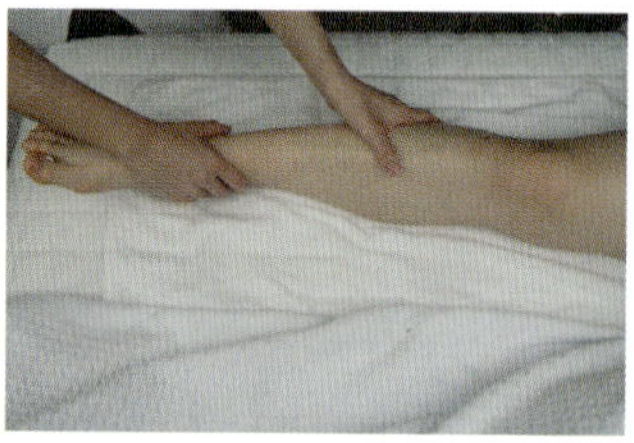

그림 4

⑱ 다리 전체 빨래 짜기 동작 후, 상완 부위에 하모니카 동작을 실시한다.

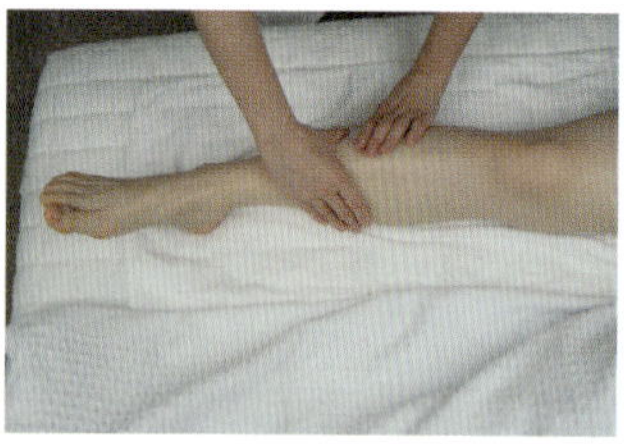

그림 1

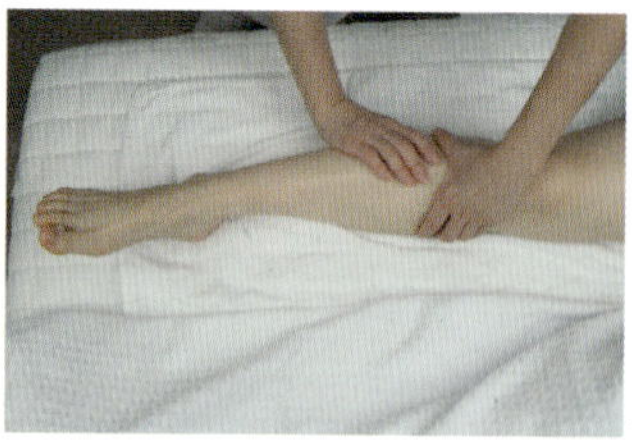

그림 2

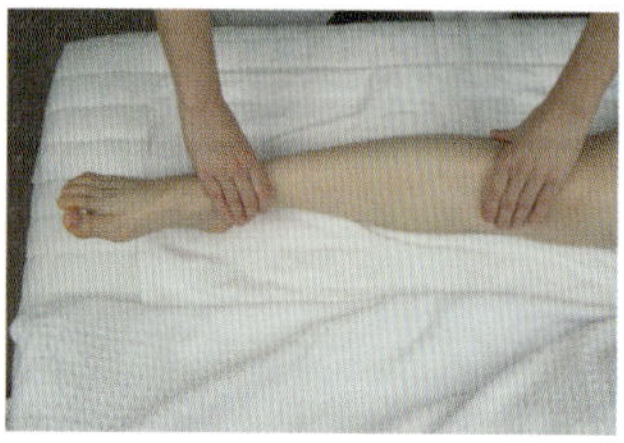

그림 3

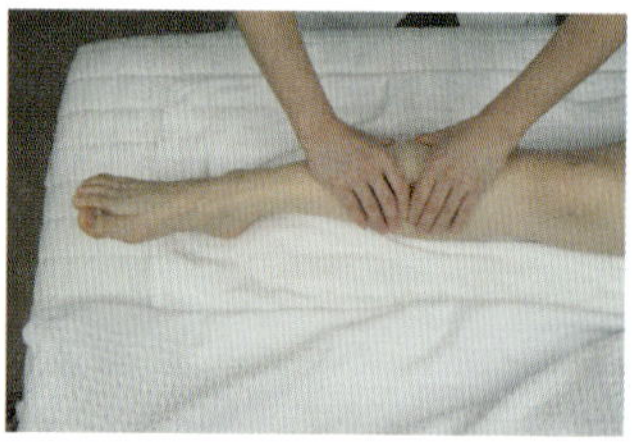

그림 4

⑲ 에플라지로 연결 후 다리 전체 바이브레이션 실시한다.

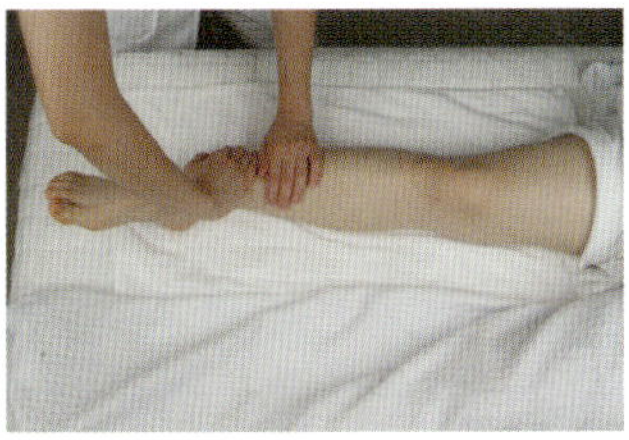
그림 1

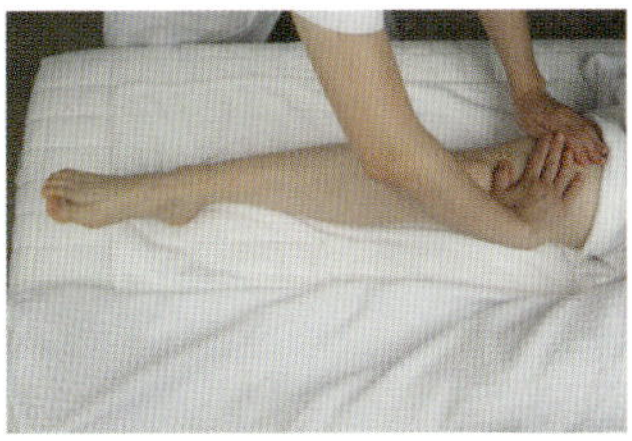
그림 2

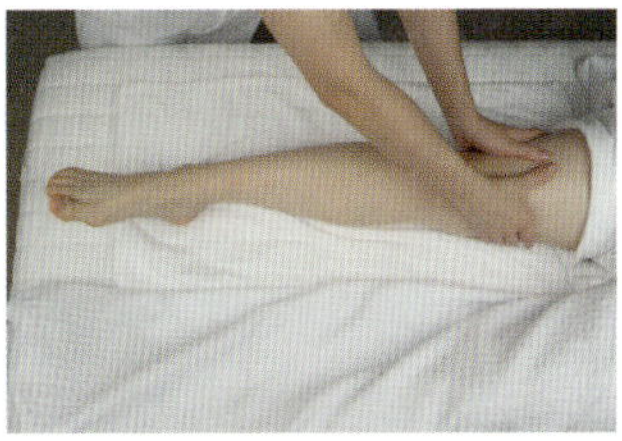
그림 3

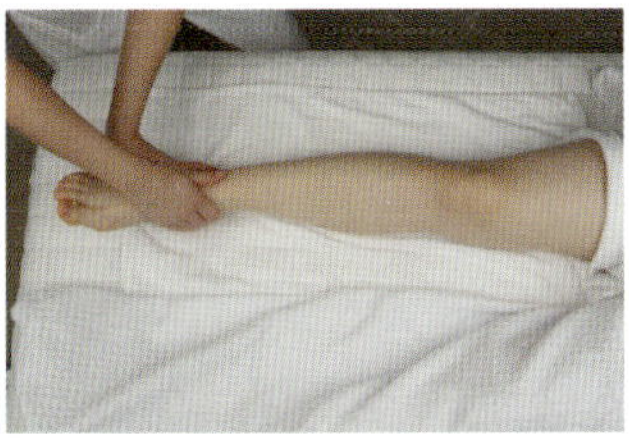
그림 4

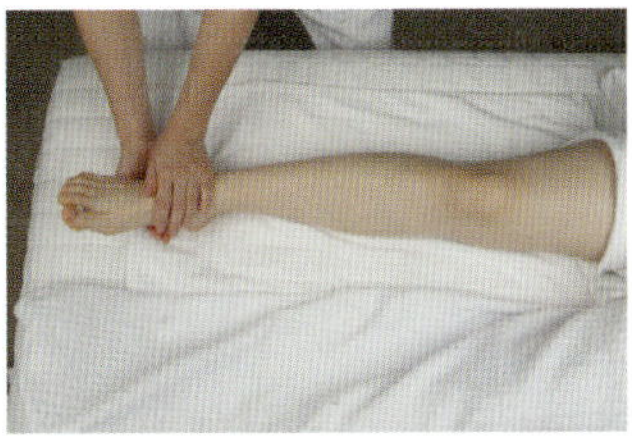
그림 5

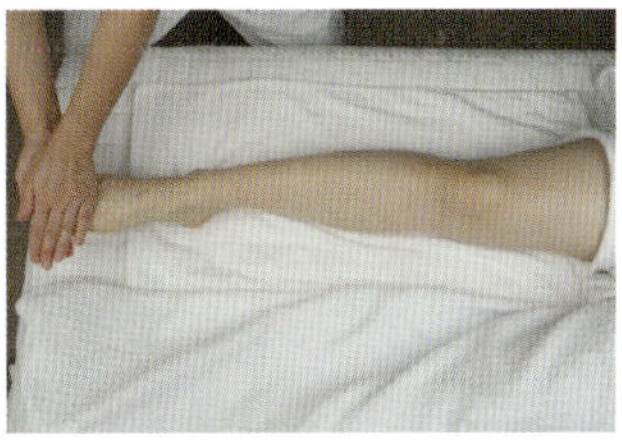
그림 6

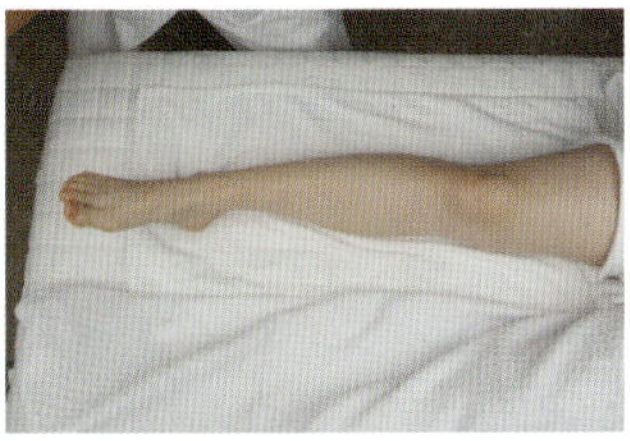
그림 7

⑳ 온습포로 닦아준 후 토너를 사용하여 마무리 해 준다.

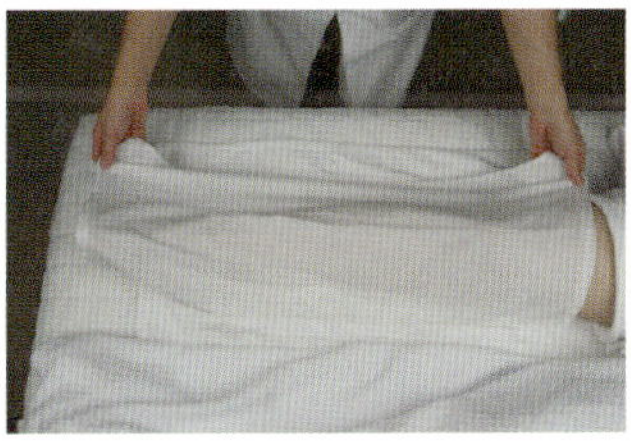
그림 1

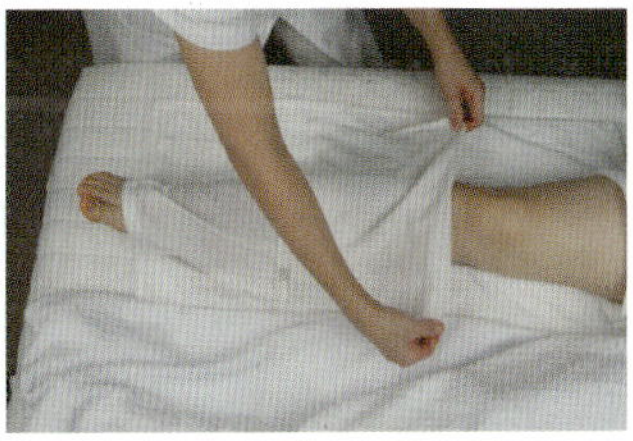
그림 2

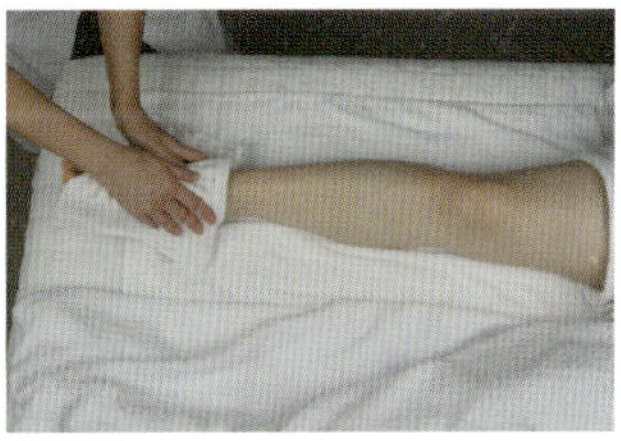
그림 3

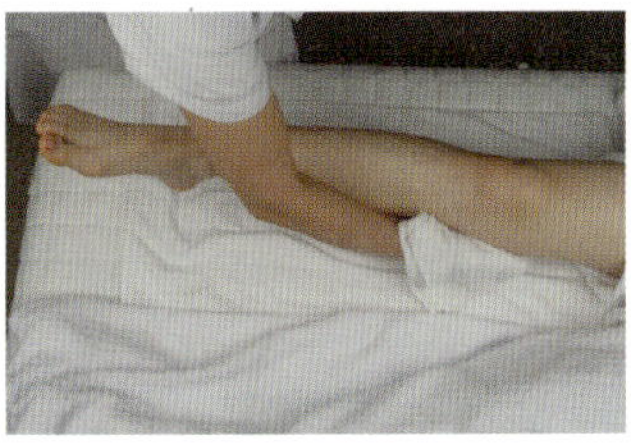
그림 4

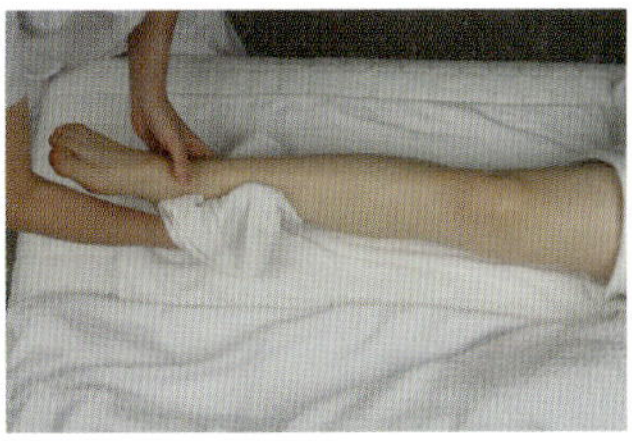
그림 5

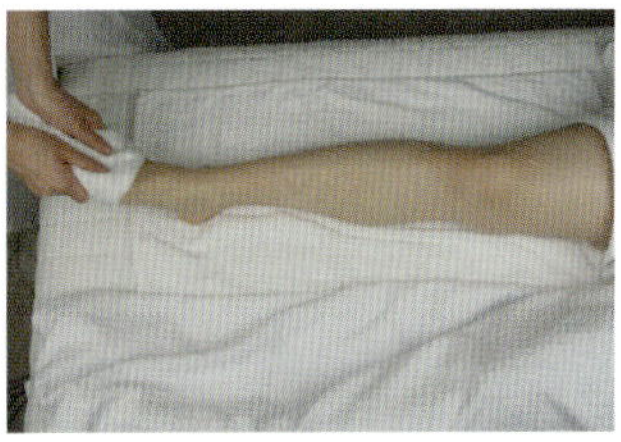
그림 6

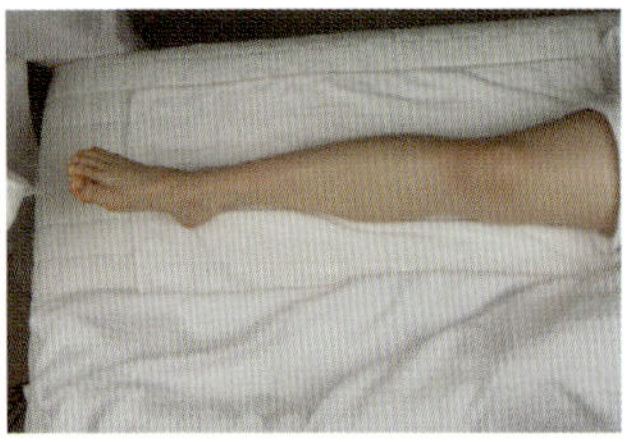

그림 7

㉑ 관리가 끝나면 대 타올로 덮어 깔끔하게 마무리 한다.

<다리 관리 동영상>

※ 등관리는 Salon Treatment의 11주차 등관리를 참조한다.

3. 제모 관리

1) 채점기준

위생과 사후처리(진정), 마무리, 모근이 뽑혔는지 확인, 제모부위에 털이 남았는지 확인, 떼어낼 때 피부 스트레치 확인, 제모 후 왁스의 잔여물 확인을 기준으로 한다.

2) 시술순서

① 알코올로 수험자의 손 소독 후 라텍스 장갑을 착용한 후에 손 소독을 다시 한 번 실시한다.
② 오른쪽 종아리 아래에 티슈를 깔아 놓고, 부직포를 옆에 놓아둔다.
③ 알코올 솜을 이용하여 제모 할 부위를 소독한다.

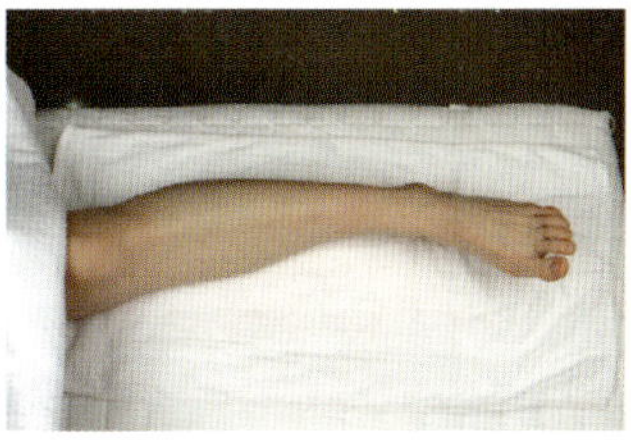

그림 1

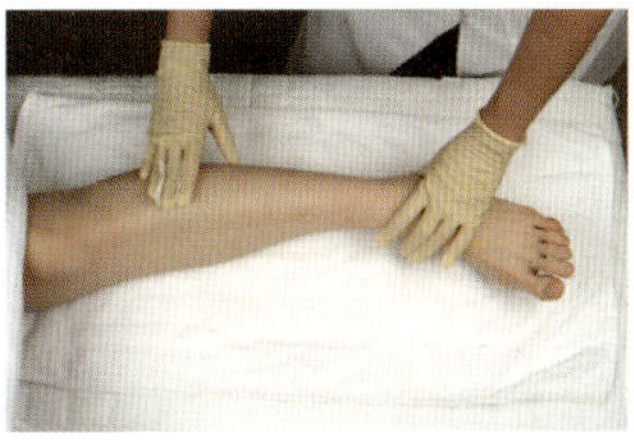

그림 2

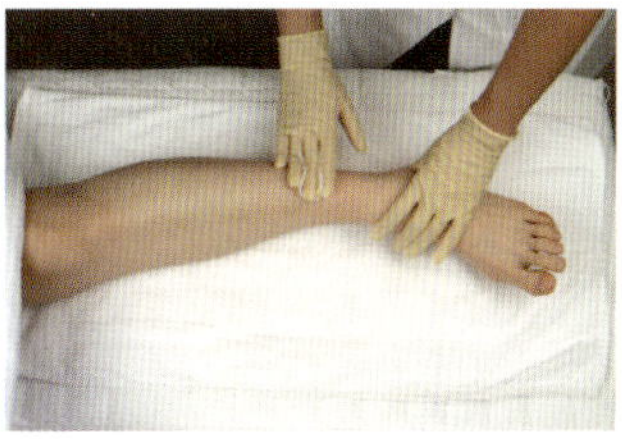

그림 3

④ 탈컴 파우더를 이용하여 제모 할 부위에 털을 정리하면서 바른다.

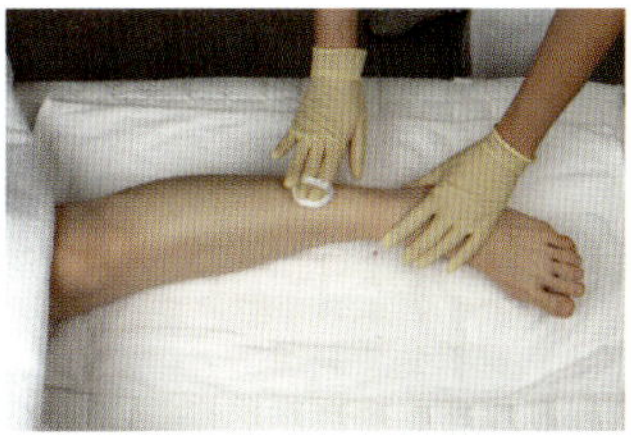

그림 1

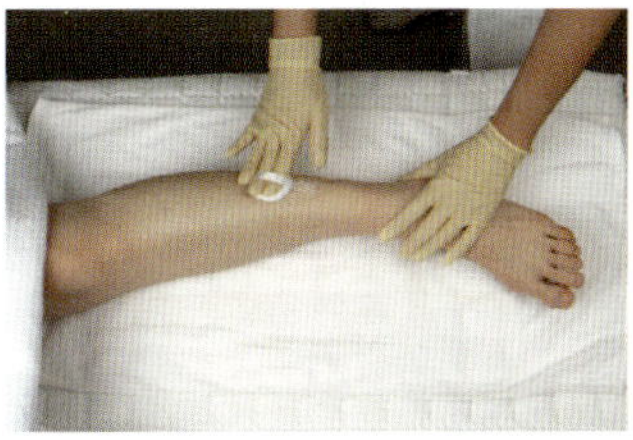

그림 2

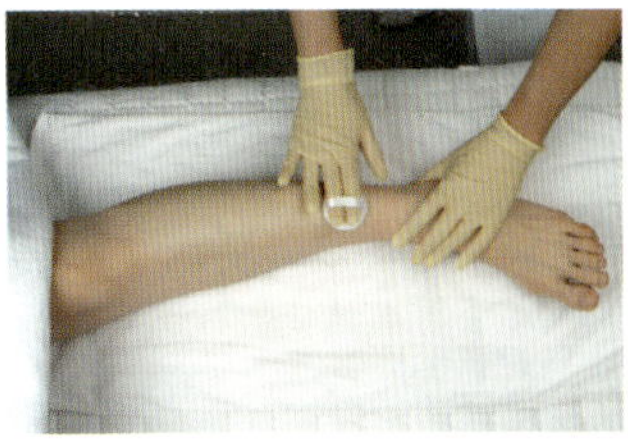
그림 3

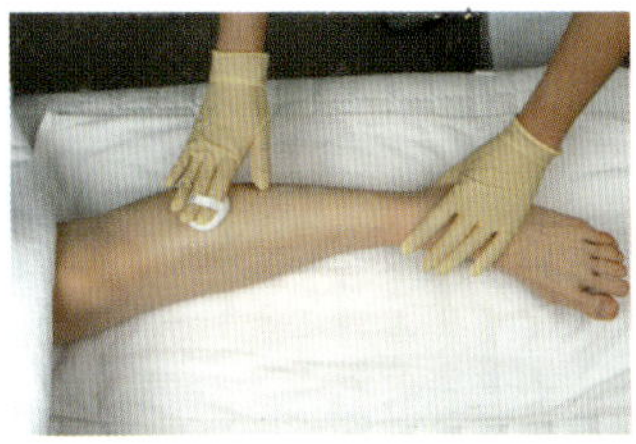
그림 4

⑤ 나무 스파츌러에 적당량의 왁스를 덜어 종이컵을 받쳐 이동한다.

⑥ 손목 안으로 온도체크를 한 다음, 털이 난 방향으로 도포한다.

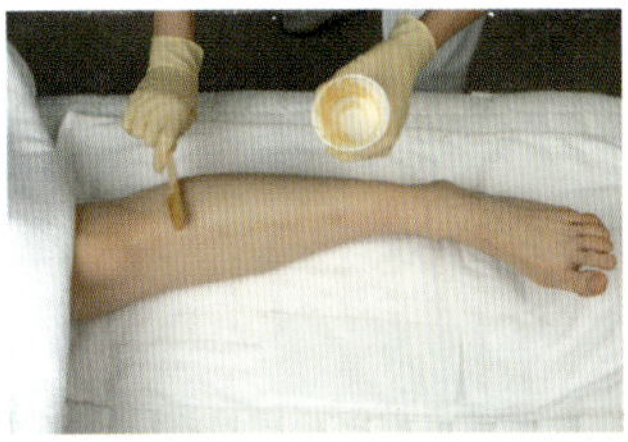
그림 1

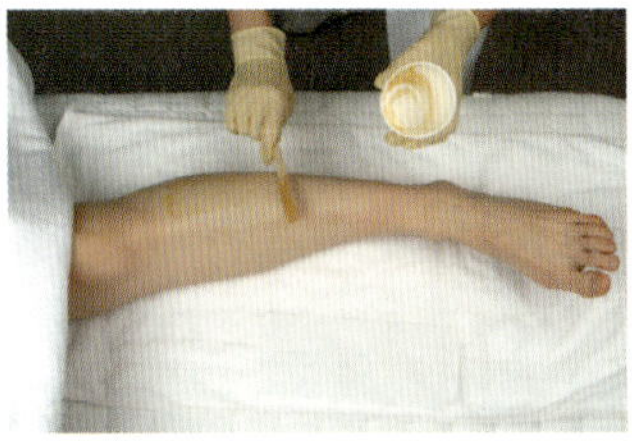
그림 2

⑦ 부직포를 부착한 후, 손을 들어 감독위원을 부른다.

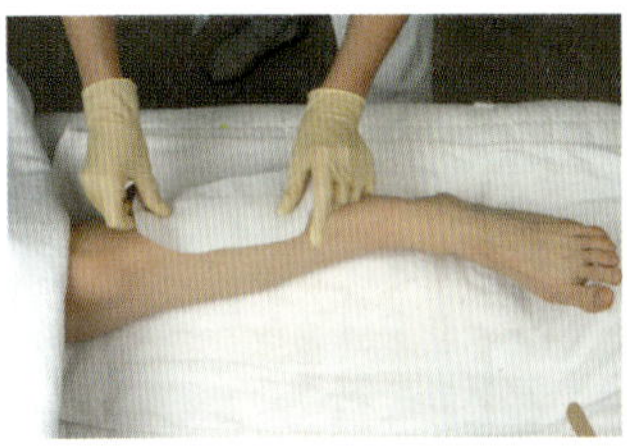
그림 1

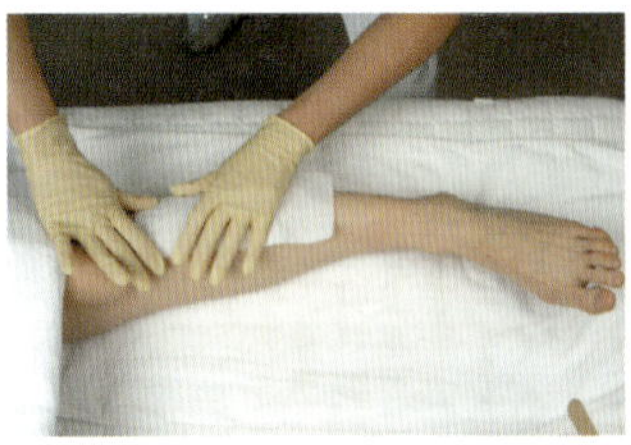
그림 2

⑧ 스트레치 후 털이 난 반대방향으로 부직포를 제거한다. 제거 후 부직포를 접어서는 안 된다.

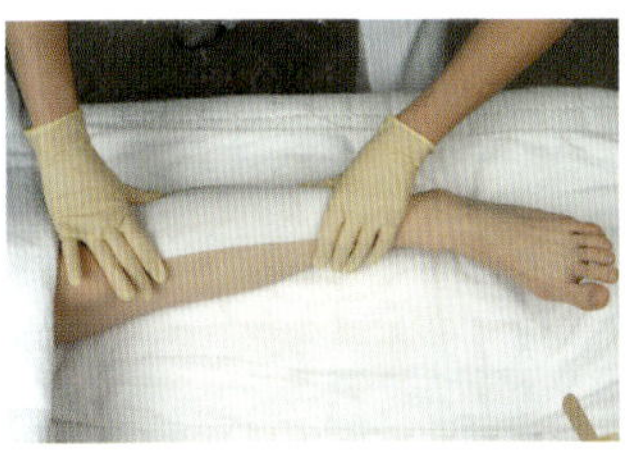
그림 1

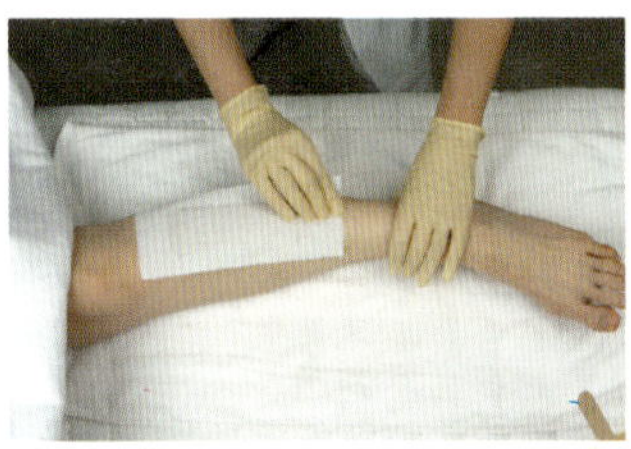
그림 2

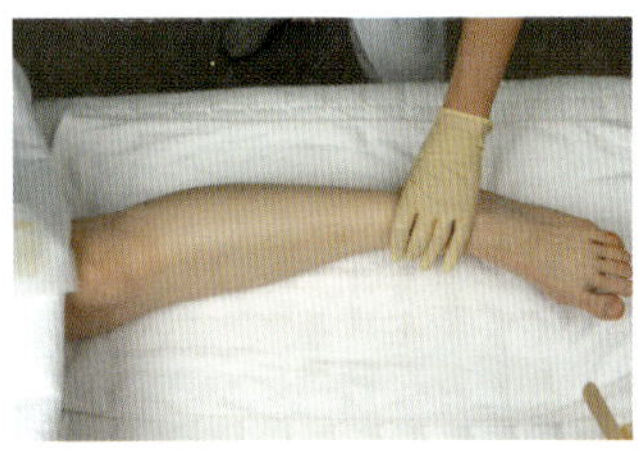
그림 3

⑨ 부직포에 왁스가 묻어있지 않은 부분으로 왁스의 잔여물을 제거한다.

⑩ 깨끗이 제거되지 않은 잔여 털은 족집게를 이용하여 뽑는다.

⑪ 알로에 젤을 유리볼에 덜어놓은 후 화장솜을 이용하여 제모한 부위를 진정시킨다.

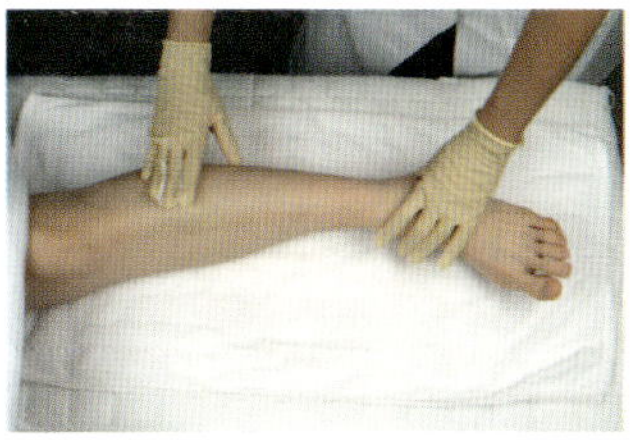

그림 1

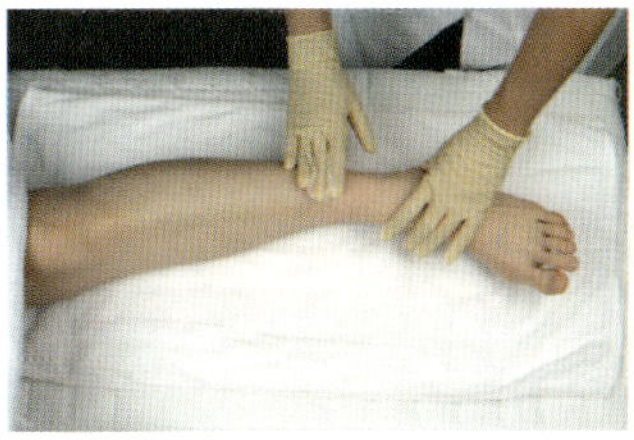

그림 2

⑫ 감독위원이 다시 한 번 검사를 진행한 후 부직포를 접는다.

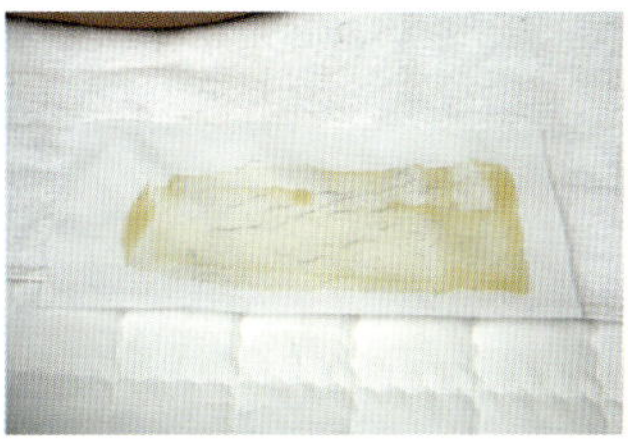

그림 1

⑬ 위생비닐에 사용한 재료를 넣어서 버린다.

⑭ 장갑을 벗고, 베드세팅을 다시 한 번 점검한다.

<제모 동영상>

※ 겨드랑이제모 방법은 다리제모와 동일한 방법으로 시술한다.

제7주차

Skin Treatment
(림프를 이용한 피부관리하기)

학습목표

※ 적절한 압력과 속도를 유지하며 림프절의 방향을 숙지하여 학습한다.

1. 미용림프 마사지의 효과

① 피부조직 속에 흐르는 림프액을 림프관으로 원활하게 돌려보내어 순환을 촉진한다.
② 재생과 치유작용을 빠르게 하여 신체 자체의 면역능력을 증대시킨다.
③ 자율신경계의 영향을 주어 부교감신경을 강화, 안정시키고 긴장감을 완화한다.
④ 부종, 민감한 피부 및 붉어진 피부가 진정되는 효과를 볼 수 있다.
⑤ 가볍고 부드러운 관리방법으로 근육이완과 심리적 안정감을 준다.

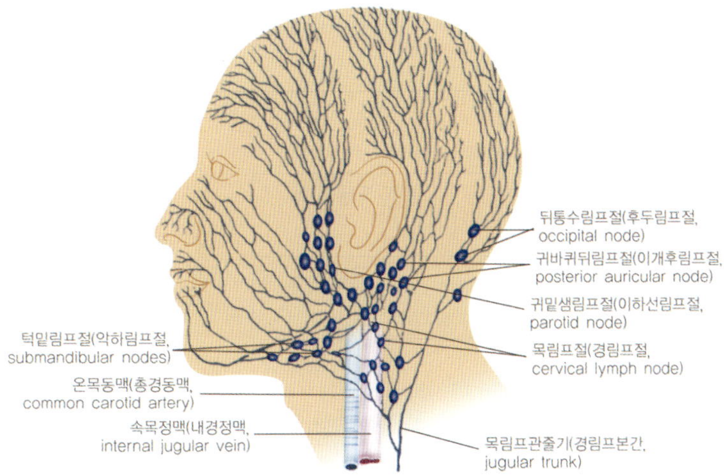

그림 1. 림프

2. 미용림프 마사지의 적용대상

① 모세혈관이 확장된 피부
② 주사
③ 일반적 여드름 피부
④ 가벼운 상처와 흉터가 있는 피부
⑤ 부종이 있는 피부
⑥ 알레르기 피부
⑦ 셀룰라이트가 많은 경우
⑧ 홍반, 민감・예민성 피부
⑨ 임산부 다리부종, 임신성 튼살

3. 미용림프 마사지의 준비사항

① 림프관은 피부표면과 아주 가깝게 있는 약한 관이므로 섬세하고 가볍게 관리하여야 한다.
② 림프의 순환을 도울 수 있게 관리 10분 전에 따뜻한 물을 마시게 한다.
③ 림프의 흐름을 방해하는 헤어밴드나 조임이 있는 가운 등은 풀어 놓는다.
④ 모든 근육이 이완될 수 있도록 최대한 편한 자세를 취하도록 한다.

4. 미용림프 마사지 시 주의사항

① 주요 림프절의 위치를 확실히 인지하고 일정한 압력, 속도, 방향을 유지한다.
② 관리 시 고객의 근육이 수축되지 않도록 유의한다.
③ 조명은 밝지 않도록 하고 고객이 편안함을 느낄 수 있도록 한다.
④ 림프마사지의 효과를 위하여 소음이 없도록 한다.
⑤ 아로마를 사용할 경우 피부에 충분히 흡수시키고 유분기가 피부에 남아있지 않도록 한다.
⑥ 고객의 근육이 최대한 이완되도록 하기 위해 관리 시 고객과의 대화는 되도록 하지 않는다.

5. 림프 마사지의 기본 동작

림프 드레니지의 기본 동작은 정지상태의 원동작 , 펌프동작, 퍼올리기 동작, 회전동작의 4가지로 이루어져 있다.

1) 정지 상태 원동작

손가락 끝 부위나 손바닥 전체를 이용하여 림프 순환배출 방향으로 가볍게 쓸어내는 압(약 33mmHg 정도)을 주는 동작이다.

2) 펌핑 기법

손가락 끝에서 힘이 주어지지 않으며 손가락의 안쪽과 바닥을 이용하여 손목의 움직임에 의해 이어지는 기법이다.

3) 퍼 올리기 기법

손바닥을 펴고 손등이 아래로 향하게 하여 위쪽으로 올리면서 압을 주며, 손가락에는 힘을 주지 않고 엄지를 제외한 네 손가락을 가지런히 하여 압을 주면서 손목의 회전과 함께 위로 쓸어 올리듯이 하는 동작이다.

4) 회전 기법

손가락 전체를 인체의 평평한 부분에 댄 후 피부를 약간 신장시키듯이 늘려서 손바닥 전체를 피부에 밀착시키고 옆으로 회전하는 방법이다.

조직액, 림프액이 마사지에 의해 근위부쪽으로 이동 후 다시 거꾸로 흐르지 않도록 마사지한다.

6. 림프를 이용한 피부 관리하기

1) 준비단계

머리를 단정히 정리하여 감싸서 정돈한다(이때 터번은 풀어두어도 된다).

2) 림프 시술순서

※ 시작 전에 알코올 솜으로 손 소독을 실시

① 양손의 엄지와 수근으로 흉각을 겨드랑이 방향으로 쓸어주기(에플라쥐). 7등분하여 쓸어주기

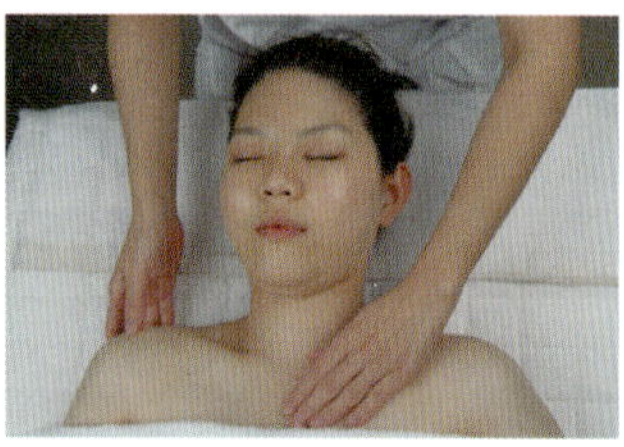

그림 1

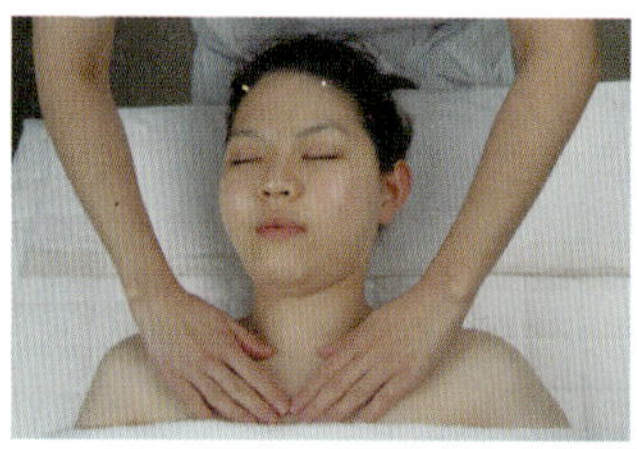

그림 2

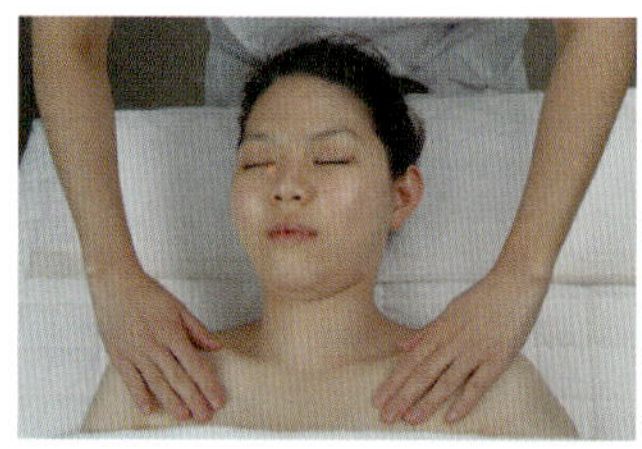

그림 3

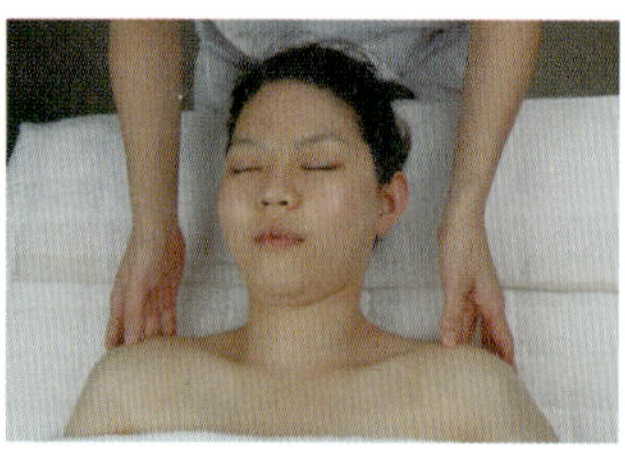

그림 4

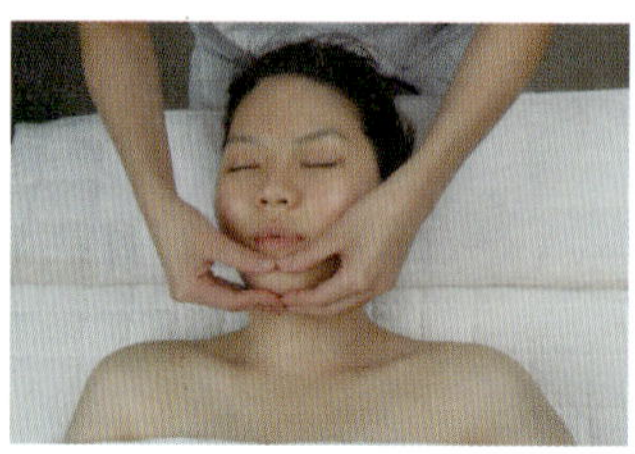

그림 5

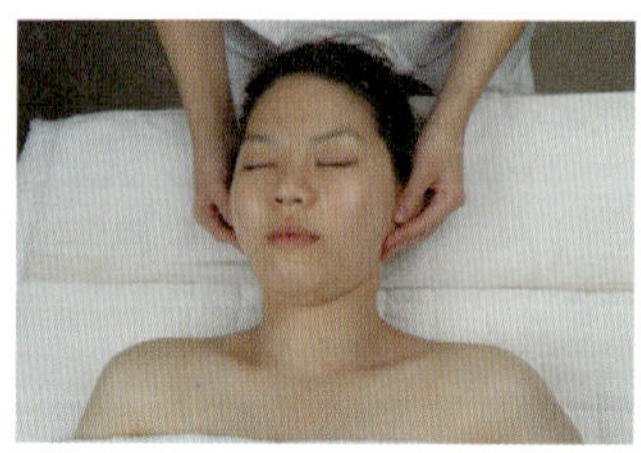

그림 6

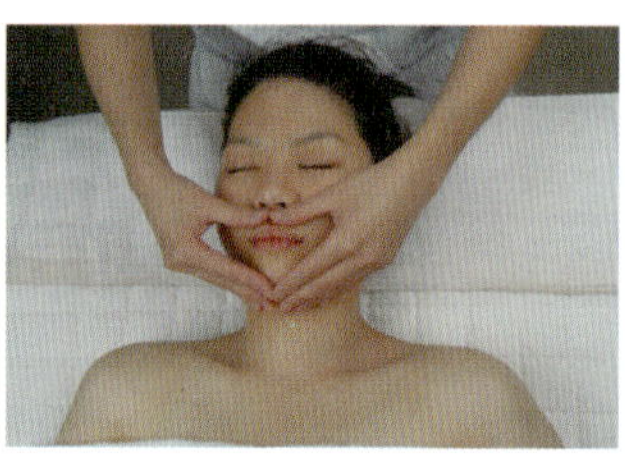

그림 7

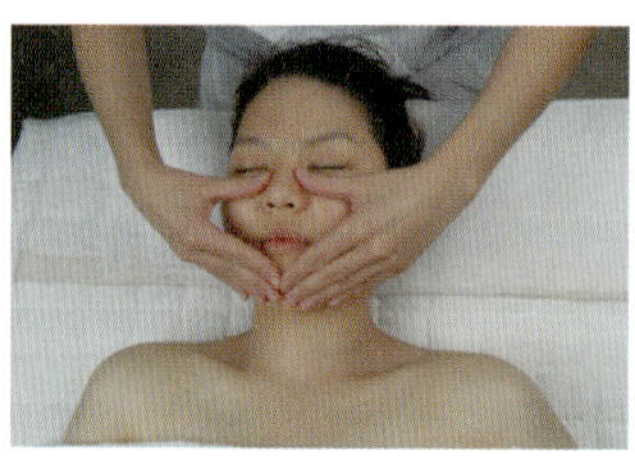

그림 8

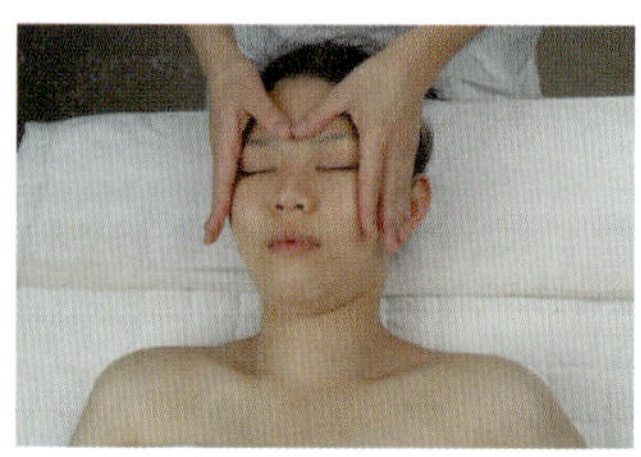

그림 9

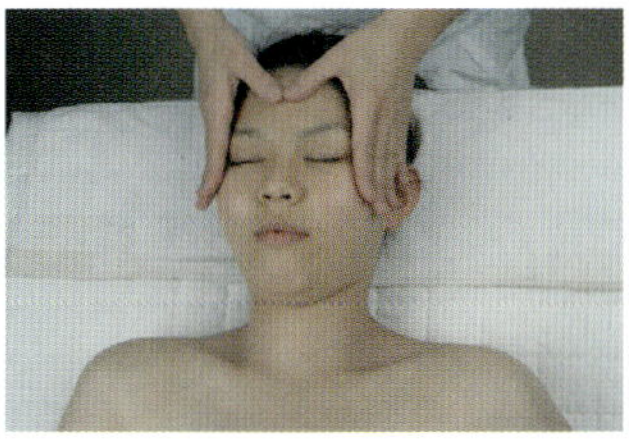
그림 10

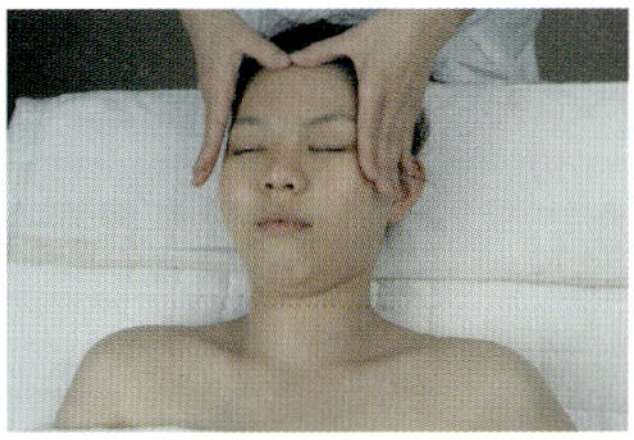
그림 11

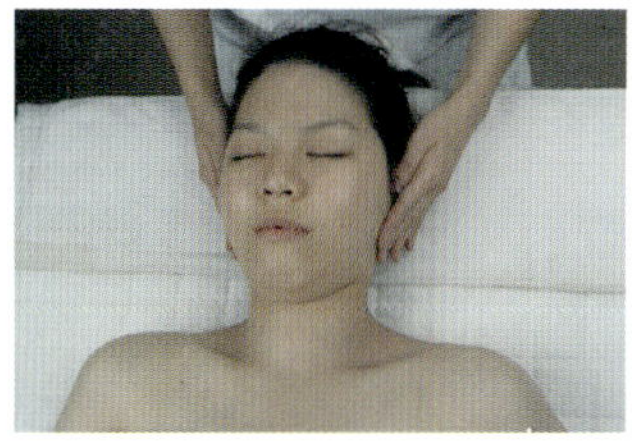
그림 12

② 프로펀더스 → 미들 → 터미누스(측경부) 순서로 배농

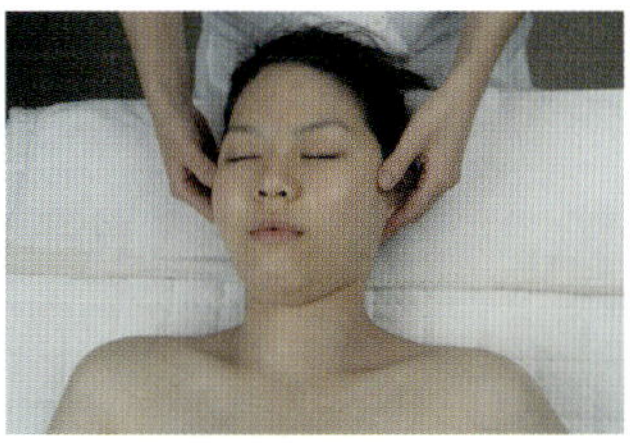
그림 1

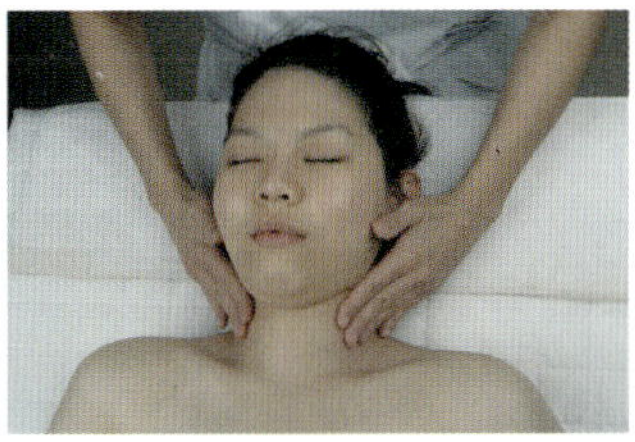
그림 2

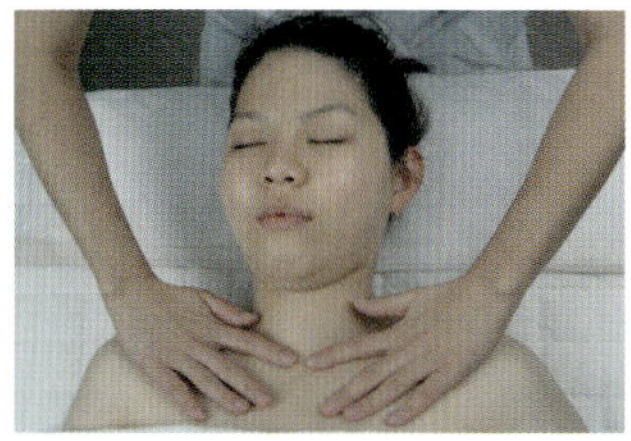
그림 3

③ 턱(악하 부위)을 2, 3, 4지를 이용하여 3등분하여서 배농

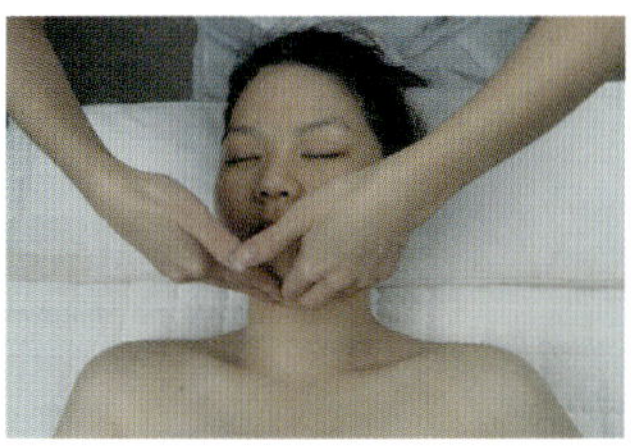
그림 1

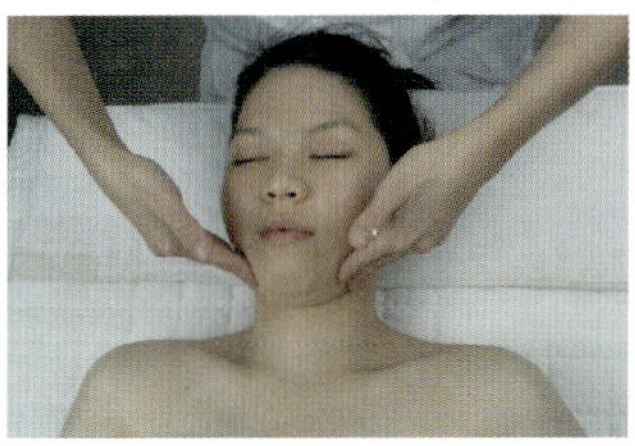
그림 2

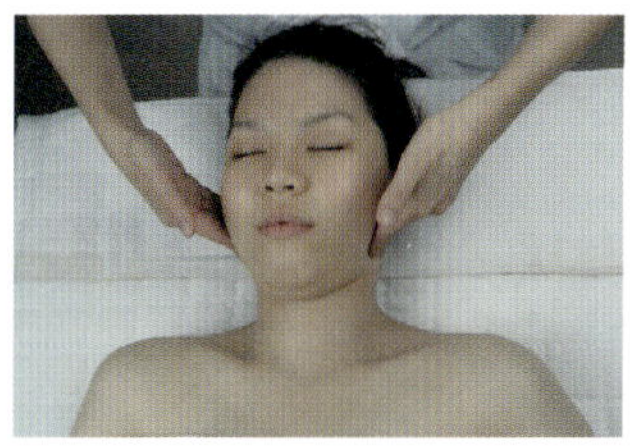
그림 3

④ 귀부위(파로티스)

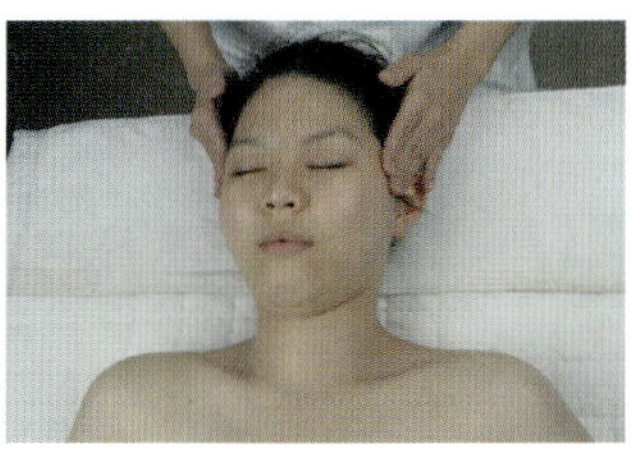
그림 1

⑤ 1번과 동일하게 목 부위 → 얼굴부위 쓰다듬기를 동일하게 실시

⑥ (턱부위) 턱 중앙 → 미들 → 하악각 2, 3 4지를 사용하여 배농

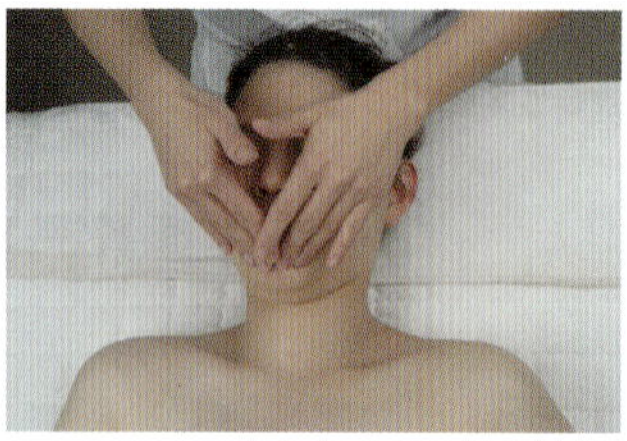
그림 1

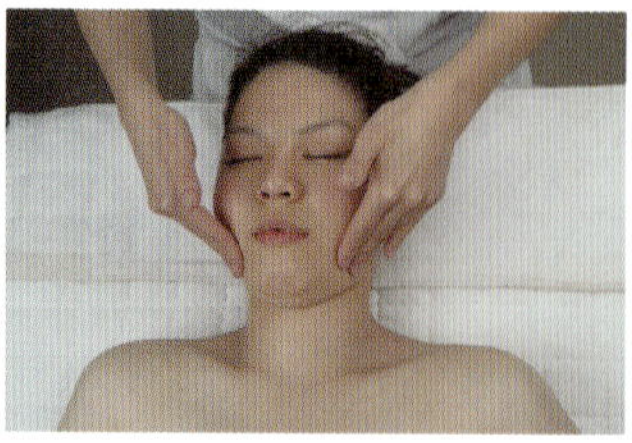
그림 2

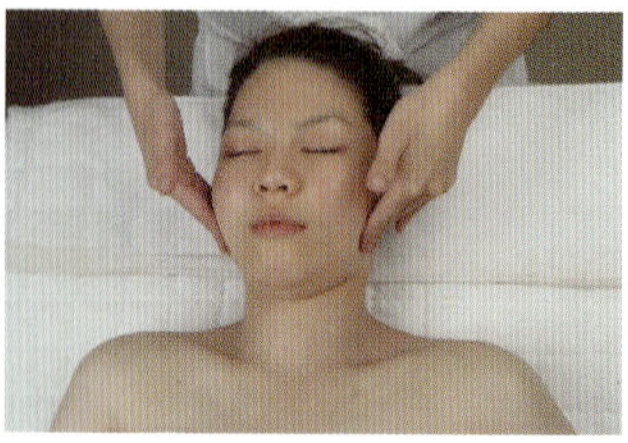
그림 3

⑦ (윗입술) 인중 → 입 꼬리 → 하악각

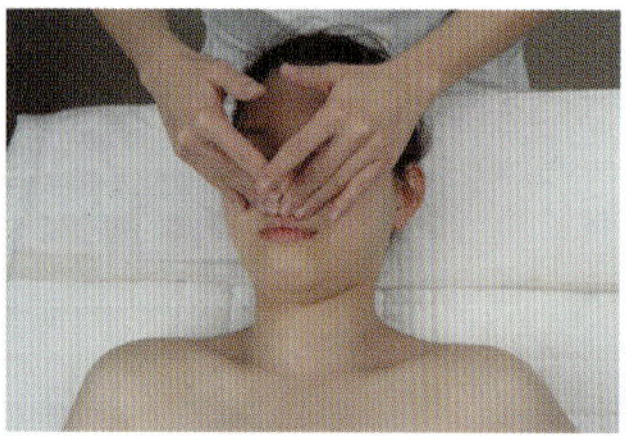
그림 1

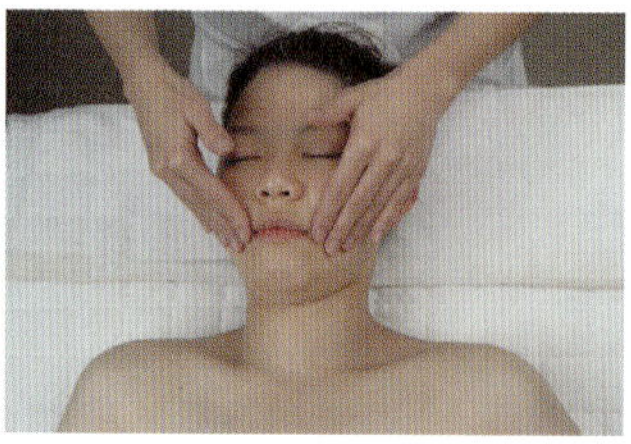
그림 2

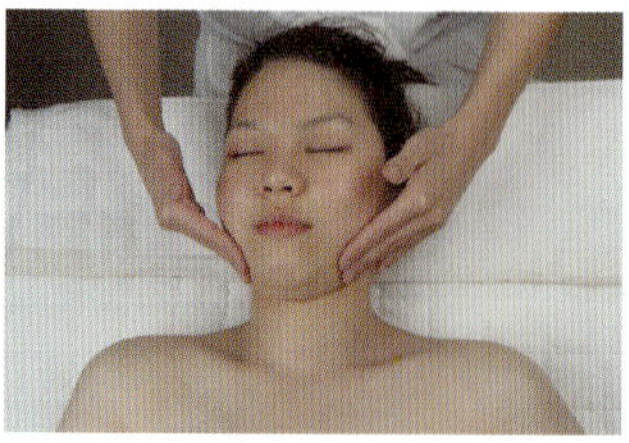
그림 3

⑧ (코부위) 콧등 3등분하여 중지로 3회씩 펌핑(코 중앙에서 외측으로)

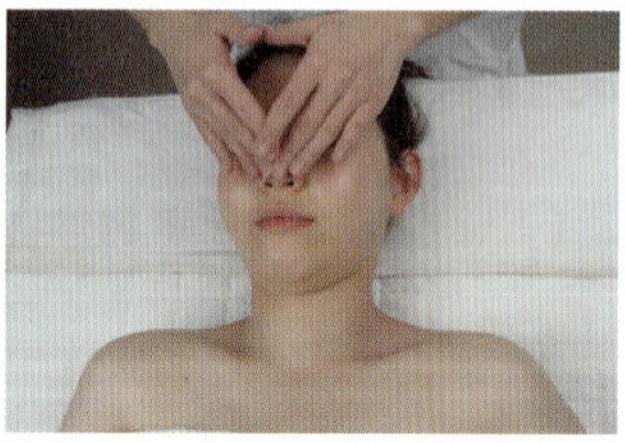
그림 1

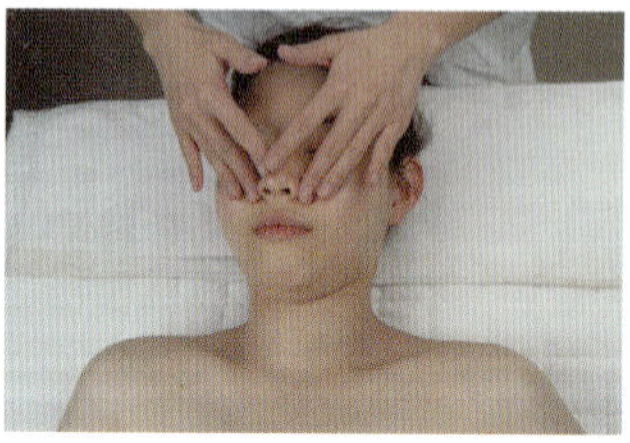
그림 2

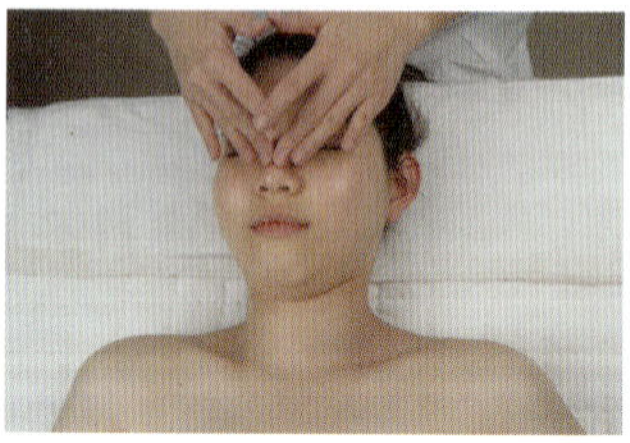
그림 3

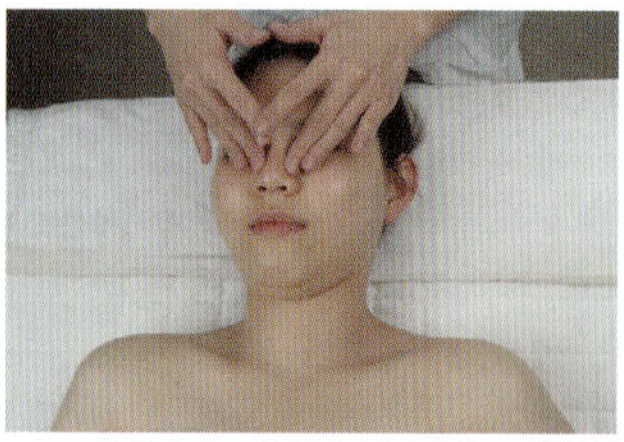
그림 4

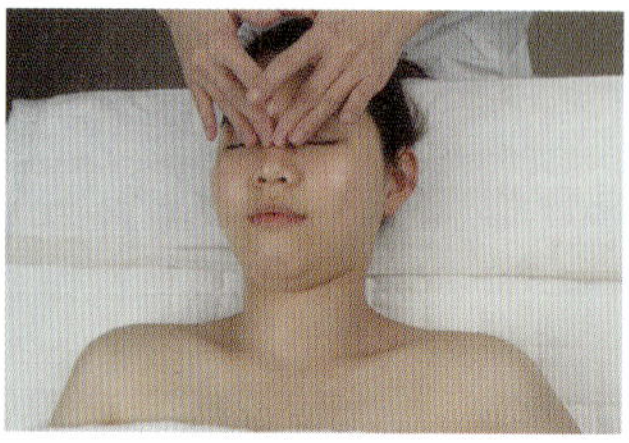
그림 5

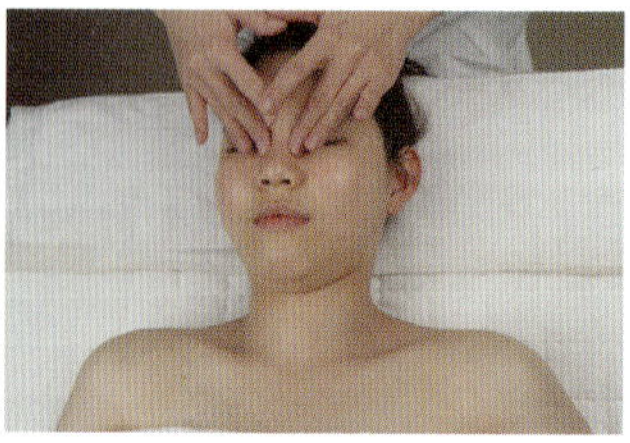
그림 6

⑨ (코부위) 코벽 3등분하여 중지로 3회씩 펌핑(위에서 외측으로)

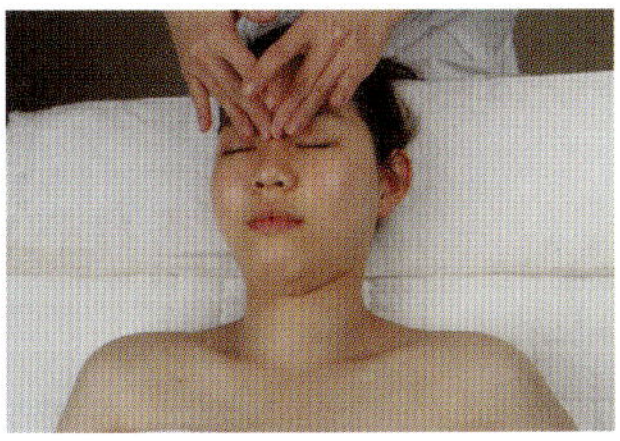
그림 1

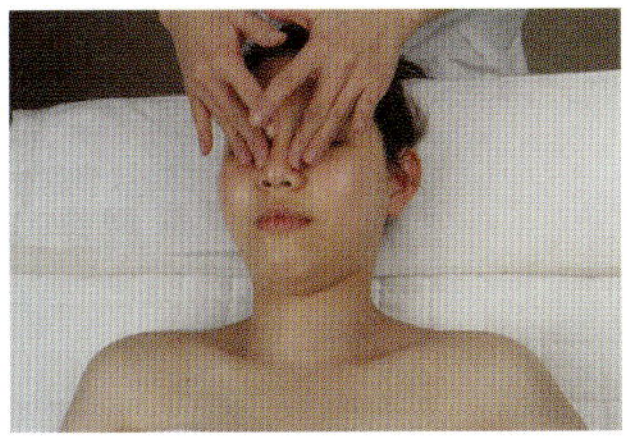
그림 2

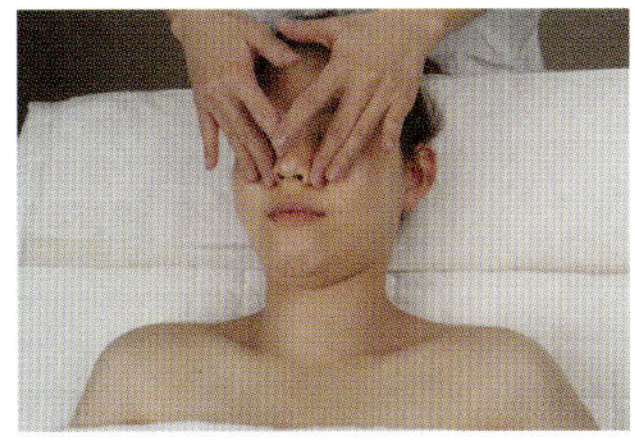
그림 3

⑩ 콧방울 옆 → 입꼬리 → 턱 밑 3등분 하여 3회씩 펌핑

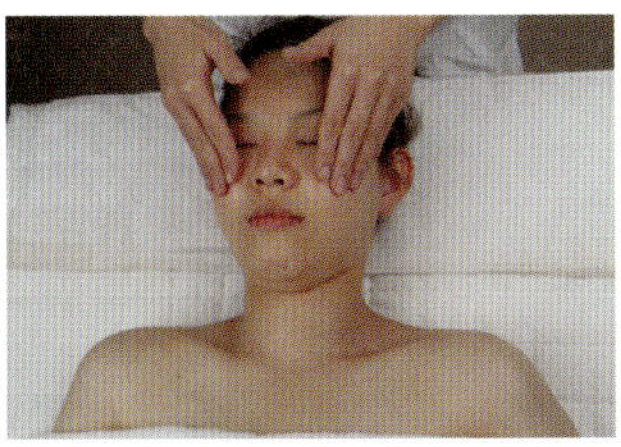
그림 1

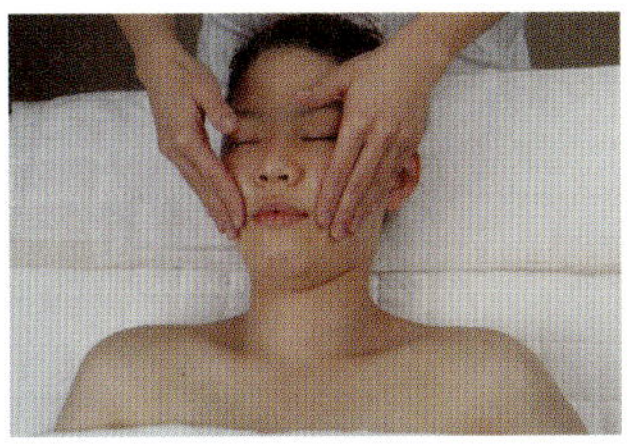
그림 2

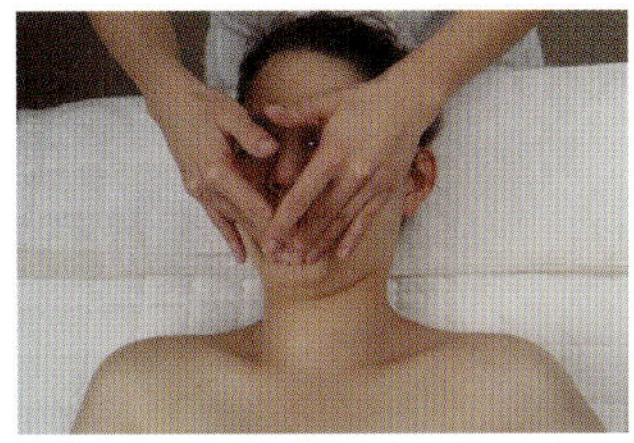
그림 3

⑪ 아래턱 중앙 → 미들 → 하악각(악하부위)

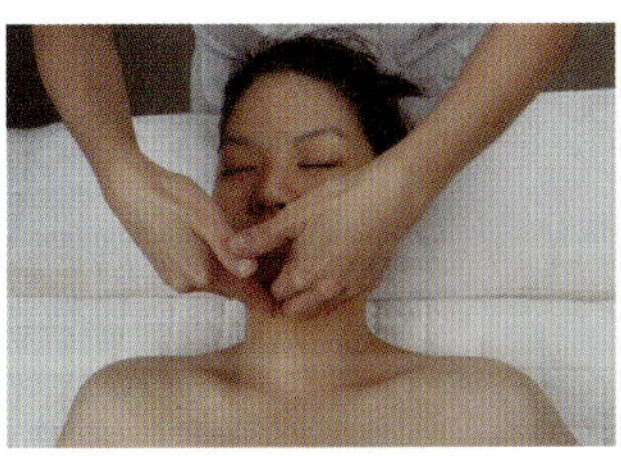
그림 1

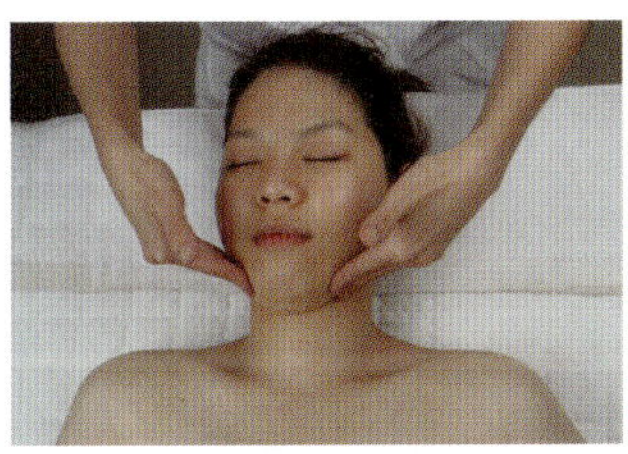
그림 2

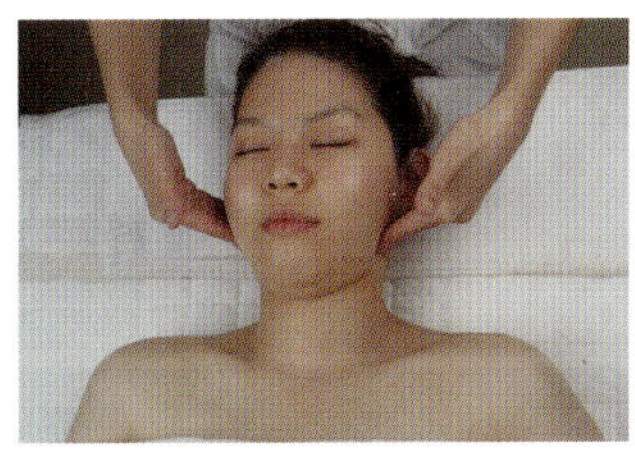
그림 3

⑫ 눈 주변(눈부위)을 배농한다(3, 4지를 사용하여, 3부위로 나누어서).

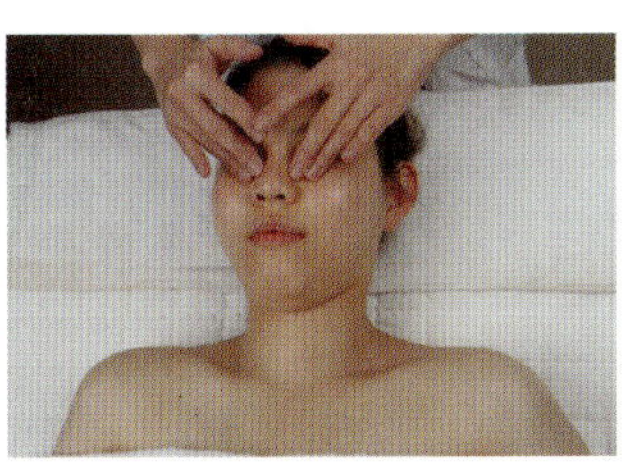
그림 1

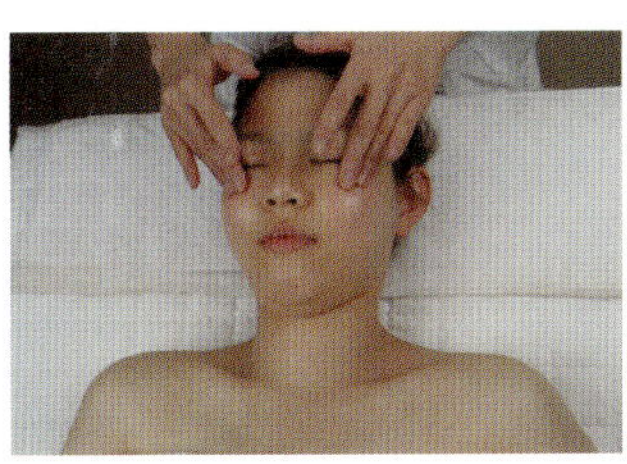
그림 2

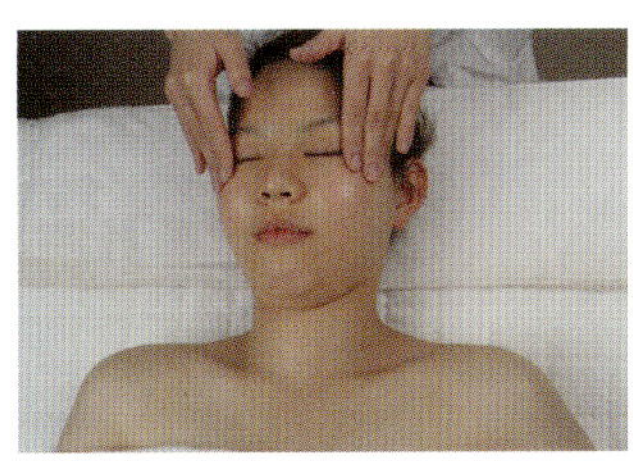
그림 3

⑬ 눈물샘 쓸어 올리고, 눈썹 위 3등분하여 쓸어주기

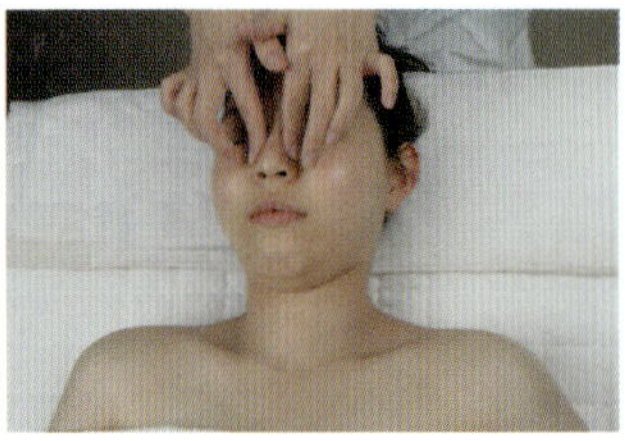

그림 1

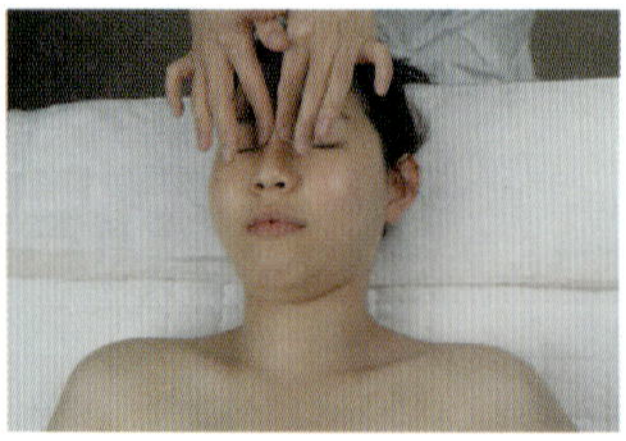

그림 2

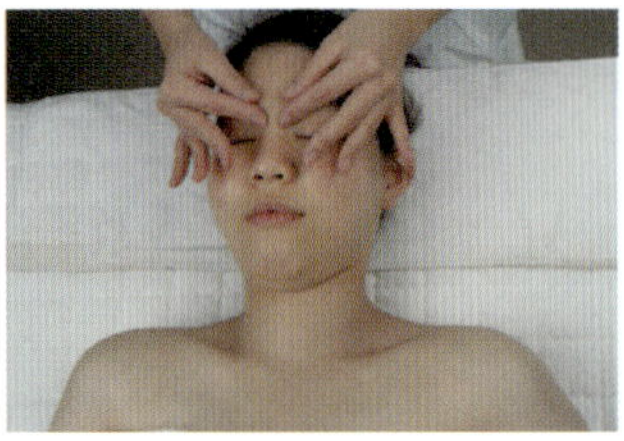

그림 3

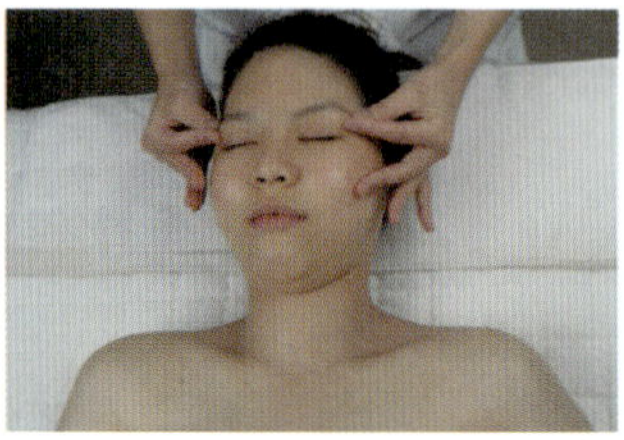

그림 4

⑭ 절하기 동작

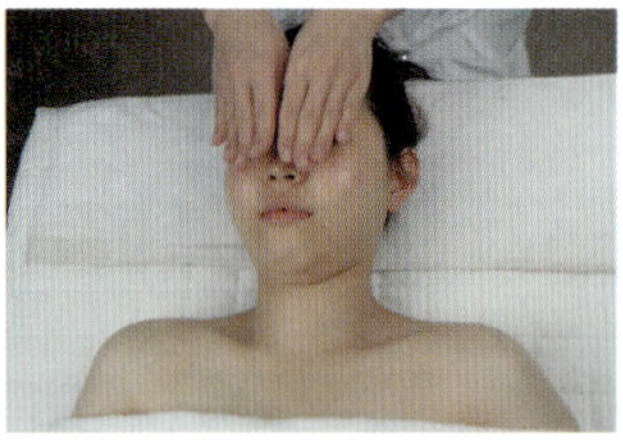

그림 1

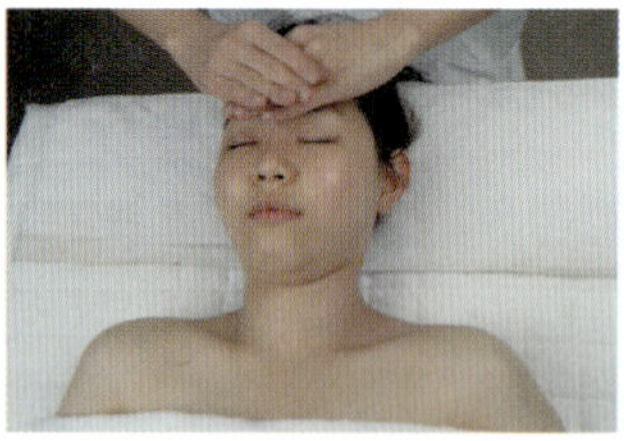

그림 2

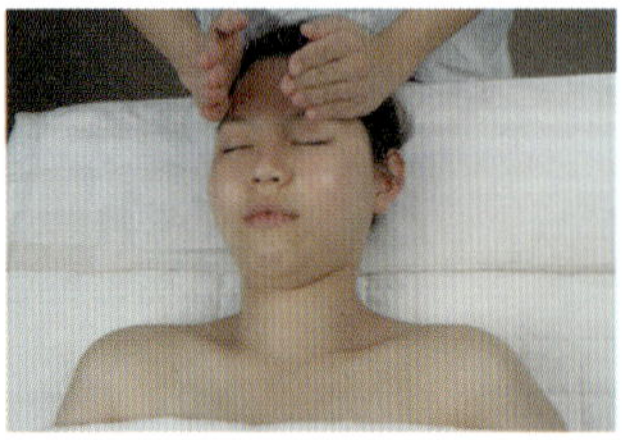

그림 3

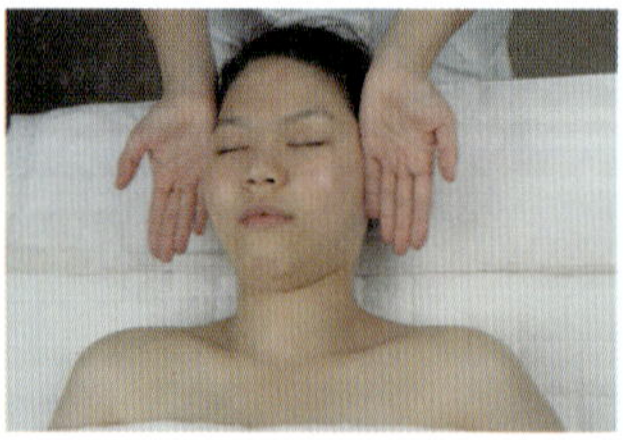

그림 4

⑮ 이마 3등분(가로, 세로 3등분하여 실시)

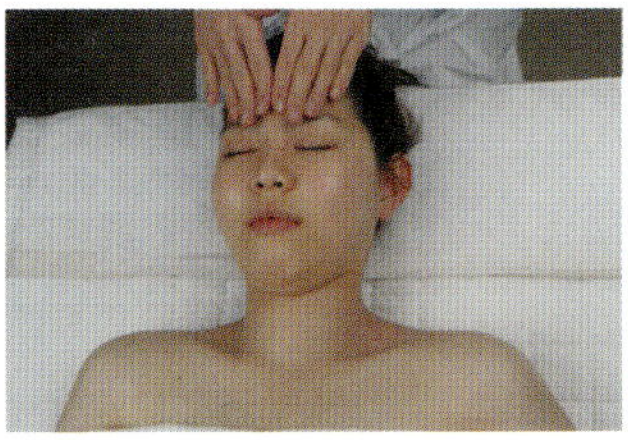
그림 1

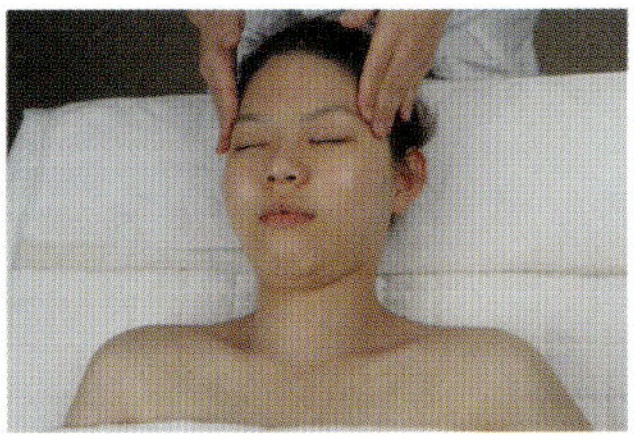
그림 2

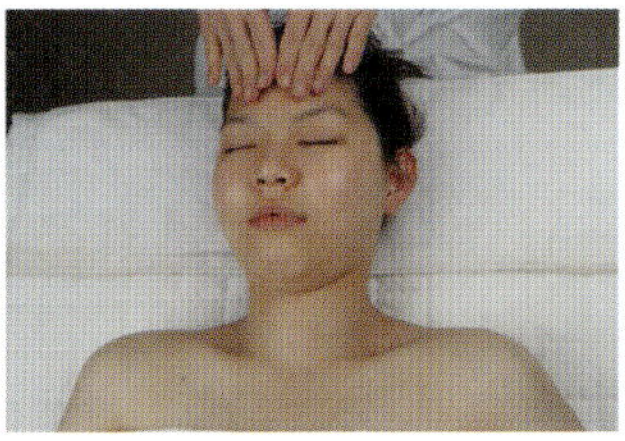
그림 3

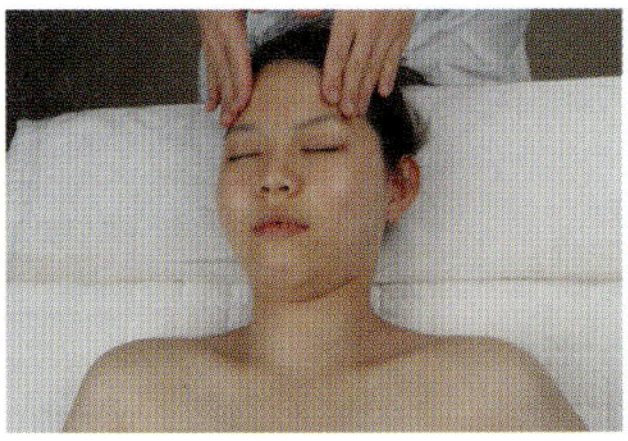
그림 4

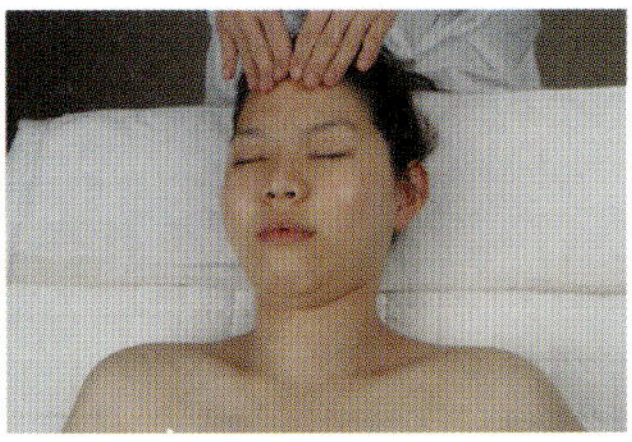
그림 5

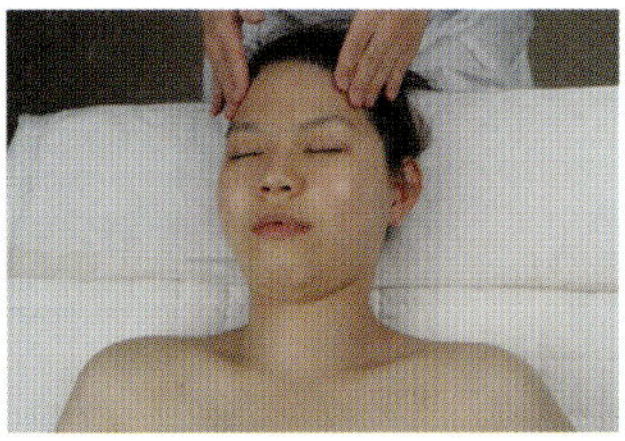
그림 6

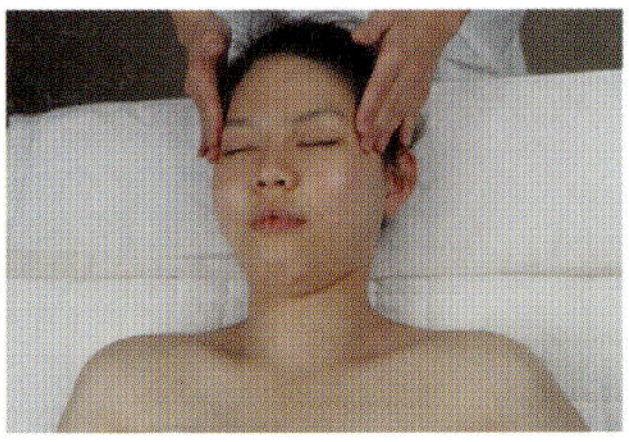
그림 7

⑯ 관자 → 귀 중앙 → 앵글루스 → 프로펀더스 → 미들 → 터미누스 순서로 배농

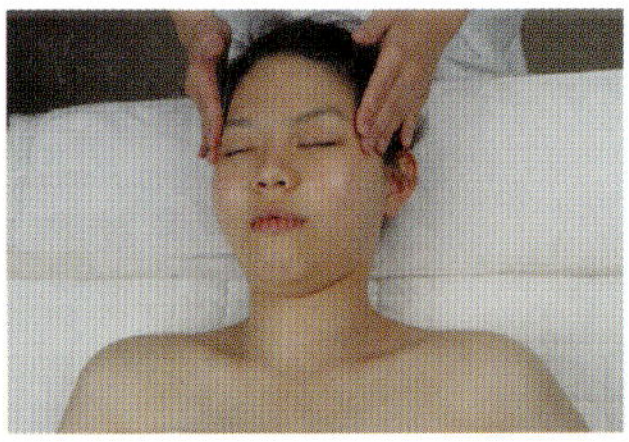
그림 1

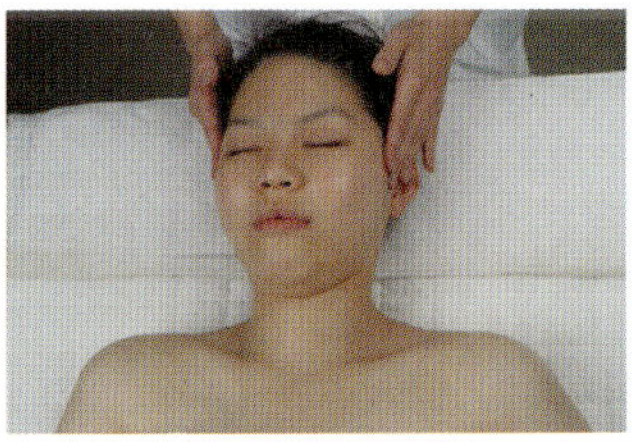
그림 2

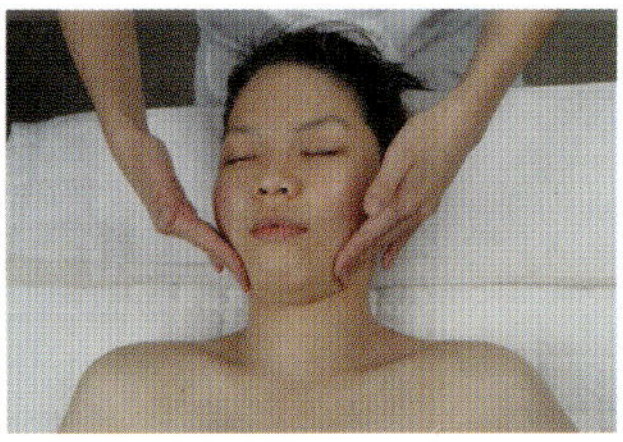
그림 3

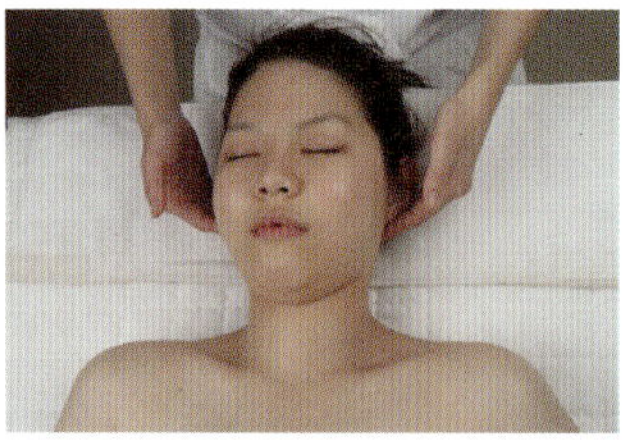

그림 4

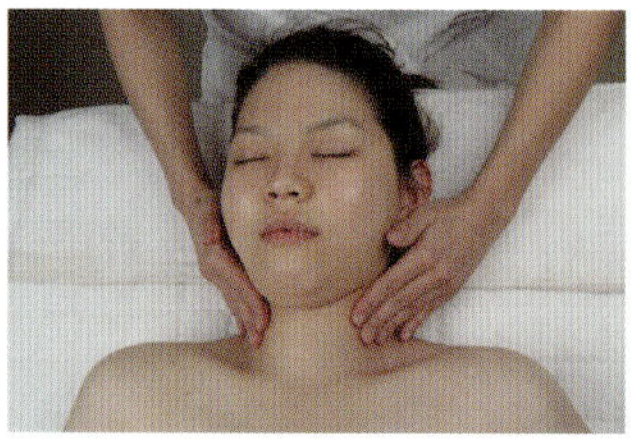

그림 5

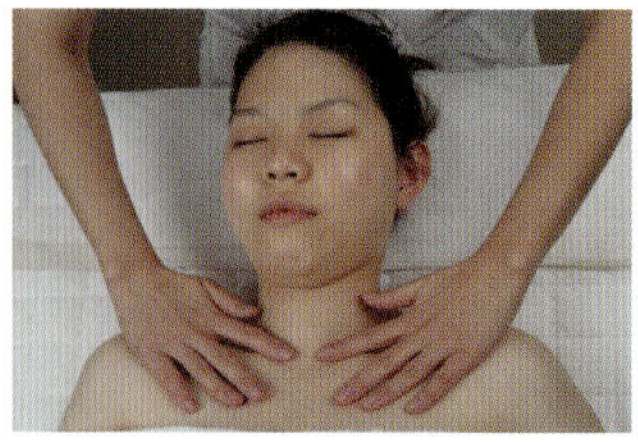

그림 6

⑰ 얼굴부위→목 부위 순으로 쓰다듬기〈마무리〉

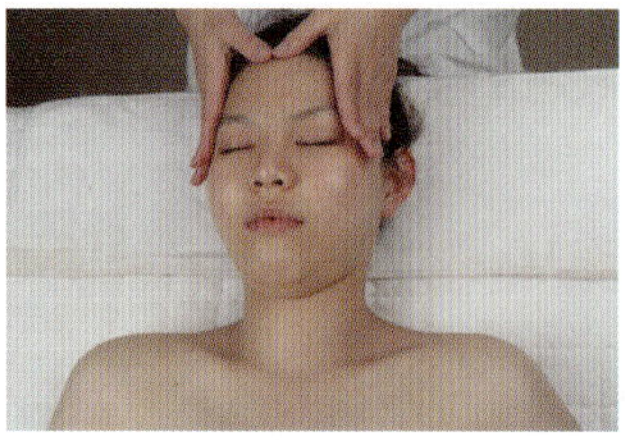

그림 1

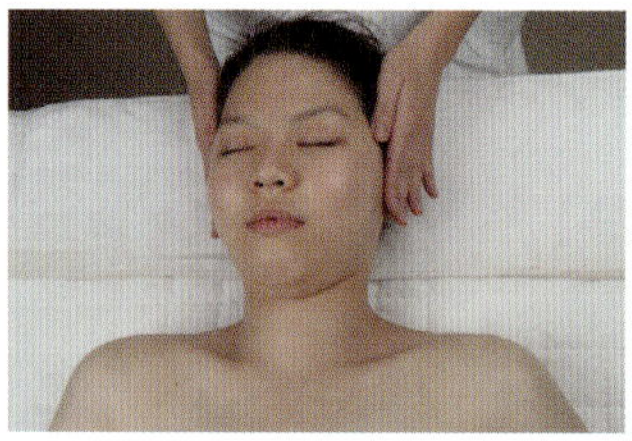

그림 2

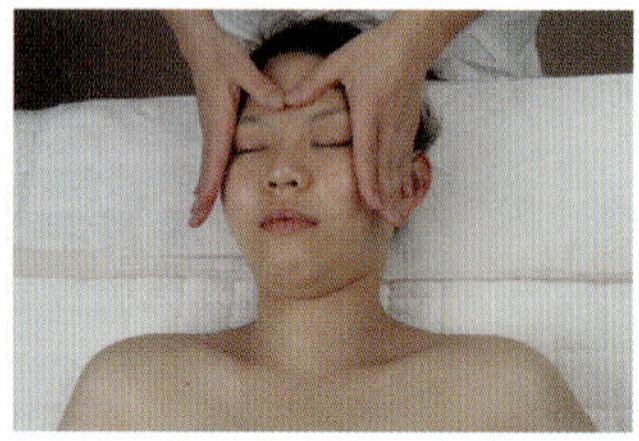

그림 3

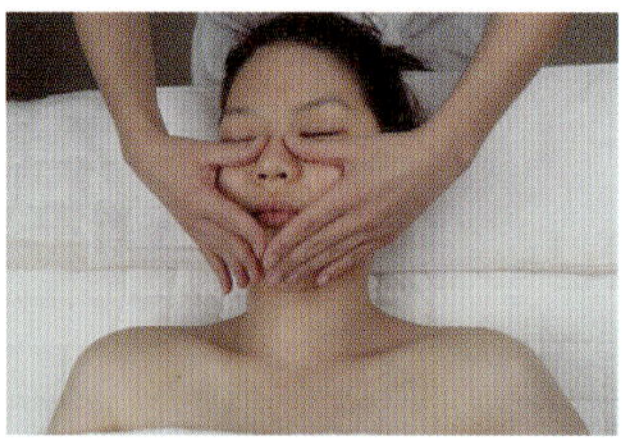

그림 4

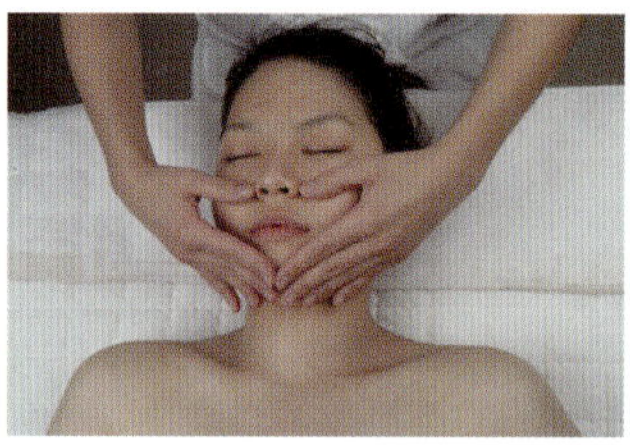

그림 5

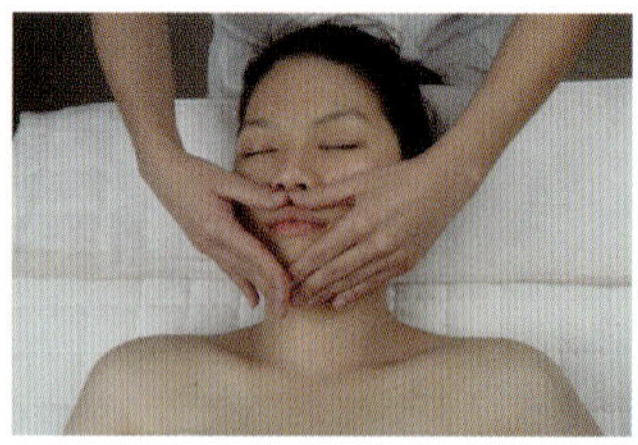

그림 6

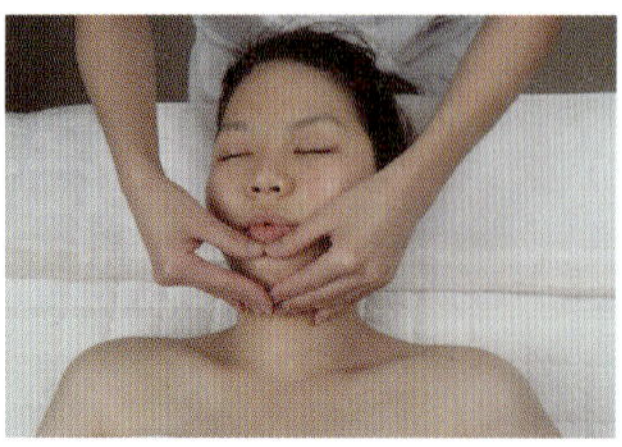

그림 7

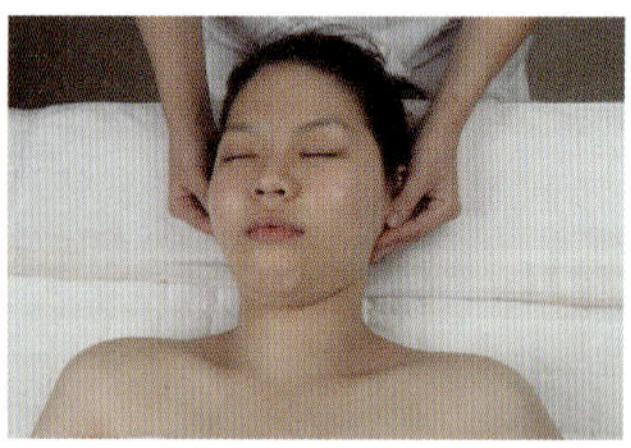

그림 8

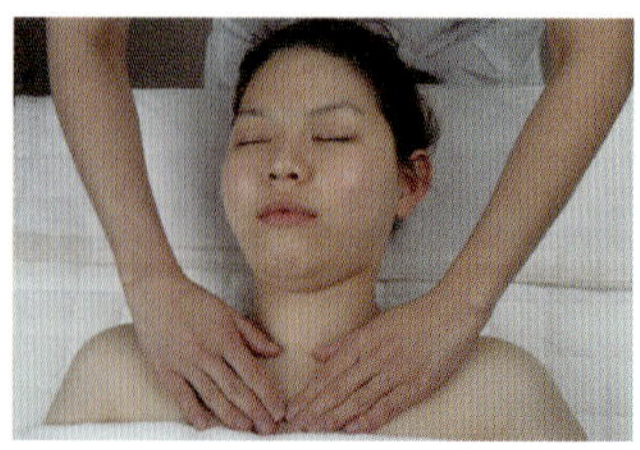

그림 9

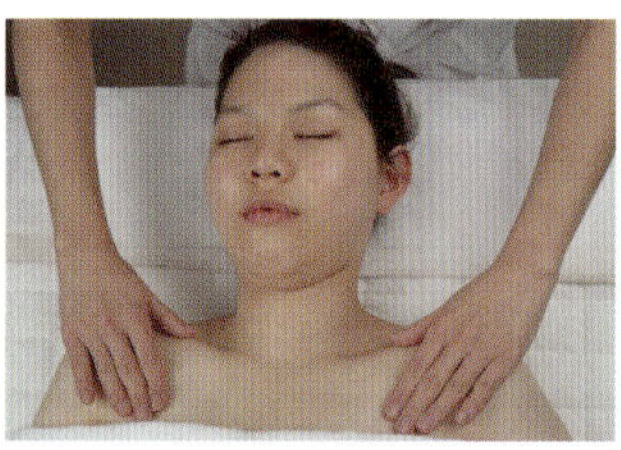

그림 10

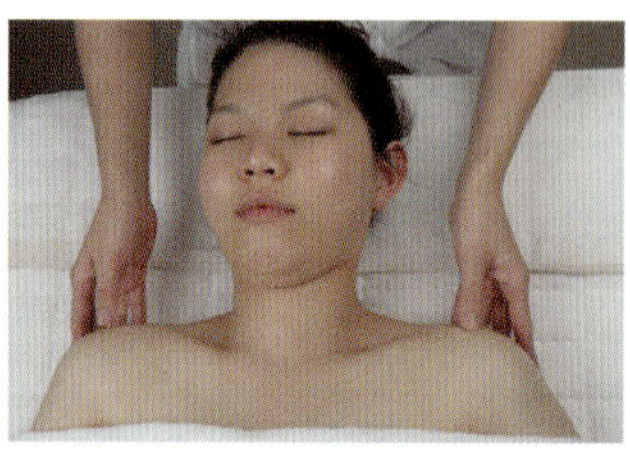

그림 11

제8주차

Test

학습목표

※ 피부분석표를 제시된 유형에 맞게 작성하여 보시오.

1. 얼굴의 피부 타입은 팩 사용의 부위별 피부타입을 기준으로 결정하시오(단, T-존과 U-존의 피부타입만으로 판단하며, 피부의 유, 수분함량을 기준으로 한 타입(건성, 중성(정상), 지성, 복합성) 만으로 구분할 것).

2. 팩 사용을 위한 부위별 피부 상태(타입)

* T-존 : 피부의 촉감이 매끄럽고 부드러우며, 피부결이 섬세하고 눈으로 보아 윤기 와 광택이 있다.
* U-존 : 피부 결이 가늘고 모공이 작아 외관상 피부는 좋아 보이나 세안 후 심하게 당기는 느낌을 받는다. 피부의 탄력이 없고 갈라지거나 튼 곳을 볼 수 있다.
* 목 부위 : 피부수분 함량이 12% 이상으로 일정하게 촉촉한 보습상태를 유지한다.

3. 딥클렌징 사용제품 : 효소

※ 기타 유의사항

1. 관리 계획표상의 클렌징, 매뉴얼테크닉 용 화장품은 본인이 시험장에서 사용하는 제품의 제형을 기준으로 한다.

피부 관리계획 차트(care plan chart)		
비번호		시험일자 : 201　.　.　.(　부)
관리목적 및 기대효과	관리목적 :	
	기대효과 :	
클렌징	□ 오일　□ 크림　□ 밀크/로션　□ 젤	
딥클렌징	□ 고마쥐　□ 효소　□ AHA　□ 스크럽	
매뉴얼 테크닉 제품타입	□ 오일　□ 크림	
손을 이용한 관리형태	□ 일반　□ 림프	
팩	T존 : □ 건성타입팩　□ 정상타입팩　□ 지성타입팩	
	U존 : □ 건성타입팩　□ 정상타입팩　□ 지성타입팩	
	목부위 : □ 건성타입팩　□ 정상타입팩　□ 지성타입팩	
고객관리 계획	1주 :	
	2주 :	
	3주 :	
	4주 :	
자가관리 조언 (홈케어)	제품을 사용한 관리 :	
	기타 :	

〈Test 문제〉 스킨트리트먼트의 전 과정을 시술해 본 후에, 시술과정 및 소감을 서술하시오.

출 제 기 준 (필기)

직무 분야	위생	자격 종목	미용사(피부)	적용 기간	2011. 1. 1 ~ 2014. 12. 31.
○ 직무내용 : 얼굴 및 신체의 피부를 아름답게 유지 · 보호 · 개선 · 관리하기 위하여 각 부위와 유형에 적절한 관리법과 기기 및 제품을 사용하여 피부미용을 수행하는 직무					
필기검정 방법	객관식	문제수	60	시험 시간	1시간

필 기 과목명	출제 문제수	주 요 항 목	세 부 항 목	세 세 항 목
피부미용학, 피부학 및 해부생리학, 피부미용기기학, 화장품학, 공중위생관리학	60	1. 피부미용학	1. 피부미용개론	1. 피부미용의 개념 2. 피부미용의 변천사
			2. 피부분석 및 상담	1. 피부분석의 목적 및 효과 2. 피부상담 3. 피부유형분석 4. 피부분석표
			3. 클렌징	1. 클렌징의 목적 및 효과 2. 클렌징 제품 3. 클렌징 방법
			4. 딥클린징	1. 딥클렌징의 목적 및 효과 2. 딥클렌징 제품 3. 딥클렌징 방법
			5. 피부유형별 화장품 도포	1. 화장품도포의 목적 및 효과 2. 피부유형별 화장품 종류 및 선택 3. 피부유형별 화장품 도포
			6. 매뉴얼 테크닉	1. 매뉴얼 테크닉의 목적 및 효과 2. 매뉴얼 테크닉의 종류 및 방법
			7. 팩 · 마스크	1. 목적과 효과 2. 종류 및 사용방법
			8. 제모	1. 제모의 목적 및 효과 2. 제모의 종류 및 방법
			9. 신체 각 부위(팔, 다리 등)관리	1. 신체 각 부위(팔, 다리 등)관리의 목적 및 효과 2. 신체 각 부위(팔, 다리 등)관리의 종류 및 방법
			10. 마무리	1. 마무리의 목적 및 효과 2. 마무리의 방법

필 기 과목명	출제 문제수	주요항목	세 부 항 목	세 세 항 목
		2. 피부학	1. 피부와 부속기관	1. 피부구조 및 기능 2. 피부 부속기관의 구조 및 기능
			2. 피부와 영양	1. 3대 영양소, 비타민, 무기질 2. 피부와 영양 3. 체형과 영양
			3. 피부와 광선	1. 자외선이 미치는 영향 2. 적외선이 미치는 영향
			4. 피부면역	1. 면역의 종류와 작용
			5. 피부노화	1. 피부노화의 원인 2. 피부노화현상
		3. 해부생리학	1. 세포와 조직	1. 세포의 구조 및 작용 2. 조직구조 및 작용
			2. 뼈대(골격)계통	1. 뼈(골)의 형태 및 발생 2. 전신뼈대(전신골격)
			3. 근육계통	1. 근육의 형태 및 기능 2. 전신근육
			4. 신경계통	1. 신경조직 2. 중추신경 3. 말초신경
			5. 순환계통	1. 심장과 혈관 2. 림프
			6. 소화기계통	1. 소화기관의 종류 2. 소화와 흡수
			7. 내분비계통	1. 내분비샘의 종류 2. 호르몬의 종류와 기능
			8. 비뇨생식기계통	1. 신장과 배뇨 2. 생식기관의 구조
		4. 피부미용 기기학	1. 피부미용기기	1. 기본용어와 개념 2. 전기와 전류 3. 피부미용기기의 종류 및 기능
			2. 피부미용기기 사용법	1. 기기 사용법 2. 유형별 사용방법

필 기 과목명	출제 문제수	주요항목	세 부 항 목	세 세 항 목
		5. 화장품학	1. 화장품학개론	1. 화장품의 정의 2. 화장품의 분류
			2. 화장품제조	1. 화장품의 원료 2. 화장품의 기술 3. 화장품 안정성
			3. 화장품의 종류와 기능	1. 기초 화장품 2. 메이크업 화장품 3. 모발 화장품 4. 바디(body)관리 화장품 5. 네일 화장품 6. 향수 7. 에센셜(아로마) 오일 및 캐리어 오일 8. 기능성화장품
		6. 공중위생관리학	1. 공중보건학	1. 공중보건학 총론 2. 질병관리 3. 가족 및 노인보건 4. 환경보건 5. 식품위생과 영양 6. 보건행정
			2. 소독학	1. 소독의 정의 및 분류 2. 미생물 총론 3. 병원성 미생물 4. 소독방법 5. 분야별 위생·소독
			3. 공중위생관리법규 (법, 시행령, 시행규칙)	1. 목적 및 정의 2. 영업의 신고 및 폐업 3. 영업자준수사항 4. 면허 5. 업무 6. 행정지도감독 7. 업소 위생등급 8. 위생교육 9. 벌칙 10. 기타법규사항

출 제 기 준 (실기)

<table>
<tr><td>직무
분야</td><td>위생</td><td>자격
종목</td><td>미용사(피부)</td><td>적용
기간</td><td colspan="2">2011. 1. 1 ~ 2014. 12. 31</td></tr>
<tr><td colspan="7">○ 직무내용 : 얼굴 및 신체의 피부를 아름답게 유지·보호·개선·관리하기 위하여 각 부위와 유형에 적절한 관리법과 기기 및 제품을 사용하여 피부미용을 수행하는 직무
○ 수행준거 : 1. 피부미용실무를 위한 준비 및 위생사항 점검을 수행할 수 있다.
2. 피부의 타입에 따른 클렌징 및 딥 클렌징을 할 수 있다.
3. 피부의 타입별 분석표를 작성할 수 있다.
4. 눈썹정리 및 왁싱 작업을 수행할 수 있다.
5. 손을 이용한 얼굴 및 신체 각 부위(팔, 다리 등)관리를 수행할 수 있다.</td></tr>
<tr><td>실기검정방법</td><td colspan="2">작업형</td><td>시험시간</td><td colspan="3">2~3시간정도</td></tr>
<tr><td>실기
과목명</td><td>주요항목</td><td>세 부 항 목</td><td colspan="4">세 세 항 목</td></tr>
<tr><td>피부미용실무</td><td>1. 얼굴관리</td><td>1. 준비 및 위생관련 작업하기</td><td colspan="4">1. 위생적인 준비물 관리를 할 수 있어야 한다.
2. 피부미용사로서의 위생과 준비상태를 바르게 할 수 있어야 한다.</td></tr>
<tr><td></td><td></td><td>2. 클렌징하기</td><td colspan="4">1. 클렌징 제품선택을 할 수 있어야 한다.
2. 클렌징을 할 수 있어야 한다.
3. 코튼, 스팀타올 등 사용할 수 있어야 한다.
4. 토너 정돈을 할 수 있어야 한다.</td></tr>
<tr><td></td><td></td><td>3. 분석표작성하기</td><td colspan="4">1. 피부분석능력 평가를 할 수 있어야 한다.
2. 피부분석용어 및 적용을 할 수 있어야 한다.</td></tr>
<tr><td></td><td></td><td>4. 눈썹정리하기</td><td colspan="4">1. 눈썹정리를 할 수 있어야 한다.</td></tr>
<tr><td></td><td></td><td>5. 딥클렌징하기</td><td colspan="4">1. 딥클렌징 제품 선택을 할 수 있어야 한다.
2. 제품에 따른 사용방법에 맞게 할 수 있어야 한다.</td></tr>
<tr><td></td><td></td><td>6. 손을 이용한 얼굴 관리하기</td><td colspan="4">1. 기본 관리를 할 수 있어야 한다.</td></tr>
<tr><td></td><td></td><td>7. 팩하기·마스크하기</td><td colspan="4">1. 팩·마스크를 선택 할 수 있어야 한다.
2. 팩·마스크를 할 수 있어야 한다.</td></tr>
</table>

실 기 과목명	주요항목	세 부 항 목	세 세 항 목
	2. 신체 각 부위(팔, 다리 등)관리	1. 준비 및 위생관련 작업하기	1. 위생적인 준비물 관리를 할 수 있어야 한다. 2. 피부미용사로서의 위생과 준비상태를 바르게 할 수 있어야 한다.
		2. 클렌징하기	1. 클렌징 제품선택을 할 수 있어야 한다. 2. 클렌징을 할 수 있어야 한다. 3. 스팀타올 등을 사용 할 수 있어야 한다.
		3. 손을 이용한 신체 각 부위(팔, 다리 등) 관리하기	1. 신체 각 부위(팔, 다리 등)관리를 할 수 있어야 한다.
		4. 제모하기	1. 신체 각 부위별 제모를 할 수 있어야 한다.
		5. 림프를 이용한 피부관리하기	1. 림프드레니지를 할 수 있어야 한다.

제9주차

Salon Treatment

(안면관리)

학습목표

※ 본 강의를 통해서 안면 근육의 형태와 주요 혈점을 이해하며, 특수팩의 사용방법을 익히고, 안면 매뉴얼 테크닉을 반복 학습과 숙련을 통해서 유연하게 관리 할 수 있도록 한다.

1. 안면관리

1) 안면의 주요 혈점 및 효과

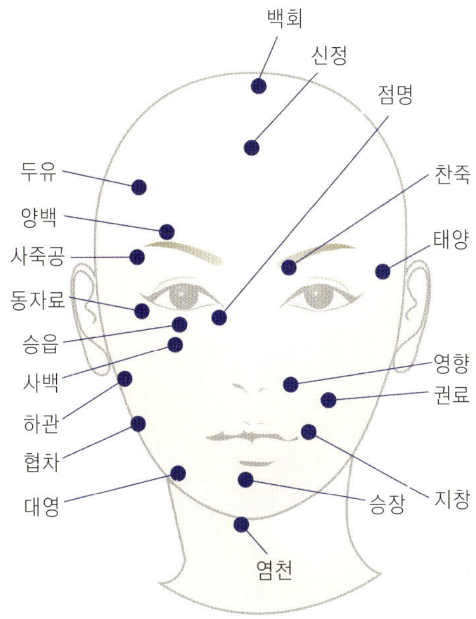

그림 1. 안면 혈점

- **백회** : 두정부에 있으며 신경을 진정시킴.
- **찬죽** : 눈썹머리 내측 약간 들어간 곳, 눈 주위 잔주름을 예방함.
- **정명** : 눈머리와 코 사이 들어간 부분, 눈을 상쾌하고 아름답게 함.
- **동자료** : 눈꼬리 들어간 부분, 눈 주위 잔주름을 예방함.
- **사백** : 눈 중앙 바로 아래(약 3cm 밑), 눈을 상쾌하고 아름답게 함.
- **거료** : 콧망울 외측에서 약 2cm 떨어진 사백 바로 아래, 볼의 피로를 덜어줌.
- **영향** : 콧망울 바로 옆, 볼의 피로를 덜어줌.
- **수구** : 코 아래 골 인중 중앙에 있는 부위, 입주의 피로를 덜어줌.
- **지창** : 입술 끝 외측에서 약1cm 부위, 입 주위 주름 예방함.
- **승장** : 아래 입술 중앙아래, 입 주위 피로를 덜어주고 주름 예방함.
- **예풍** : 머리전체의 혈액순환을 돕고 눈의 피로, 치통, 편두통에 효과적임.

<안면관리 동영상>

2) 안면관리 순서

① 도포하기

② 호흡하기

그림 1

③ 임맥, 액와절 열어주기

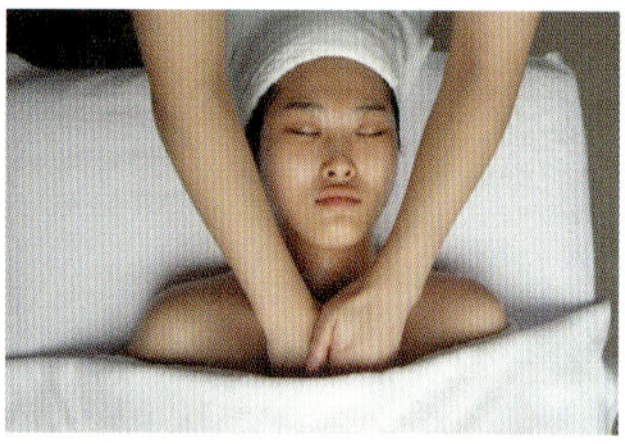

그림 1

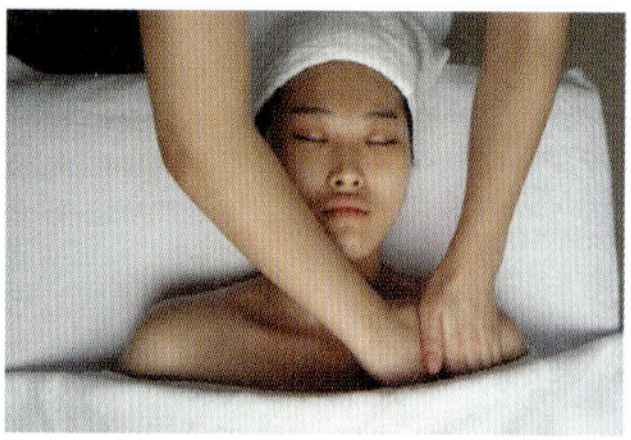

그림 2

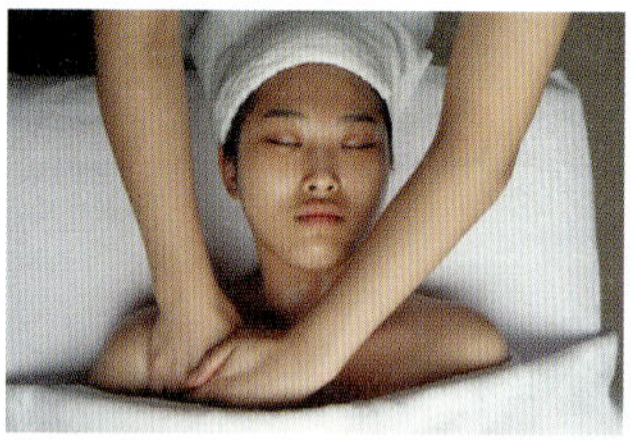

그림 3

④ 어깨 쓸어주기

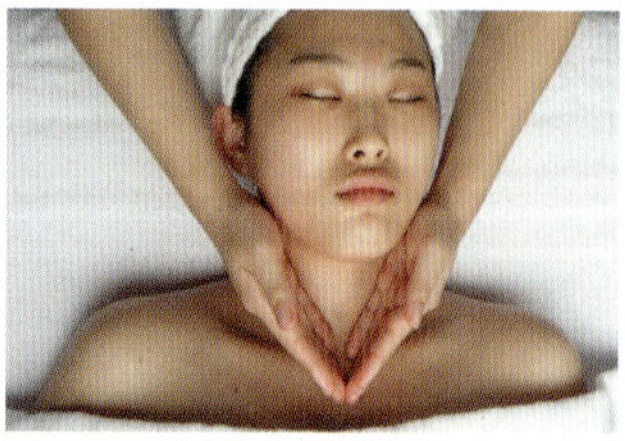

그림 1

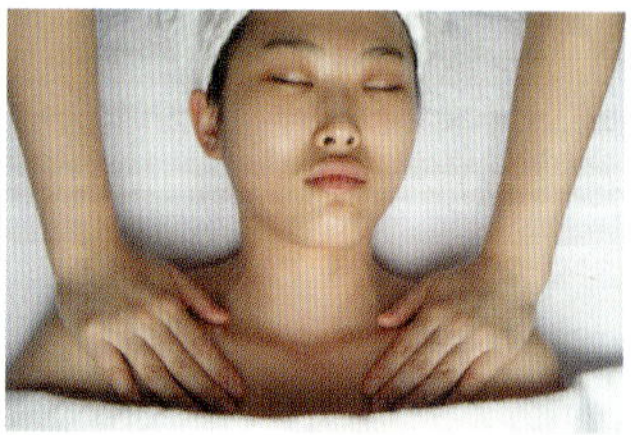

그림 2

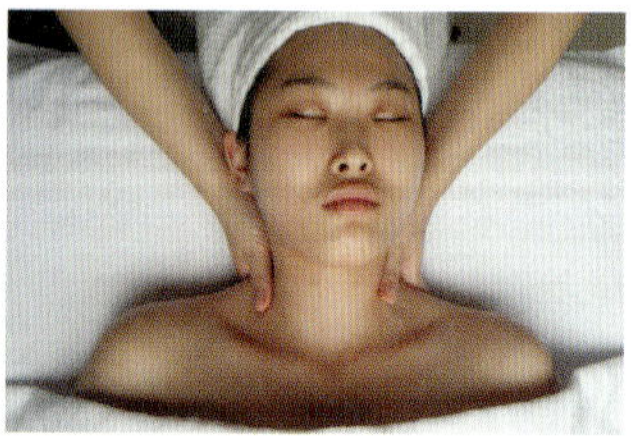

그림 3

⑤ 목빗근(흉쇄유돌근), 어깨선 교차 쓸기

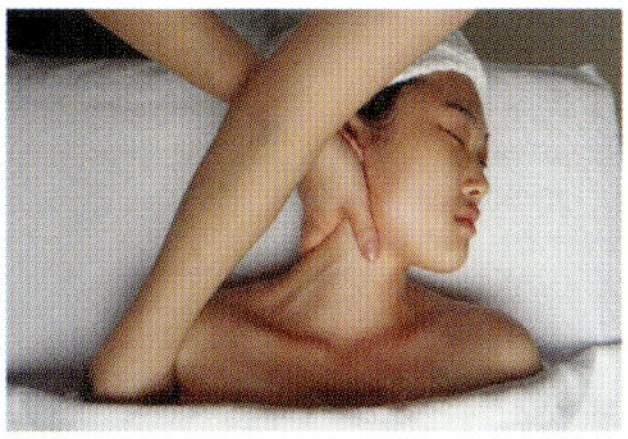
그림 1

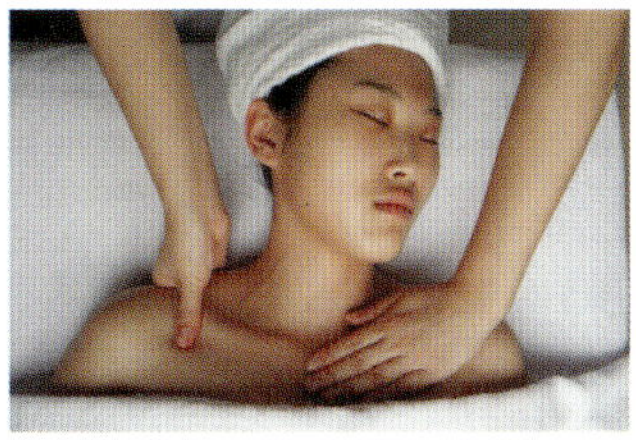
그림 2

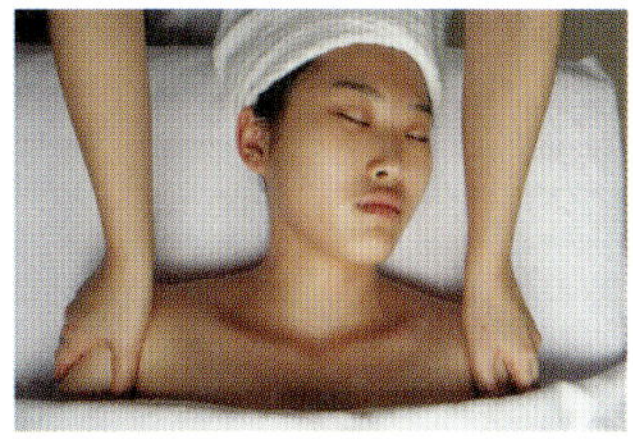
그림 3

⑥ 빗장뼈(쇄골) 3지점 압주기

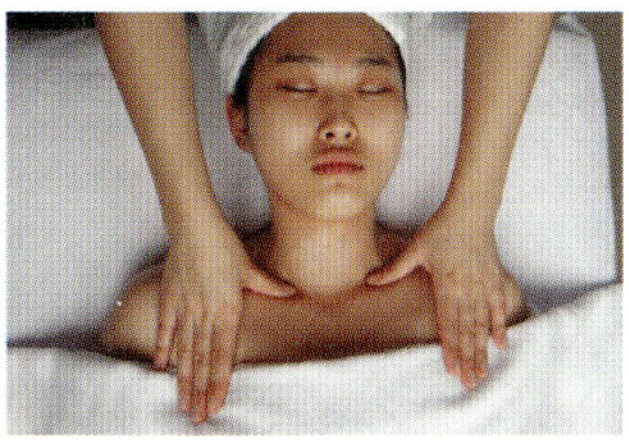
그림 1

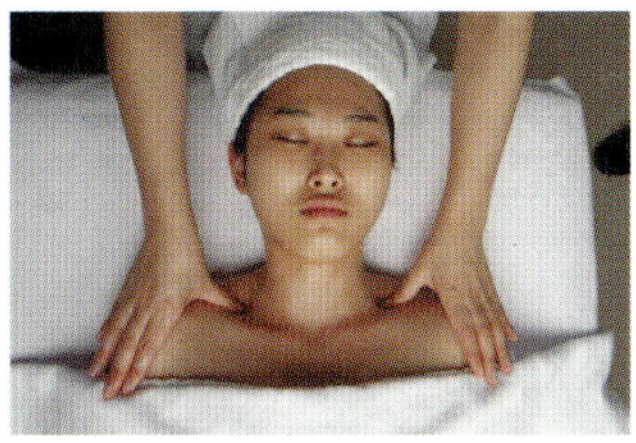
그림 2

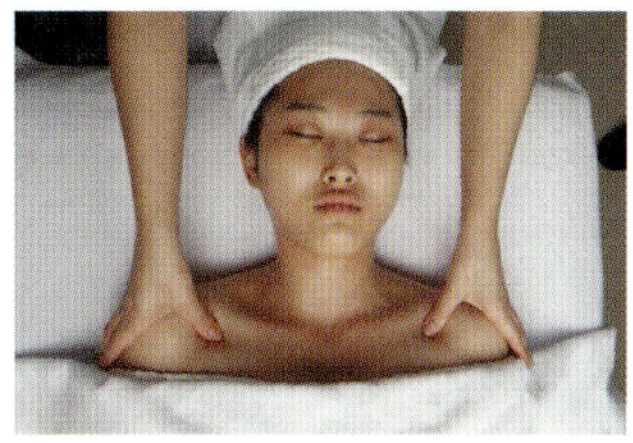
그림 3

⑦ 빗장뼈(쇄골) 라인잡기

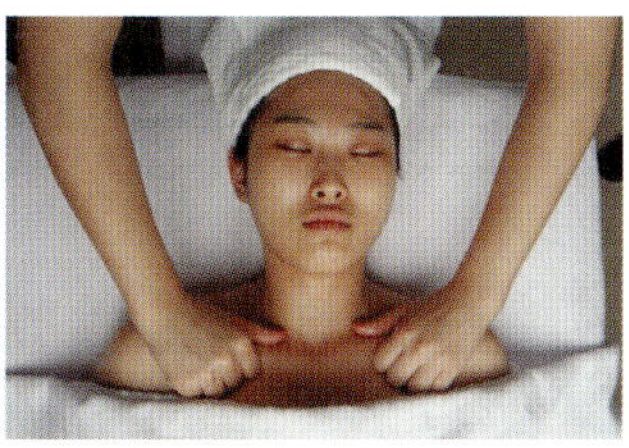
그림 1

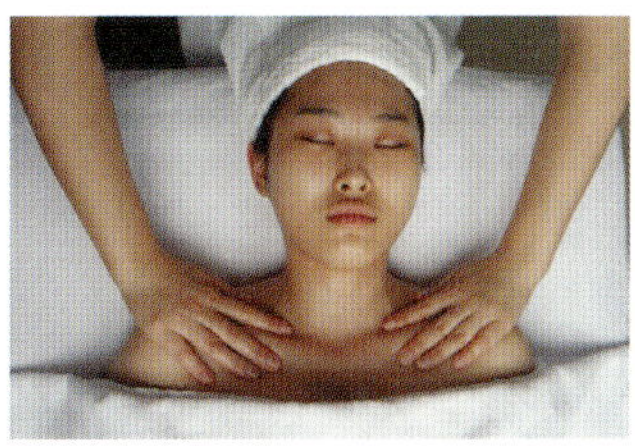
그림 2

⑧ 목빗근(흉쇄유돌근) 쓸기

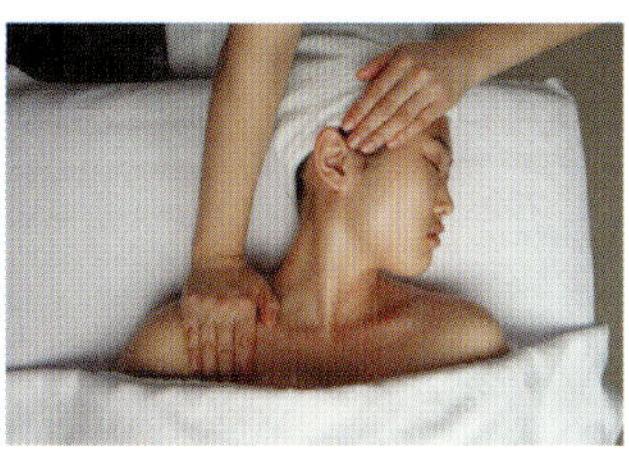
그림 1

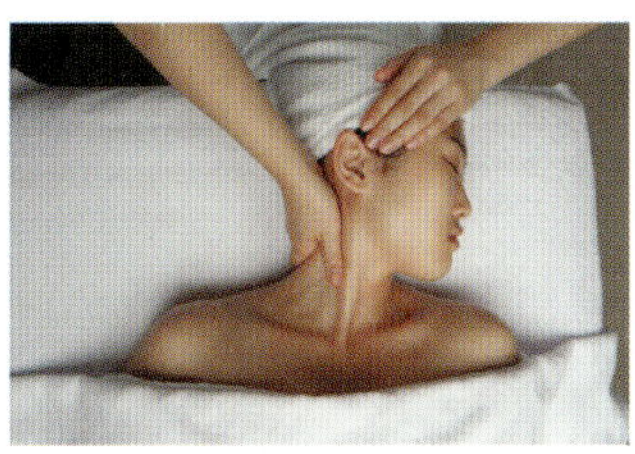
그림 2

⑨ 목빗근(흉쇄유돌근) 굴리기 / 일자 내리기

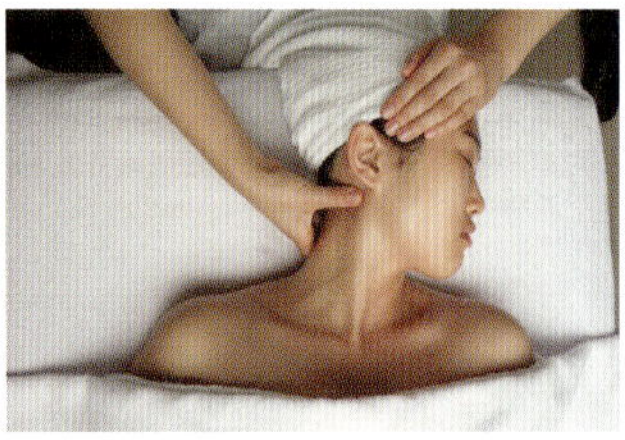
그림 1

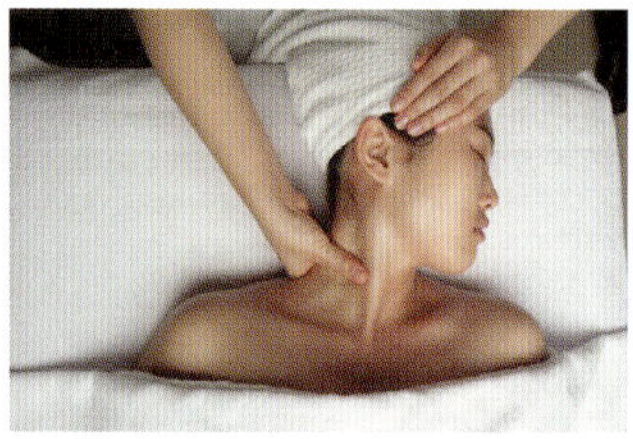
그림 2

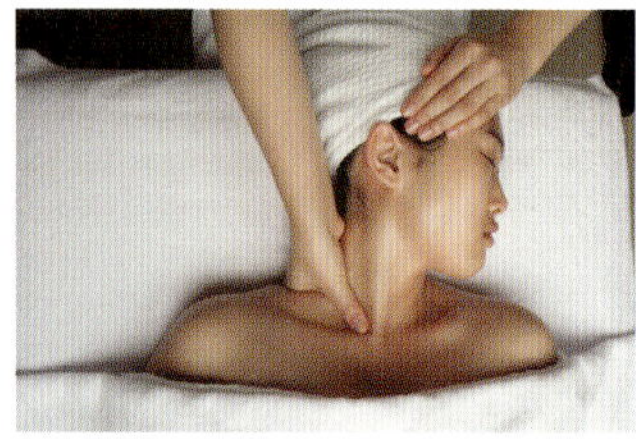
그림 3

⑩ 봉우리(견봉) 압주기

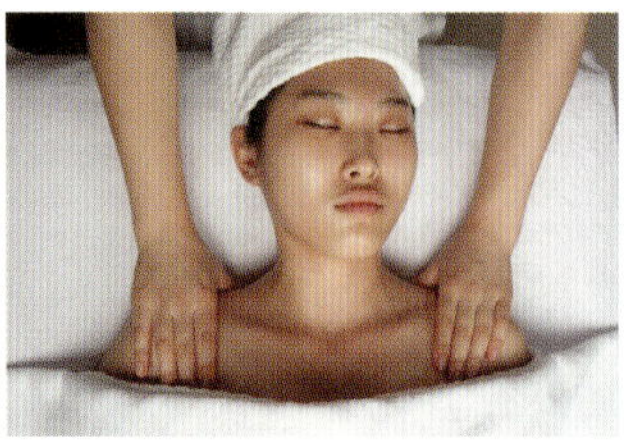
그림 1

⑪ 견봉 문지르기 / 주무르기

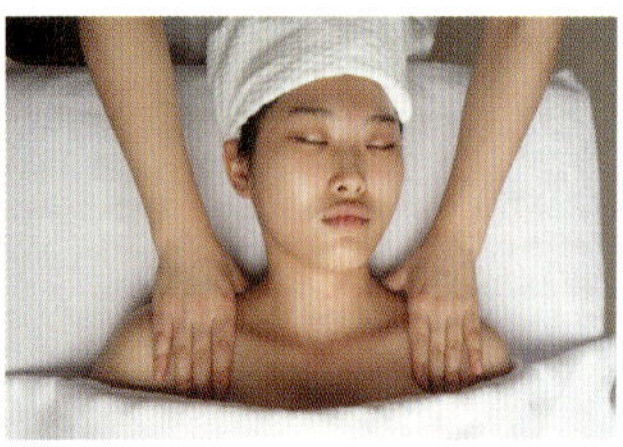
그림 1

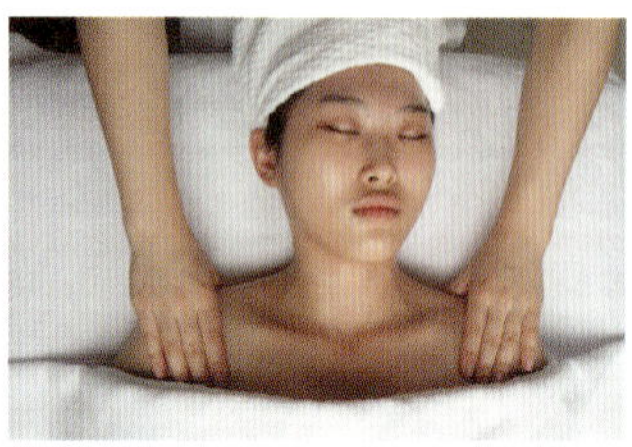
그림 2

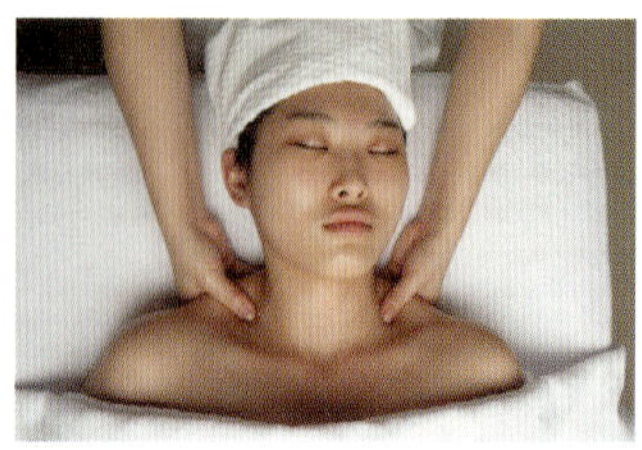
그림 3

⑫ 목뼈(경추) 일자로 들기 / 옆선 쓸기 / 아문, 천주, 풍지 압주기

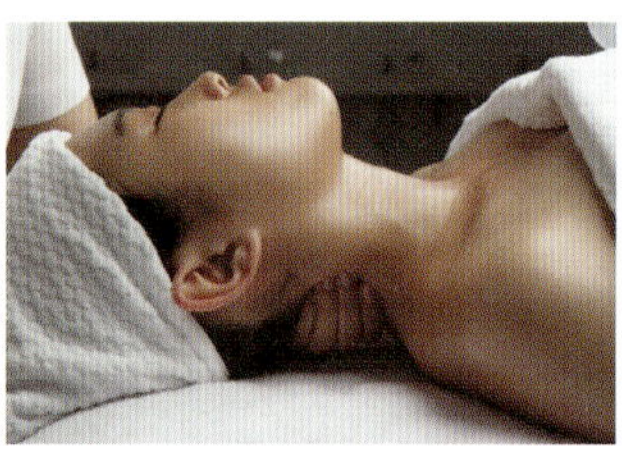
그림 1

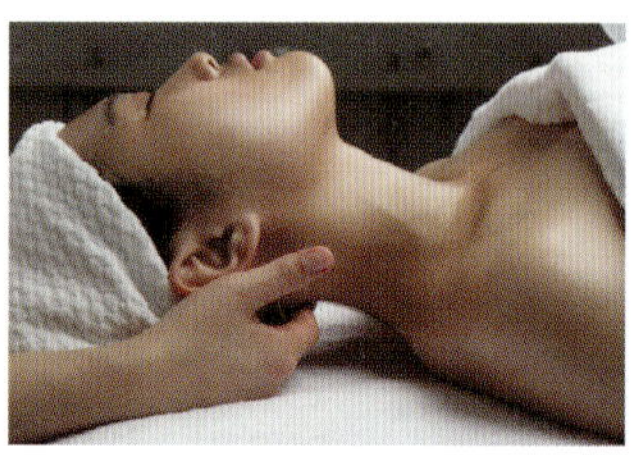
그림 2

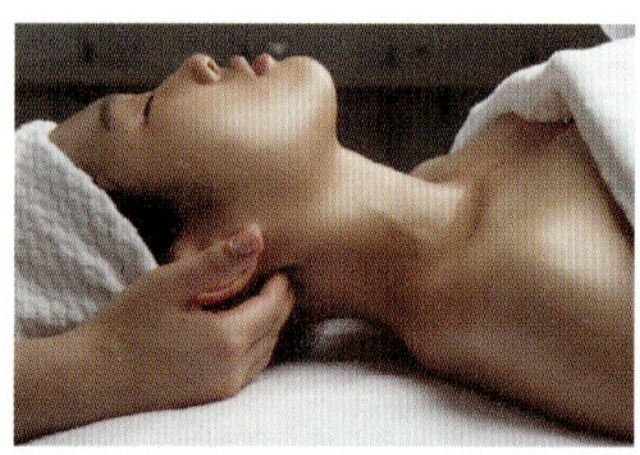
그림 3

⑬ 안면혈점(백회, 신정, 인당, 정명, 찬죽, 어요, 사죽공, 동자료, 사백, 태양, 영향, 거료, 수구, 지창, 승장, 대영, 예풍)

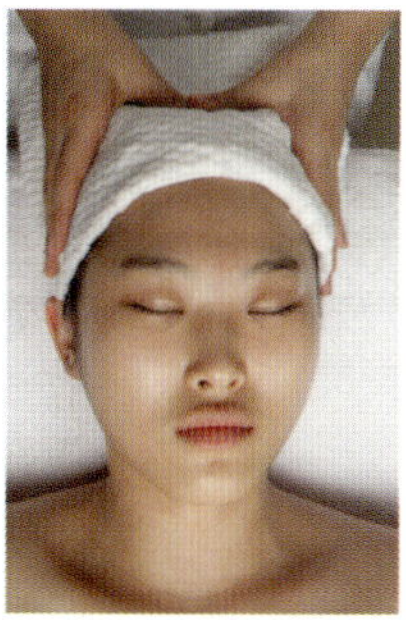
그림 1

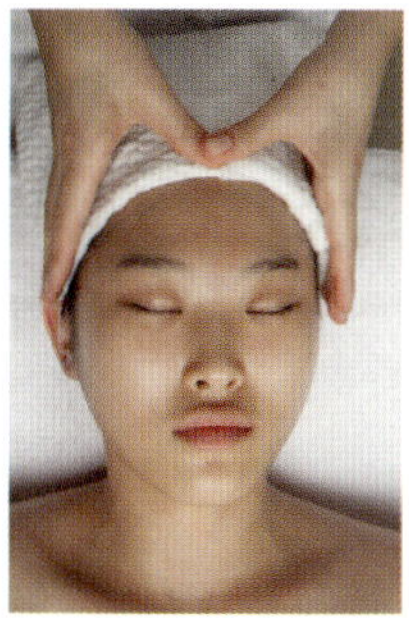
그림 2

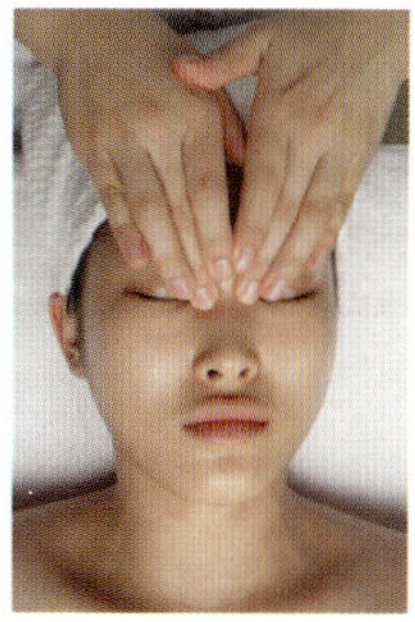
그림 3

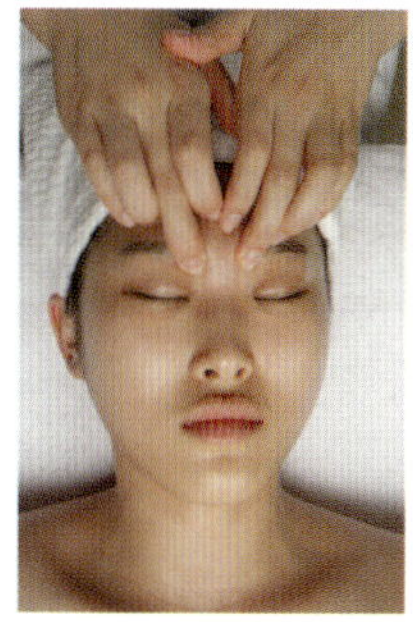
그림 4

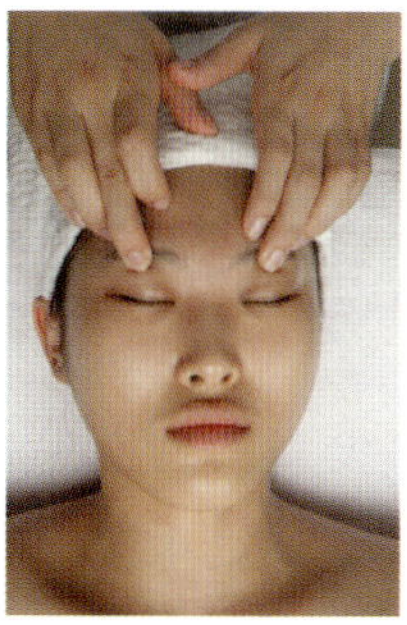
그림 5

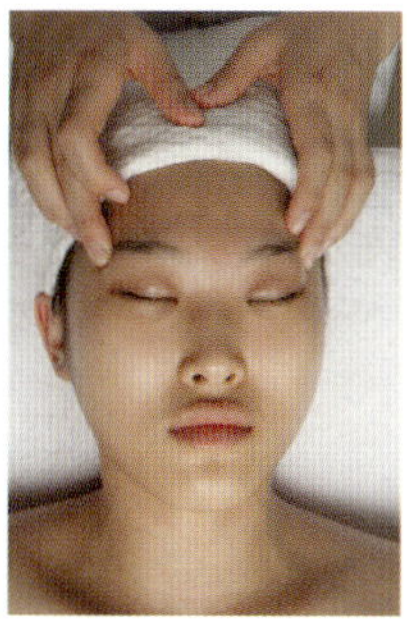
그림 6

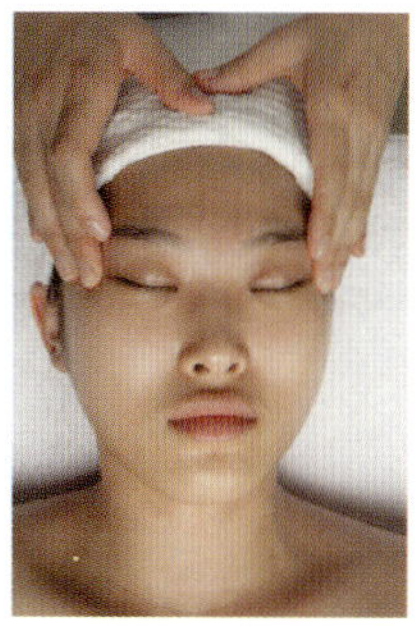
그림 7

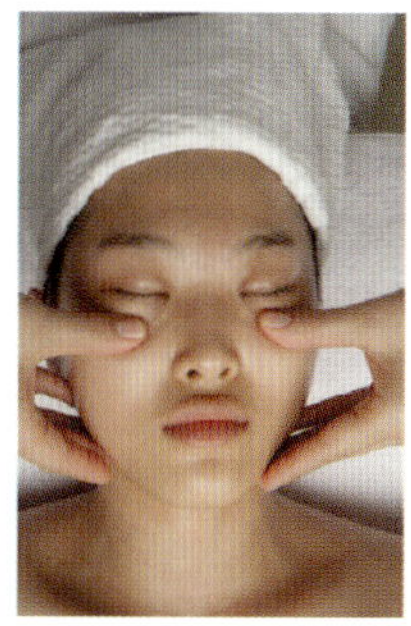
그림 8

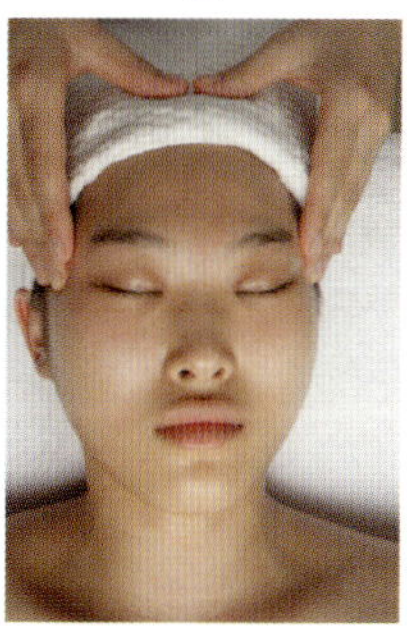
그림 9

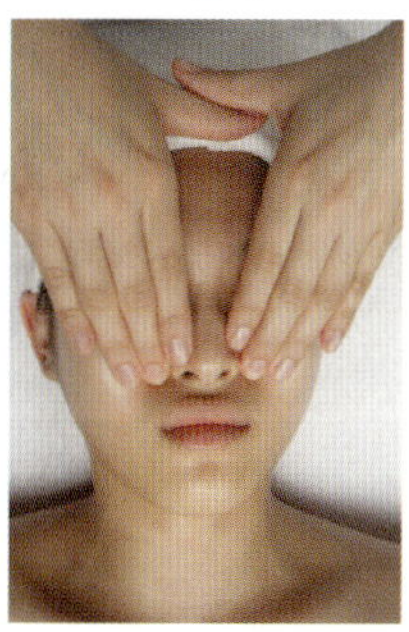
그림 10

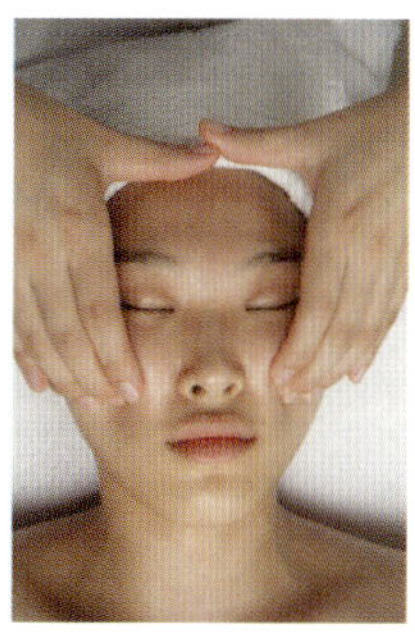
그림 11

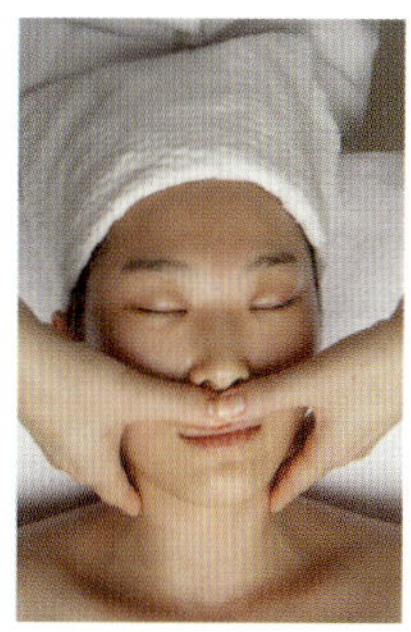
그림 12

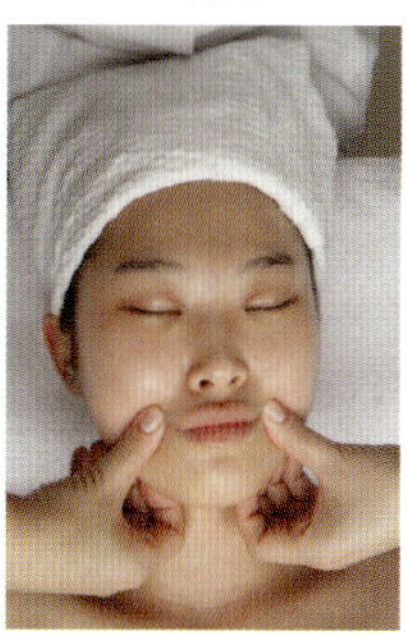
그림 13

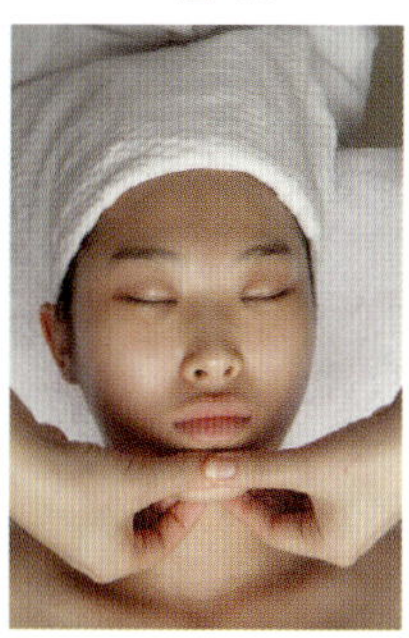
그림 14

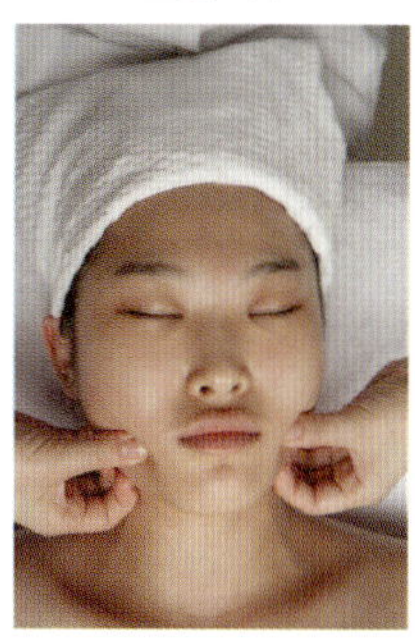
그림 15

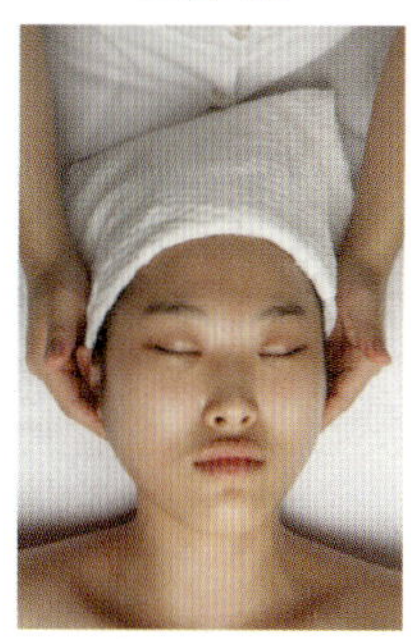
그림 16

⑭ 이마(인당 – 신정) 직선으로 끌어당기기

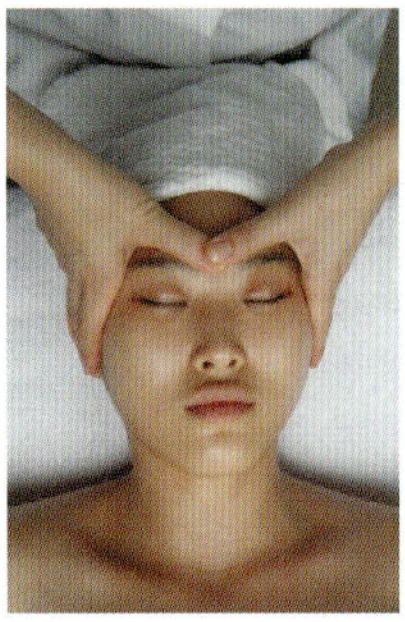

그림 1

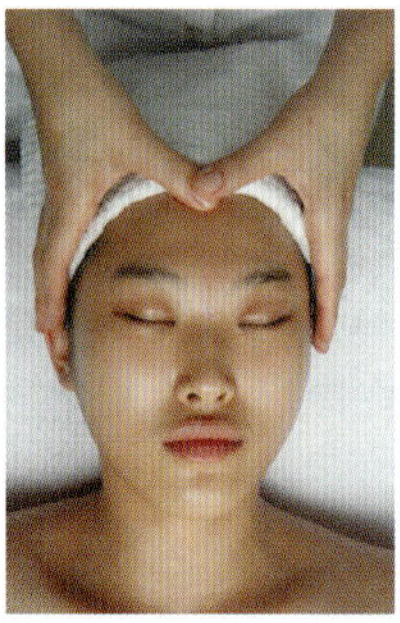

그림 2

⑮ 이마 3등분 나누기

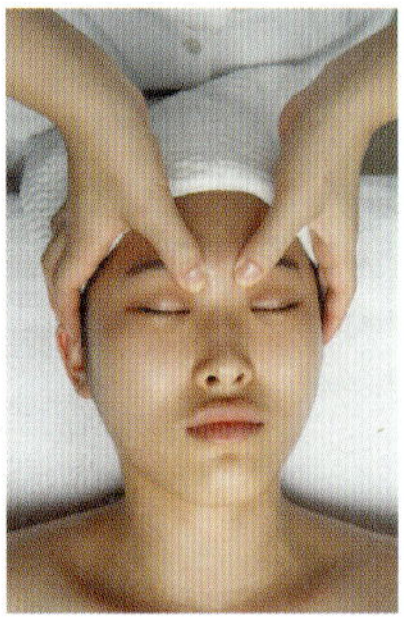

그림 1

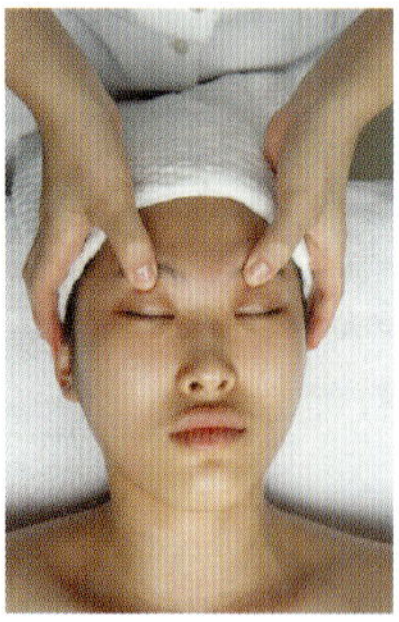

그림 2

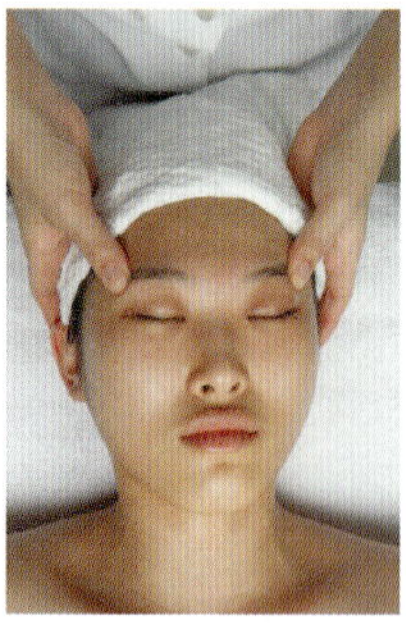

그림 3

⑯ 눈썹주름근(추미근) 쓸어 올리기

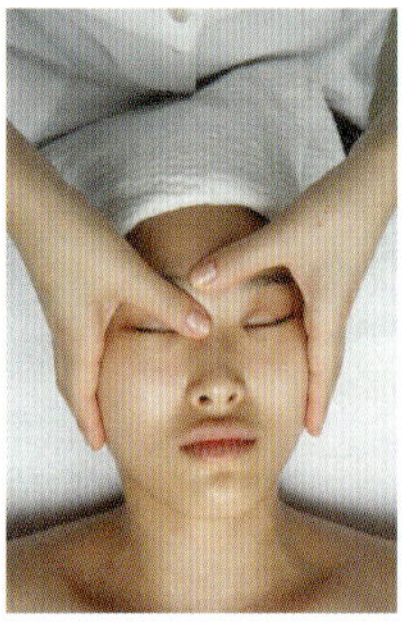

그림 1

⑰ 눈둘레근(안륜근) 돌기

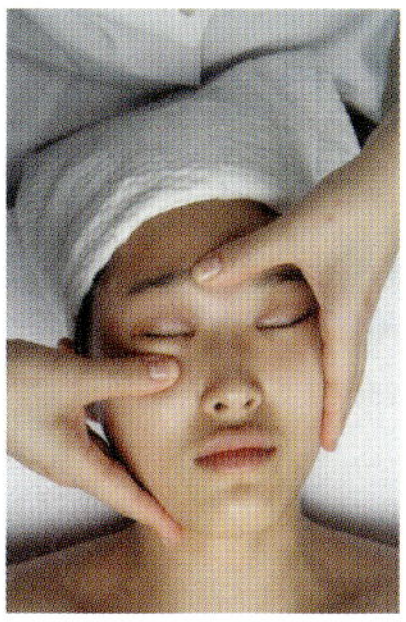

그림 1

그림 2

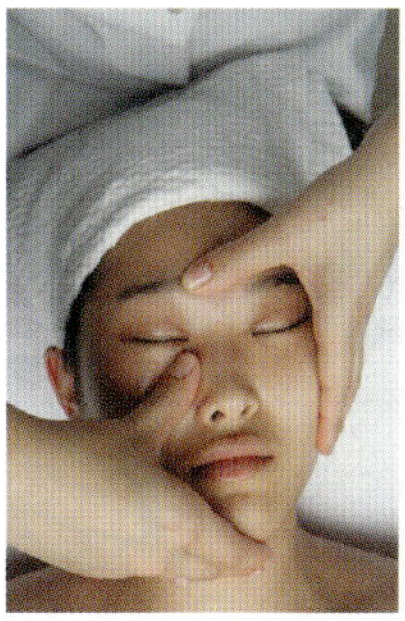

그림 3

⑱ 인당 지그재그, 콧등 문지르기

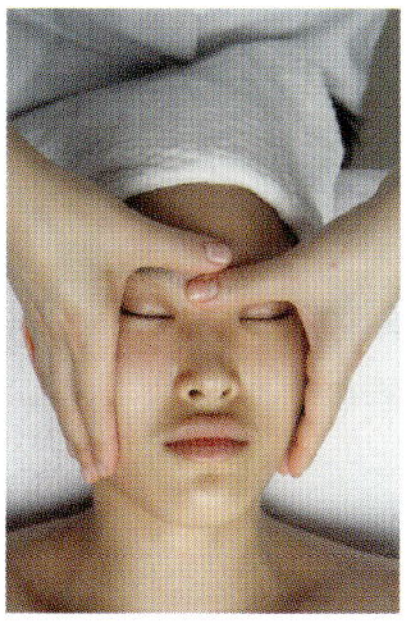

그림 1

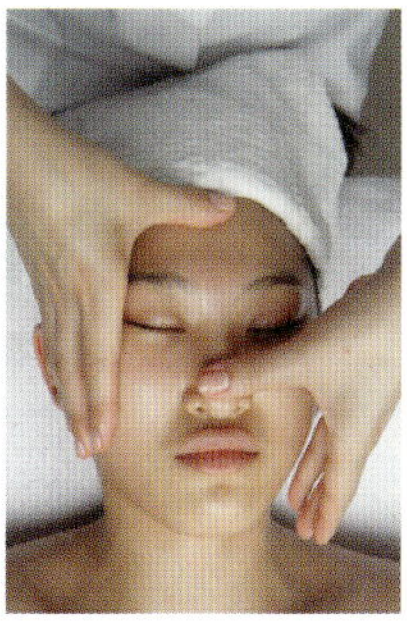

그림 2

⑲ 코근(비근) 쓸기

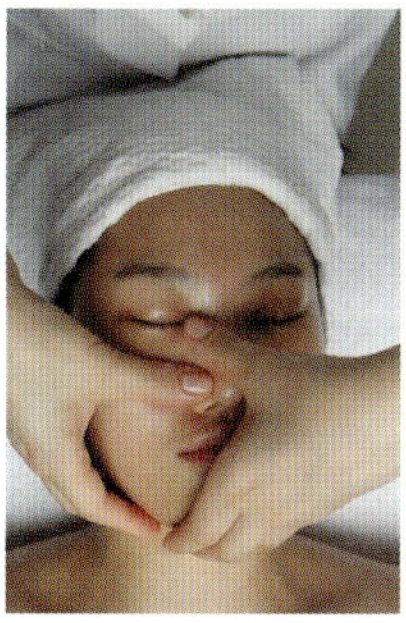

그림 1

⑳ 광대뼈(관골) 문지르기, 주무르기

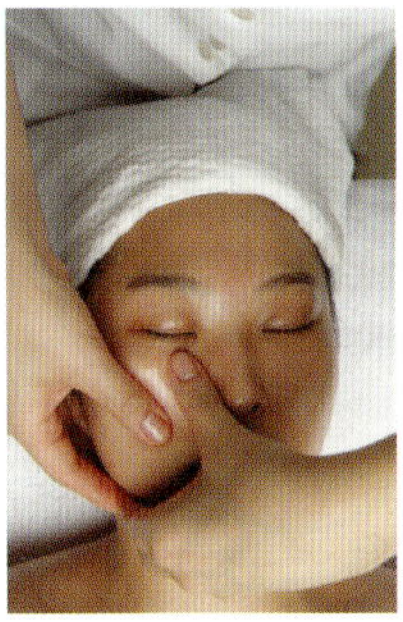

그림 1

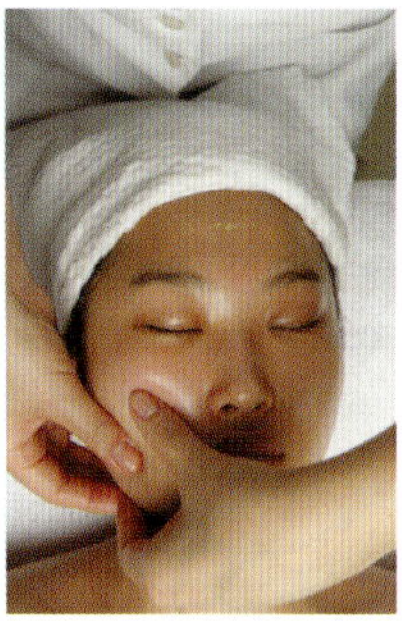

그림 2

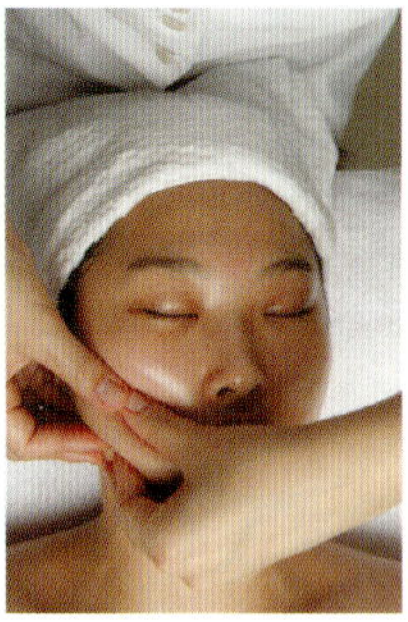

그림 3

㉑ 볼 문지르기, 주무르기

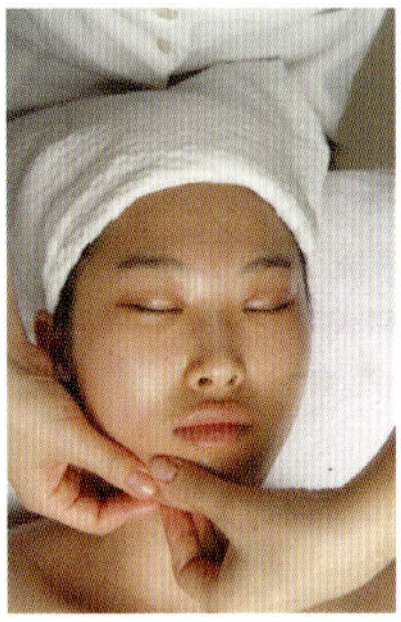

그림 1

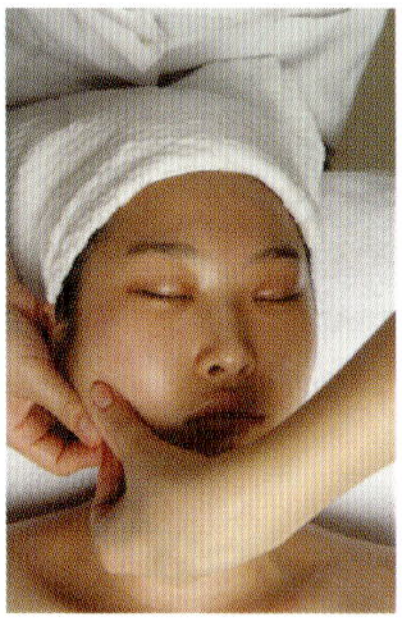

그림 2

㉒ 턱선 공구르기

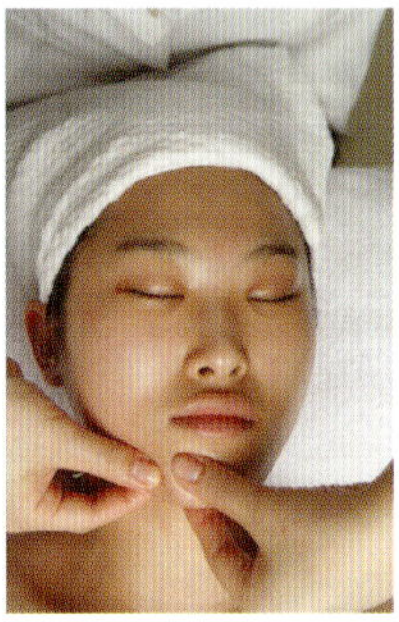

그림 1

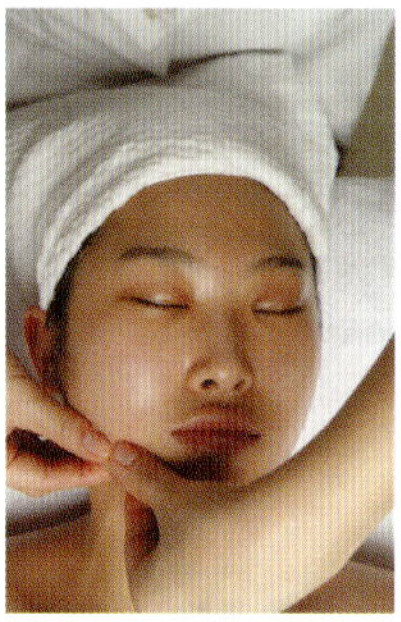

그림 2

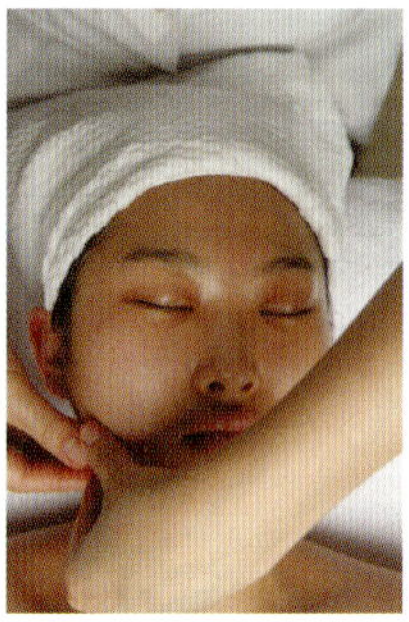

그림 3

㉓ 턱선 잡기

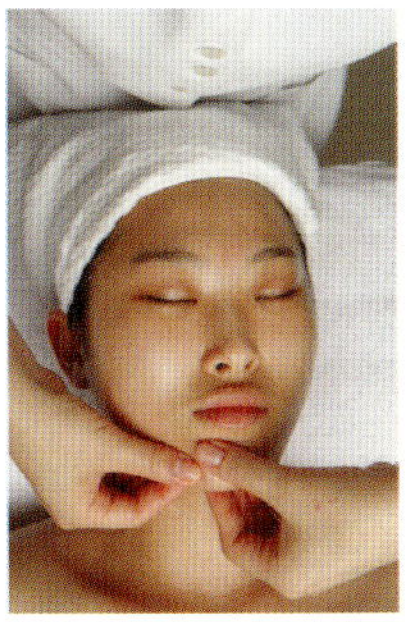

그림 1

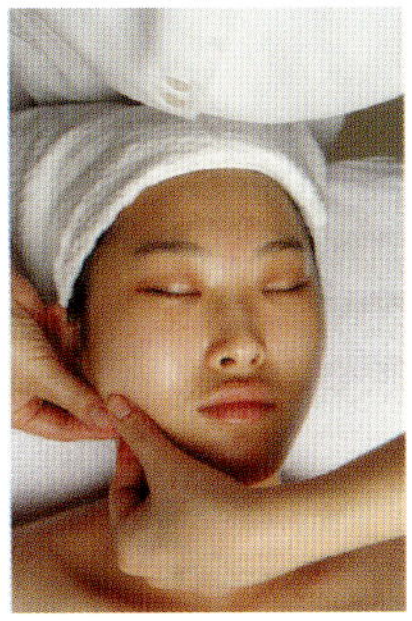

그림 2

㉔ 목빗근(흉쇄유돌근) 스트레칭

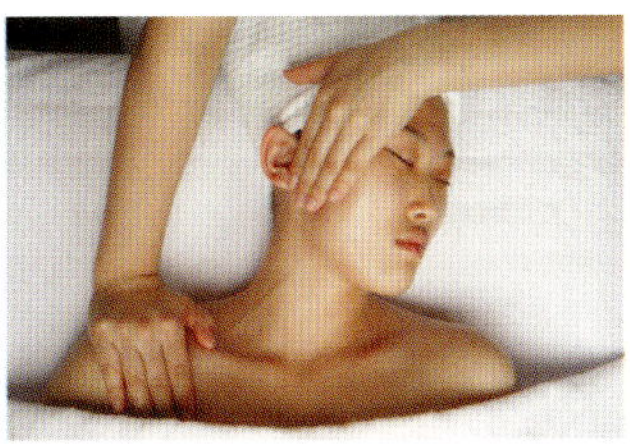

그림 1

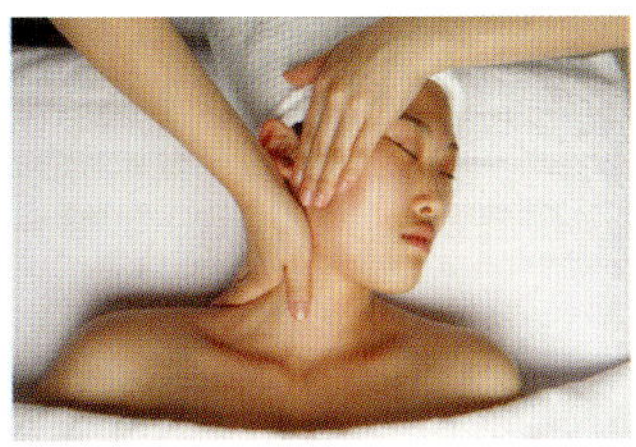

그림 2

㉕ 빰 쓸어 올리기

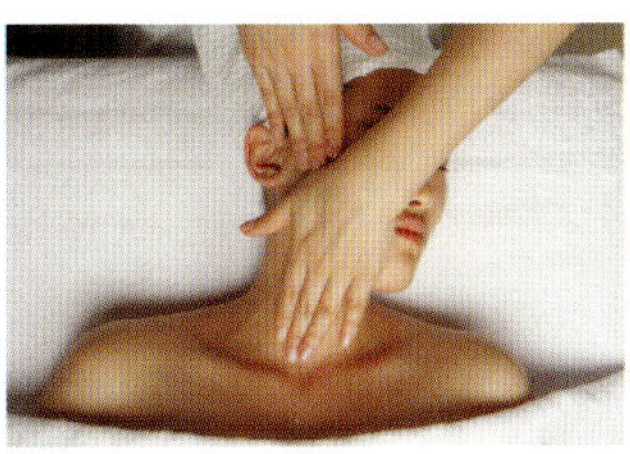

그림 1

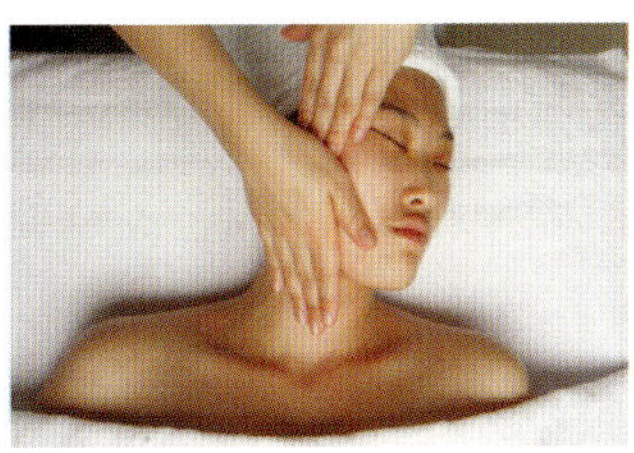

그림 2

㉖ 턱선 / 턱(하악) / 광대뼈 / 태양혈 밀착하여 쓸어 올리기

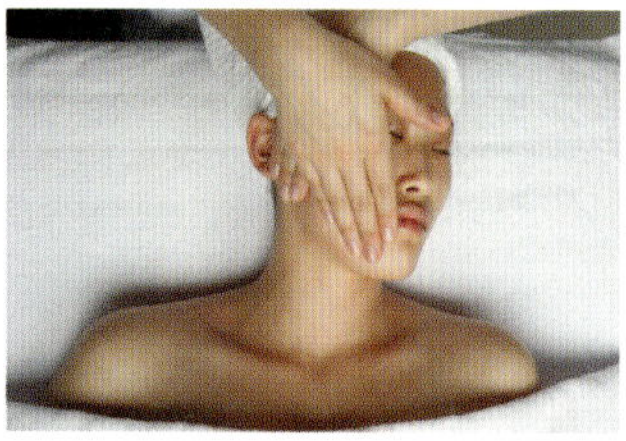
그림 1

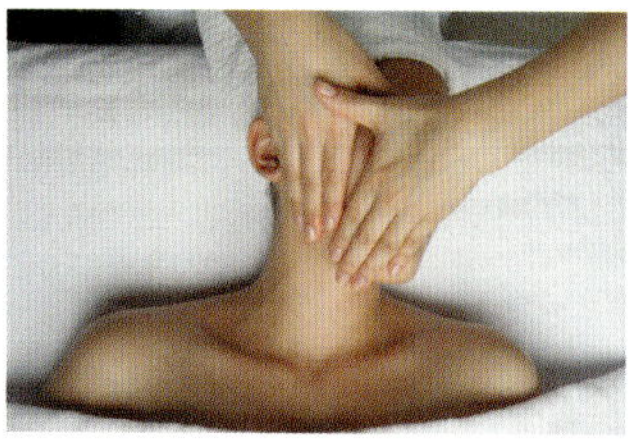
그림 2

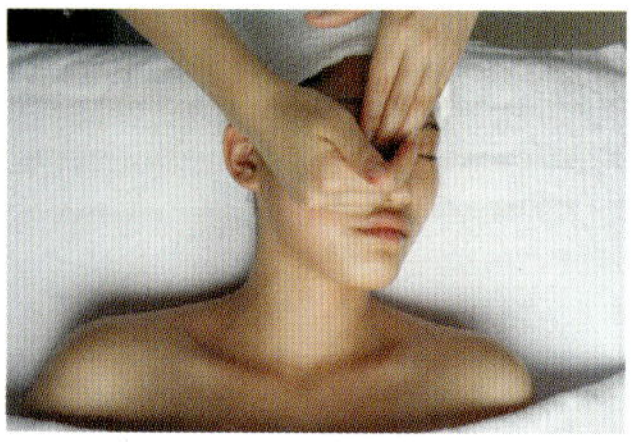
그림 3

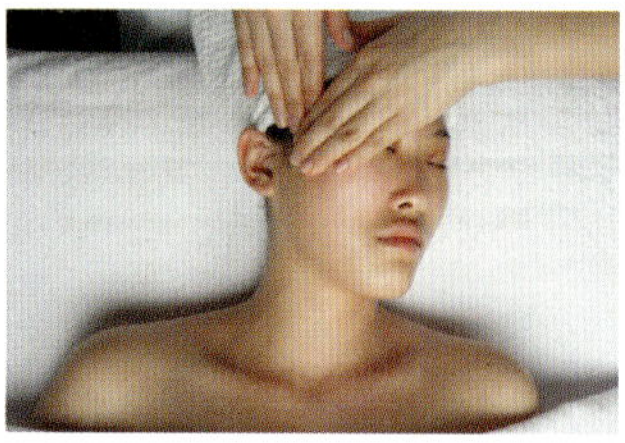
그림 4

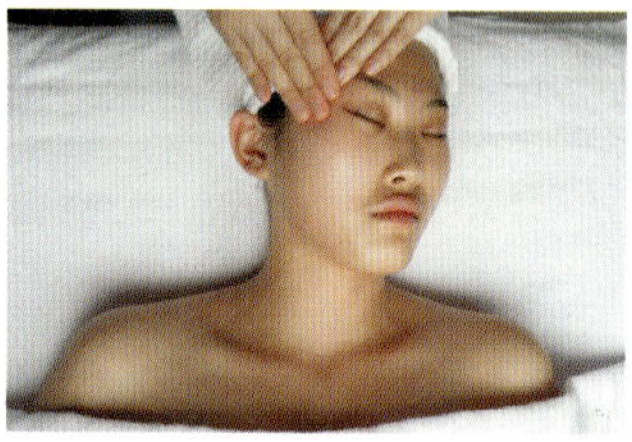
그림 5

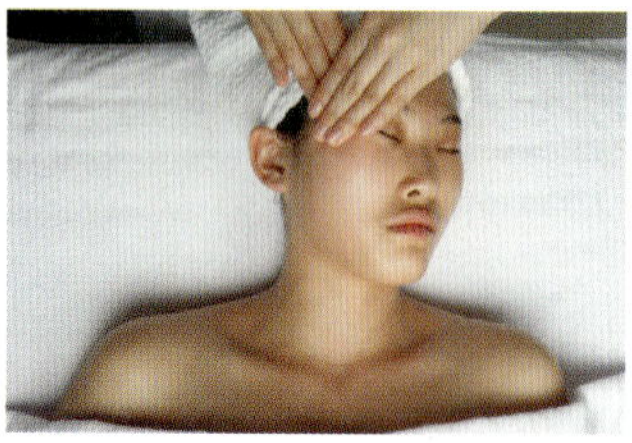
그림 6

㉗ 이마 쓸기

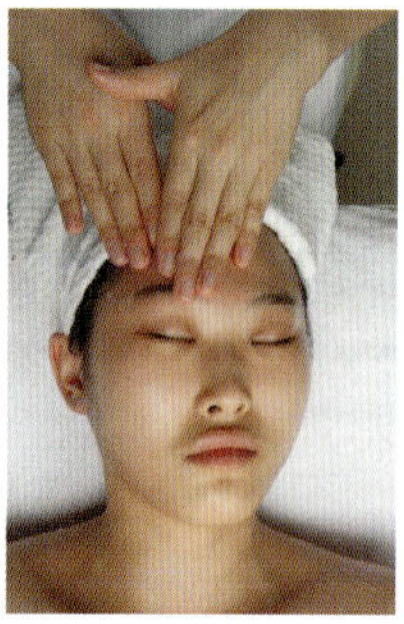
그림 1

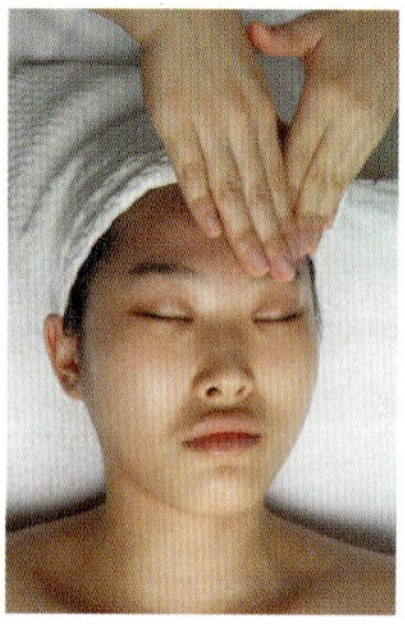
그림 2

㉘ 16~28번 반대쪽도 같은 방법으로 시행

㉙ 입둘레근(구륜근) 올리기

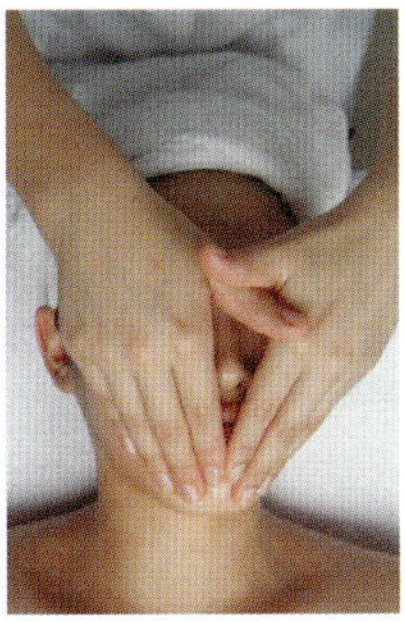
그림 1

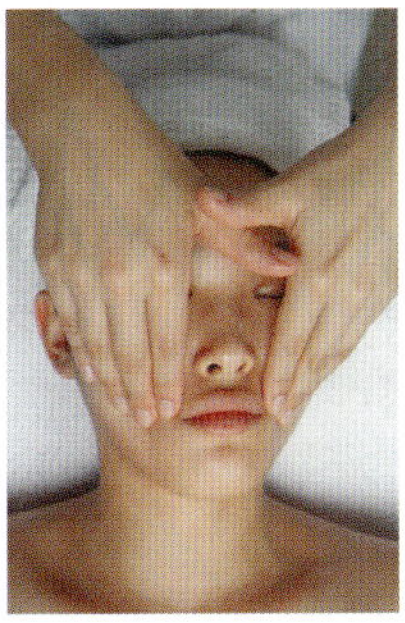
그림 2

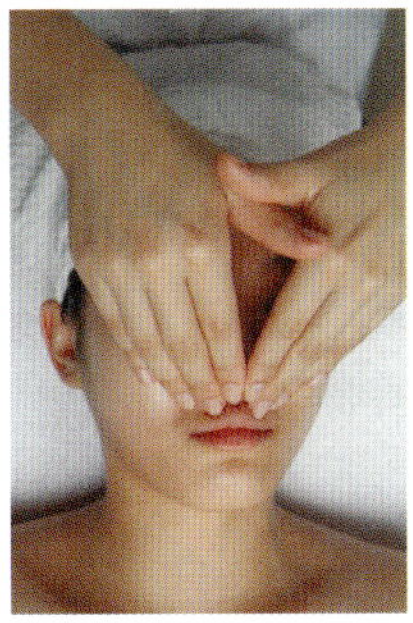
그림 3

㉚ 턱끝근(이근) 내리기

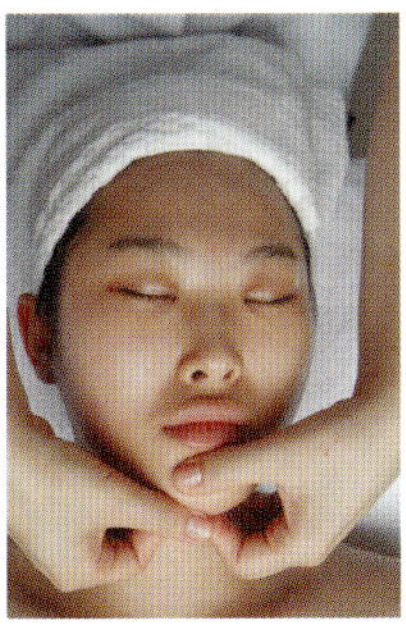
그림 1

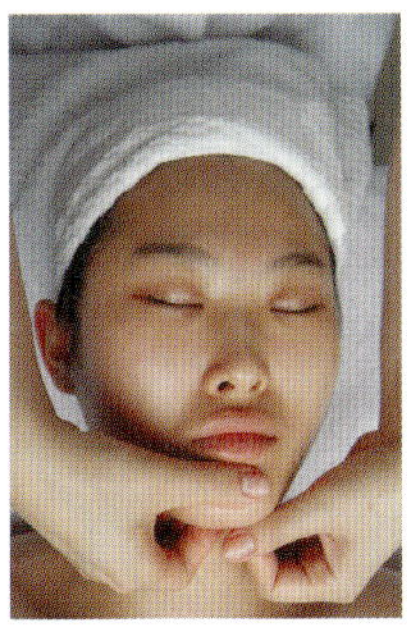
그림 2

㉛ 이중턱 잡기

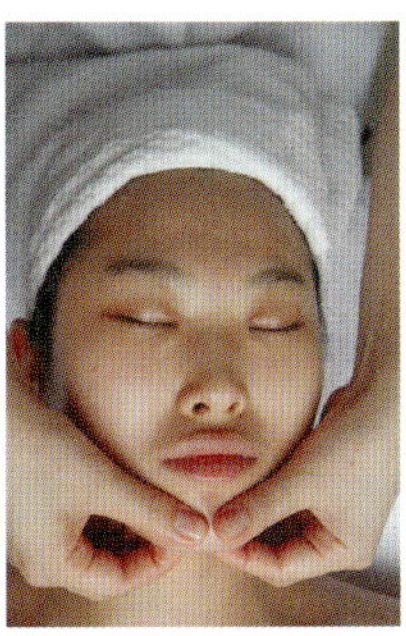
그림 1

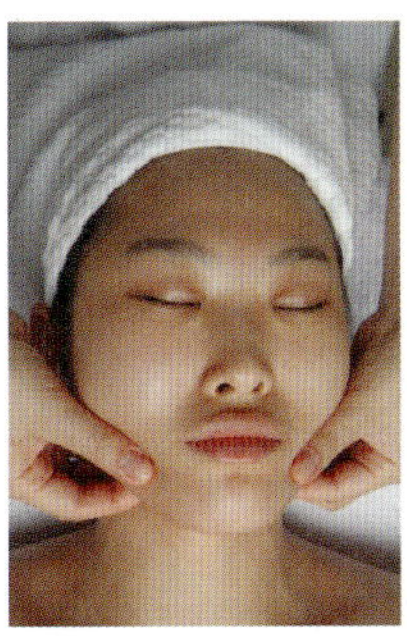
그림 2

㉜ 반주먹 굴리며 아래턱(하악) 풀기

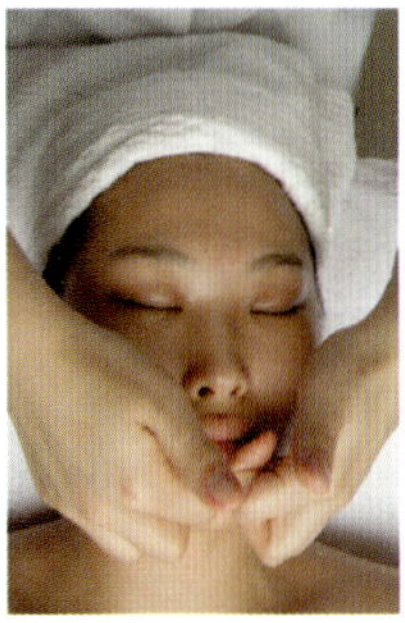
그림 1

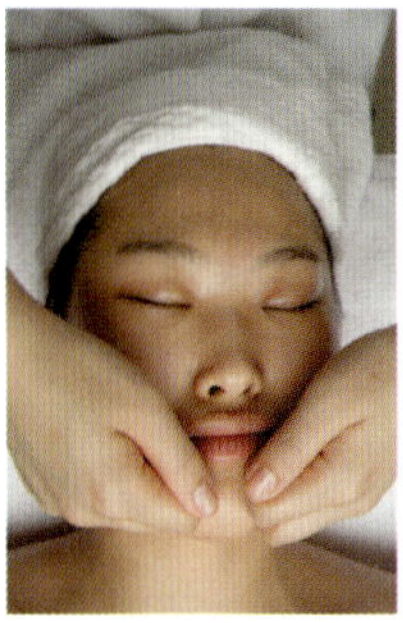
그림 2

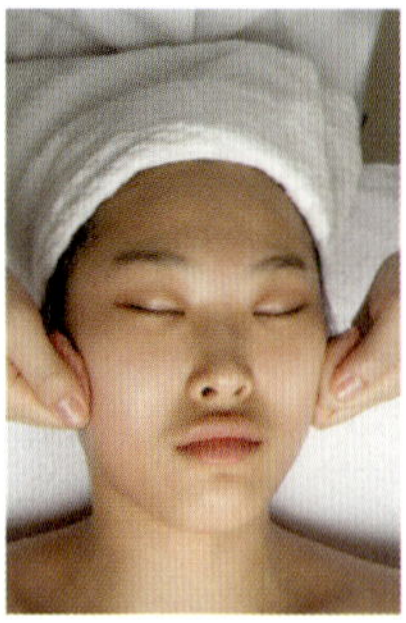
그림 3

㉝ 어깨 쓸어주기

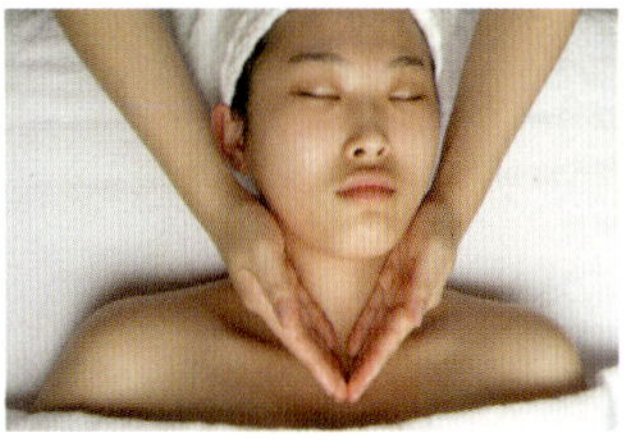
그림 1

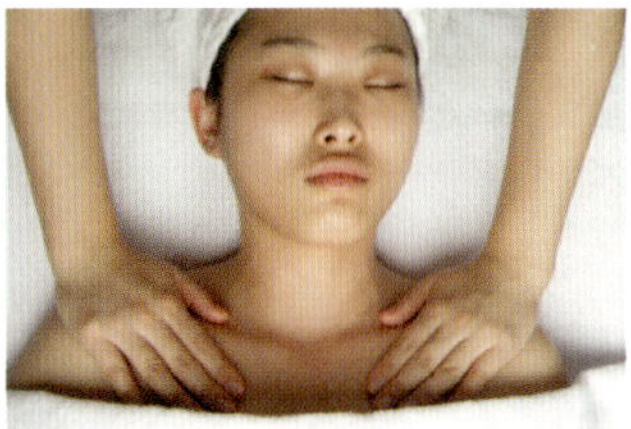
그림 2

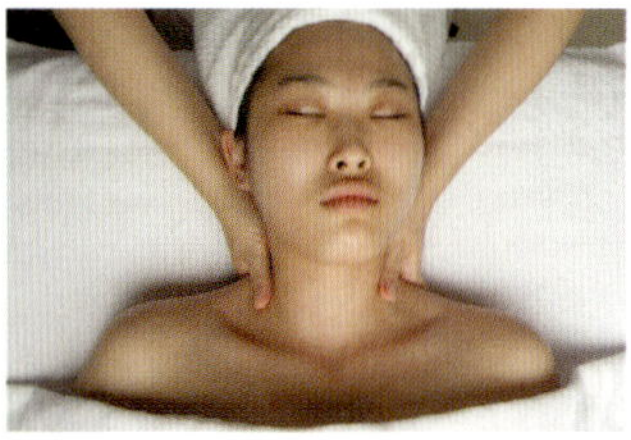
그림 3

㉞ 귀 지압 마사지

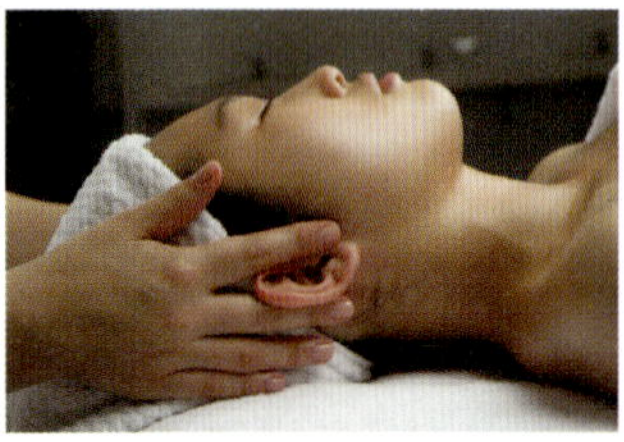
그림 1

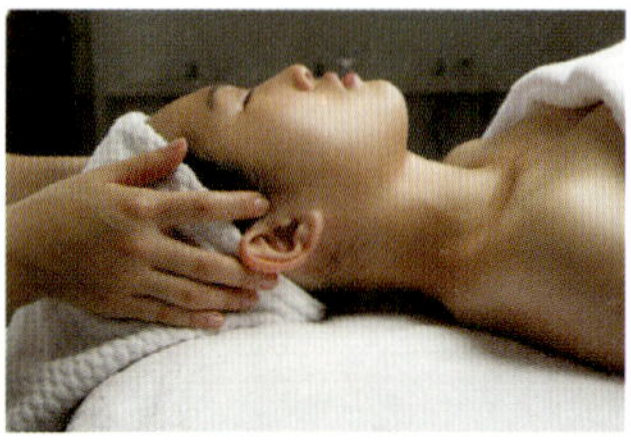
그림 2

그림 3

㉟ 배농동작(합장)

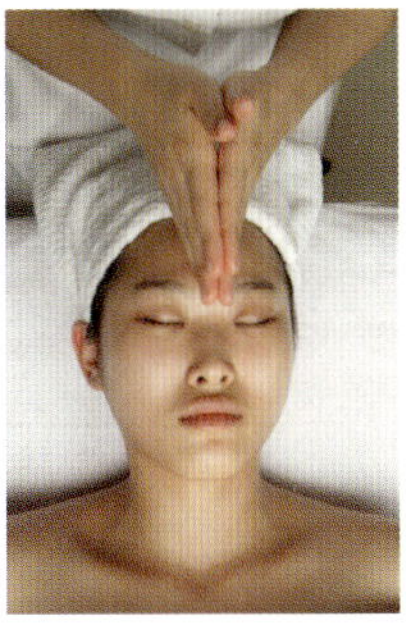

그림 1

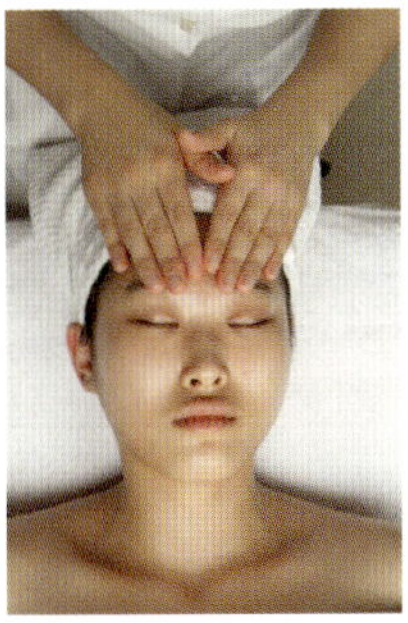

그림 2

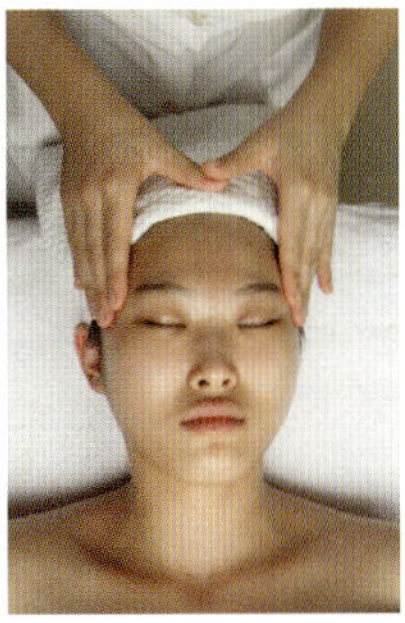

그림 3

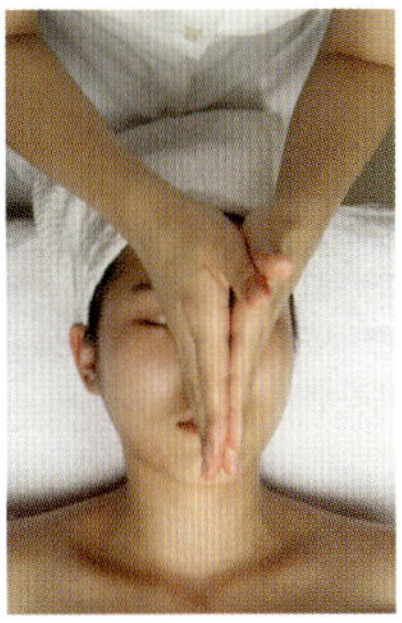

그림 4

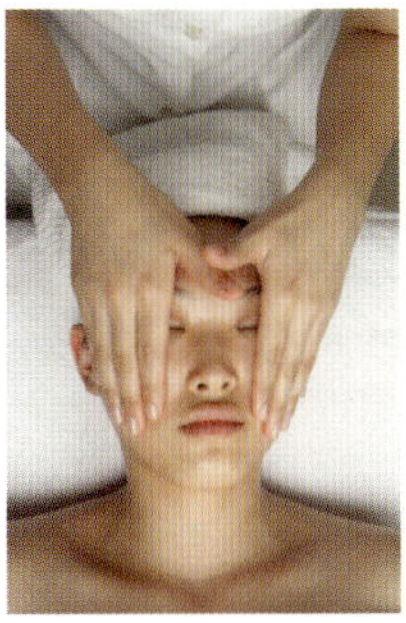

그림 5

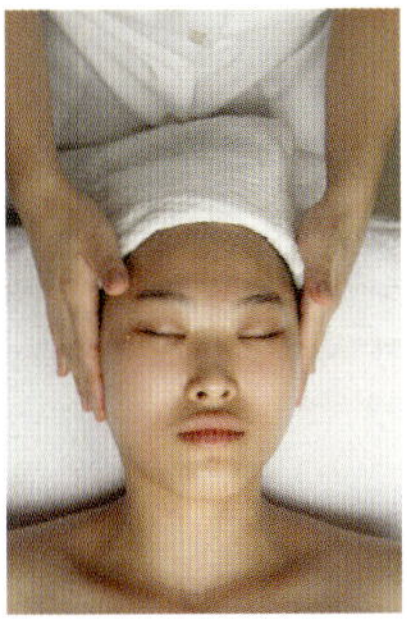

그림 6

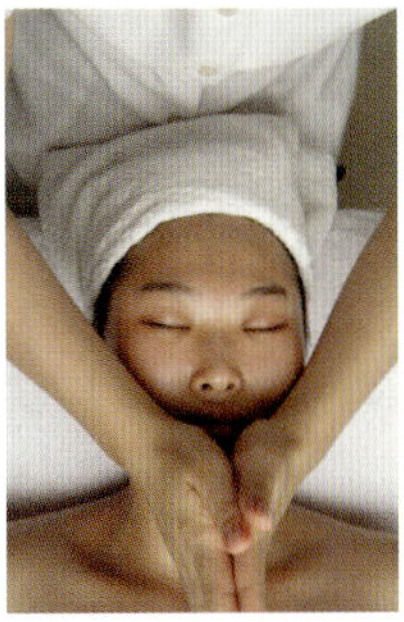

그림 7

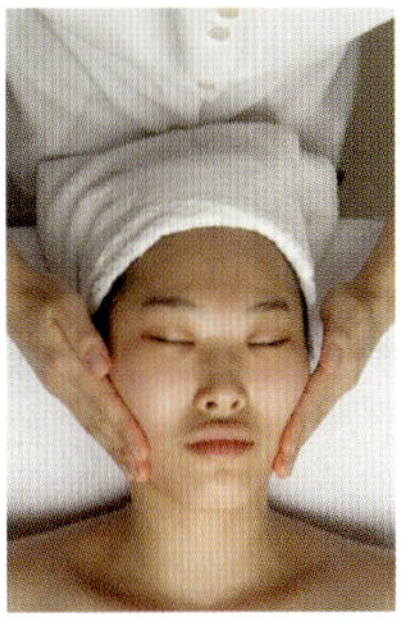

그림 8

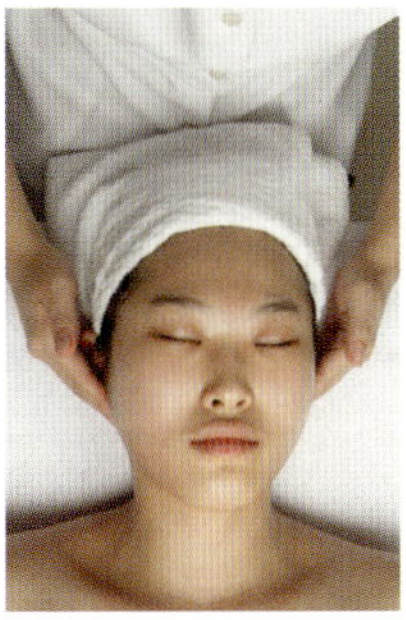

그림 9

2. 특수팩

1) 석고 마스크

- 석고 마스크는 분말형태의 마스크로 화장수, 증류수와 믹스하여 사용하며 피부를 외부와 차단시켜 영양과 활성화 물질의 피부침투를 높이고 윤곽수정과 탄력증진 효과를 높인다.
- 혈액순환을 촉진시켜 피부의 생기와 탄력성을 부여한다.
- 도포 후 시간이 지나면서 석고가 차츰 응고 되며 약 10분간 열(38~2℃)이 지속된 후 약 10분간은 서서히 온도가 내려가며 열이 식는다.
- 화농성 피부, 모세혈관 확장증, 예민성 피부에는 열로 인한 자극을 받을 수 있으므로 사용을 금지하는 것이 좋다.

(1) 석고팩 사용방법

① 안면관리의 세안 및 영양과정을 마친 상태의 피부에 피부타입에 맞는 앰플이나 세럼을 도포한다.

② 아이패드 후 거즈를 덮는다.

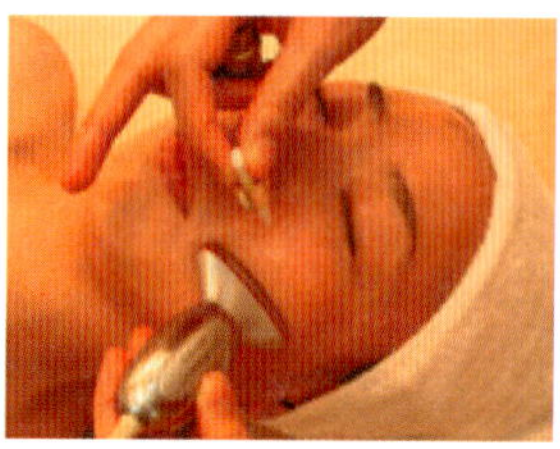

그림 1

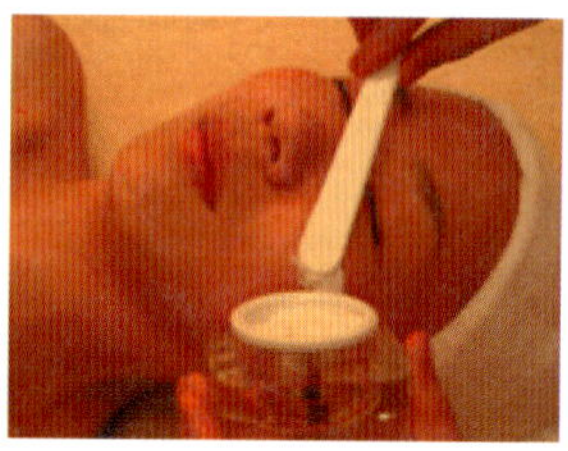

그림 2

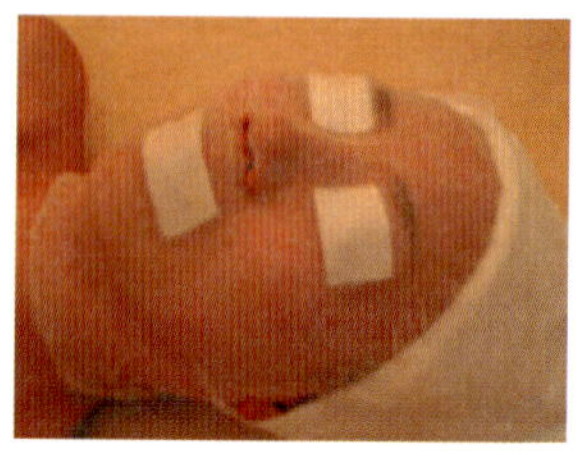

그림 3

③ 석고팩을 올린다.

④ 시간경과 후 발생하였던 열이 완전히 식으면 턱과 양 볼의 석고마스크를 가볍게 움직인 후 아래에서 위로 제거한다.

그림 1

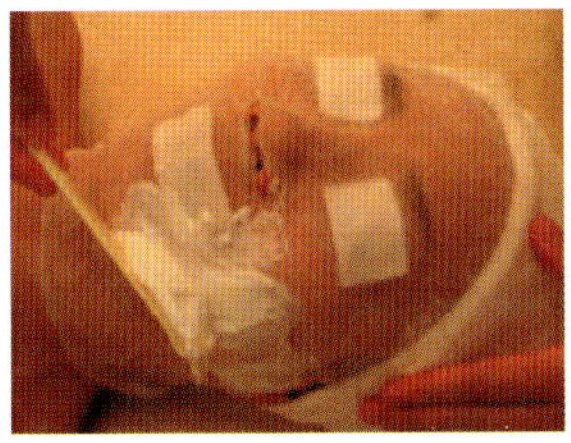

그림 2

2) 고무 마스크

- 천연고무에 해초 추출물, 페퍼민트, 차콜, 진주가루와 같은 천연 미용재료 성분들을 함유하고 있는 마스크 팩으로 첨가되어 사용된 팩재에 따라 미백 및 보습, 진정, 소염, 재생효과 등이 뛰어나서 피부관리 시 널리 사용되는 팩이다.
- 모델링마스크라고도하며 알긴산, 미네랄, 비타민C, 콜라겐 등의 영양을 공급한다.
- 마스크가 굳어져 공기를 차단시키므로 마스크에 함유된 다양한 활성성분이 피부 깊숙이 흡수되며 수분공급과 함께 모델링 효과도 준다.
- 일반적으로 얼굴용 마스크는 마스크의 온도가 체온보다 낮아 진정효과를 주어 모든 피부에 사용가능하다.

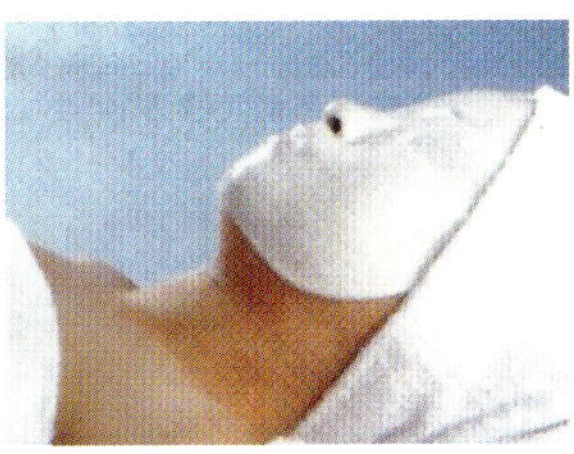

그림 1

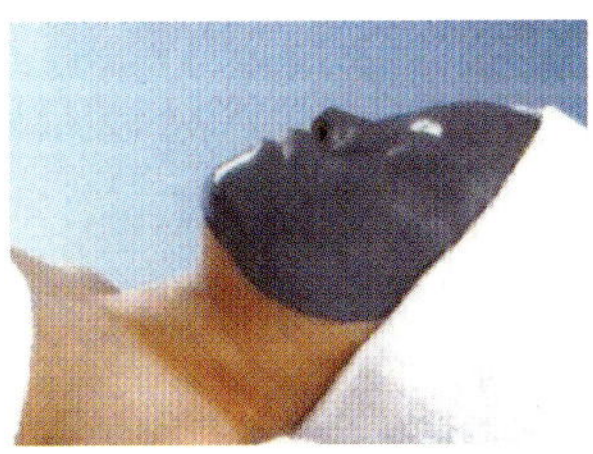

그림 2

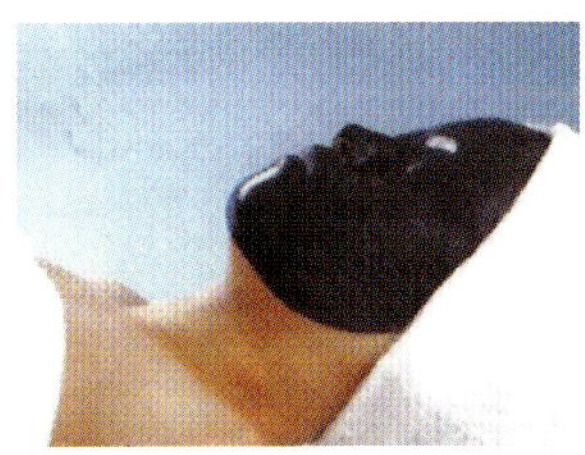

그림 3

3) 파라핀 마스크

- 파라핀 왁스를 주원료로 하는 마스크로서 실온에서는 고형이므로 사용직전에 녹여서 사용한다.
- 녹인 마스크를 피부에 바르면 마스크가 가지고 있는 온도에 의해 모공이 열리게 되어 불순물 배출 및 사용 제품의 피부 침투력을 도와주는 팩이다.
- 파라핀 마스크의 효과는 열을 통해 사용한 앰플 및 화장수들의 유효성분을 피부 깊숙이 침투시키고, 피부의 피지 및 분비물의 배출을 돕는다. 혈액순환을 촉진시켜 피부에 생기와 탄력성을 부여한다. 피부의 탄력성과 보습력을 증대시킨다.
- 파라핀 마스크 사용방법은 파라핀을 녹인 후, 피부타입에 맞는 앰플이나 세럼을 도포한다. 아이패드와 거즈를 덮고, 녹인 파라핀을 피부에 3~5회 이상 반복 도포한 후, 완전응고 후 제거한다.
- 파라핀 마스크팩 사용 시 유의사항은 중성과 건성피부에 적합하며 민감하거나 모세혈관 확장성 피부에는 사용을 자제하는 것이 좋다.

4) 팩의 사용방법

- 팩은 피부유형에 따라 적합한 종류를 선택하여 사용하며 복합성 피부인 경우 피부 부위별 특성에 따라 두 종류 이상을 선택하여 사용한다.
- 피부유형에 알맞은 팩을 선택하여 팩재를 팩볼(유리볼, 고무볼)에 덜어 사용한다,
- 예민한 피부는 사전에 사용할 제품에 대한 패치 테스트를 실시한다.
- 팩 붓을 이용하여 일정한 두께로 바르고 체온이 낮은(볼 – 턱 – 코 – 이마 – 목)의 순서로 아래에서 위쪽으로 얼굴근육 방향을 고려하여 고르게 바른다.
- 눈은 아이패드를 덮어 안정감을 주고 팩 재료로부터 보호한다.
- 팩 재료는 적당량을 사용한다.

5) 팩 사용 시 주의사항

- 적용시간은 약 15~20분 정도로 둔다.
- 팩의 효능과 느낌을 긍정적으로 고객에게 전달한다.
- 천연팩은 사용 직전에 바로 만들어 사용한다.

- 팩 제거 시 눈, 코, 입에 들어가지 않도록 한다.
- 건조되는 팩은 입술, 눈 가까이에 도포하지 않는다,
- 굳어지는 마스크의 경우에는 얼굴을 심하게 움직이지 않도록 목뒤를 받쳐 놓는다.
- 헤어밴드로 머리카락을 잘 감싸서 팩 재료가 묻지 않도록 하며 너무 많거나 적은 양은 사용하지 않도록 한다.
- 팩 제거 시에는 잔여물이 남지 않도록 깨끗이 제거한다.

제10주차

Salon Treatment
(복부관리)

학습목표

※ 본 강의를 통해서 전신관리에 대하여 이해하며 복부에 있는 장기의 위치와 기능을 익히고 복부의 주요 혈점을 숙지하며 부드럽고 유연하게 복부관리 테크닉을 소화하여 관리를 실시한다.

1. 전신관리

1) 전신관리 전 준비단계

- 전신관리실은 긴장감을 이완시키고 안정감을 주는 분위기를 조성한다.
- 고객이 심리적 안정감을 가질 수 있는 음악과 아로마향을 이용한다.
- 관리 전 고객에게 관리 과정에 대하여 충분히 설명한다.
- 가벼운 샤워나 온 타월을 사용하여 고객의 몸을 이완시켜준다.
- 관리하지 않는 부위는 마른 타월로 덮어 체온을 유지한다.
- 손톱은 짧게 하고 장신구 착용은 하지 않는다.
- 손은 항상 부드럽고 따뜻하게 한다.
- 마사지 후 배농을 돕기 위해 따뜻한 물을 마시게 한다.

2) 전신관리 시 유의사항 및 피해야 할 경우

- 올바른 자세를 취하고 관리사의 체중을 적절히 이용한다.
- 관리 시 고객의 심신이 안정되도록 대화를 조절한다.
- 마사지를 너무 오래하거나 강한 압을 주어서는 안 된다.
- 피부나 근육, 골격에 질병이 있는 경우는 피한다.
- 피부에 상처나 염증이 있는 경우는 피한다.
- 너무 피곤하거나 생리 중일 경우는 피한다.
- 골절상으로 인한 통증이 나타날 경우는 피한다.
- 식사 후 1시간은 피한다.

3) 전신관리 효과

- 혈액순환 효과
- 흥분작용 효과
- 진정작용 효과
- 반사작용 효과
- 전신조절작용 효과

- 내장기능 회복효과
- 근육이완 작용
- 전신피로의 완화

4) 전신관리 방법과 순서

(1) 방법

① 전신관리 시 충분한 상담을 통하여 고객의 상황과 몸 상태를 파악한다.
② 챠트작성 시 고객이 복용 중인 약, 병력에 관하여 질문한다.
③ 마사지 시 5가지 기본동작을 적절히 이용하여 손의 밀착감, 리듬감, 유연성, 압의 강약 등에 유의한다.
④ 전신관리는 심장에서 먼 곳부터 시작한다.

(2) 순서

① 뒷면 : 다리뒷면(오른쪽 → 왼쪽) → 엉덩이(둔부) → 등
② 앞면 : 다리앞면(오른쪽 → 왼쪽) → 배(복부) → 가슴 → 팔(오른쪽 → 왼쪽)

2. 복부관리

1) 복부관리의 필요성

복부는 우리의 장기를 감싸고 있는 중요한 부분이다. 각 장기의 기능이 원활하고 편안해야 우리 신체가 건강할 수 있다. 잘못된 식습관이나 생활습관으로 인해 체내에 노폐물이 쌓이고 신진대사가 저하되며 가스가 차거나 내장지방이 생기게 된다.

복부관리는 복부의 근육을 풀어주면서 장기마사지를 실시하여 장의 연동운동을 촉진시켜주고 복부지방을 분해하는 것은 물론 장 기능을 튼튼하게 만들어 체내의 노폐물과 가스의 배출을 도와 복부라인을 만들어 주는 관리이다.

2) 복부의 장기

장기는 우리 몸의 신체 활동에 매우 중요한 역할을 한다. 각장부의 위치와 기능을 알아보도록 하자.

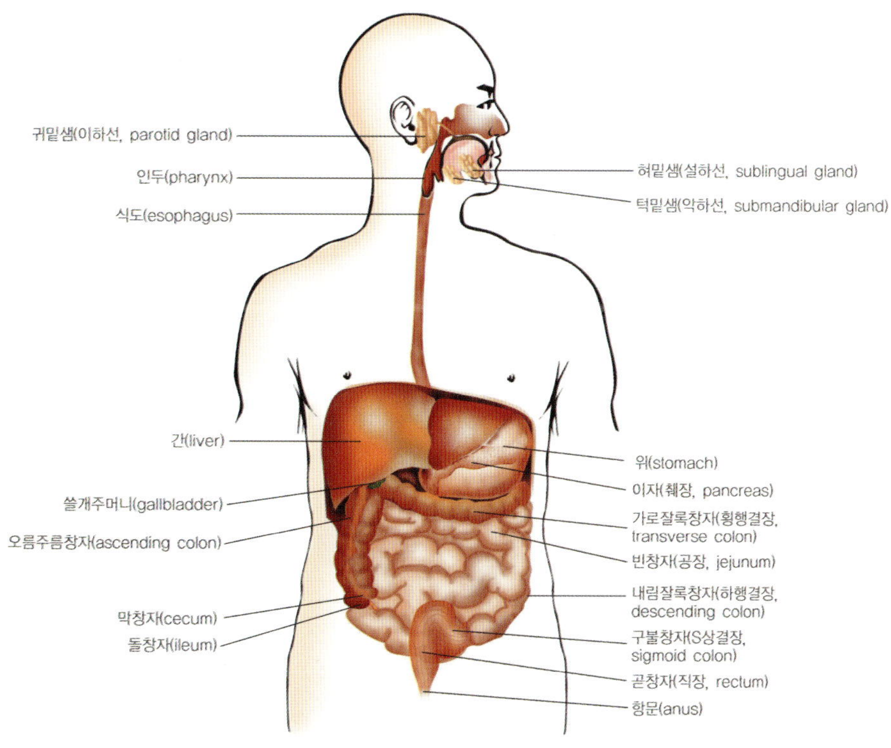

그림 1. 인체 장기의 위치

- **심장** : 2개의 강한 펌프로 구성되어 폐순환과 체순환을 한다. 혈액량 및 혈압을 조절하며 산소와 영양소를 공급한다.
- **허파(폐)** : 산소를 흡입하고 이산화탄소를 배출시킨다. 폐포에서 가스교환이 이루어진다.
- **간** : 체외에서 유입되거나 체내에서 생성된 각종 물질들을 가공처리하고 해독작용과 지방의 소화 흡수를 돕는 담즙을 만들어 배출한다.
- **위** : 섭취한 음식물을 일시적으로 저장하고 위액을 분비하여 소화의 첫 단계를 수행한다.
- **작은창자(소장)** : 소화와 흡수를 담당하며 연동운동, 분절운동, 융모운동을 한다.
- **큰창자(대장)** : 수분흡수, 대변형성 및 배설작용을 하며 오름창자(상행결장), 가로창자(횡행결장), 내림창자(하행결장), 구불창자(S결장)의 4부분으로 나뉜다.

3) 복부의 근육

복부를 형성하는 근육은 복부의 전면과 측면에 걸쳐있는 앞배근육(전복근)과 후면의 뒤배근육(후복근)으로 구분한다. 이들 근육은 복부 속의 장기를 보호하고 가로막(횡격막)과 함께 복압을 높여 배뇨, 배변, 구토 및 비만에 중요한 구실을 한다.

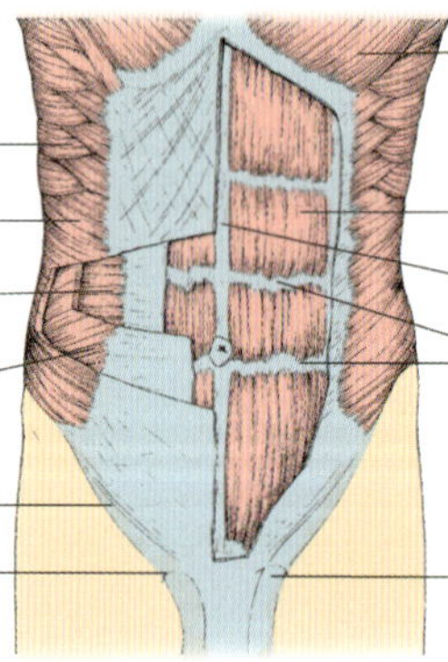

그림 2. 복부 근육

- **배바깥빗근(외복사근)** : 제5~12갈비뼈(늑골)에서 기시하여 샅고랑인대(서혜인대)와 백선에서 정지하며 폭이 넓은 널힘줄(건막)이 되어 배곧은근집(복직근초) 전엽으로 이행하는 가장 바깥쪽의 근육으로 수축 시 복압이 상승하고 척주의 회전과 굽힘에 작용하게 된다.

- **배속빗근(내복사근)** : 배바깥빗근 바로 밑층에 있는 샅고랑인대, 엉덩뼈능선(장골능)에서 기시하여 일부는 내측위쪽을 향하고 일부는 제 10~12갈비뼈에 정지하며 배속장기를 보호하고 복압을 상승시키며 척주의 회전에 관여한다.
- **배곧은근(복직근)** : 복부의 정중앙선을 따라 형성되어 있는 근육으로 두덩뼈(치골)에 기시하여 제5~7갈비연골(늑연골)에 정지하며, 3~4개의 나눔힘줄(건획)에 의하여 복근을 형성하고 있다.
- **배가로근(복횡근)** : 복부의 가장 안쪽에 위치하는 근으로 제 7~12 갈비연골, 엉덩뼈능선, 샅고랑인대에서 기시하여 백선에 정지하고 있다. 배가로근은 배바깥빗근과 배속빗근의 작용을 도우며 갈비사이(늑간)신경의 지배를 받고 있다.

4) 복부 주요 혈점 및 효과

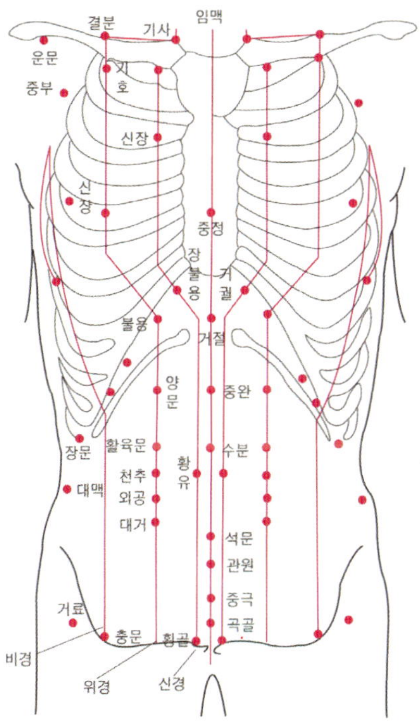

그림 3. 복부 혈점

- **중극** : 하복부 비대, 여드름, 월경부조
- **관원** : 복부 늘어짐, 턱주위 여드름
- **석문** : 기미, 여드름, 부종
- **기해** : 신경쇠약
- **음교** : 얼굴 붉어짐, 부종에 의한 비만, 생리 불순
- **신궐** : 복부비만, 색소침착, 복부팽창
- **수분** : 복부비만, 수종, 부종
- **중완** : 상복부 비만, 허벅지 비대, 볼살 비대
- **거궐** : 상복부 비만 열증에 의한 여드름, 정신병
- **단중** : 기미, 색소침착, 늑간신경통
- **천돌** : 갱년기에 의한 색소침착, 갑상선, 인후염
- **천추** : 복부비만, 변비, 복합성 여드름
- **대횡** : 변비 복부팽창, 하복부 비만
- **대포** : 늑간 비대, 복부팽창
- **유문** : 위경련 복통 안색 창백

3. 복부관리 순서

① 도포하기

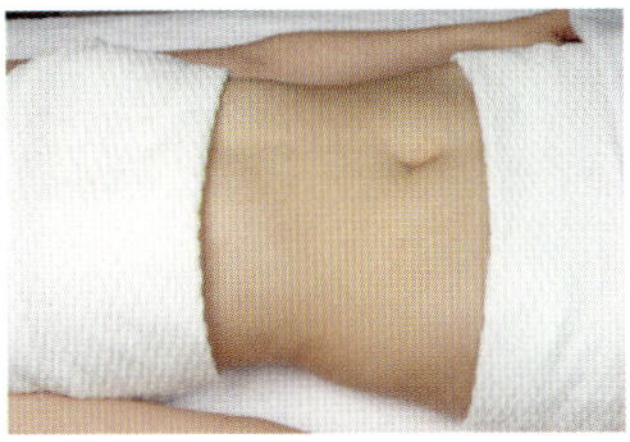
그림 1

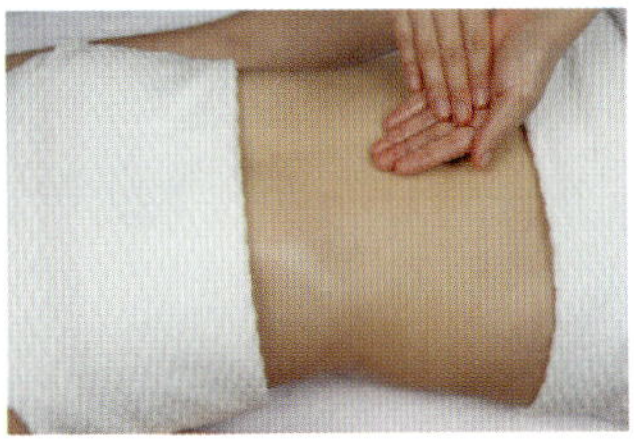
그림 2

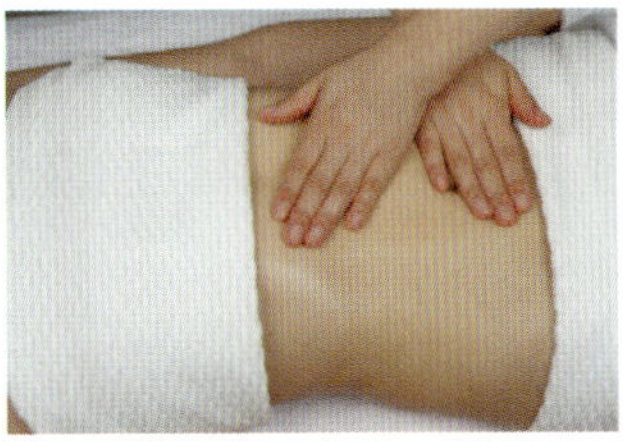
그림 3

② 호흡하기

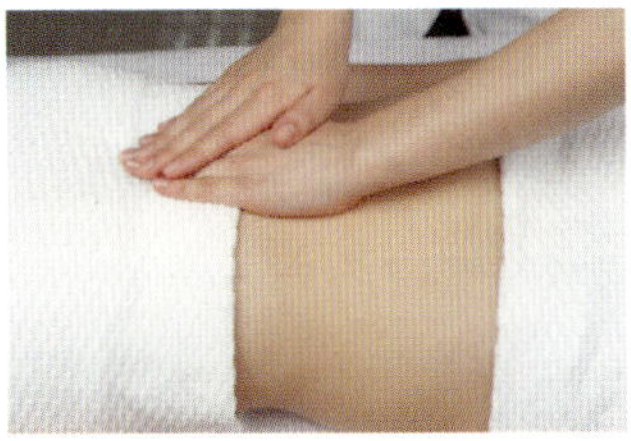
그림 1

③ 복부혈점 압주기(거궐, 상완, 중완, 하완, 수분, 천추 대횡, 음교, 기해, 석문, 관원)

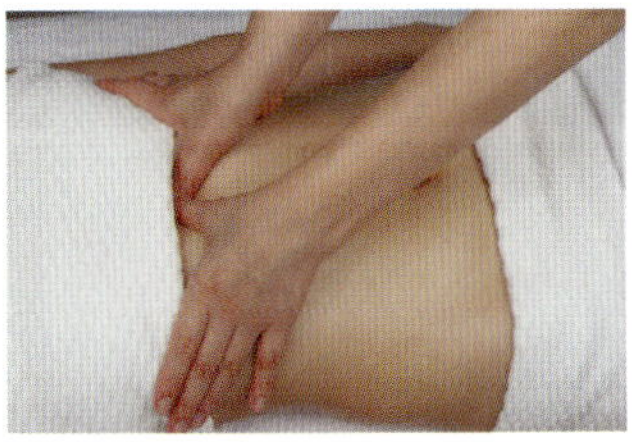
그림 1

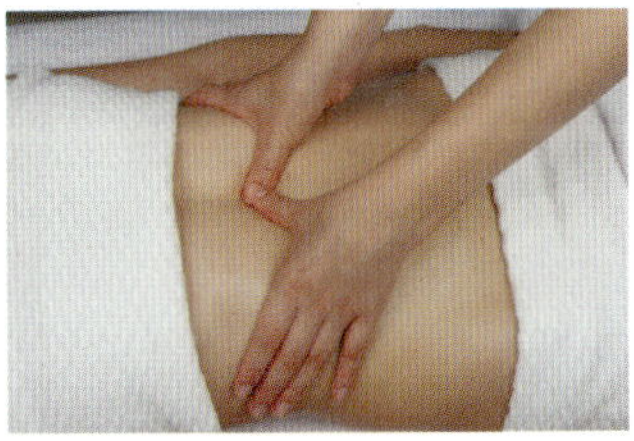
그림 2

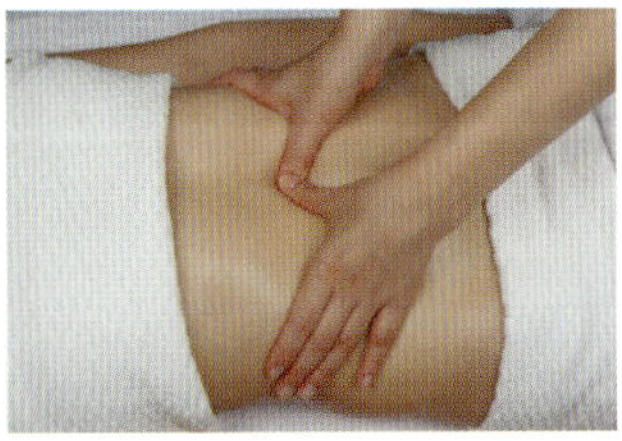
그림 3

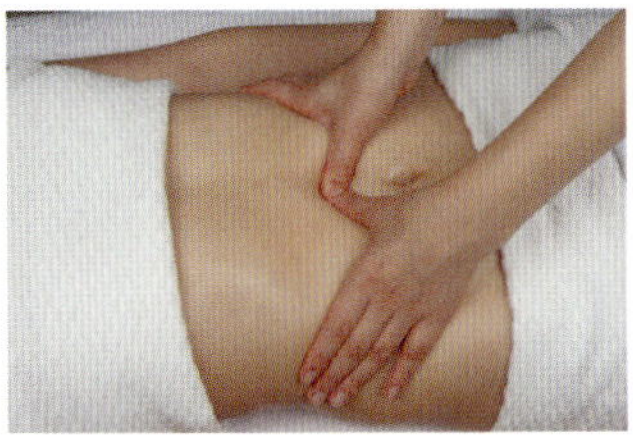
그림 4

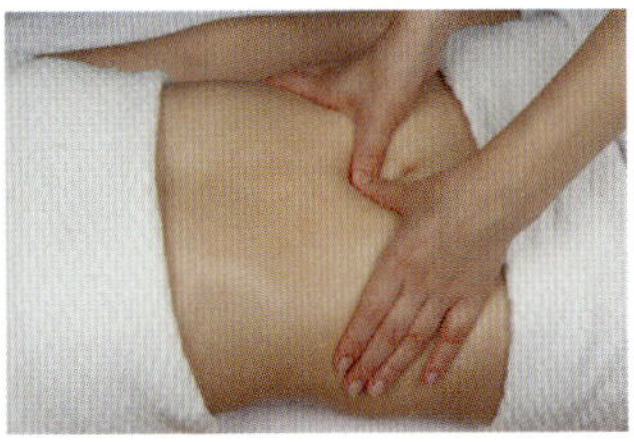
그림 5

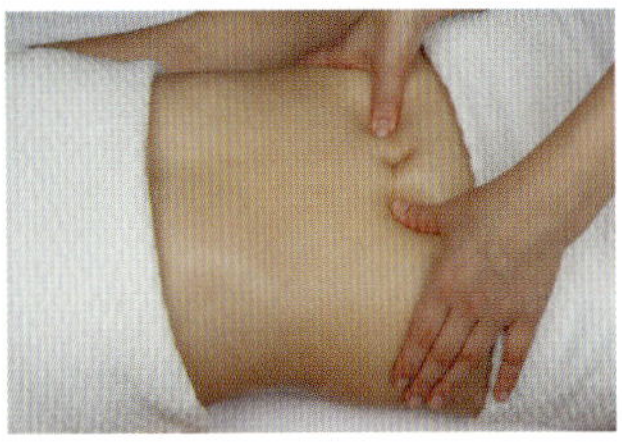
그림 6

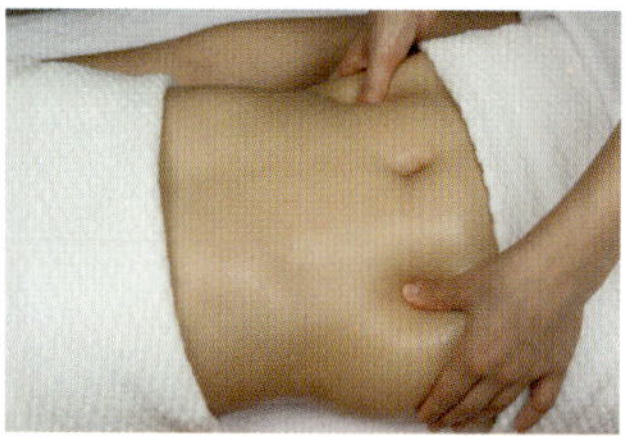
그림 7

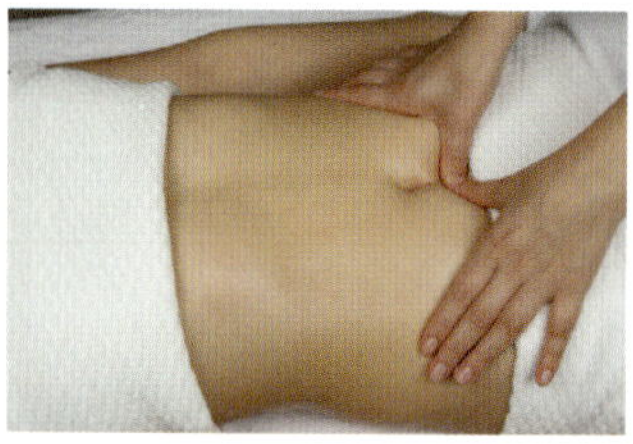
그림 8

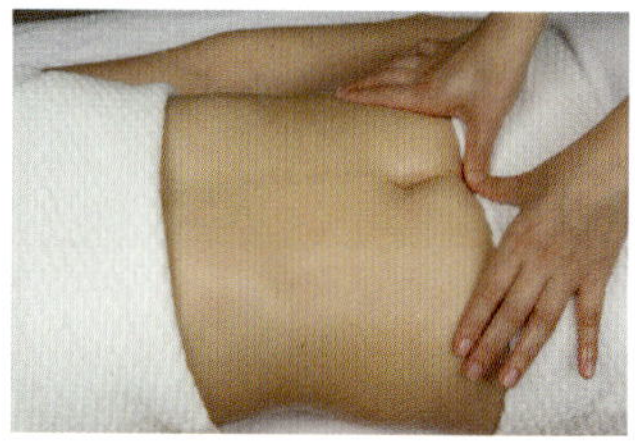
그림 9

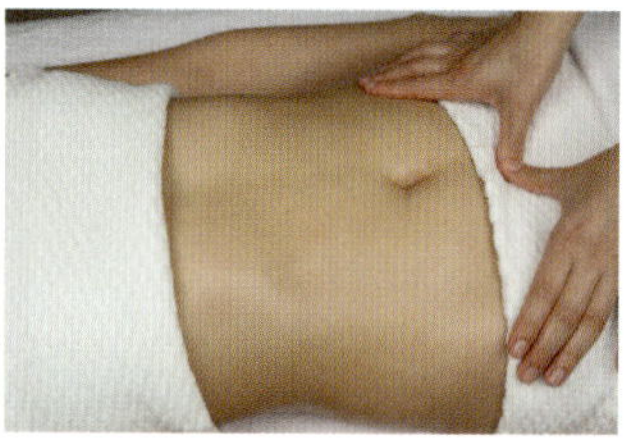
그림 10

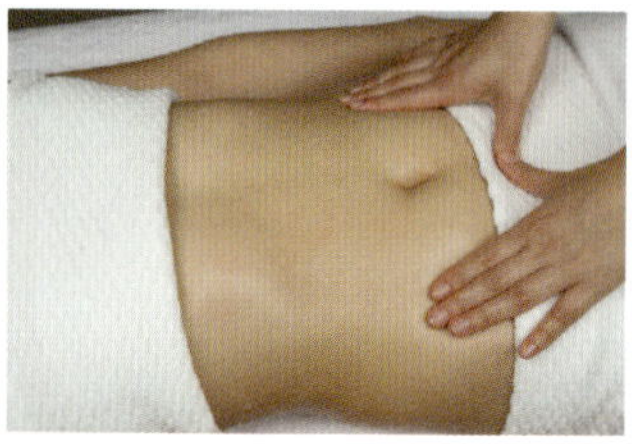
그림 11

④ 복부 시계방향으로 회전하며 풀어주기

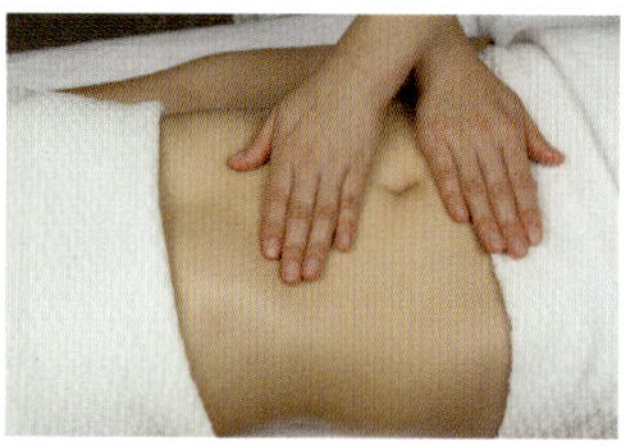
그림 1

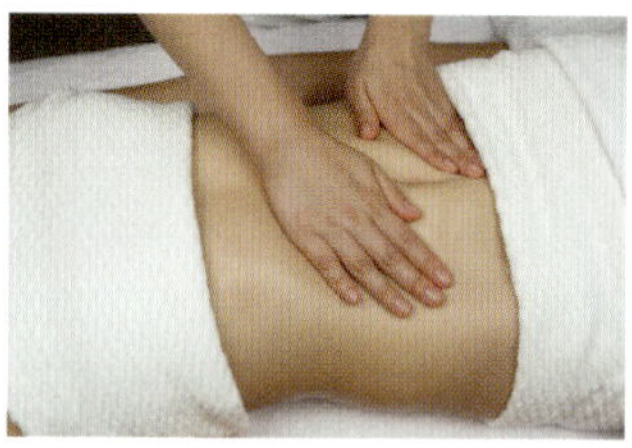
그림 2

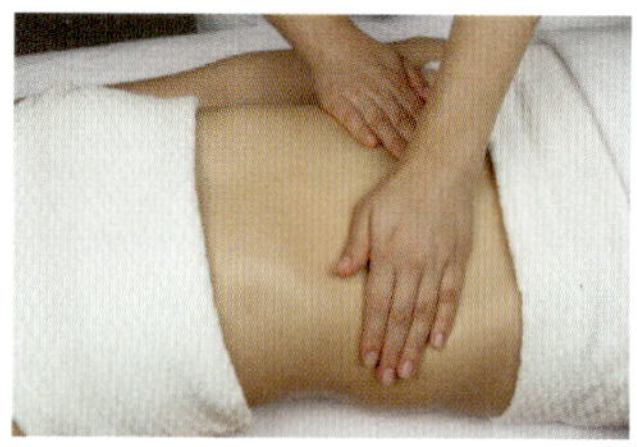
그림 3

⑤ 임맥 열어주기

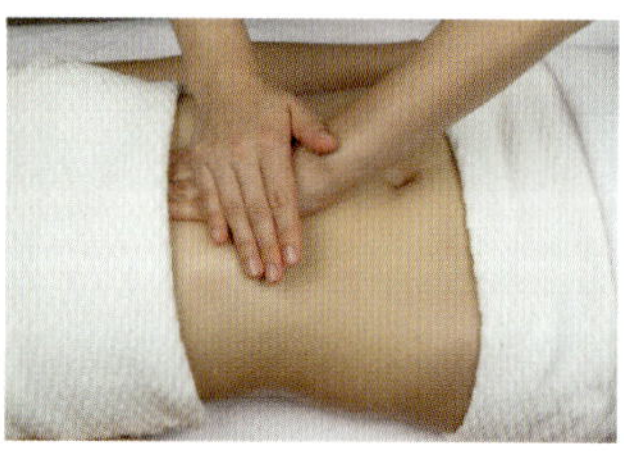
그림 1

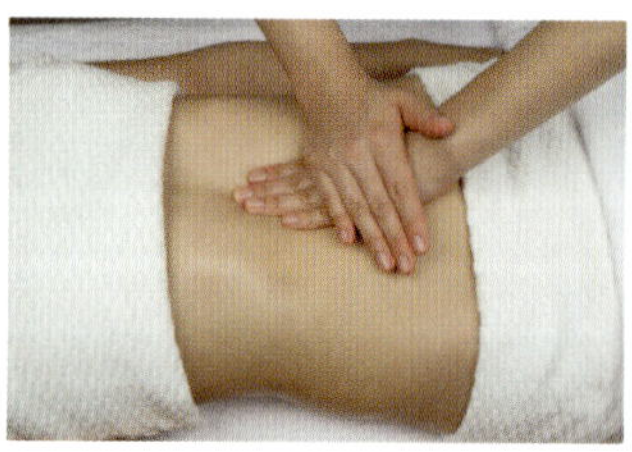
그림 2

⑥ 가로막(횡격막), 갈비뼈(늑골) 풀어주기

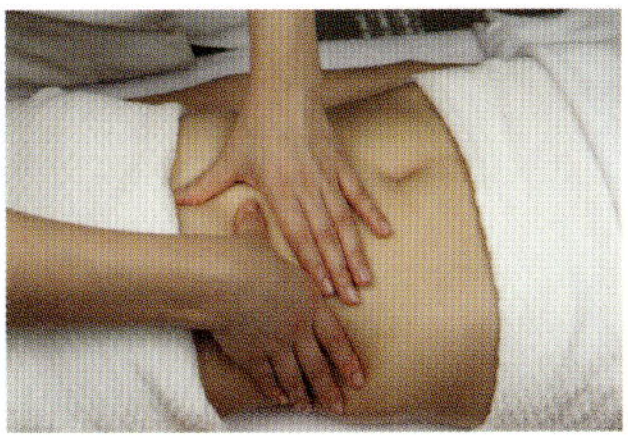
그림 1

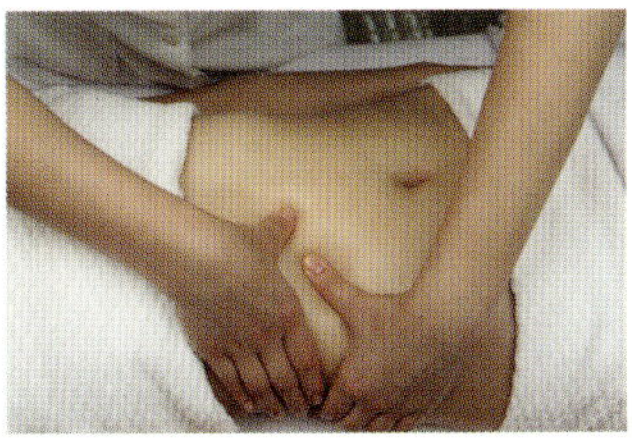
그림 2

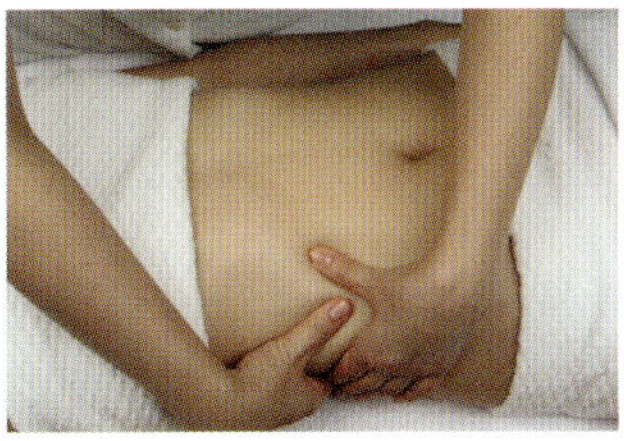
그림 3

⑦ 옆구리 쓸어주기

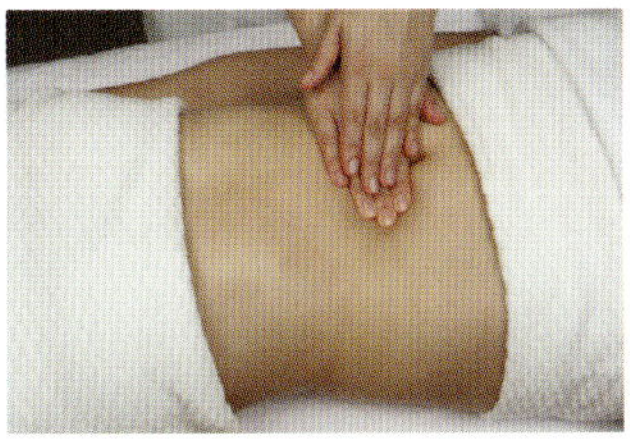
그림 1

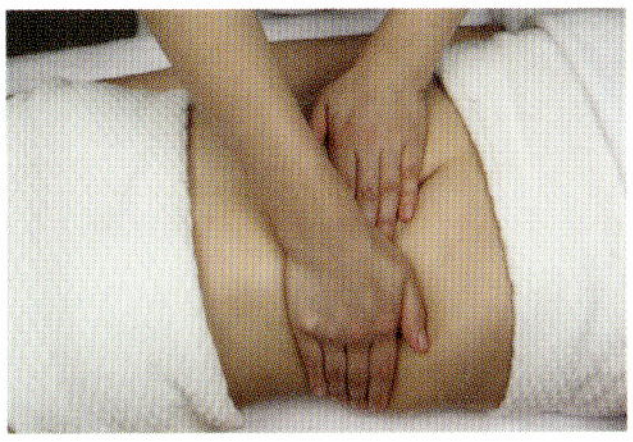
그림 2

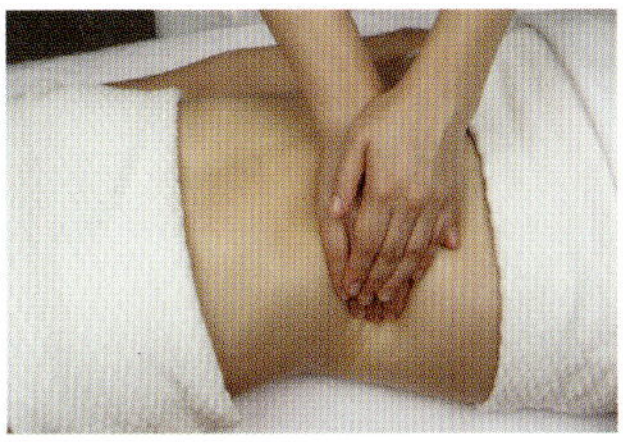
그림 3

⑧ 샅굴부위(서혜부) 방향으로 당겨주기

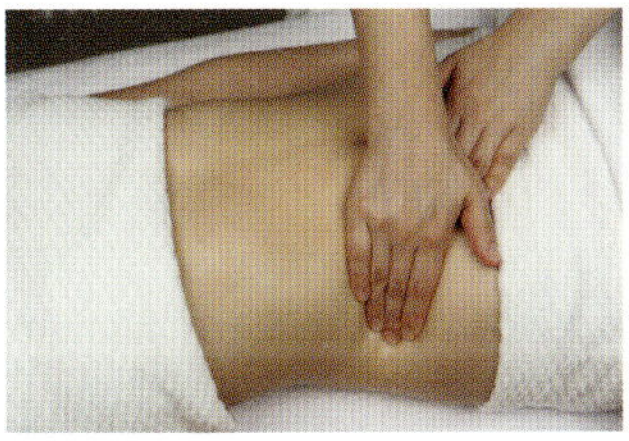
그림 1

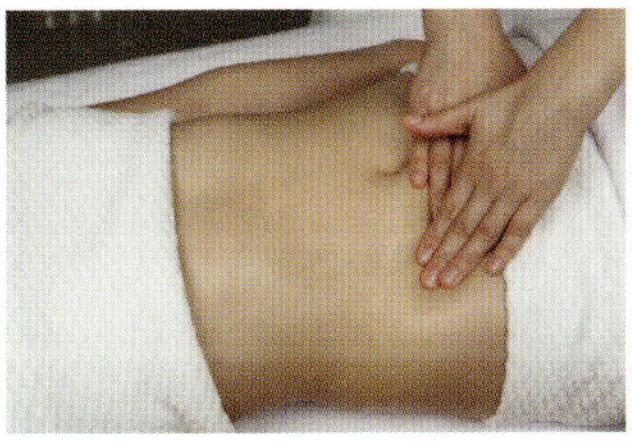
그림 2

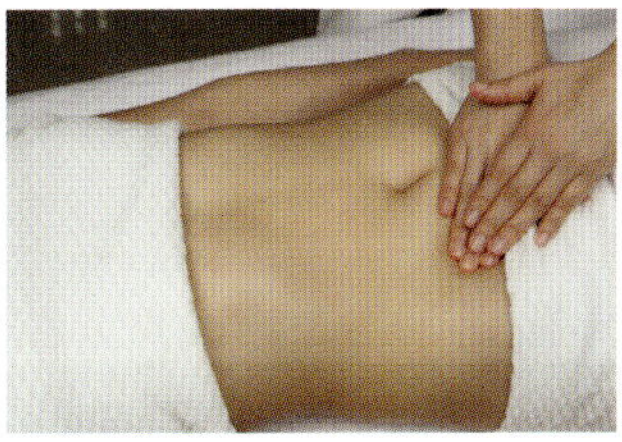
그림 3

⑨ 6~8번 동작을 반대편에서 동일하게 실시한다.

⑩ 옆구리 주무르기

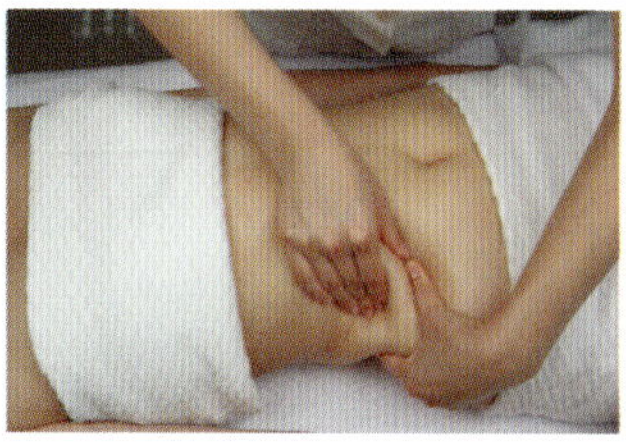

그림 1

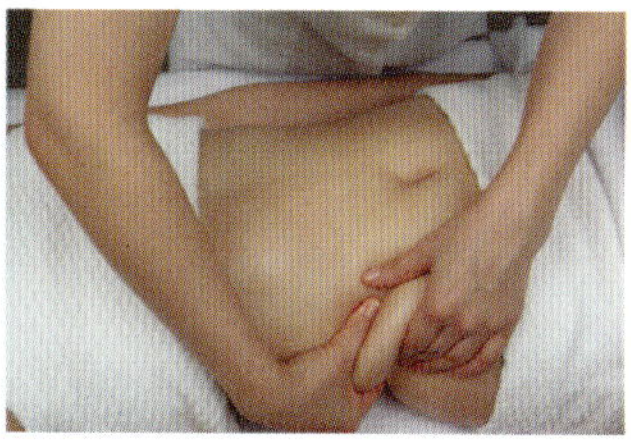

그림 2

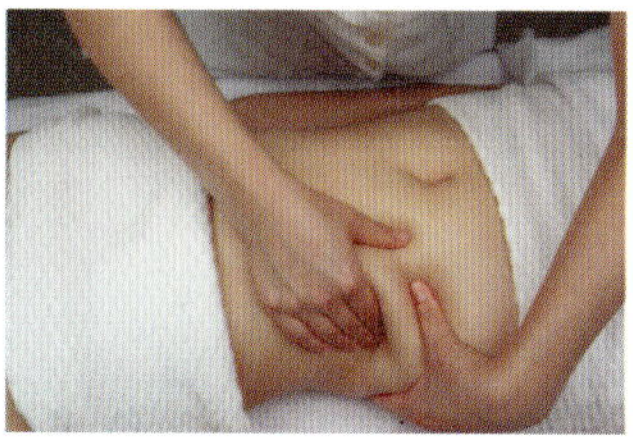

그림 3

⑪ 옆구리 지그재그 비틀기

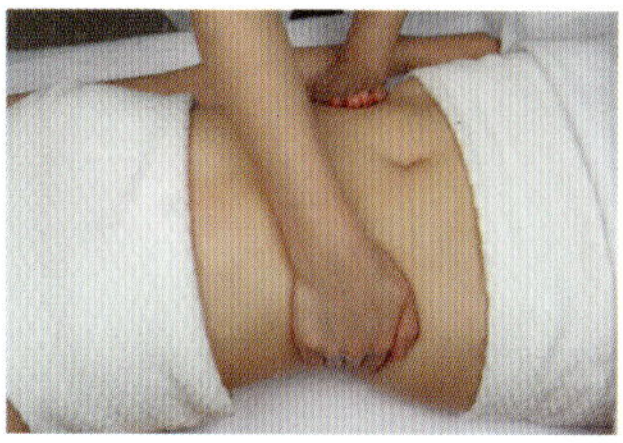

그림 1

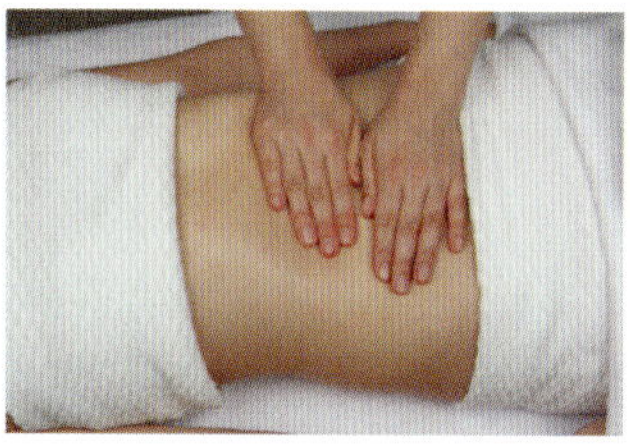

그림 2

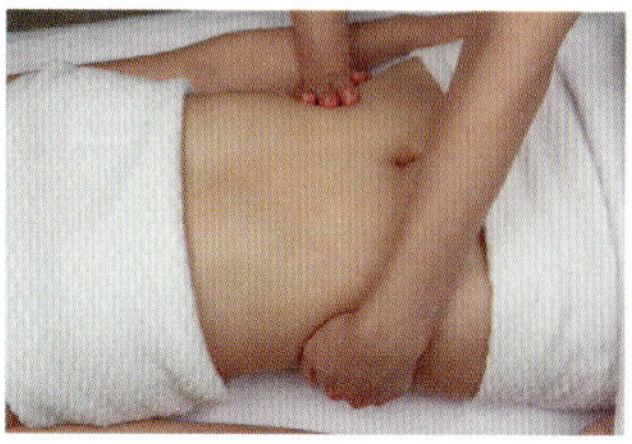

그림 3

⑫ 옆구리 밀고 당기기

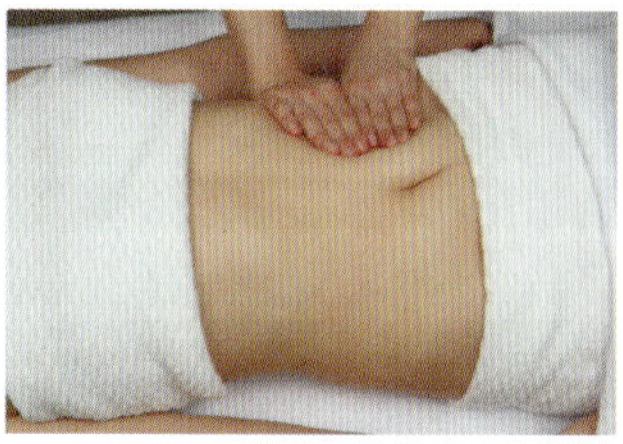

그림 1

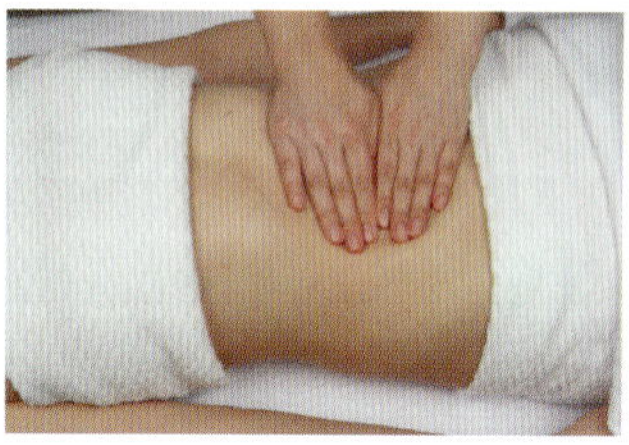

그림 2

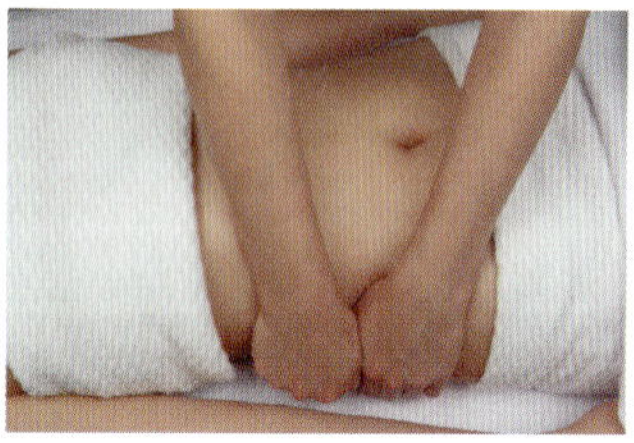

그림 3

⑬ 다이아몬드 동작

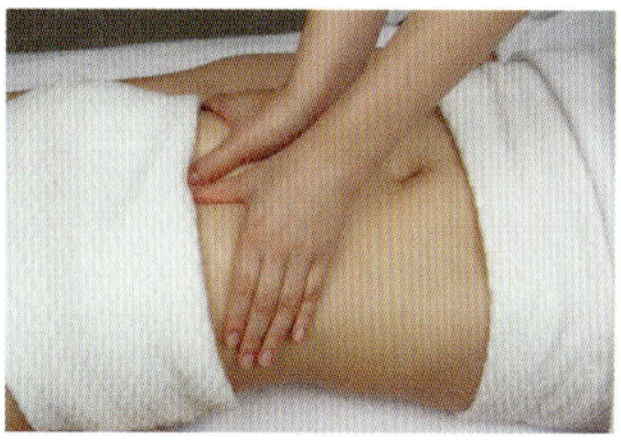

그림 1

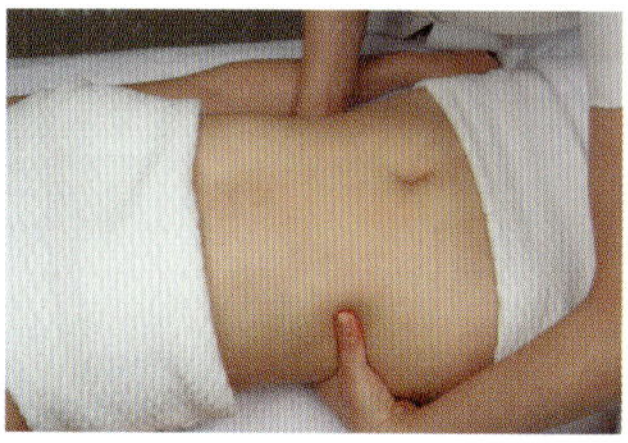

그림 2

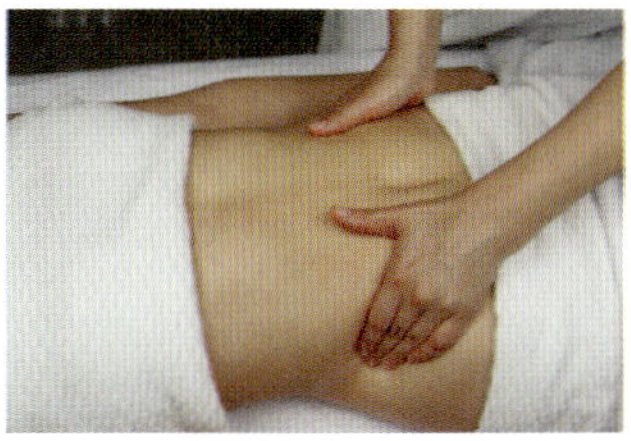

그림 3

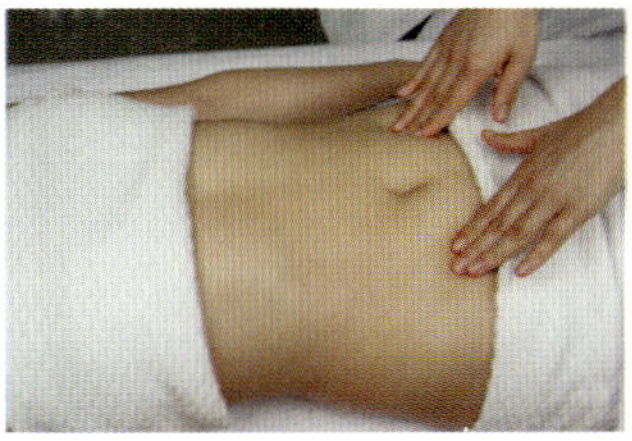

그림 4

⑭ 인맥따라 올라가 다이아몬드 동작

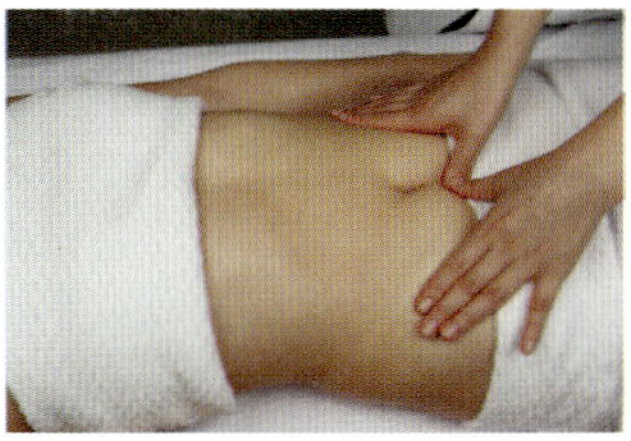

그림 1

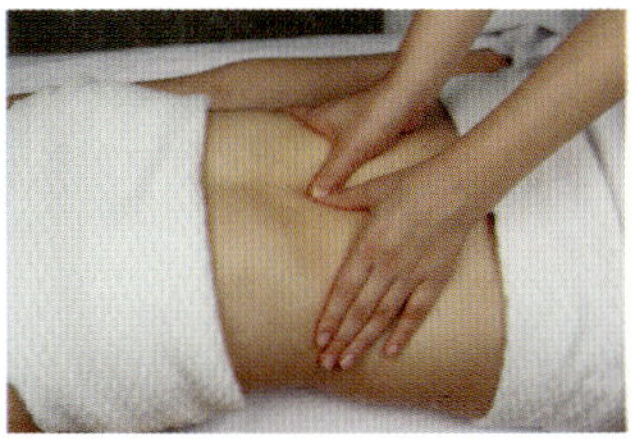

그림 2

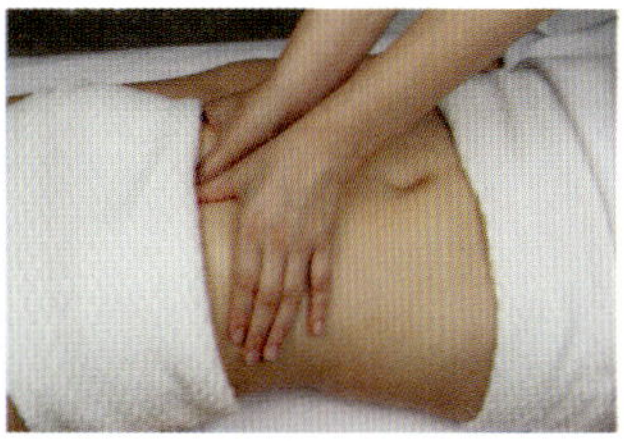

그림 3

⑮ 족소음 신장경 따라 올라가 쓸어주기

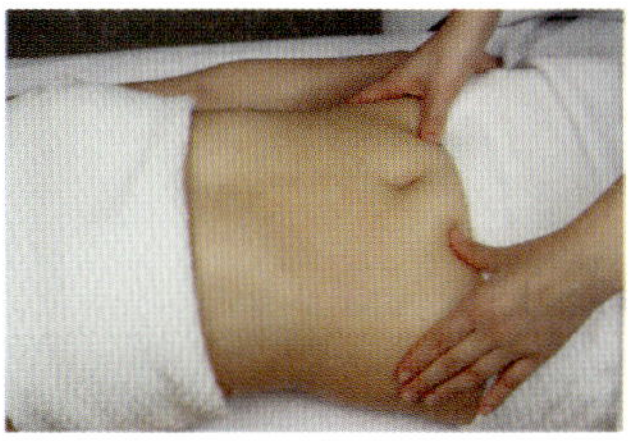

그림 1

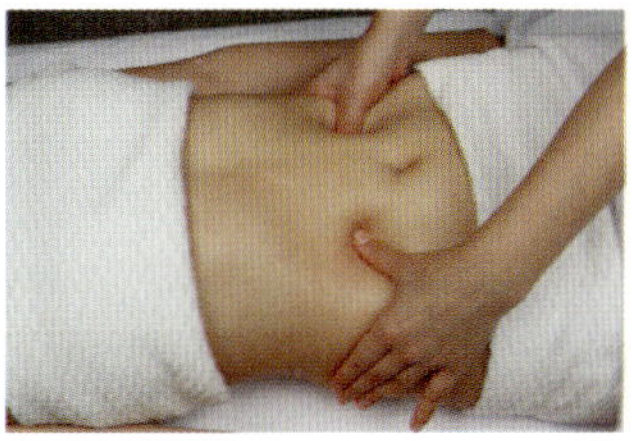

그림 2

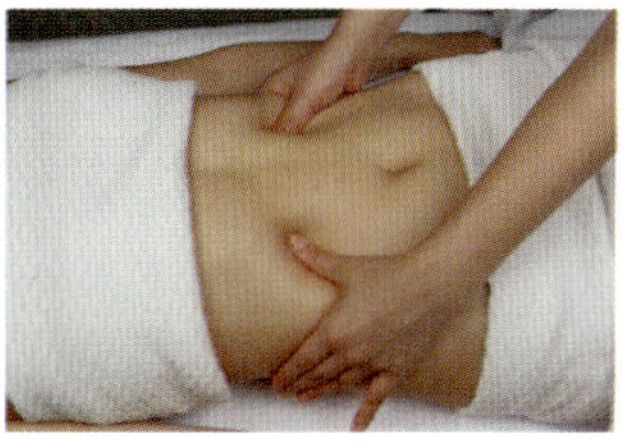

그림 3

⑯ 족양명 위경따라 올라가 쓸어주기

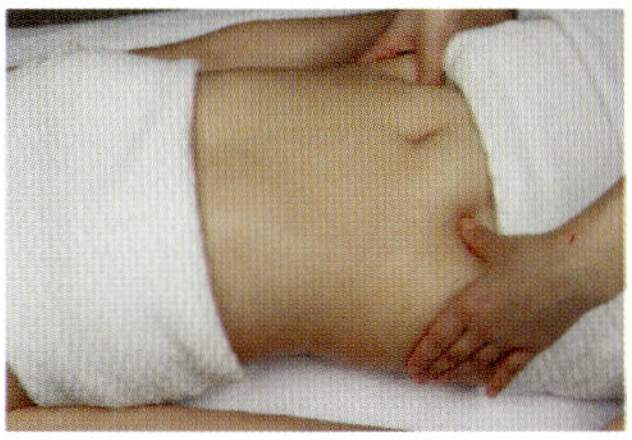

그림 1

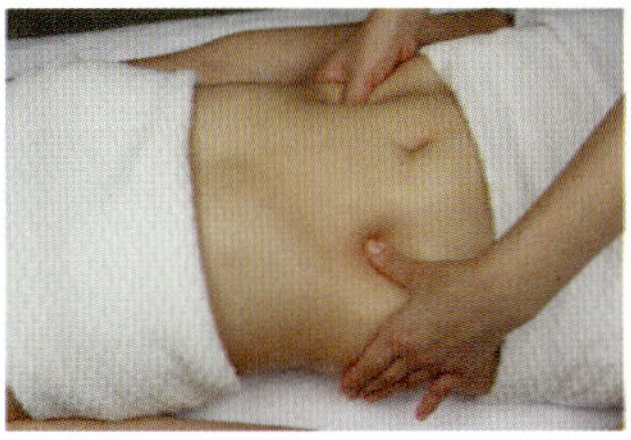

그림 2

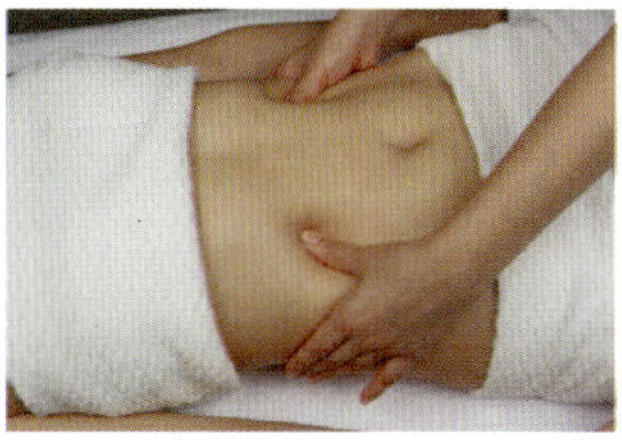

그림 3

⑰ 족태음 비경따라 올라가 쓸어주기

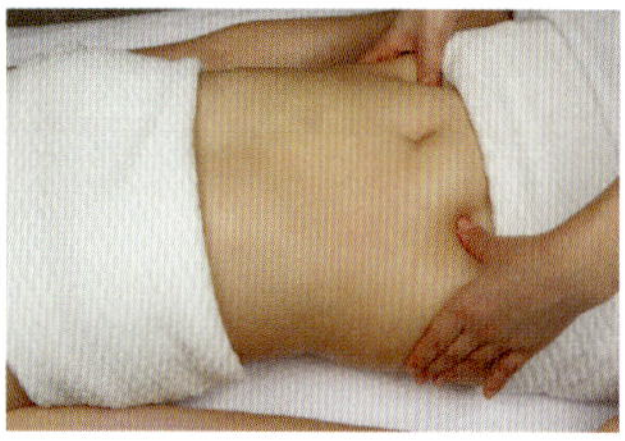

그림 1

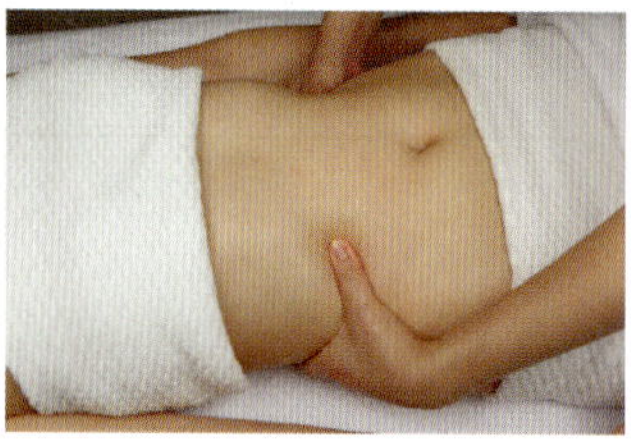

그림 2

⑱ 작은창자 연동운동 마사지

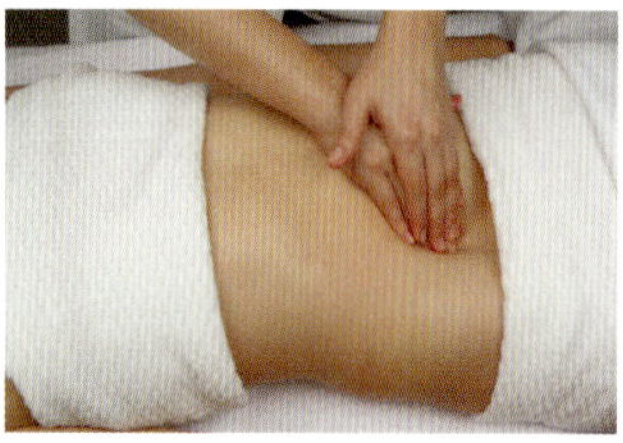

그림 1

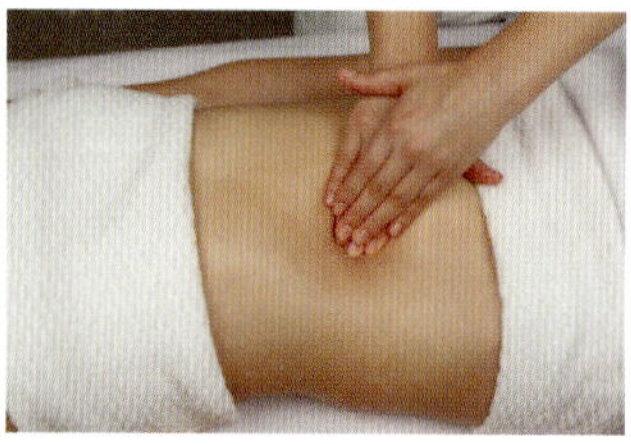

그림 2

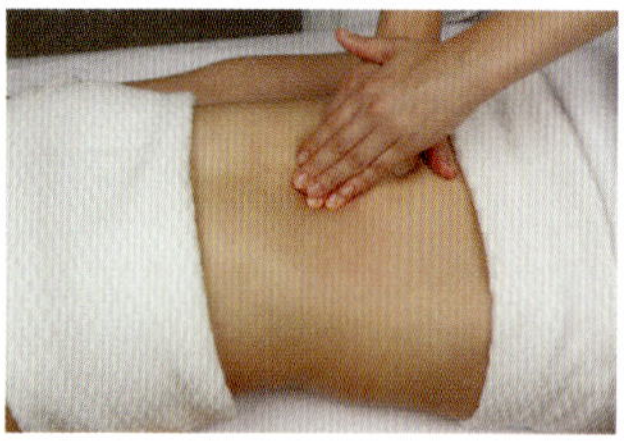

그림 3

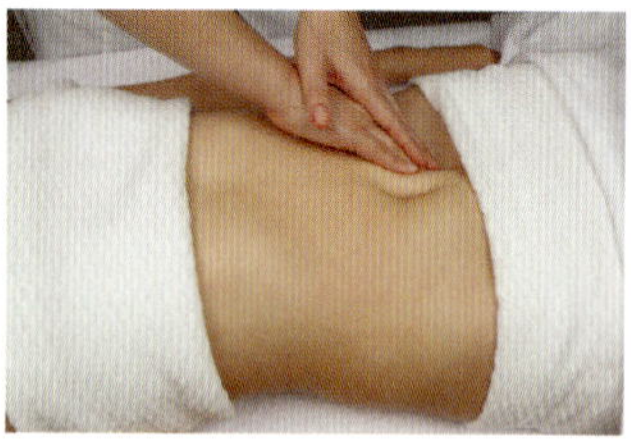

그림 4

⑲ 작은창자 흔들어 주기

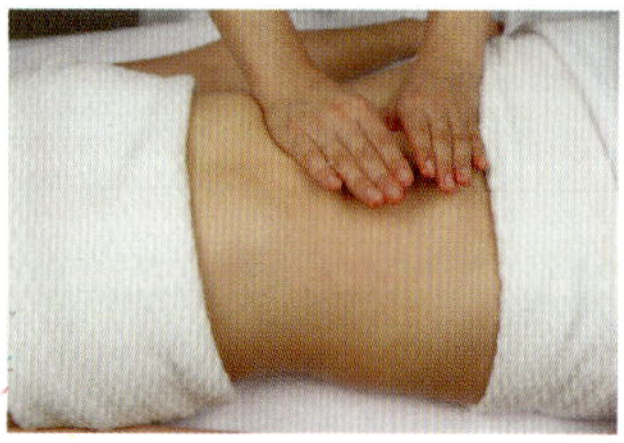

그림 1

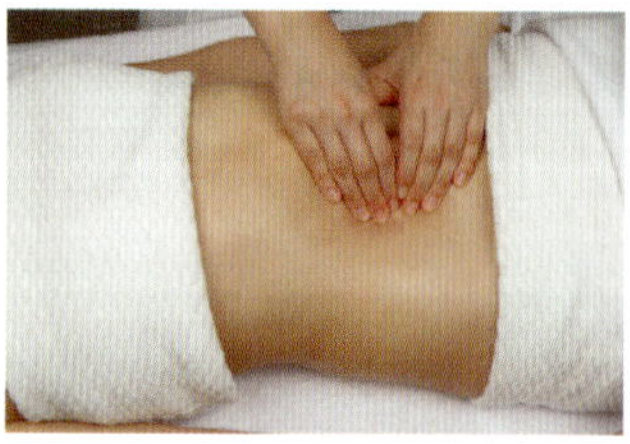

그림 2

⑳ 큰창자 마사지 - 오름창자(상행결장), 가로창자(횡행결장), 내림창자(하행결장) 방향으로 쓸어주기

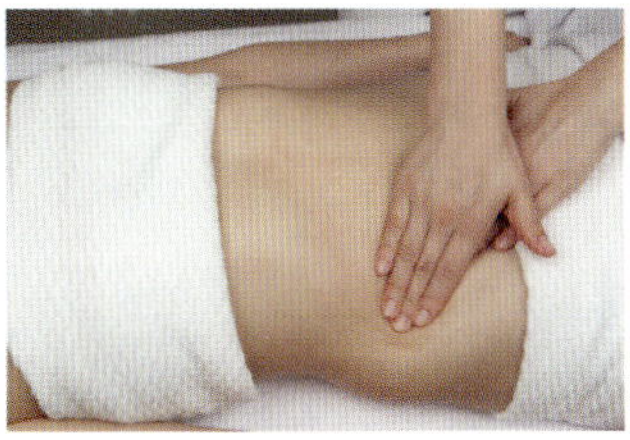

그림 1

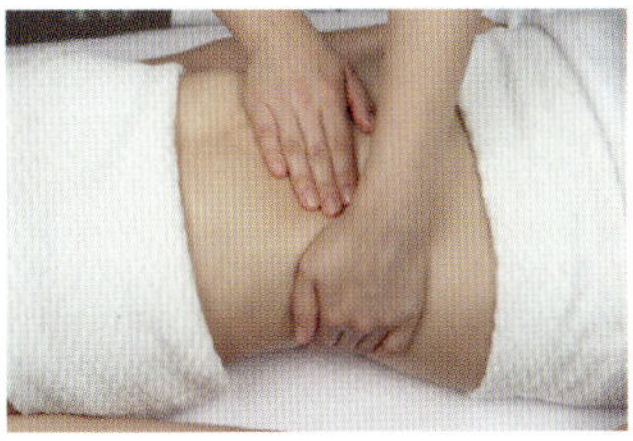

그림 2

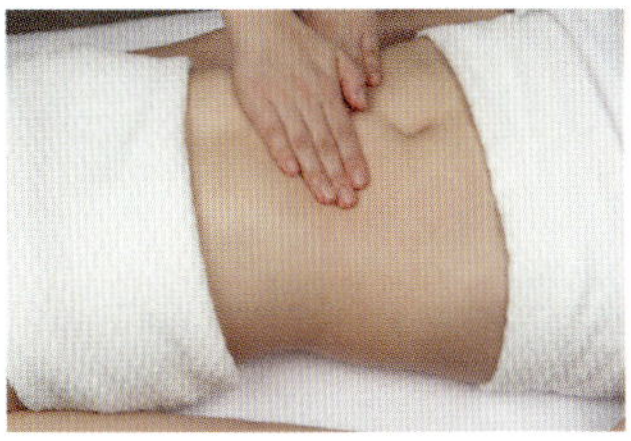

그림 3

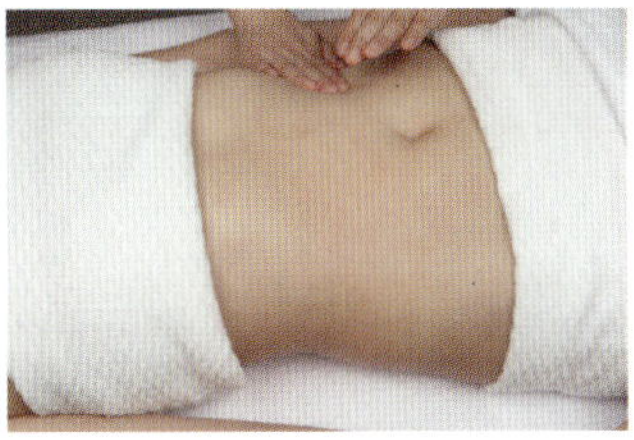

그림 4

㉑ 주먹을 쥐고 가볍게 오름창자과 내림창자 바이브레이션

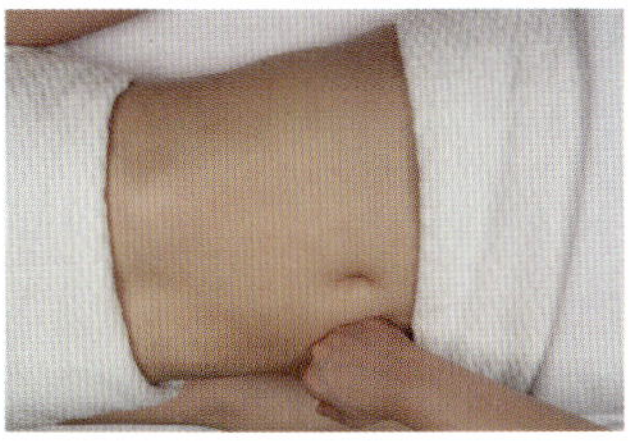

그림 1

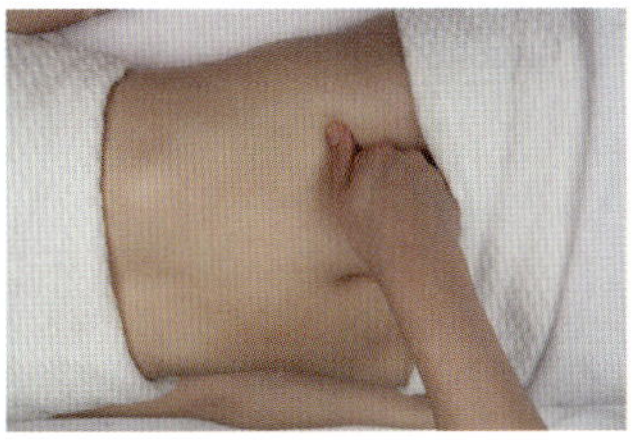

그림 2

㉒ 구불창자(S상결장) - 곧창자(직장) 마사지

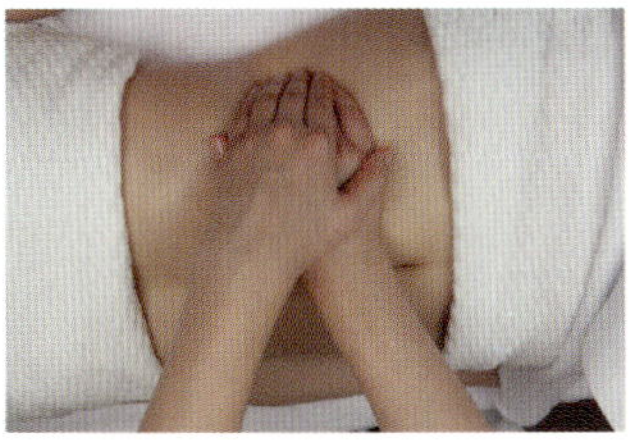

그림 1

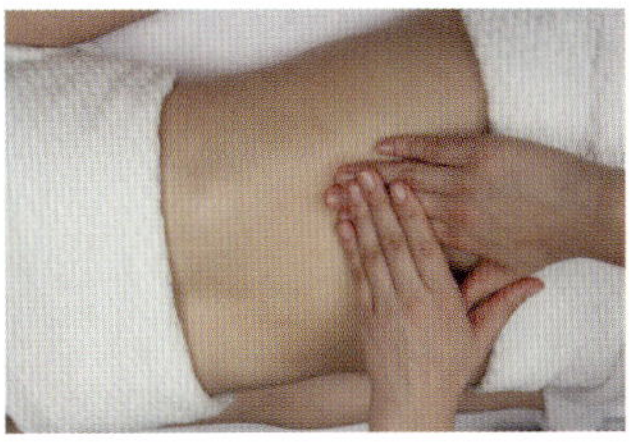

그림 2

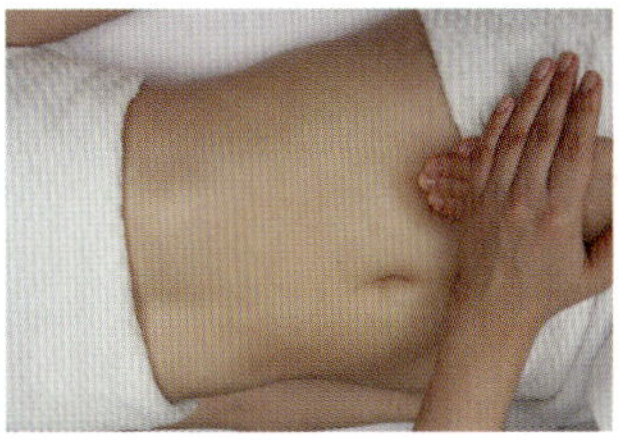

그림 3

㉓ 배꼽을 향해 팔각 모아주기

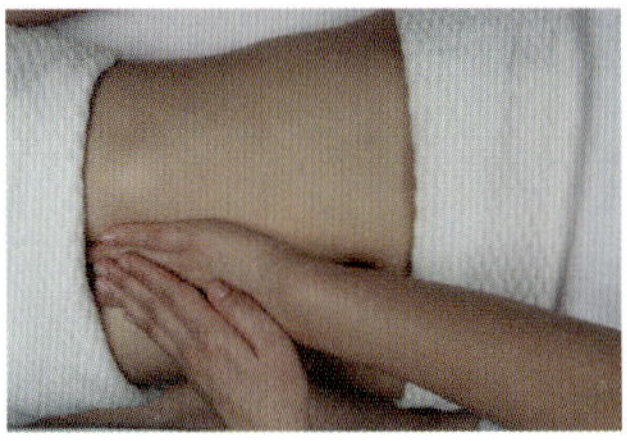

그림 1

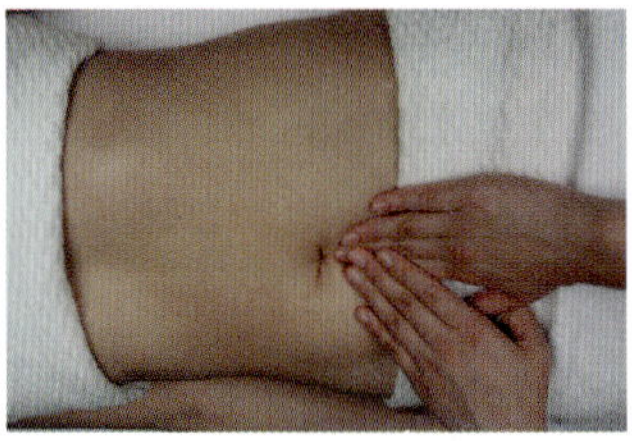

그림 2

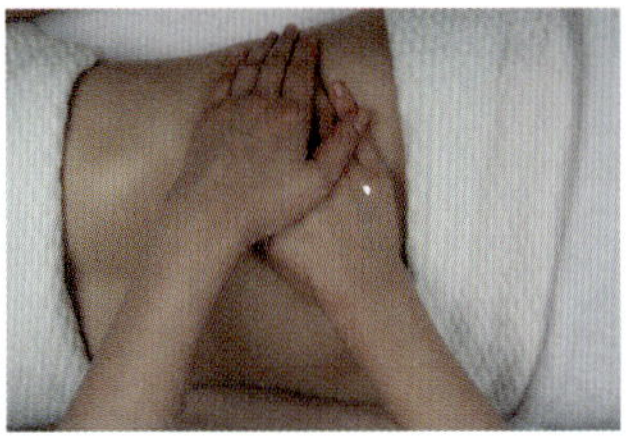

그림 3

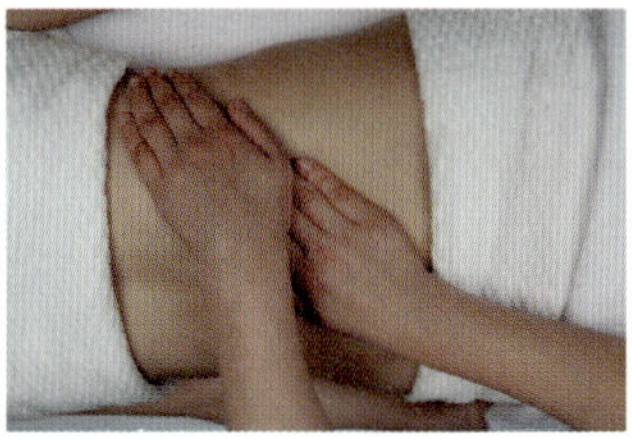

그림 4

㉔ 복부 시계방향으로 돌려주기

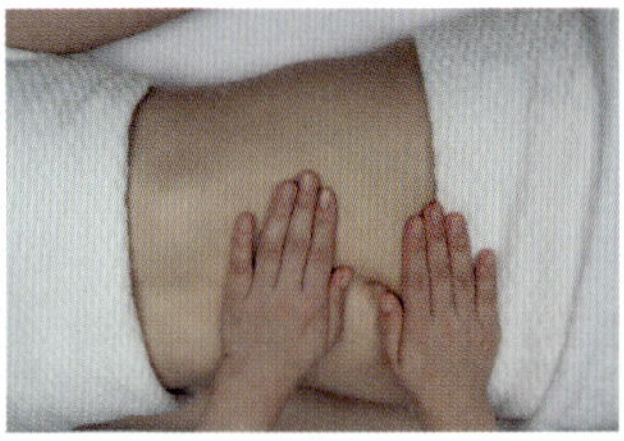

그림 1

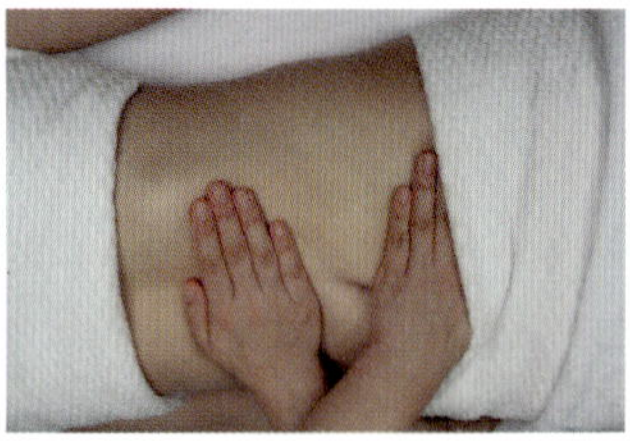

그림 2

㉕ 바이브레이션

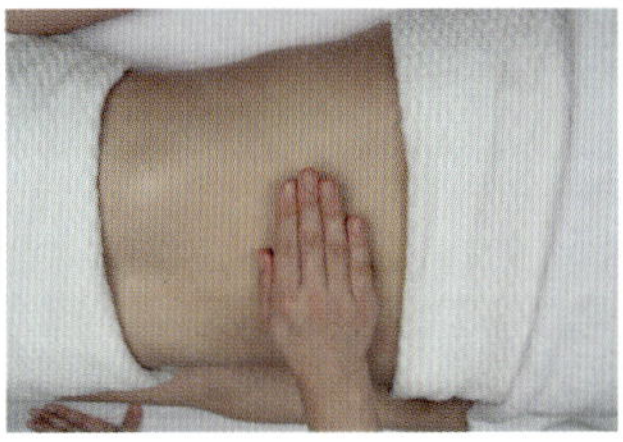

그림 1

<복부 관리 장면 동영상>

제11주차

Salon Treatment
(등 관리)

학습목표

※ 본 강의를 통해서 등의 근육도를 이해하고 척추의 주요 역할과 구조를 알아보며 등 관리 테크닉을 완벽히 소화하여 유연하게 관리 할 수 있도록 한다.

1. 등 관리

1) 등 관리의 필요성

현대인들은 스트레스와 운동부족으로 인해 혈액순환의 장애나 체내에 독소가 쌓여 신체의 기능이 떨어지고 그로인해 질병이 유발된다. 특히 정신적인 피로, 두통, 뒷목의 뻣뻣함, 어깨 경직, 목뼈(경추)의 불균형, 굽은 등, 등의 통증을 호소하는 증상이 점차 증가하고 있다.

등 관리는 등세모근(승모근)과 세움근(기립근)을 풀어주고 독맥과 방광경 등의 경락을 풀어줌으로써 노폐물과 독소를 배출시키고 머리와 하체의 혈액순환을 도와줌으로써 신체기능을 향상시키고 등과 어깨의 비만, 통증완화에 효과가 있다. 또한 뇌에 산소를 충분히 공급해 주어 심신의 안정감과 체형의 불균형을 해소해 준다.

2) 등근육

등근육은 척주의 후면에 있는 여러 층의 근육을 총칭하는 것으로, 위로는 뒤통수뼈(후두골)에서 시작하여 엉덩뼈(장골) 및 엉치뼈(천골)에 부착되어 있는 근육들을 말한다.

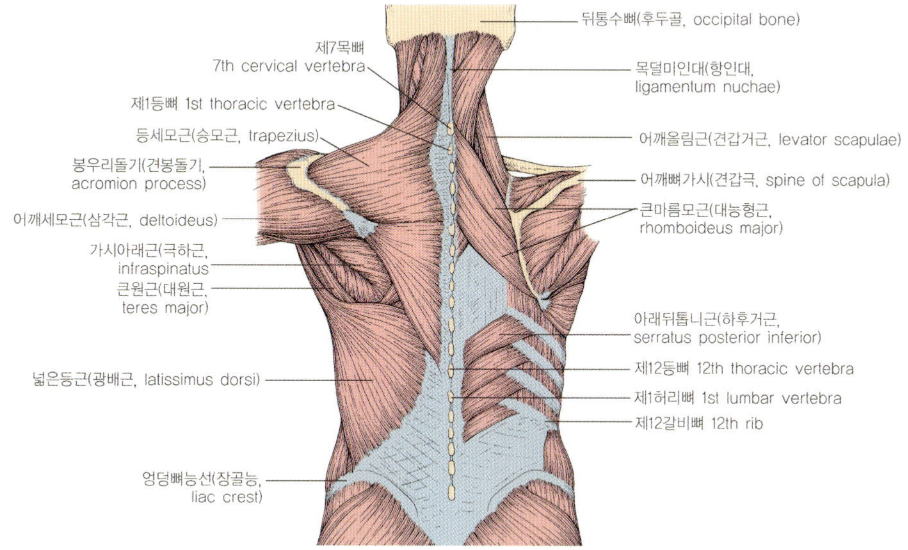

그림 1. 등근육

등근육의 작용은 머리와 목을 움직임은 물론 척추를 펴는 작용을 하며 한쪽 근육 일부가 수축하면 몸을 옆으로 구부리거나 회전시키는 작용을 한다.

(1) 얕은등근육(천배근)

얕은등근육(천배근)은 등바로 아래쪽 얕은 곳에 있는 근육으로 척추에서 팔(상지)을 연결하여 팔의 운동에 관여하고 있다.

- 등세모근(승모근) : 더부신경(부신경)과 목신경얼기(경신경총)의 가지를 받고, 가시돌기(극돌기)에서 기시하여 어깨뼈가시(견갑극) 및 빗장뼈(쇄골)에 정지한다. 작용은 좌우 어깨뼈(견갑골)을 척주 쪽으로 움직여서 가슴을 펴는 운동이다
- 넓은등근(광배근) : 팔을 뒤안쪽으로 당겨 팔의 모음(내전)과 안쪽회전을 담당한다. 특히 수영, 노젓기 등에서 팔을 뒤로 잡아당기는데 관여한다.
- 마름모근(능형근) : 등세모근의 아래층에 있으며, 작용은 어깨뼈를 안쪽 위방향으로 잡아당긴다. 큰마름모근(대능형근)과 작은마름모근(소능형근)으로 나뉜다.
- 어깨올림근(견갑거근) : 목뼈부터 어깨뼈에 이르는 띠 모양의 근육으로 등세모근을 덮고 있고, 어깨뼈를 위로 당긴다.

(2) 깊은등근육(심배근)

깊은등근육은 등쪽 깊숙이 위치하여 척추와 갈비뼈에 부착하여 척추의 운동에 관여하고 있다.

- 척주세움근 : 척추의 가시돌기, 가로돌기, 갈비뼈 사이에 위치하며 엉치뼈(천골)에서 머리뼈(두개골)까지 길게 뻗어 있다. 척주를 지지, 신전시키며 엉덩갈비근(장늑근), 가장긴근(최장근)은 갈비뼈에 부착되어 있으므로 갈비뼈를 아랫방향으로 당기는 역할도 한다.
- 널판근(판상근) : 머리와 목의 신전운동에 관여하는 근들로서 위치에 따라 머리널판근(두판상근)과 목널판근(경판상근)으로 구분된다.

(3) 척추

척추는 26개의 척추골로 이루어져 있으며 머리와 몸통을 지지하는 기둥 역할을 한다. 척추골은 사이사이에 끼어 있는 섬유연골인 척추골사이원판과 이들을 보강하는 인대에 의해 연결되어 있다. 척추 속에는 중추신경의 일부인 척수를 간직하고 있다

성인은 7개의 목뼈(경추), 12개의 등뼈(흉추), 5개의 허리뼈(요추), 허리뼈 아래쪽의 5개의 엉치뼈(천추)는 융합되어 하나의 엉치뼈(천추골)를 형성하며, 다음 3~5개의 꼬리뼈(미추)는 하나의 꼬리뼈(미추골)를 이룬다.

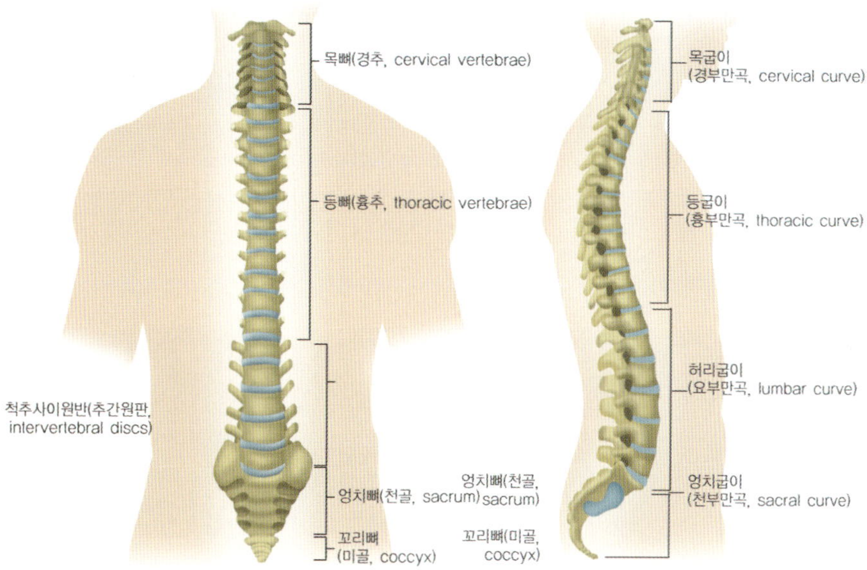

그림 2. 척추

2. 등 관리순서

① 도포하기

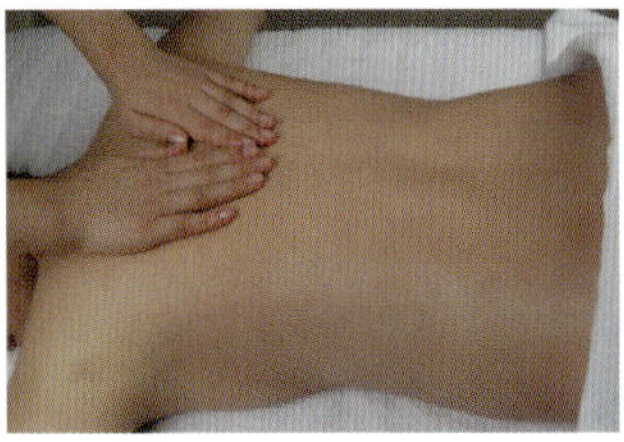

그림 1

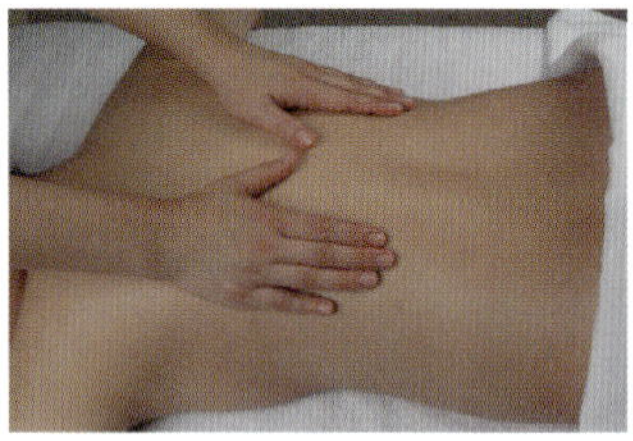

그림 2

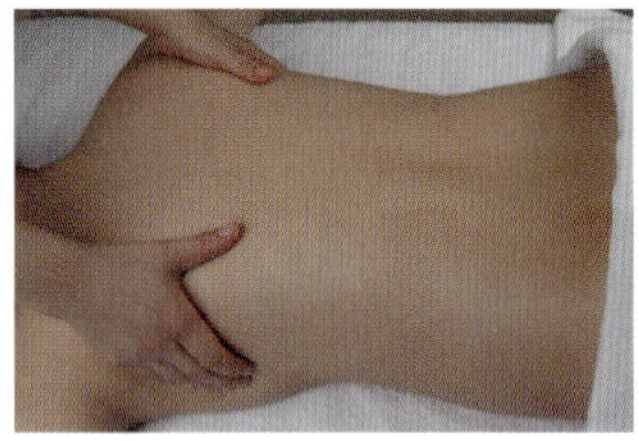

그림 3

② 등 전체 길게 쓸어주기

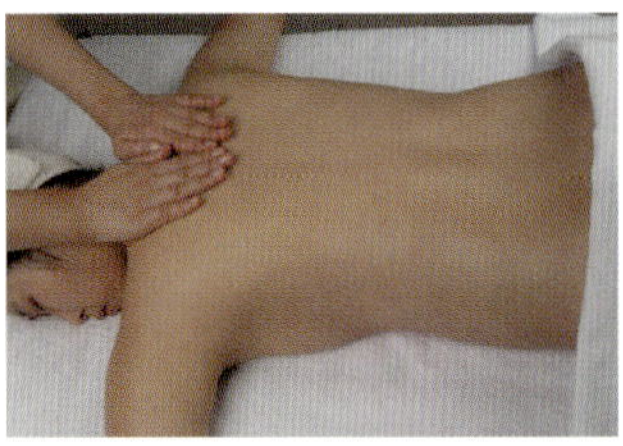

그림 1

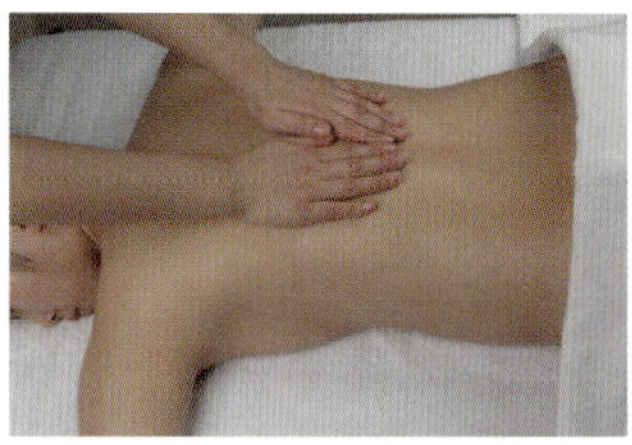

그림 2

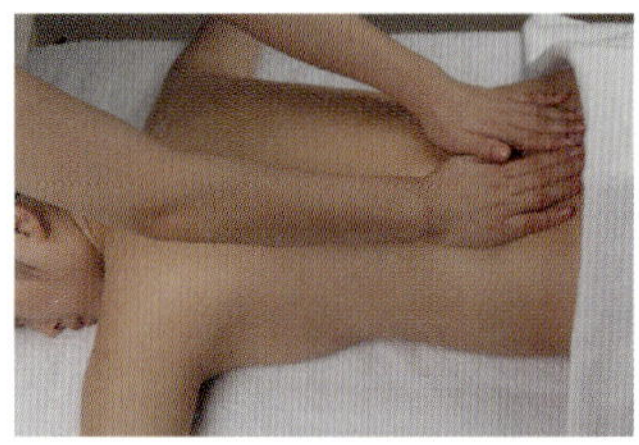

그림 3

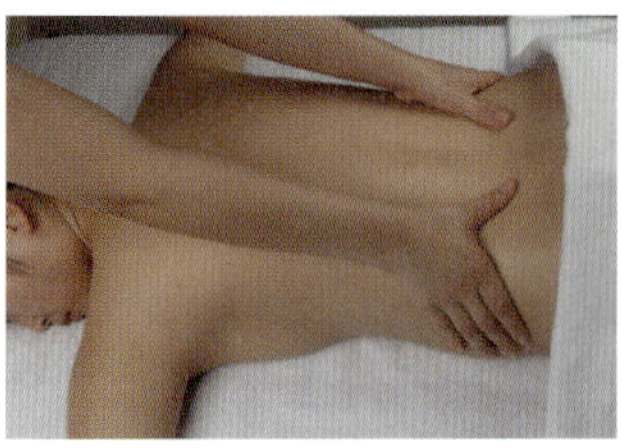

그림 4

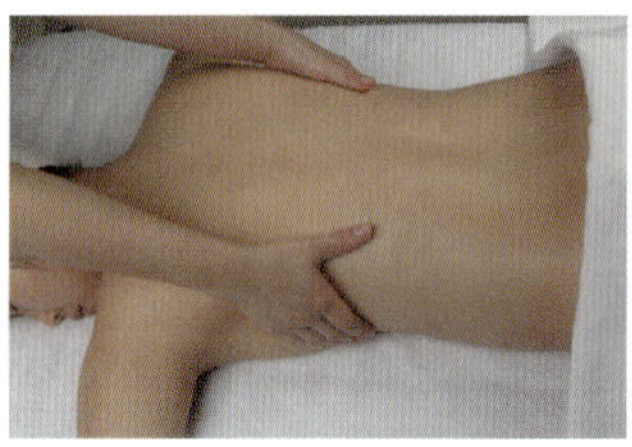

그림 5

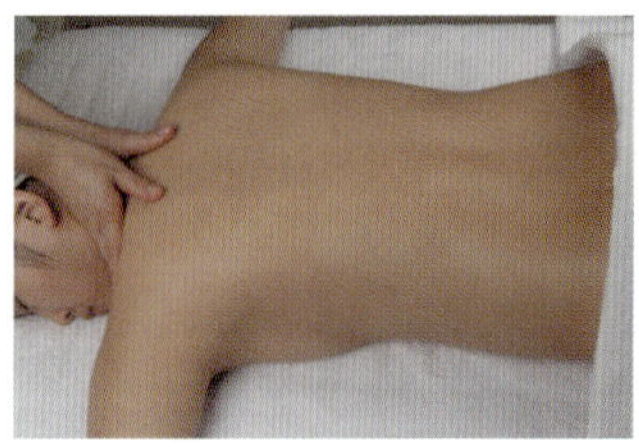

그림 6

③ 독맥관리 1 – 대추혈을 시작으로 엄지를 이용해 독맥을 따라 둥글게 교차하듯 내려가기

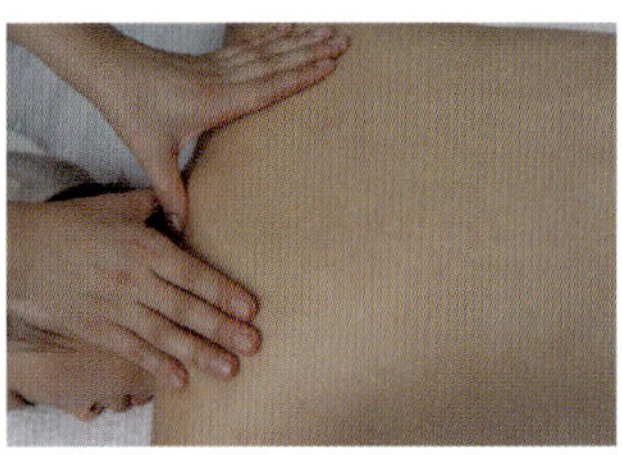

그림 1

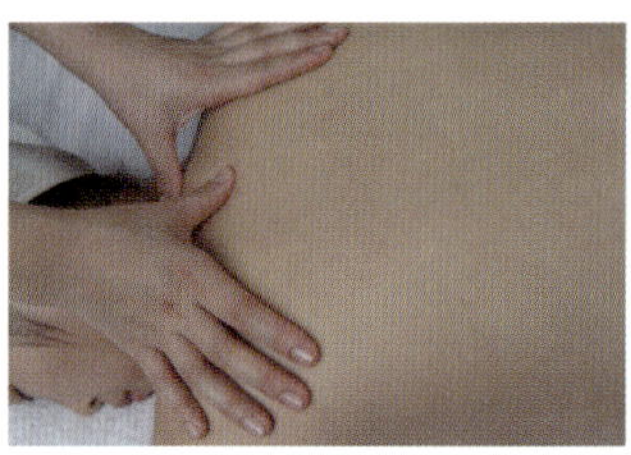

그림 2

④ 독맥관리 2 – 척추 뼈 사이사이를 양 엄지를 이용해 지그재그로 눌러주기

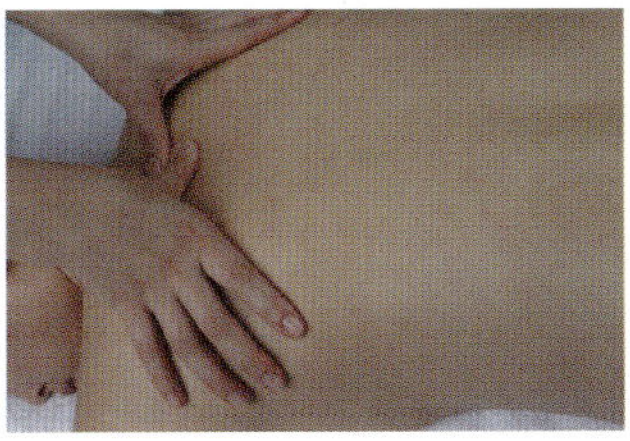

그림 1

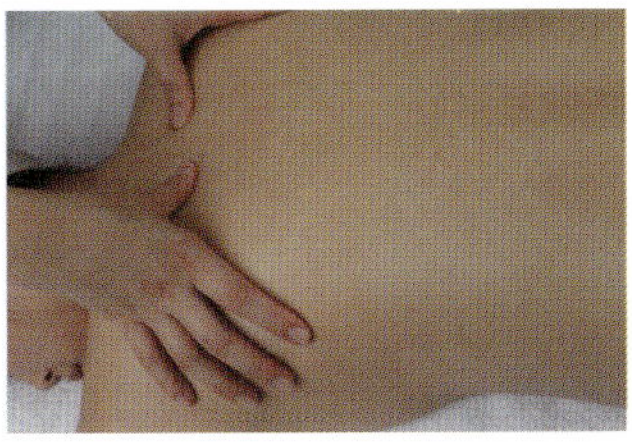

그림 2

⑤ 세움근 관리 1 – 아코디언 동작

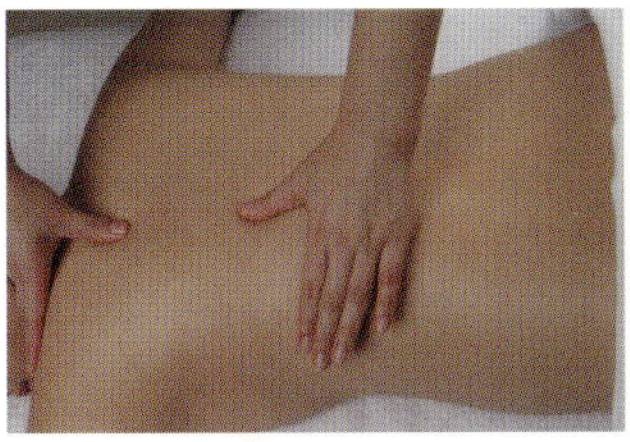

그림 1

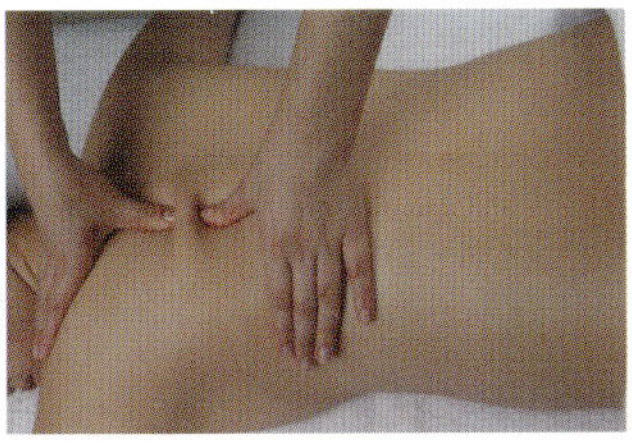

그림 2

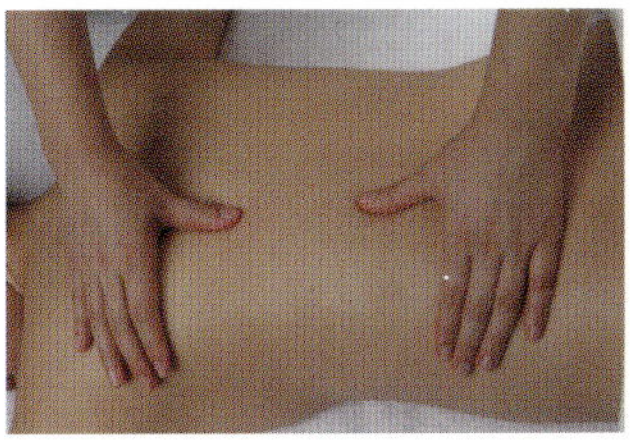

그림 3

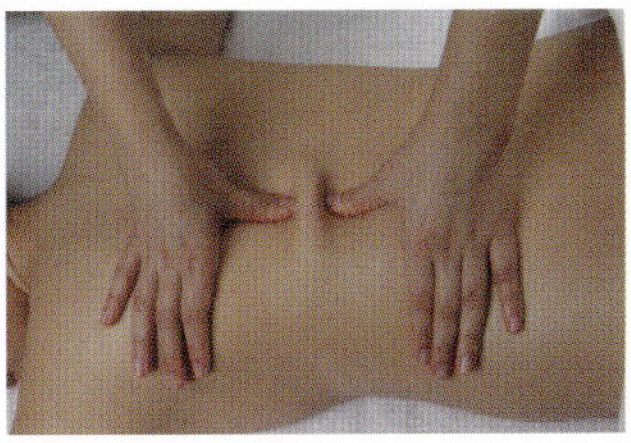

그림 4

⑥ 세움근 관리 2 – 가볍게 주먹 쥐고 5~7cm간격으로 압을 주어 내려가기

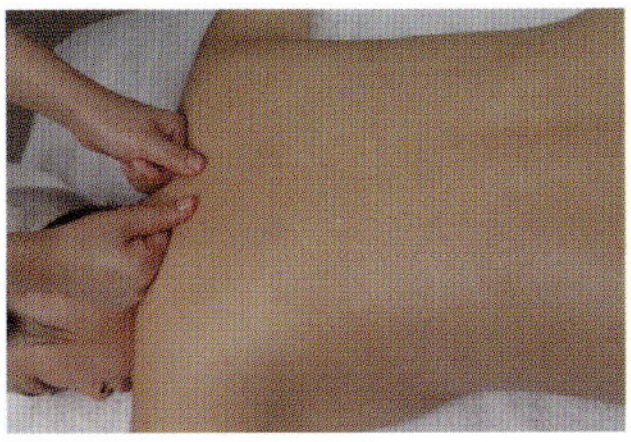

그림 1

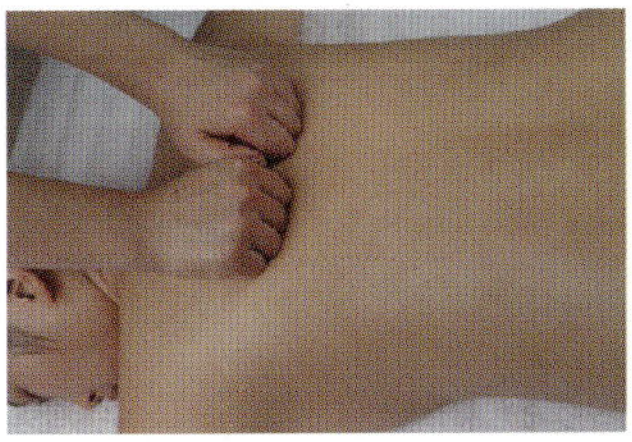

그림 2

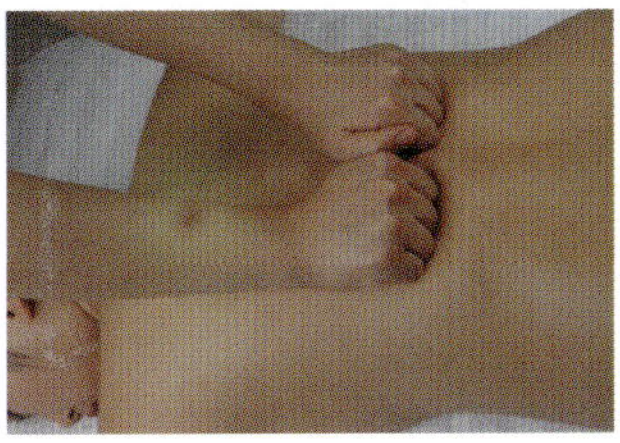

그림 3

⑦ 등세모근 풀기

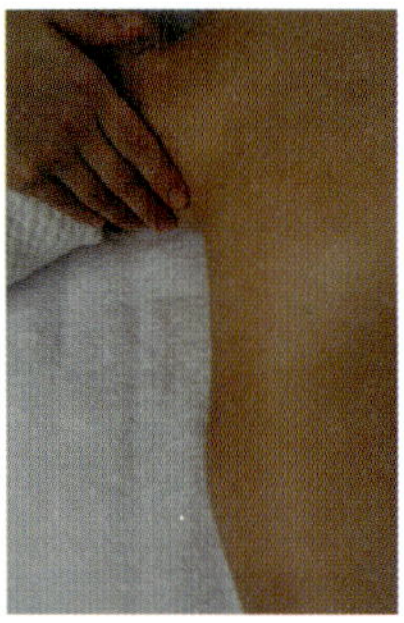

그림 1

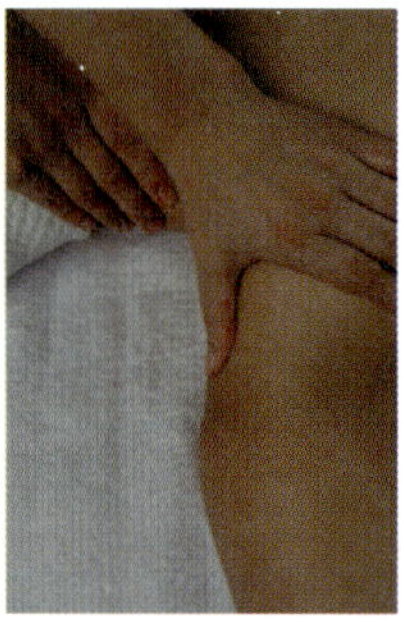

그림 2

⑧ 견정혈 압주기

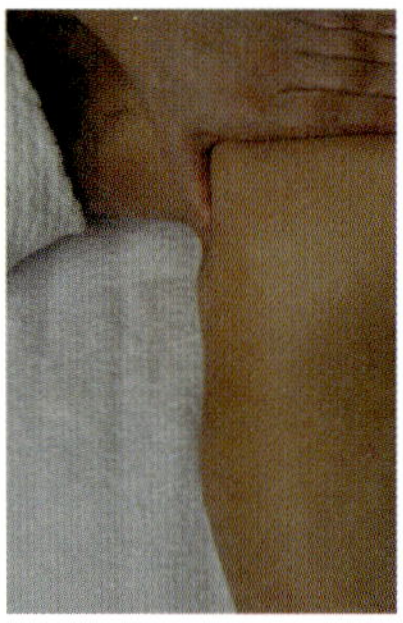

그림 1

⑨ 어깨뼈(견갑골) 위끝(상단)에서 아래끝(하단)으로 엄지를 이용하여 풀어 내려가기

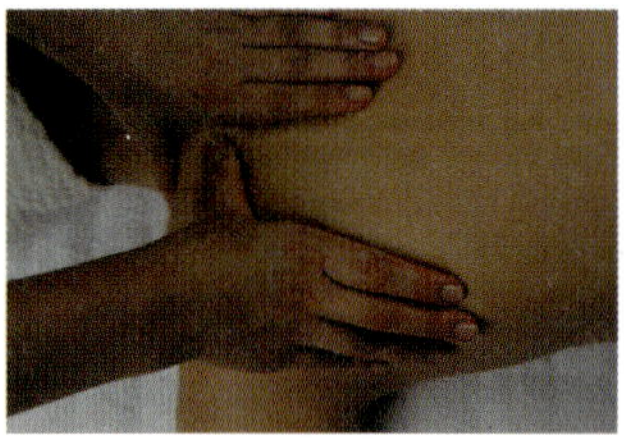

그림 1

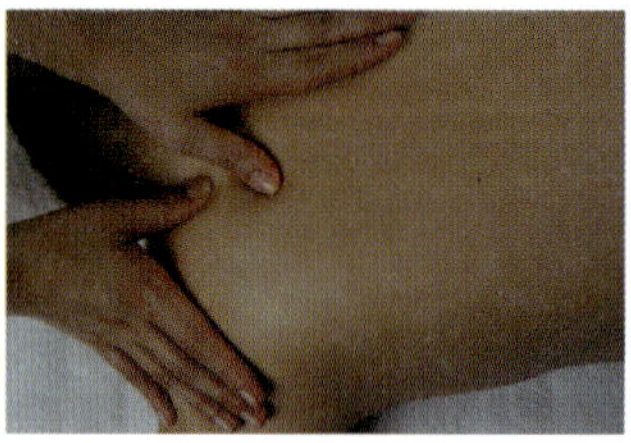

그림 2

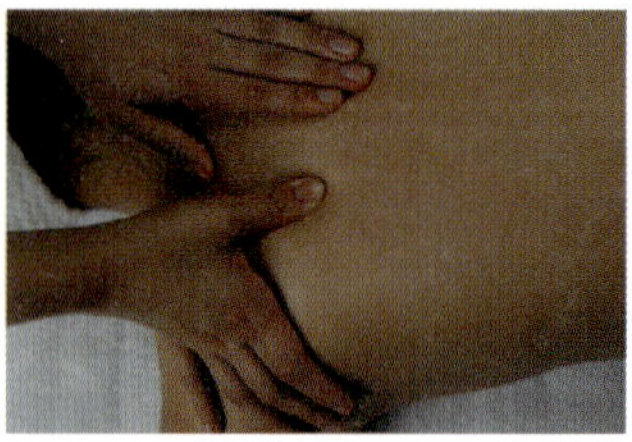

그림 3

⑩ 어깨세모근(삼각근) 쓸어주기

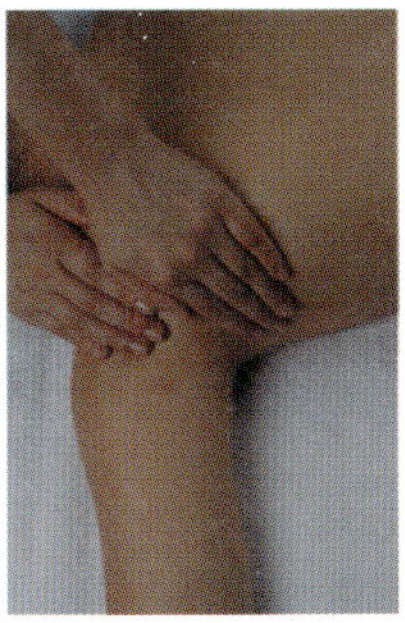

그림 1

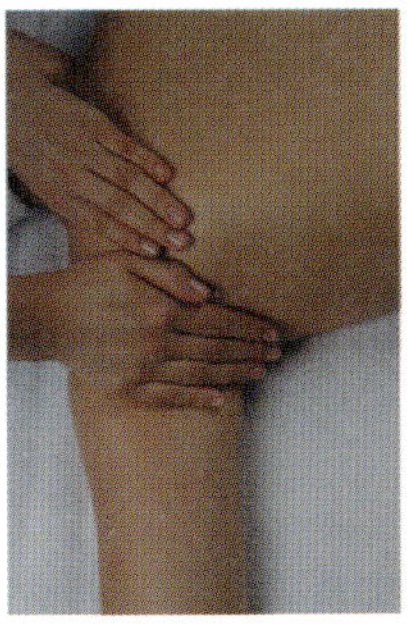

그림 2

⑪ 천종혈 압주기

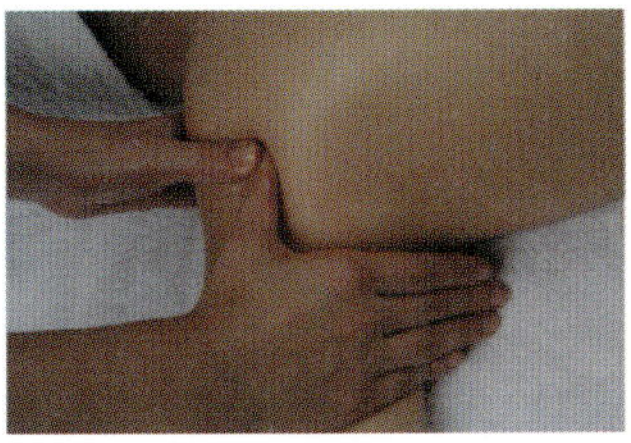

그림 1

⑫ 등세모근, 어깨세모근 딥 티슈관리

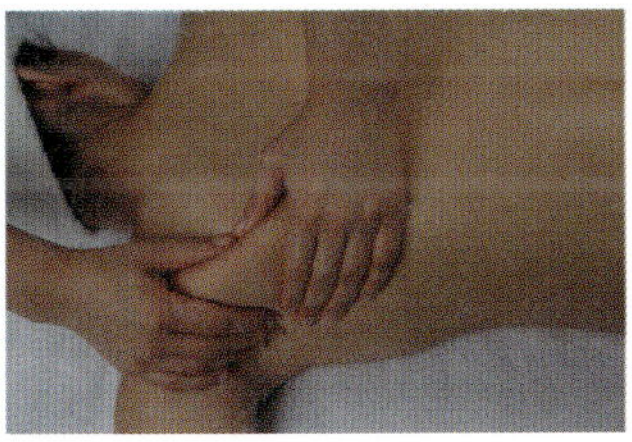

그림 1

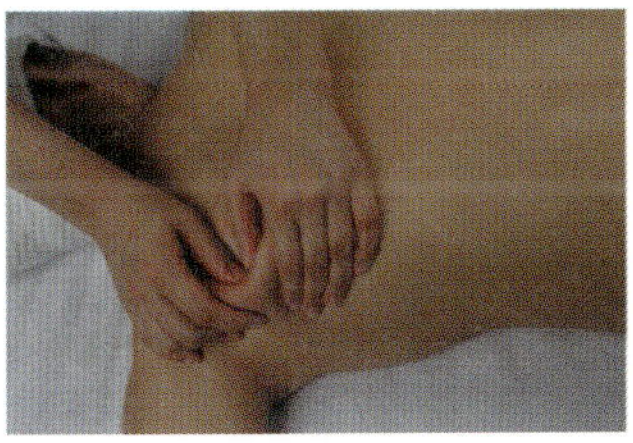

그림 2

⑬ 등세모근 주무르기

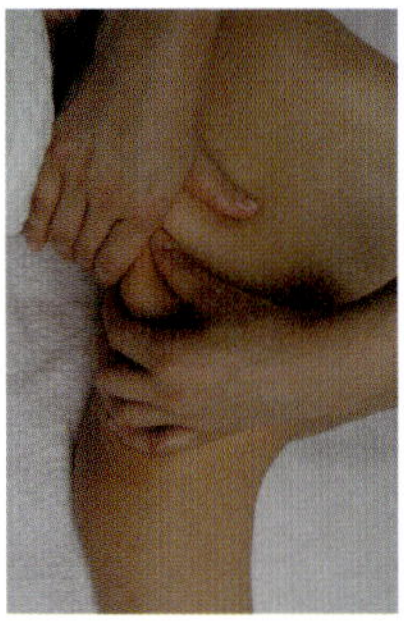

그림 1

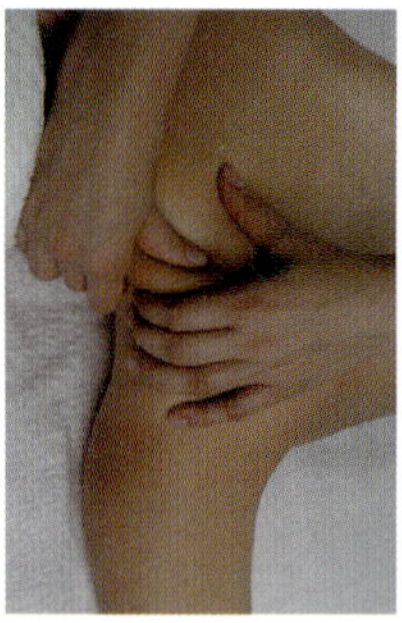

그림 2

⑭ 7~13번 동작 반대쪽에서 동일하게 시행

⑮ 갈비뼈 사이사이 파기

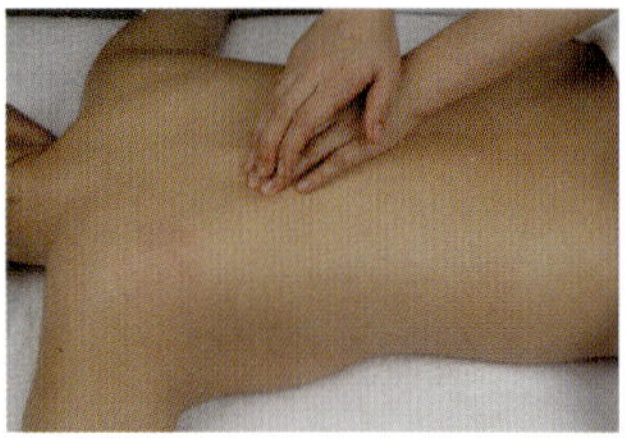

그림 1

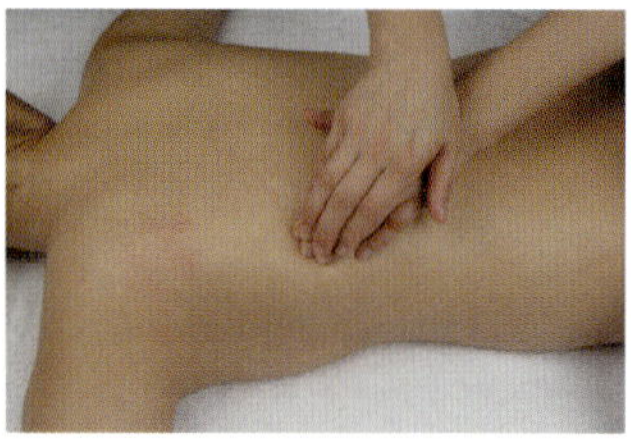

그림 2

⑯ 옆구리 쓰다듬기

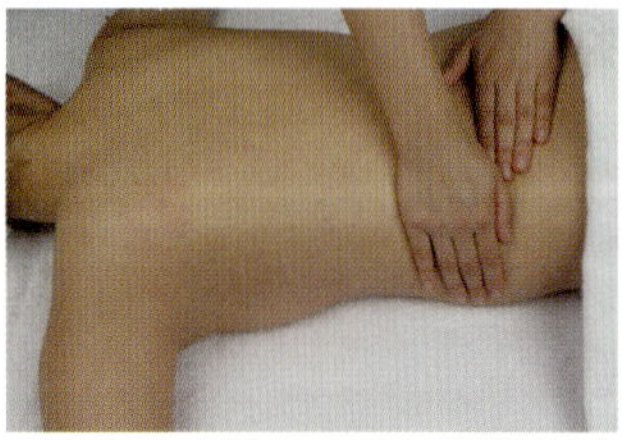

그림 1

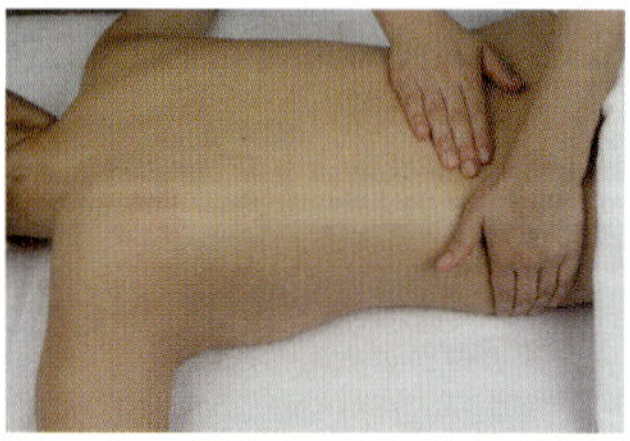

그림 2

⑰ 팔의 아래팔(전완)부위를 이용하여 옆구리 풀기

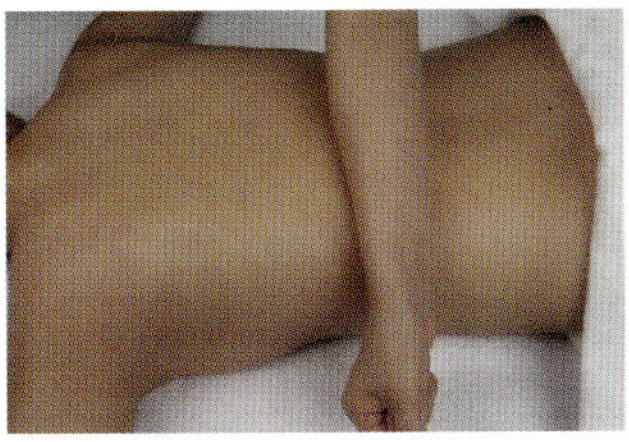

그림 1

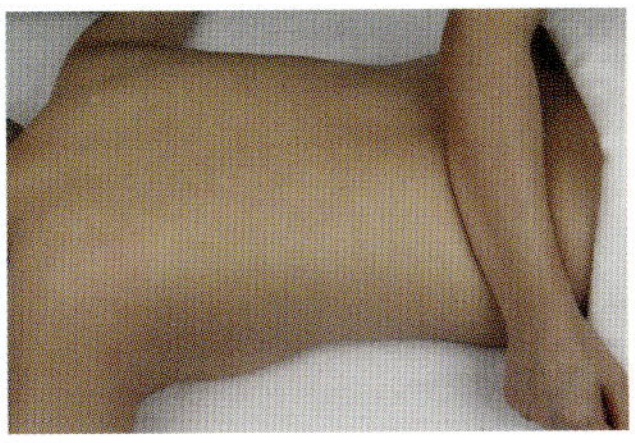

그림 2

⑱ 쓸어주기 - 허리선을 중심으로 담경라인을 손바닥으로 끌어 올려 겨드랑(액와) 부위로 빼기

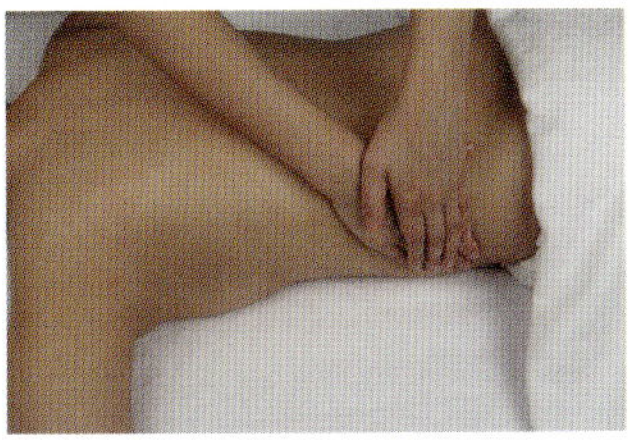

그림 1

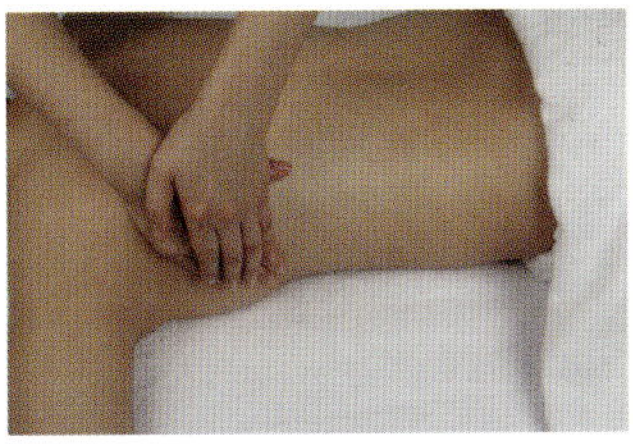

그림 2

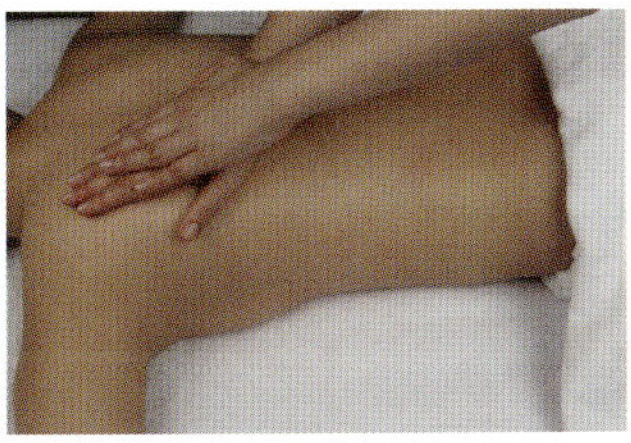

그림 3

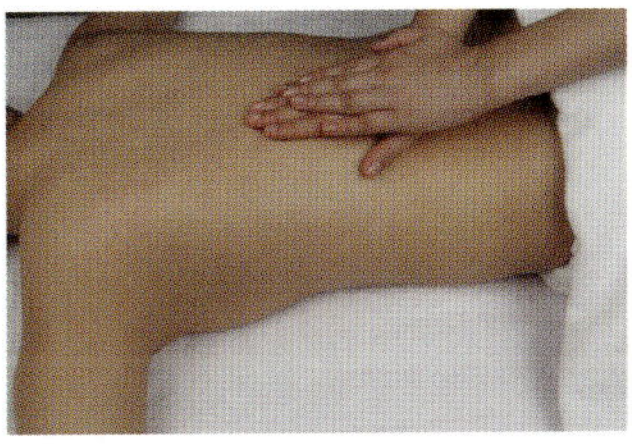

그림 4

⑲ 15~18번 동작 반대쪽에서 동일하게 시행

⑳ 엉덩뼈(장골) 풀기 1 - 지과를 이용해 엉덩뼈능선(장골능)을 펴듯 쓸기

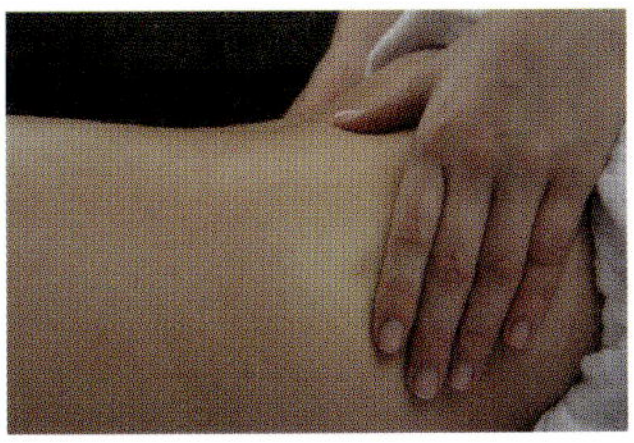

그림 1

㉑ 엉덩뼈풀기 2 - 엄지를 이용해 힙라인 선을 따라 둥글게 문지르기

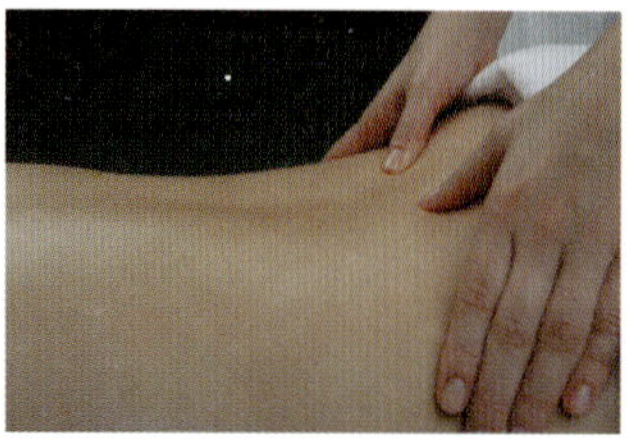
그림 1

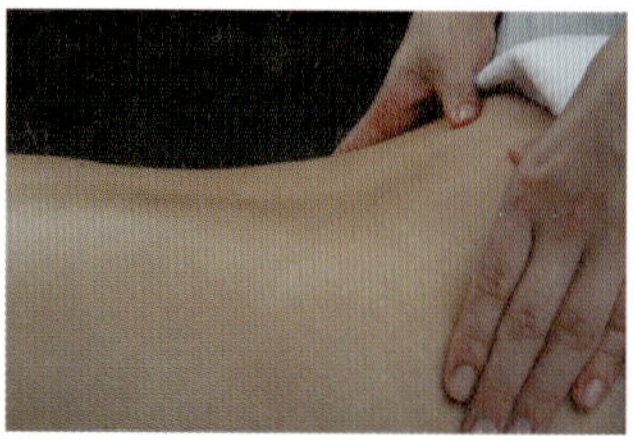
그림 2

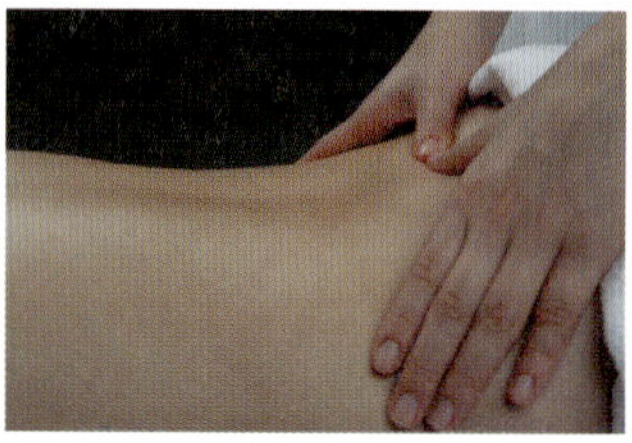
그림 3

㉒ 엉덩뼈풀기 3 - 손바닥 전체를 이용해 쓸어주기

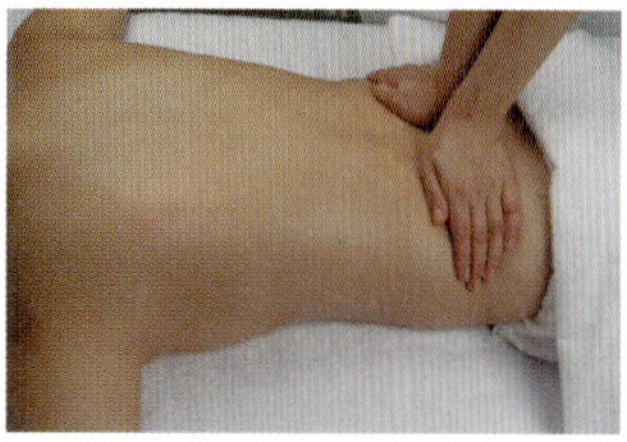
그림 1

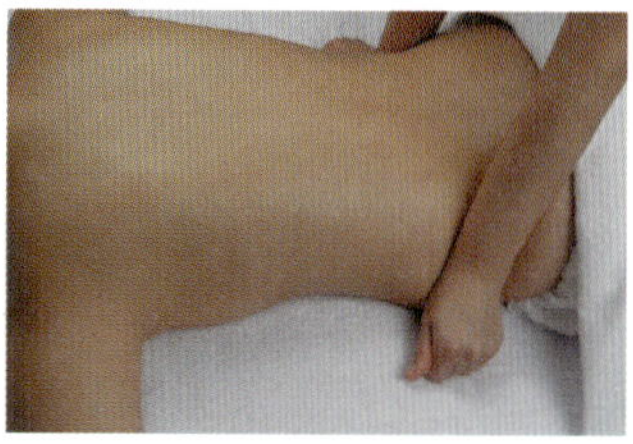
그림 2

㉓ 척추 따라 올라가 세움근 따라 내리기

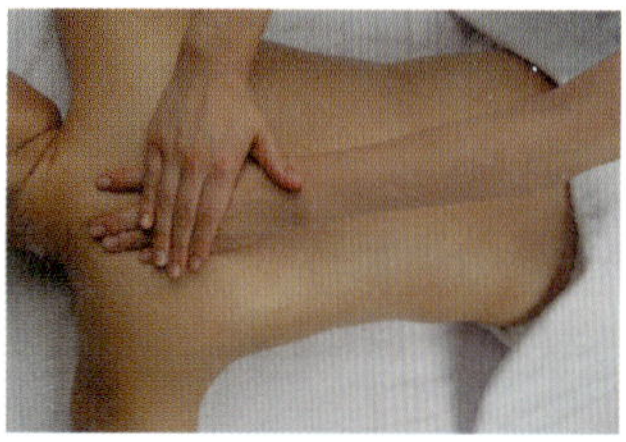
그림 1

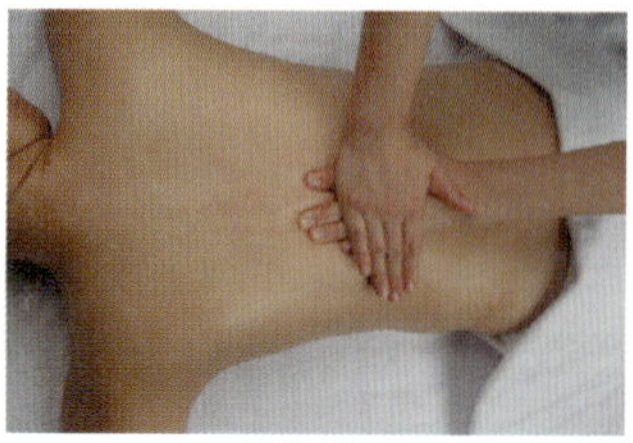
그림 2

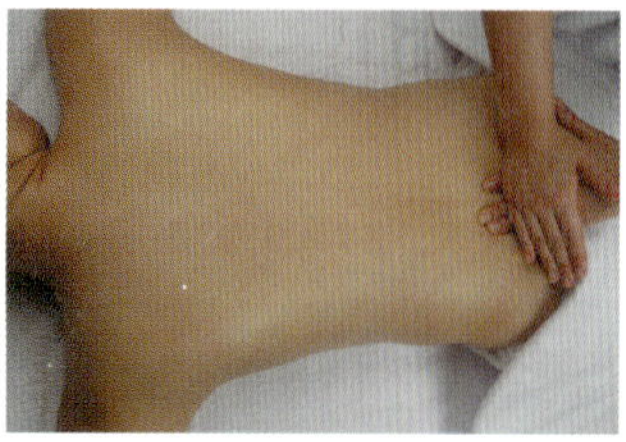
그림 3

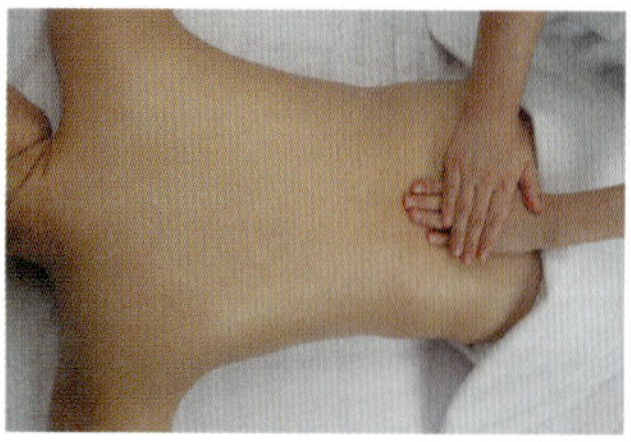
그림 4

㉔ 스킨 롤링동작

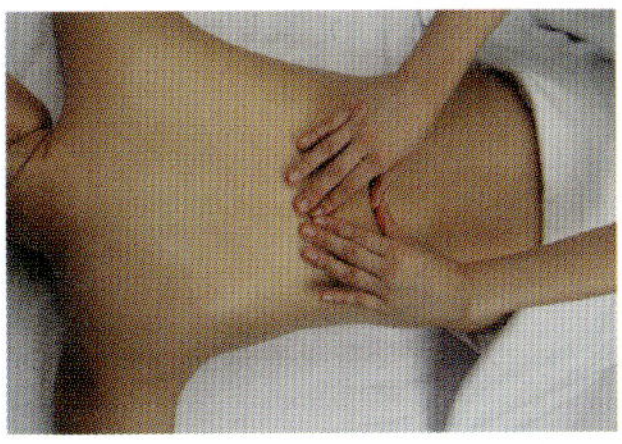

그림 1

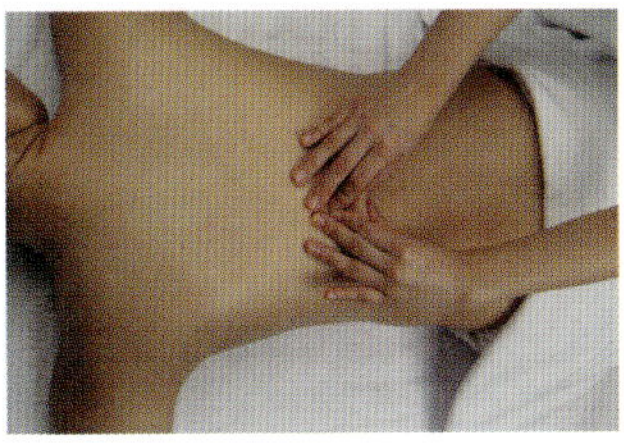

그림 2

㉕ 방광경 쓸기

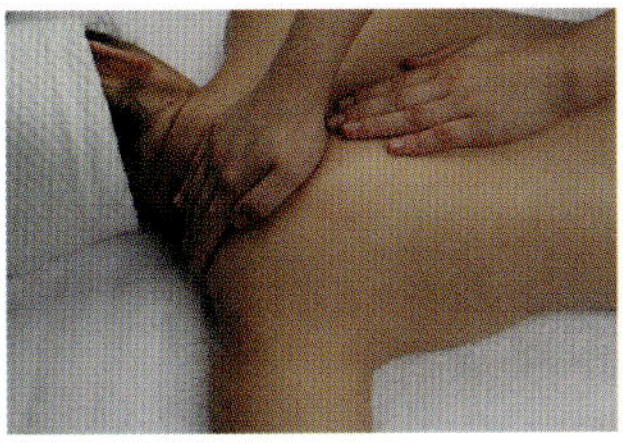

그림 1

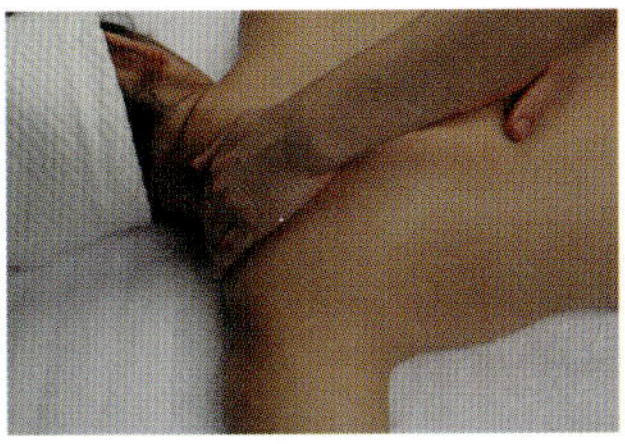

그림 2

㉖ 등 전체 지그재그로 올라가기

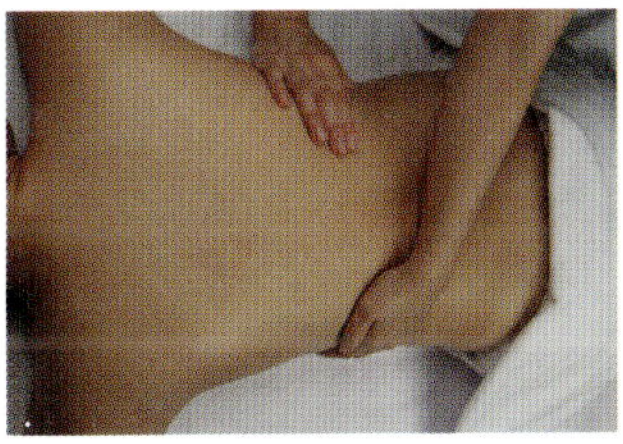

그림 1

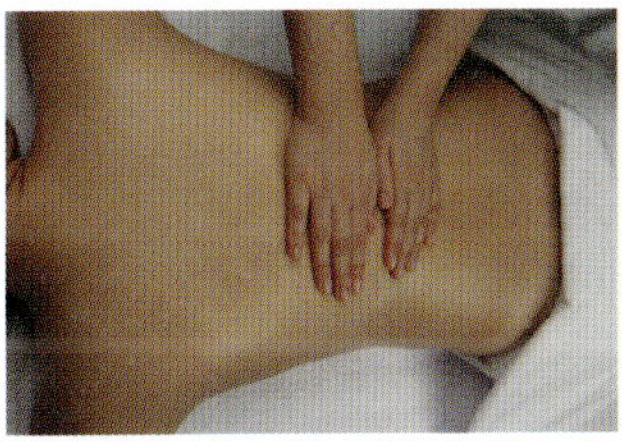

그림 2

㉗ 목뼈(경추)풀기

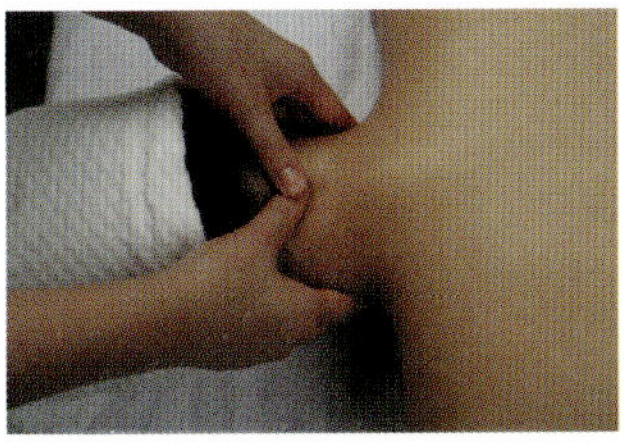

그림 1

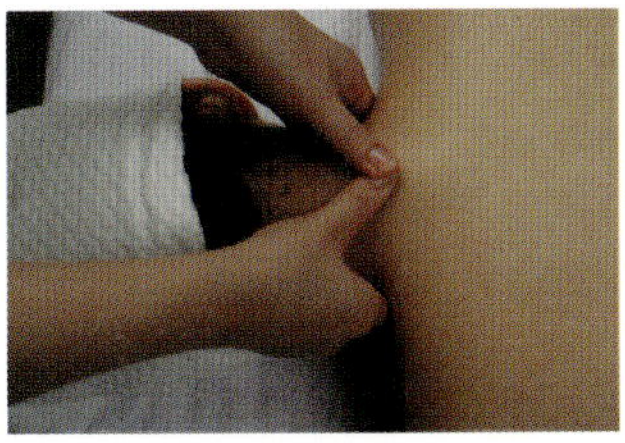

그림 2

㉘ 목뼈 엄지로 둥굴게 문지르기

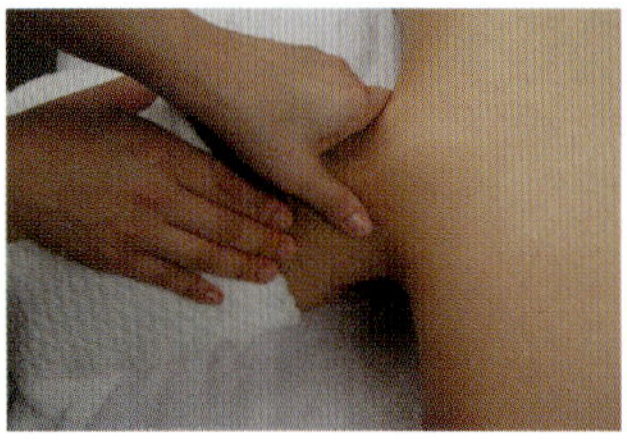
그림 1

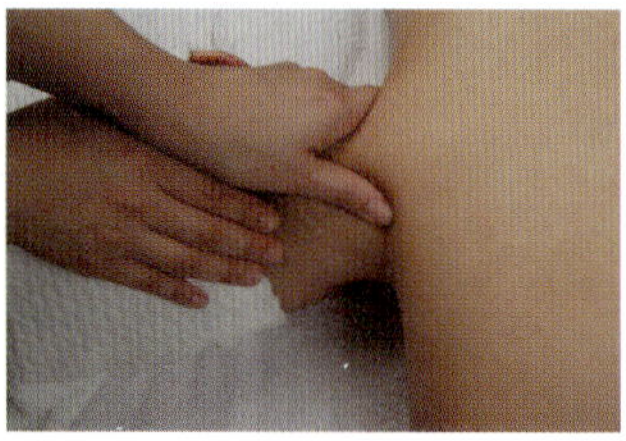
그림 2

㉙ 목뼈 옆면에서 주무르기

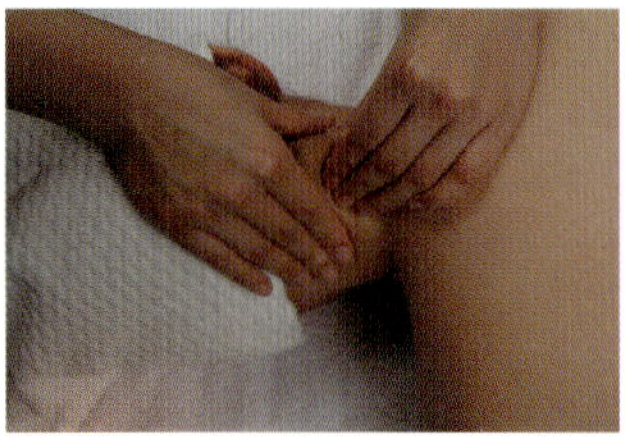
그림 1

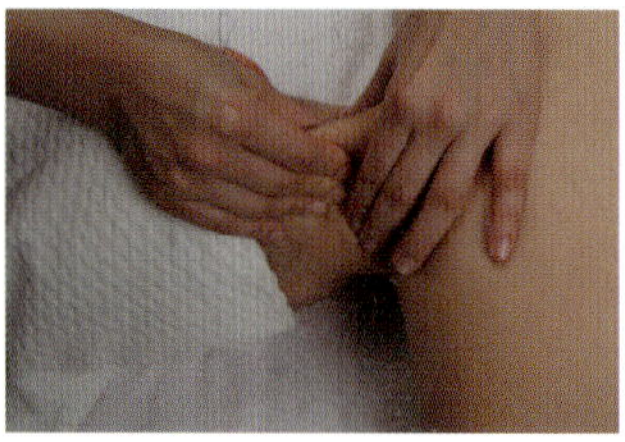
그림 2

㉚ 뒤통수뼈(후두골)의 아문, 천주, 풍지 지압하기

㉛ 배농동작

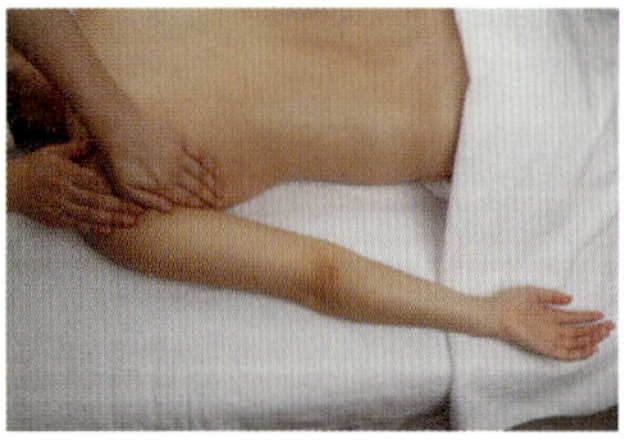
그림 1

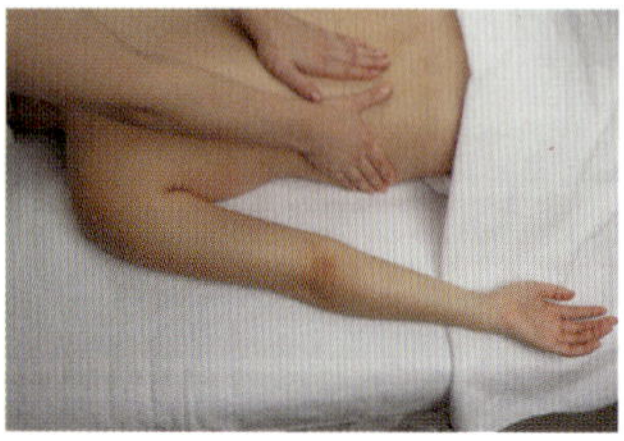
그림 2

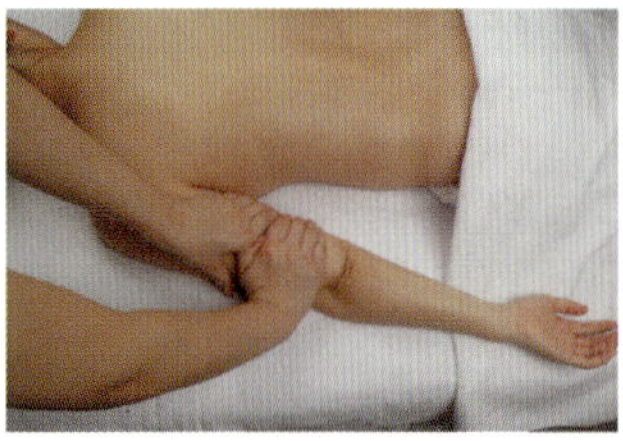
그림 3

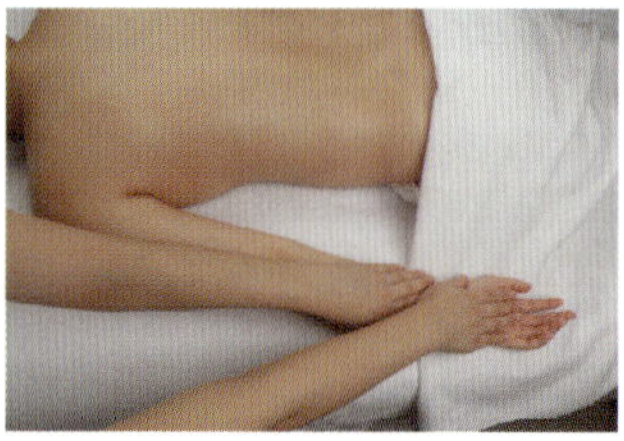
그림 4

㉜ 등 신전시키기 – 직선, X자

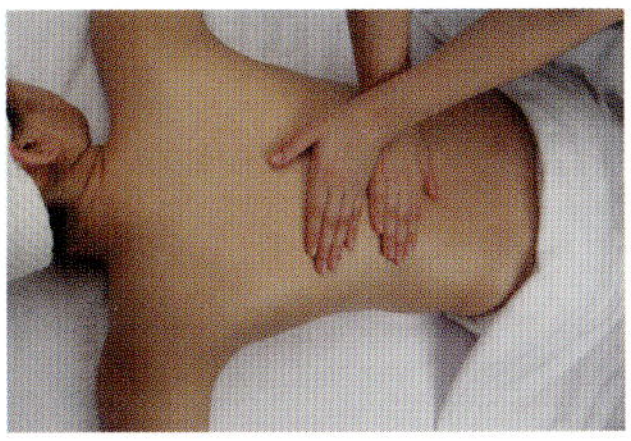

그림 1

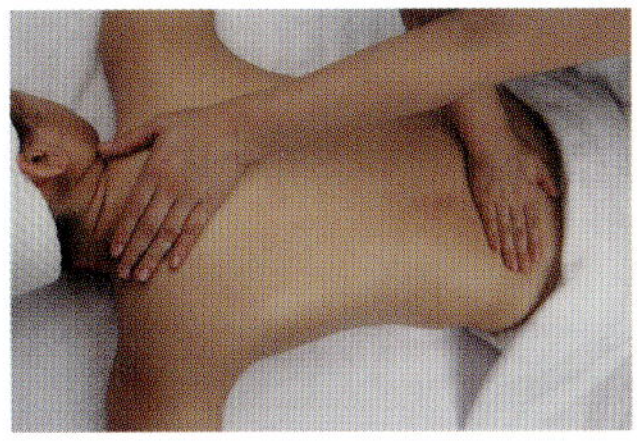

그림 2

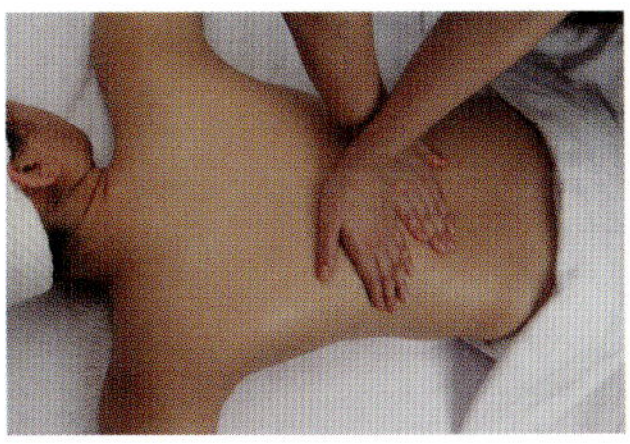

그림 3

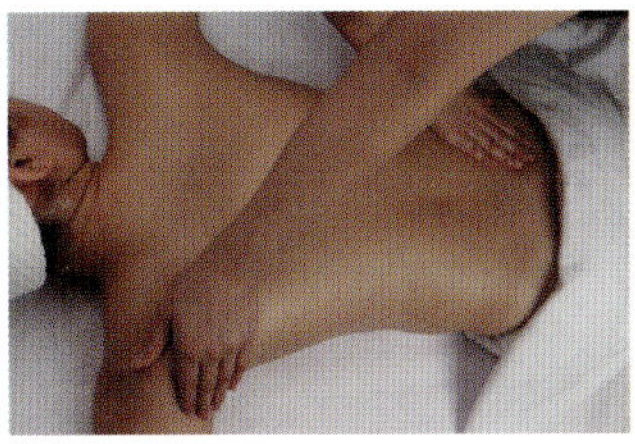

그림 4

㉝ 등 전체 쓰다듬기

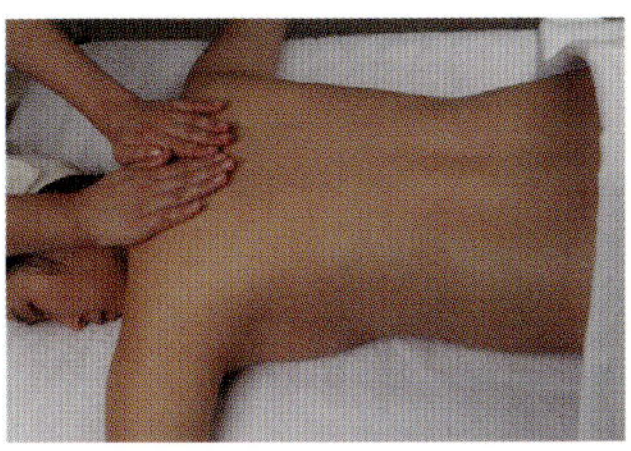

그림 1

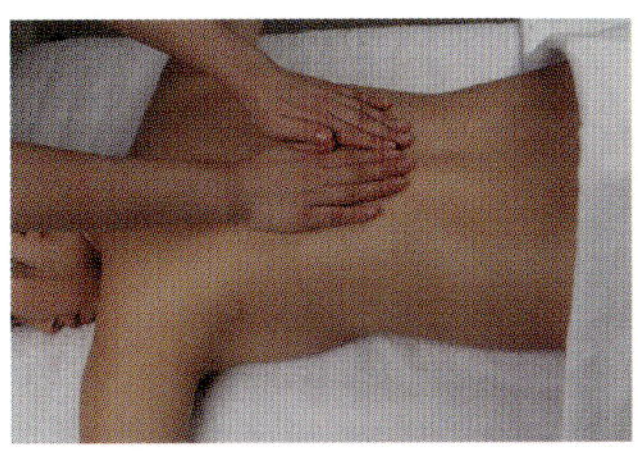

그림 2

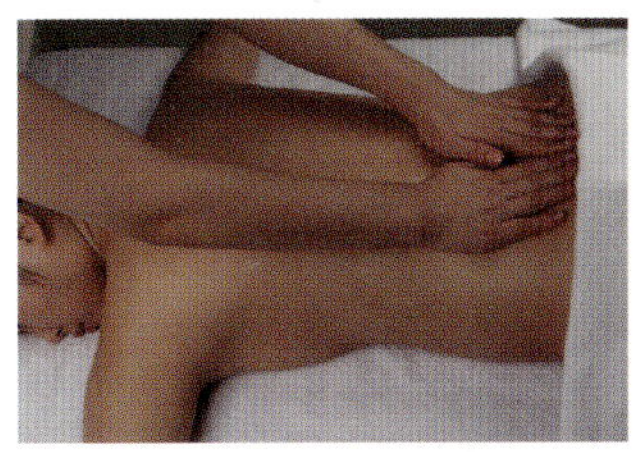

그림 3

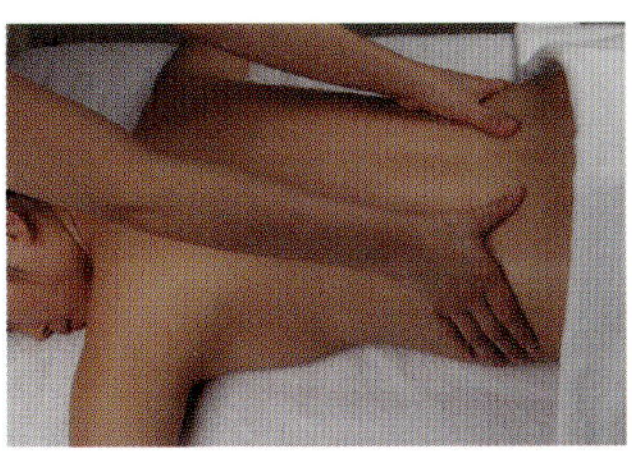

그림 4

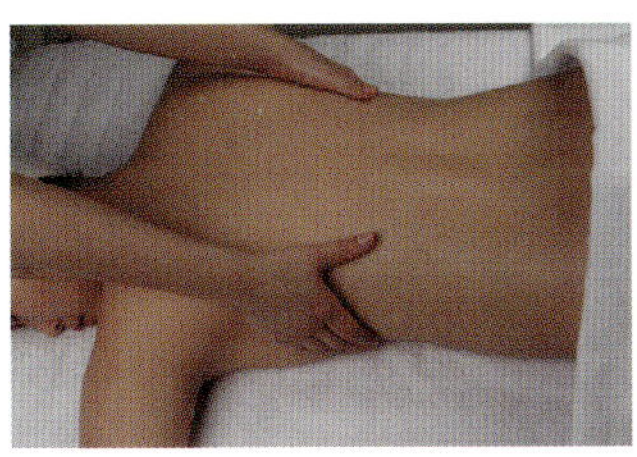

그림 5

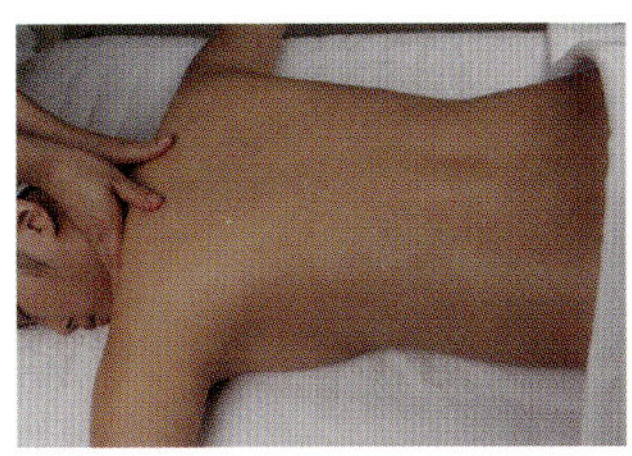

그림 6

<등 관리 장면 동영상>

제12주차

Salon Treatment
(팔 관리)

학습목표

※ 이 강의를 통해서 팔의 근육도를 이해하고 팔의 주요 혈점의 위치와 작용을 숙지하여 팔 관리 테크닉을 완벽히 소화하여 유연하게 관리할 수 있도록 한다.

1. 팔(상지) 관리

1) 팔 관리의 필요성

손은 심장과 멀리 떨어진 인체의 말단 부위로 순환저하의 문제가 가장 먼저 나타날 수 있는 곳이다. 또한 많은 반사구들이 분포해 있고 손과 팔 라인을 따라 6경락이 지나는 부위이기도 하다. 인체 부위 중 움직임과 쓰임이 많은 곳이기 때문에 근육이 쉽게 뭉치고 경직되는 현상이 나타날 수 있어 마사지를 통한 근육의 이완과 충분한 관리가 필요하다.

2) 위팔(상완)의 근육

(1) 위팔의 근

위팔의 근은 어깨관절(견관절)과 팔꿉관절(주관절)을 굴곡시키는 위팔두갈래근(상완이두근), 부리위팔근(오훼완근), 위팔근(상완근)과 이들 관절을 신전시키는 위팔세갈래근(상완삼두근), 팔꿈치근(주근)이 있다.

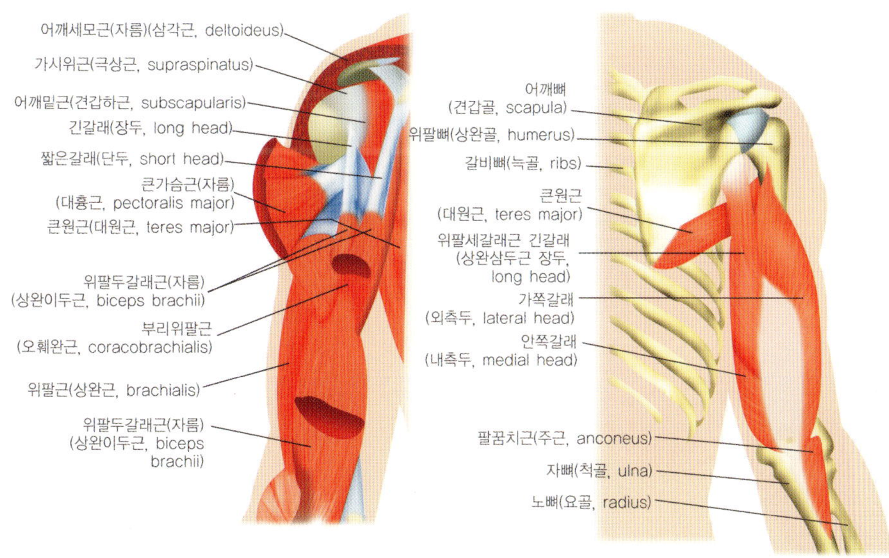

그림 1. 위팔의 근

- 위팔두갈래근(상완이두근) : 위팔두갈래근은 긴갈래(장두)와 짧은갈래(단두)의 두갈래 근으로 되어 있고 위팔의 굽힘(굴곡)과 아래팔의 굽힘(굴곡)에 작용하며 근육피부신경의 지배를 받는다.
- 위팔근(상완근) : 위팔두갈래근 밑에 위치한 큰 근육으로 위팔뼈몸통(상완골체) 앞면 아래부위에서 기시하여 엉치뼈거친면(천골조면)에 정지하며 위팔의 굽힘에 작용한다.
- 위팔세갈래근(상완삼두근) : 위팔의 뒤쪽에 있는 근육으로 윗부분은 세 개로 나뉘어져 있으나 아래부위 하나로 되어 있어 자뼈(척골)의 팔꿈치 뒤쪽에 부착하고 있다. 팔굽관절(주관절)을 늘리는 작용을 한다.
- 부리위팔근(오훼완근) : 견갑골의 부리돌기(오훼돌기)에서 기시하여 위팔뼈몸통의 내면에 정지하며 위팔의 굽힘과 모음(내전)에 관계한다. 근육피부신경의 지배를 받고 있다.

(2) 아래팔(전완)의 근

팔꿈치에서 손목까지의 근육으로 손목과 손가락 운동에 관여한다.

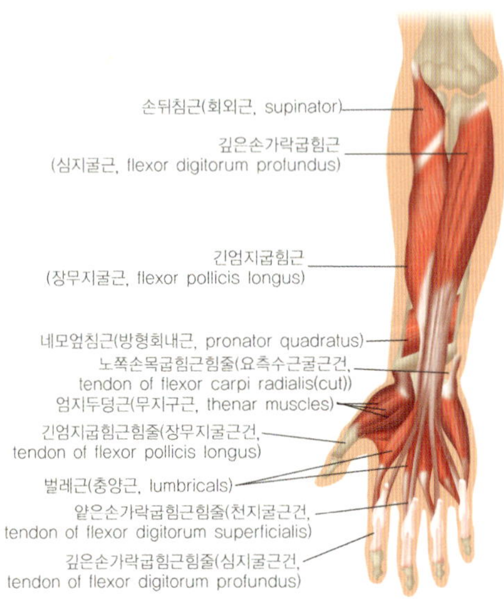

깊은근육무리(심근군)

그림 2-1. 아래팔의 근

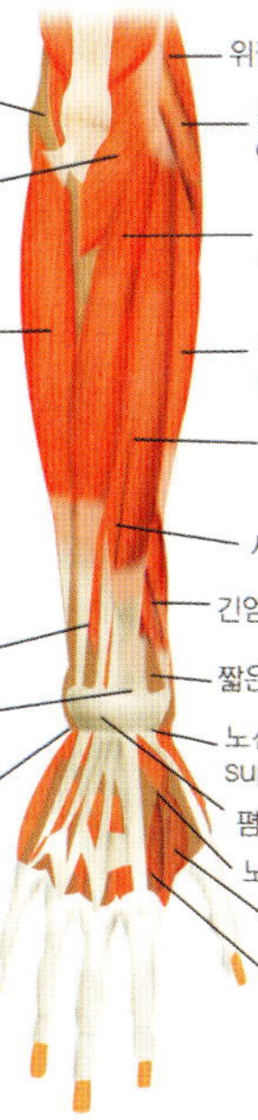

그림 2-2. 아래팔의 근

- 아래팔의 굽힘근(굴근) : 아래팔의 굽힘근은 손목이나 손가락을 굽히는데 작용하며 표층의 굽힘근들은 위팔뼈의 안쪽위관절융기(내측상과)에서 기시하고 깊은 무리들은 아래팔뼈의 앞면에 기시하여 손의 뼈에 정지하며 모두 정중신경의 지배를 받는다.
  전완의 굽힘근은 원엎침근(원회내근), 노쪽손목굽힘근(요측수근굴근), 자쪽손목굽힘근(척측수근굴근), 긴손바닥근(장장근), 긴엄지굽힘근(장무지굴근) 등이 있다.
- 아래팔의 폄근 : 아래팔의 폄근은 손목이나 손가락의 폄에 작용하며 표층의 폄근은 모두 위팔뼈의 가쪽위관절융기(외측상과)에서 기시하고 깊은 근은 아래팔뼈 뒷면에서 기시하여 주로 손등에 정지하며 모두 노신경(요골신경)의 지배를 받는다.
  아래팔의 폄근은 위팔노근(완요골근), 긴노쪽손목폄근(장요측수근신근), 자쪽손목굽힘근, 새끼폄근(소지신근) 등이 있다.

(3) 팔의 주요 혈점 및 효과

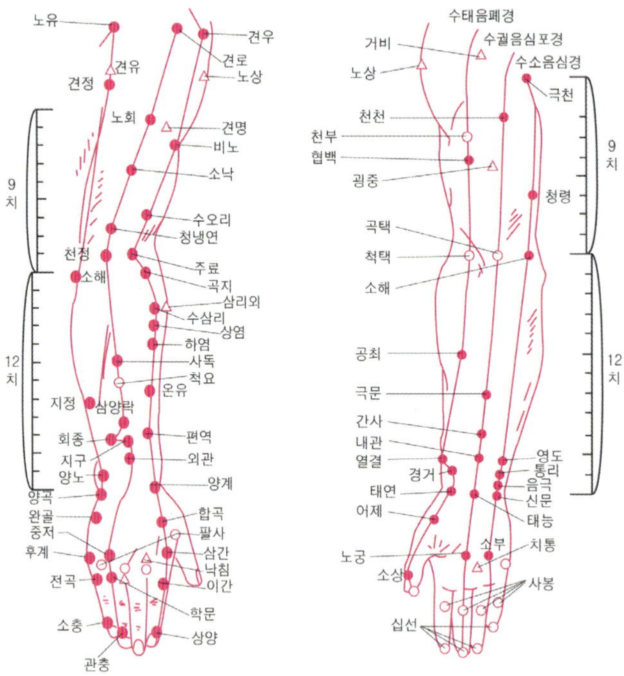

그림 3. 팔의 혈점

- 견유 : 견비통, 피부병
- 곡지 : 설사 두통
- 수삼리 : 치통, 고혈압, 감기
- 외관 : 수전증, 반신불수
- 합곡 : 두통, 귀가 멍할 때, 소화장애
- 극천 : 갈비사이 신경통, 암내제거
- 척택 : 천식, 폐결핵
- 내관 : 황달, 매스꺼움
- 신문 : 심장마비, 히스테리
- 어제 : 두통, 기침, 설사

[팔 관리 장면 동영상]

2. 팔 관리 순서

① 도포하기

② 팔 전체 쓰다듬기

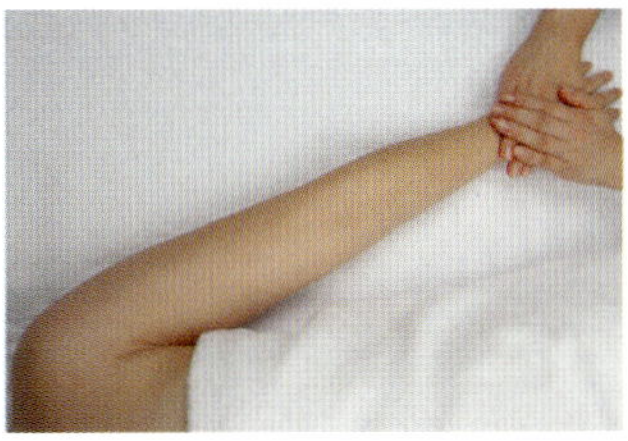
그림 1

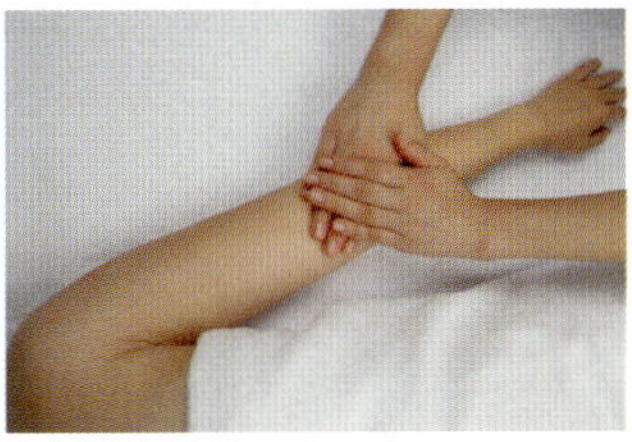
그림 2

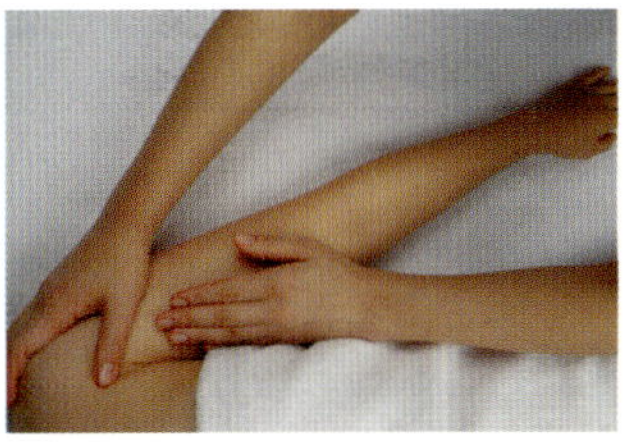
그림 3

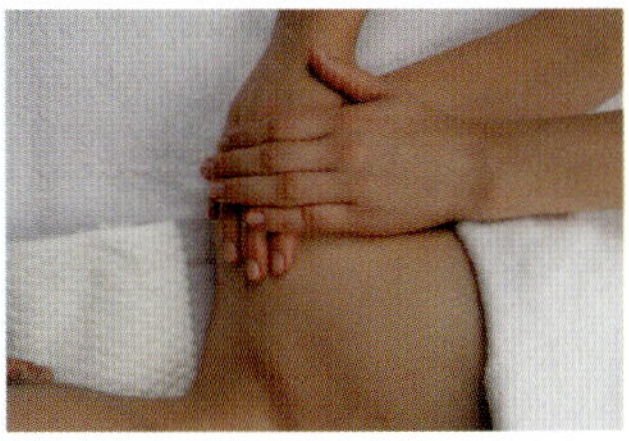
그림 4

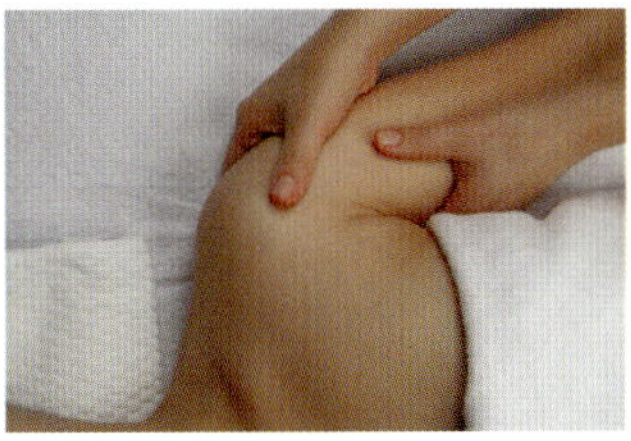
그림 5

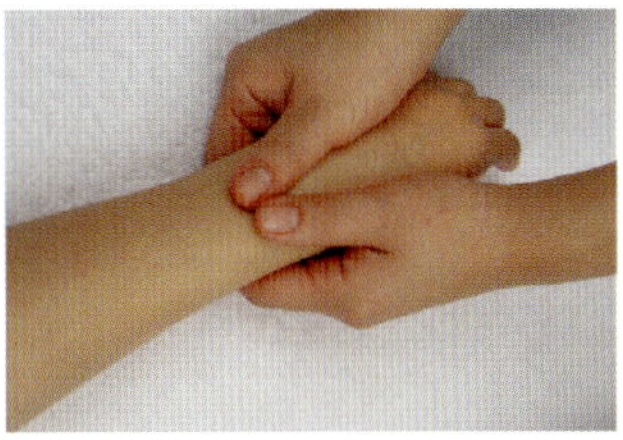
그림 6

③ 팔 안쪽, 바깥쪽 길게 쓰다듬기

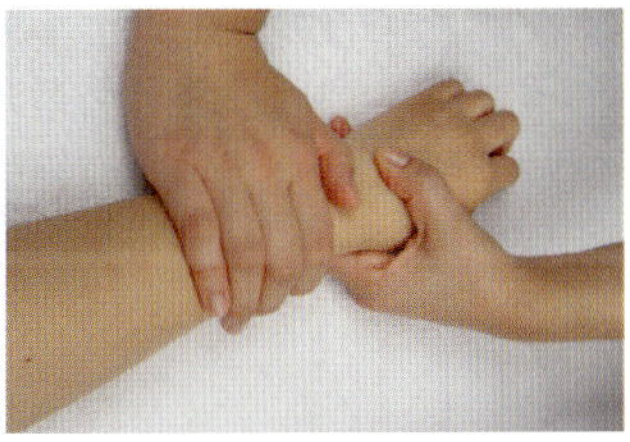
그림 1

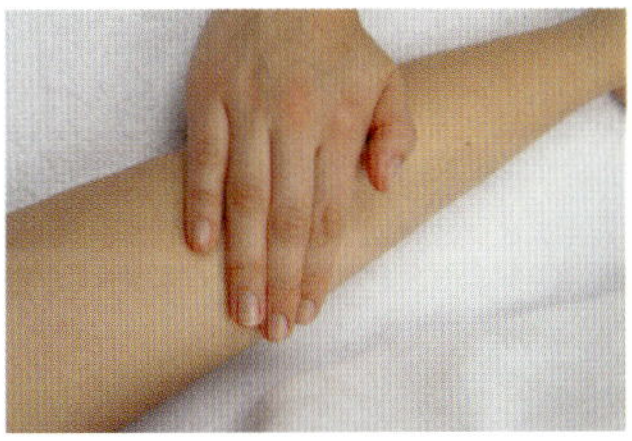
그림 2

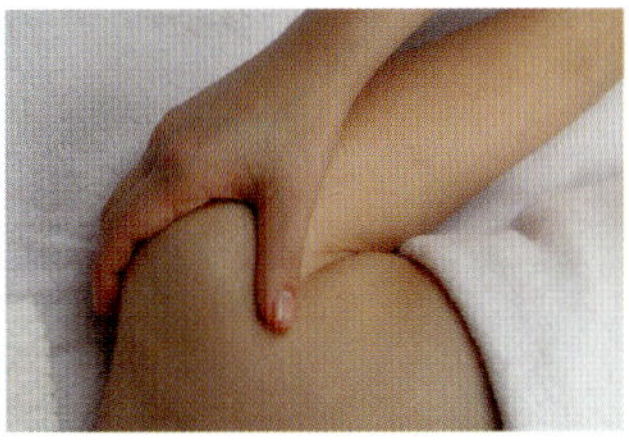
그림 3

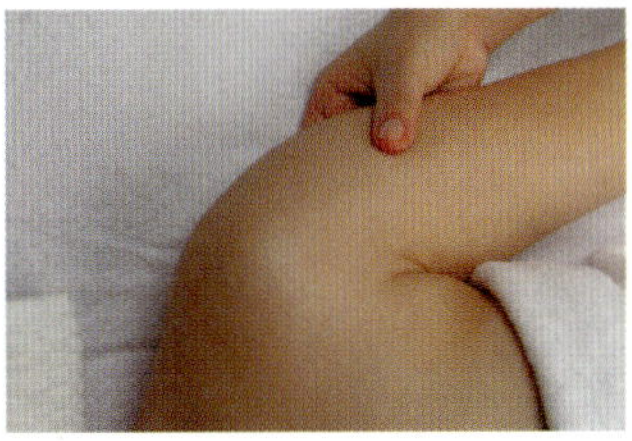
그림 4

④ 팔 안쪽, 바깥쪽 둥글게 펴 올리듯 집어 올라가기

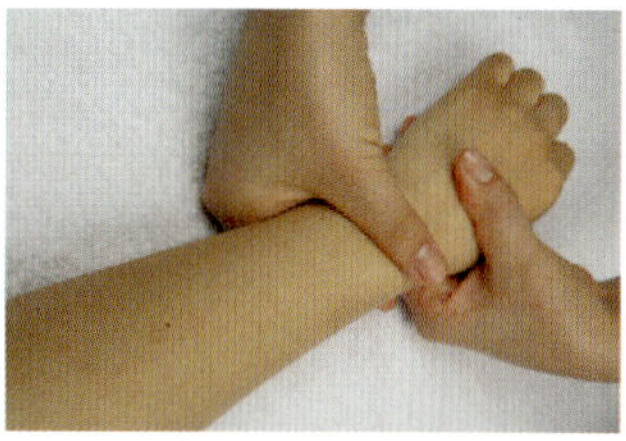

그림 1

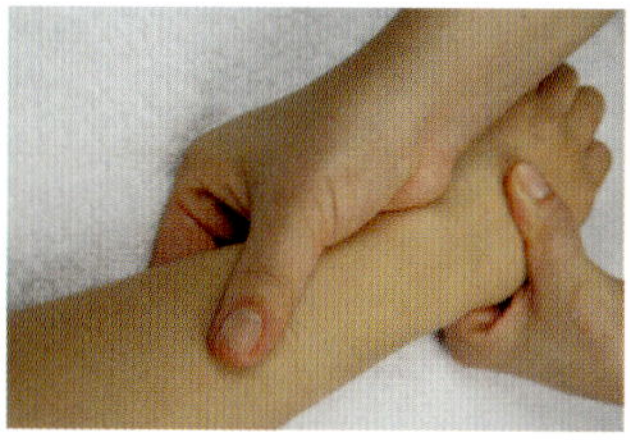

그림 2

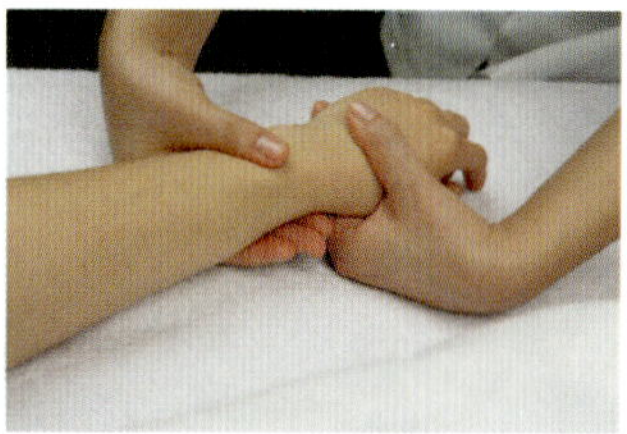

그림 3

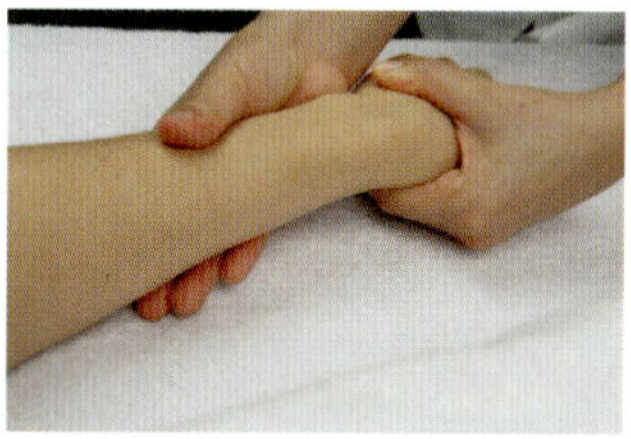

그림 4

⑤ 반 주먹으로 밀어 올라가기

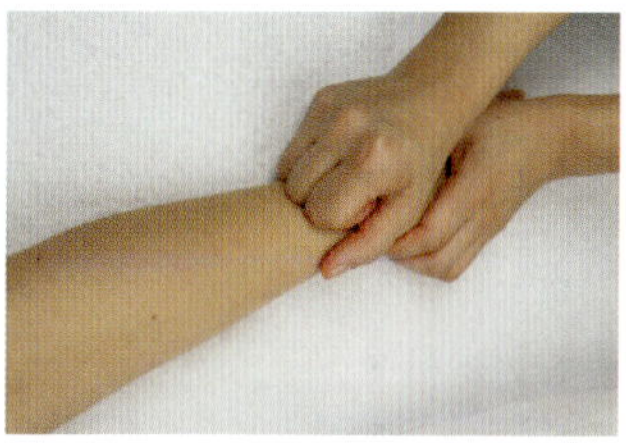

그림 1

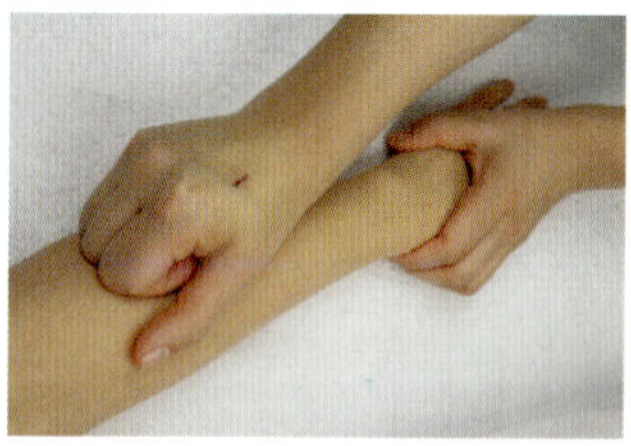

그림 2

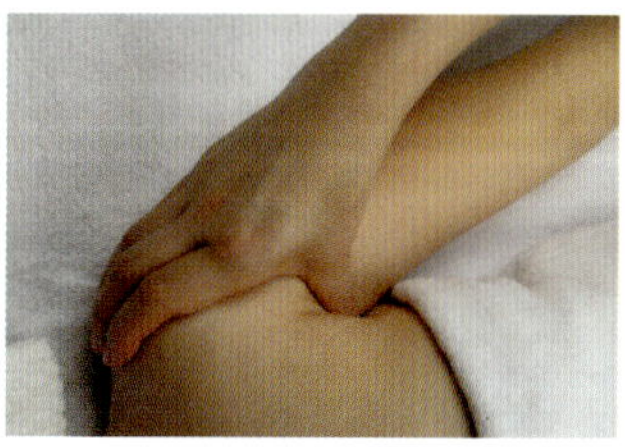

그림 3

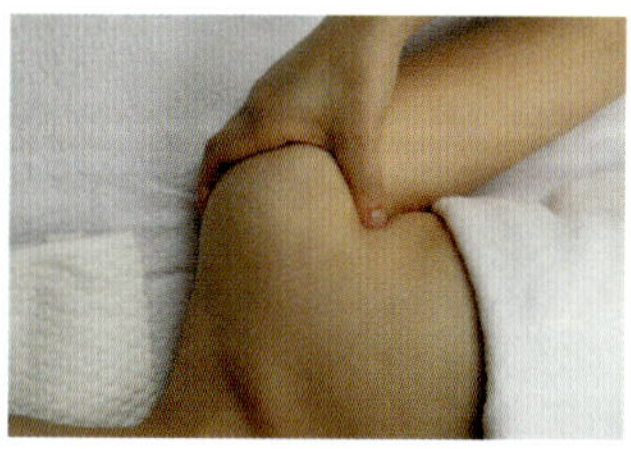

그림 4

⑥ 전완을 세운 자세에서 바깥쪽, 안쪽을 3등분하여 팔꿈치 방향으로 쓸어내리기

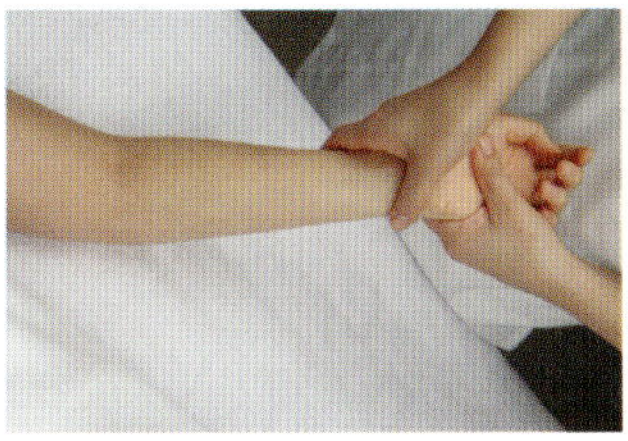

그림 1

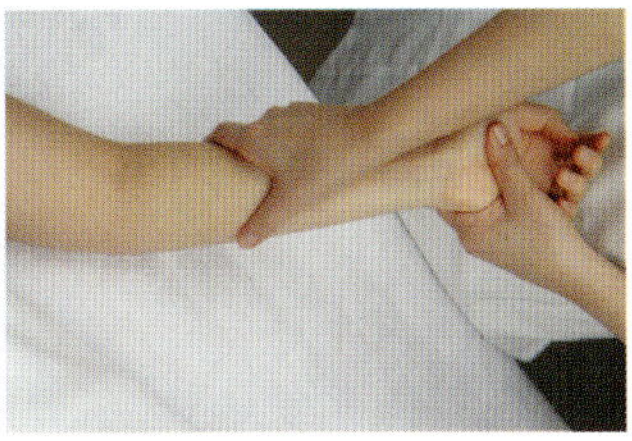

그림 2

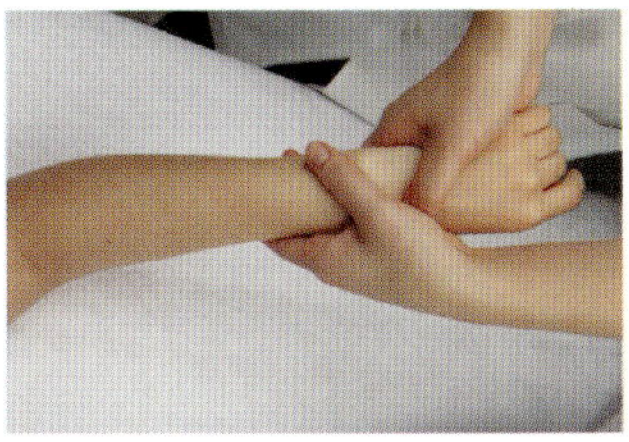

그림 3

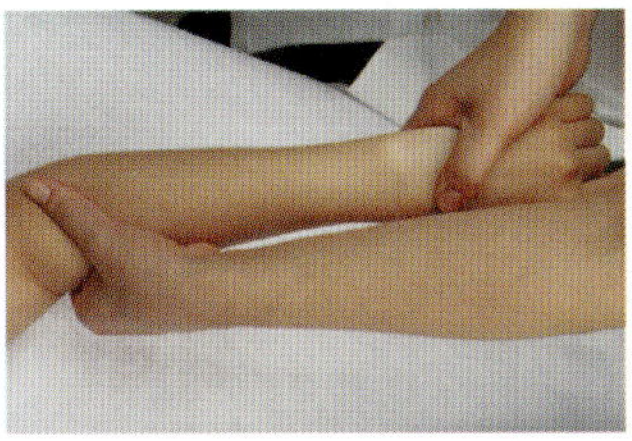

그림 4

⑦ 팔꿈치 관절부위 풀기

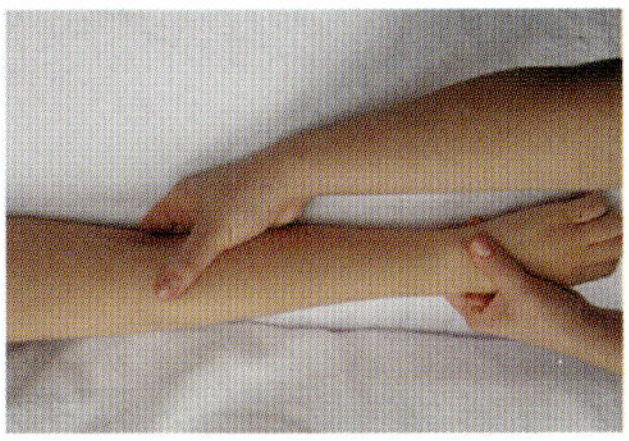

그림 1

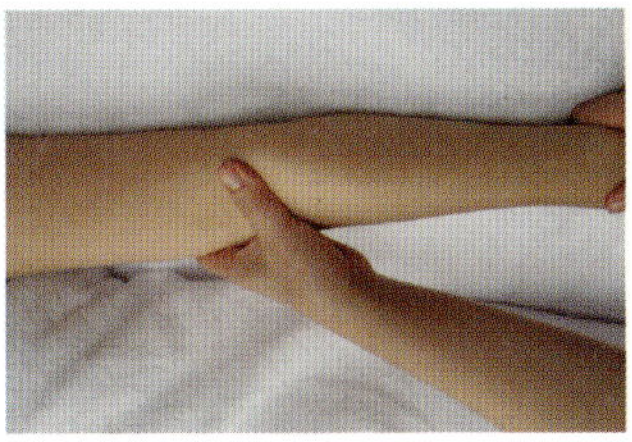

그림 2

⑧ 위팔세갈래근(상완삼두근) 풀기

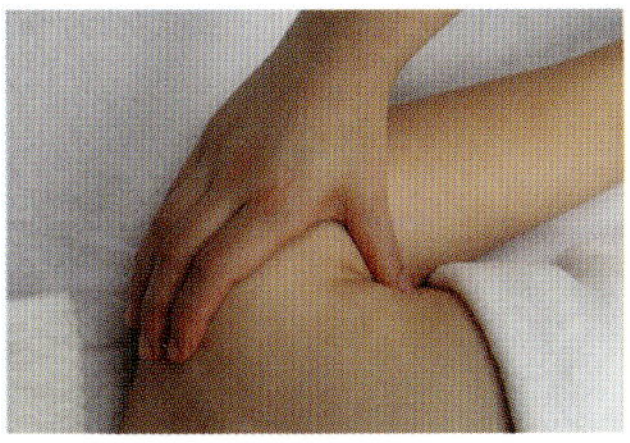

그림 1

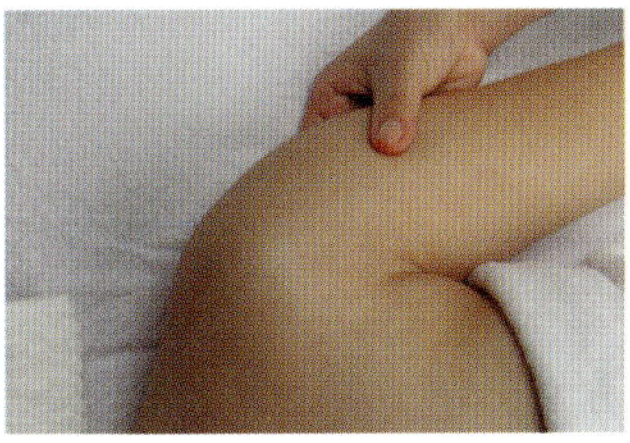

그림 2

⑨ 팔 전체를 비틀어 내려오기

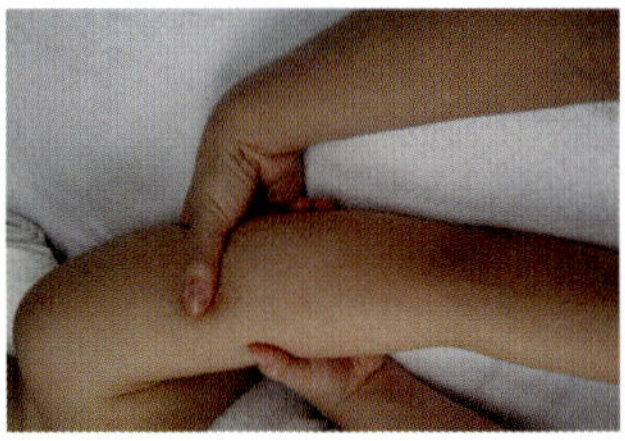

그림 1

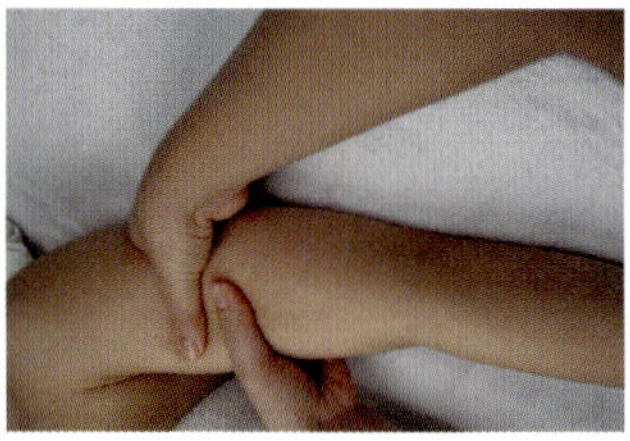

그림 2

⑩ 팔 전체 쓰다듬기

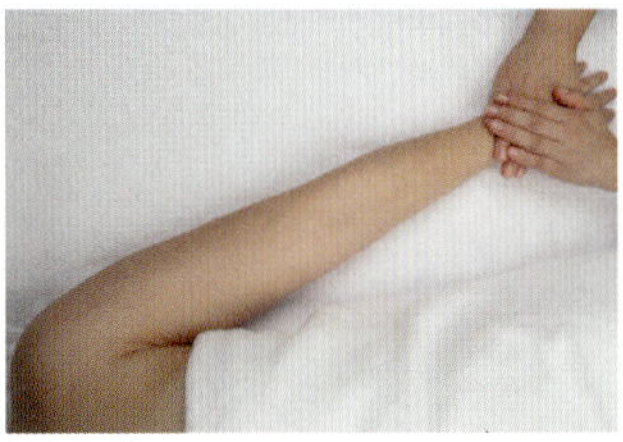

그림 1

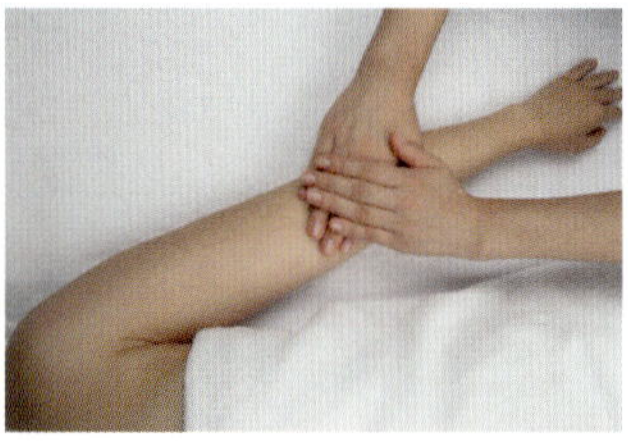

그림 2

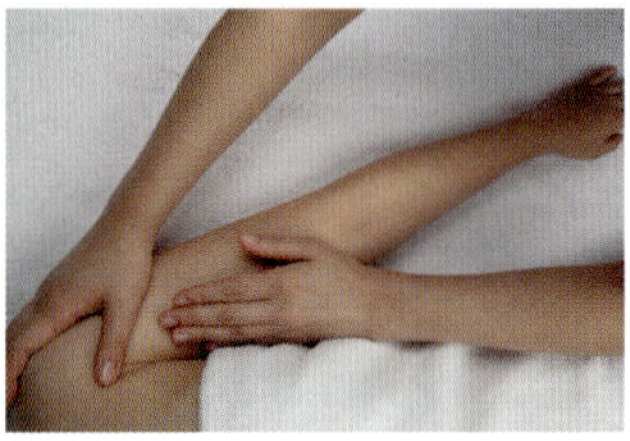

그림 3

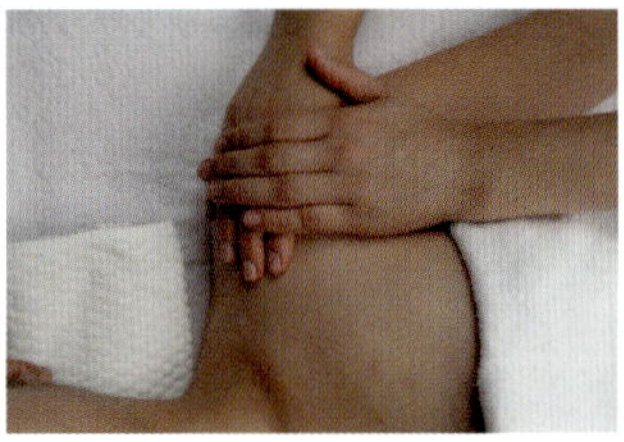

그림 4

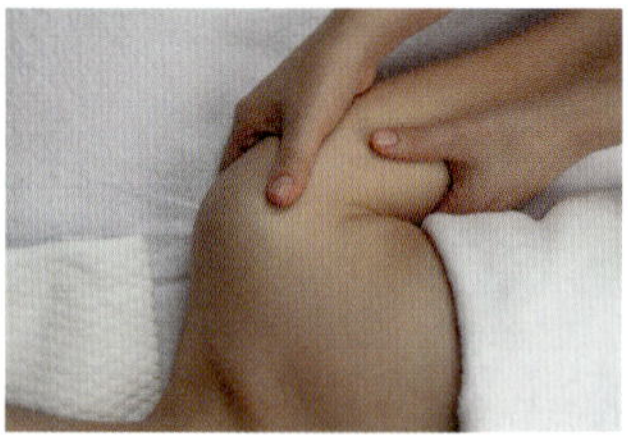

그림 5

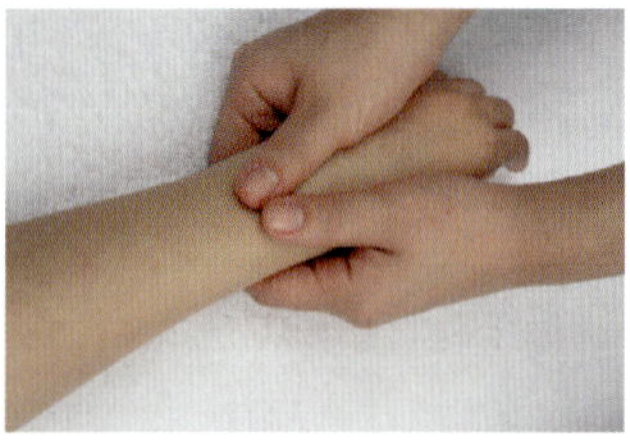

그림 6

⑪ 손목 관절 부위 8자로 풀기 / 지그재그풀기

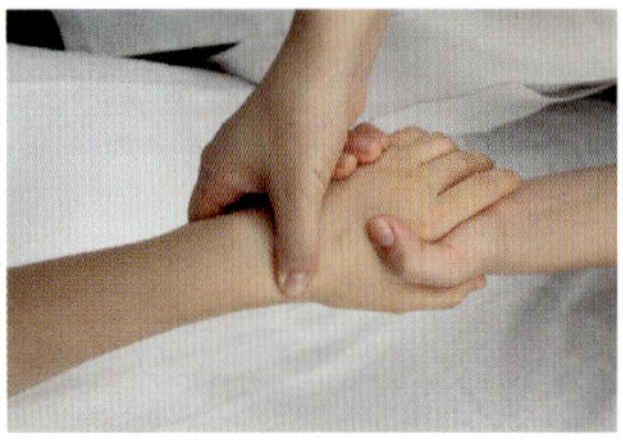

그림 1

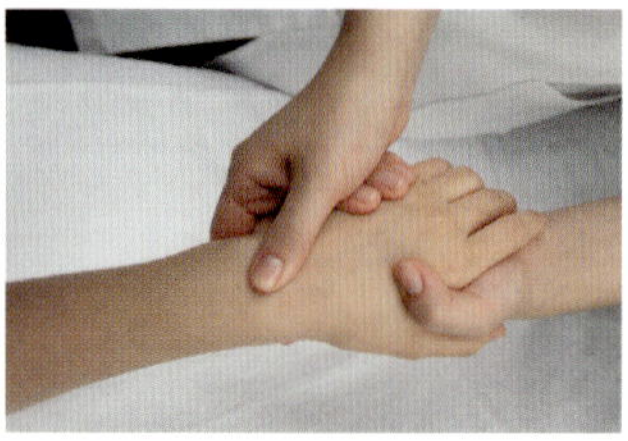

그림 2

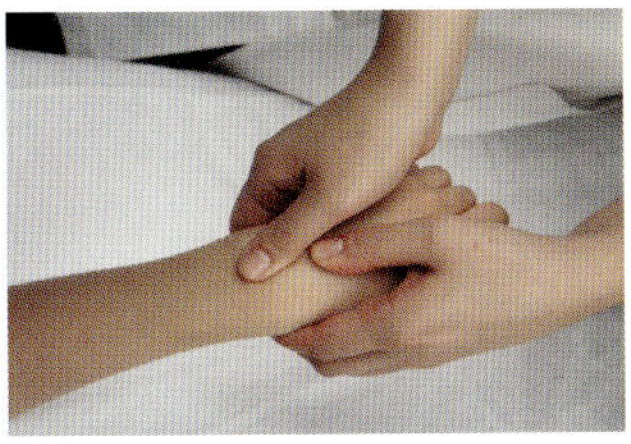

그림 3

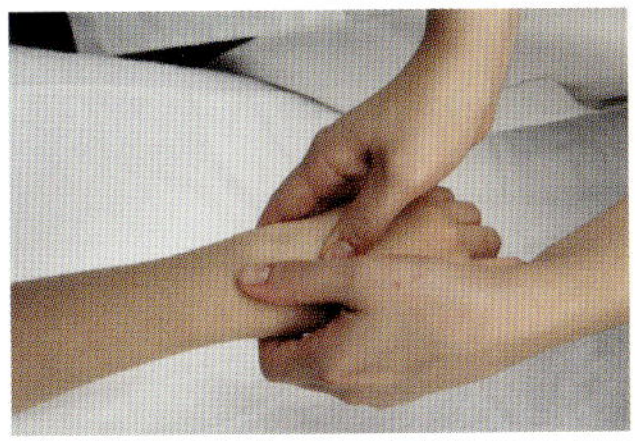

그림 4

⑫ 손허리뼈(중수골) 사이 파기

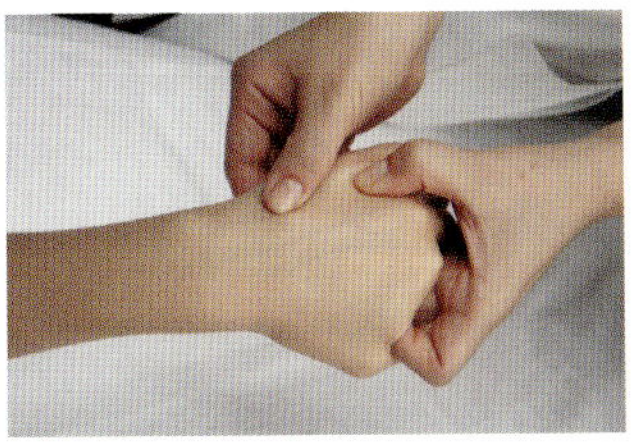

그림 1

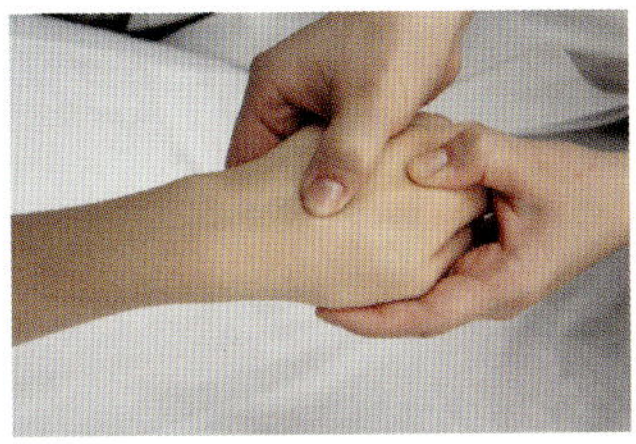

그림 2

⑬ 손가락 문지르기

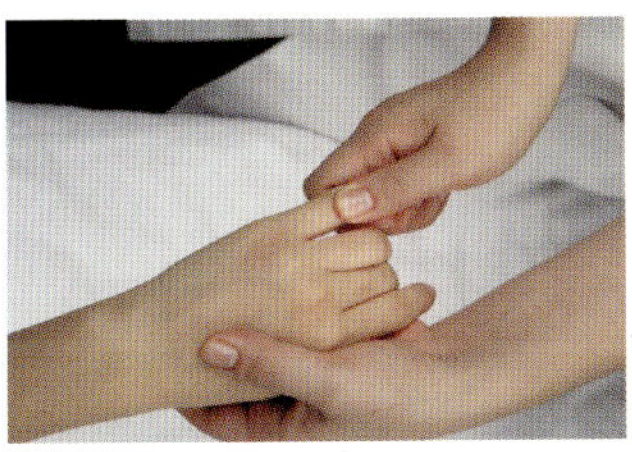

그림 1

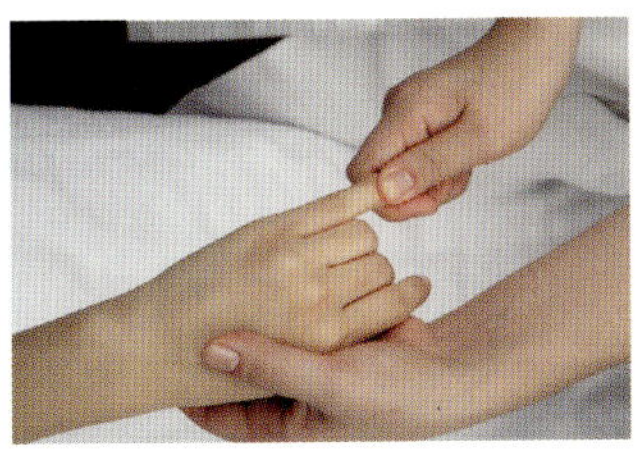

그림 2

⑭ 팔 전체 스트레칭

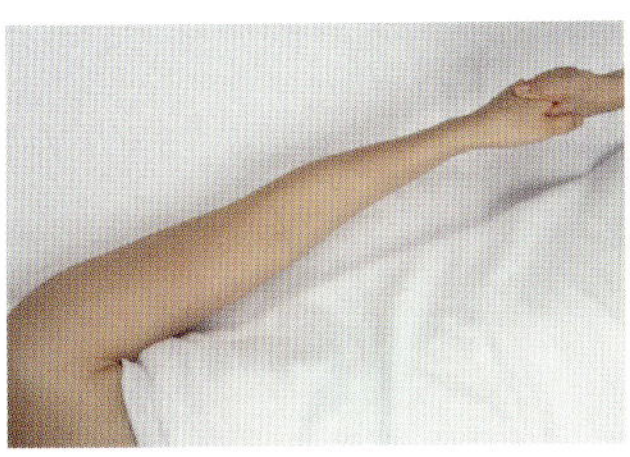

그림 1

⑮ 손바닥 노궁혈을 중심으로 엄지로 압주기

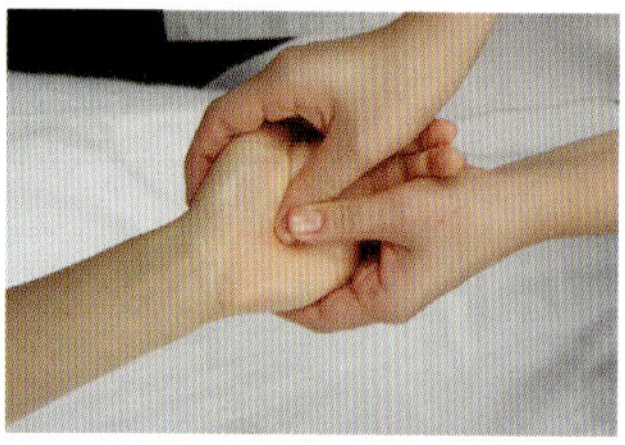

그림 1

⑯ 손바닥 문지르기

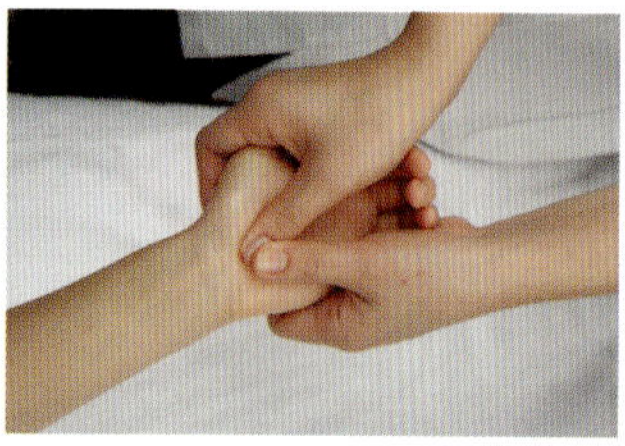

그림 1

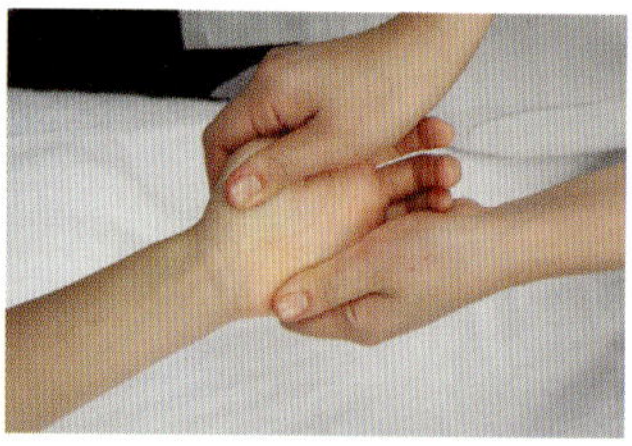

그림 2

⑰ 어제 부위 풀어주기

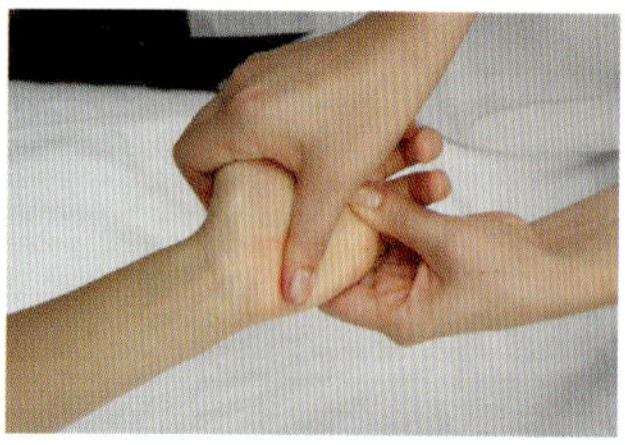

그림 1

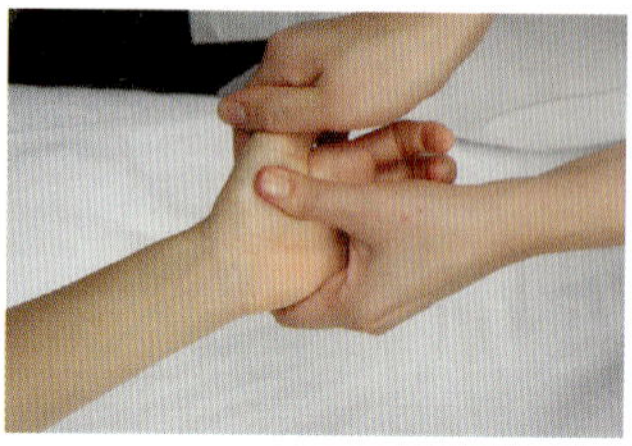

그림 2

⑱ 팔 전체 쓰다듬기

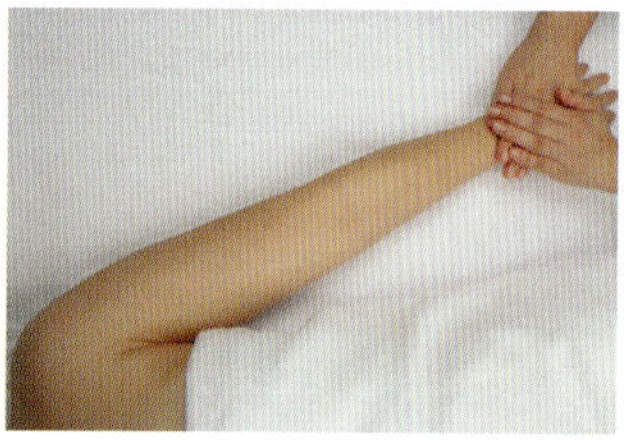

그림 1

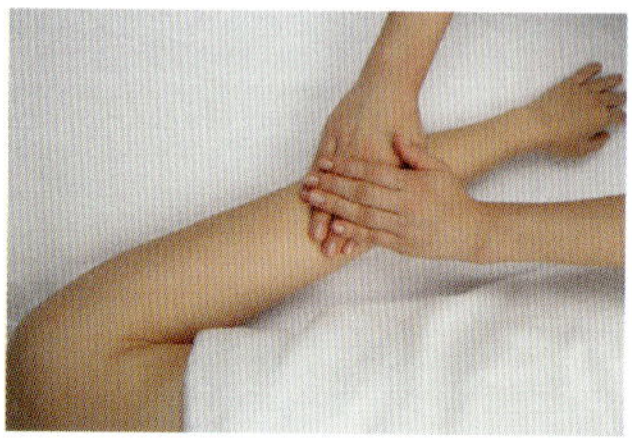

그림 2

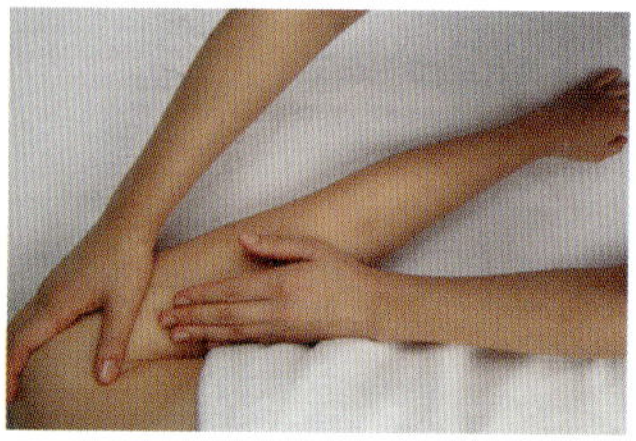

그림 3

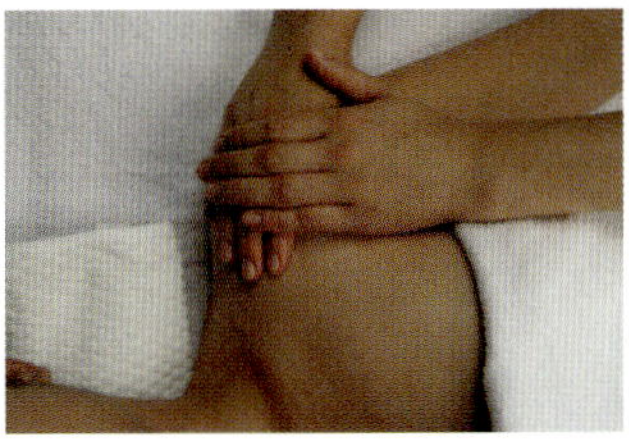

그림 4

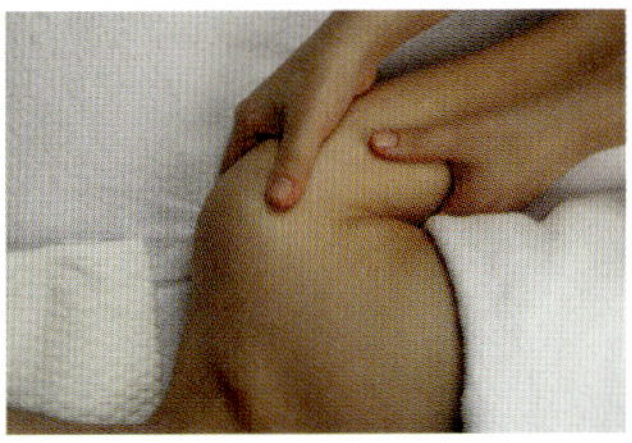

그림 5

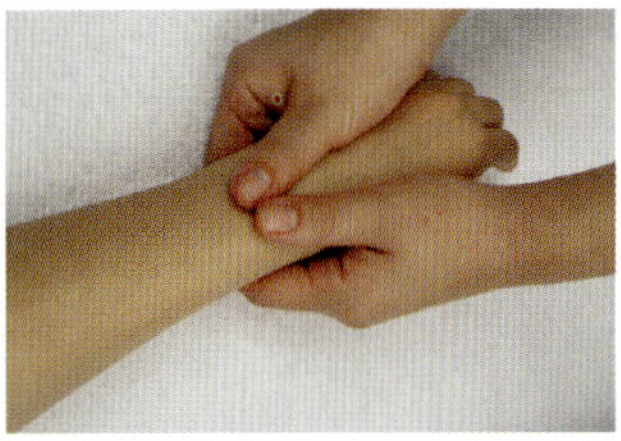

그림 6

⑲ 손등 두드리기

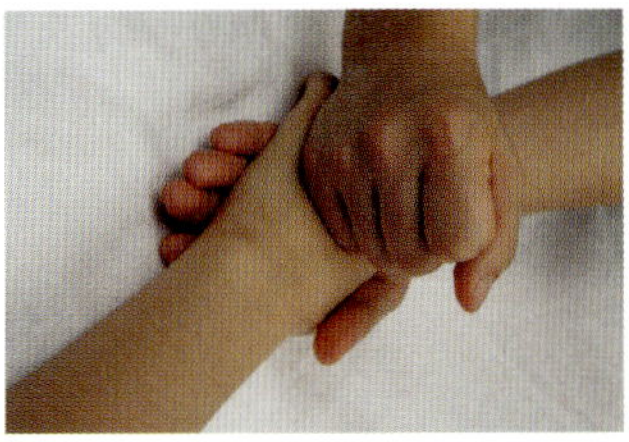

그림 1

⑳ 바이브레이션

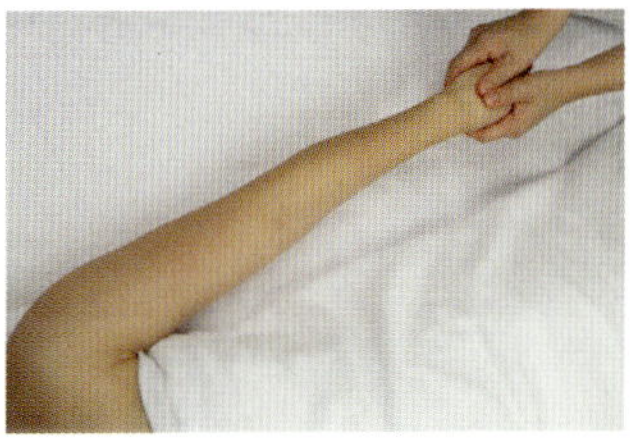

그림 1

제13주차

Salon Treatment

(다리, 아로마 관리)

학습목표

※ 이 강의를 통해서 다리의 근육도를 이해하고 다리의 주요 혈점의 위치와 작용을 숙지하여 하체관리 테크닉을 완벽히 소화하여 유연하게 관리할 수 있도록 한다.

1. 다리(하지)관리

1) 다리관리의 필요성

다리는 바르지 못한 자세, 불규칙한 식습관, 다리를 꼬고 있거나 오래 앉아 있는 생활습관으로 골반이 틀어져 혈액순환을 방해하여 다리가 차가워지면서 부종과 지방, 울퉁불퉁한 셀룰라이트를 유발하게 된다. 또한 여성 호르몬에 의해 지방세포가 증가하고 그 지방이 허벅지, 힙 등에 집중적으로 쌓이기 쉬운 곳이다.

다리관리 마사지 테크닉을 통해 혈액순환과 림프순환을 촉진시켜주고 지방분해를 시켜 독소와 노폐물을 배출하여 부종을 없애주고 날씬하고 가벼워진 다리를 만드는데 도움을 준다.

2) 다리의 근육

하다리의 근육은 몸무게를 유지하고 지상에서 활동하기에 적합하도록 골반, 볼기(둔부), 넙다리(대퇴), 종아리(하퇴), 발에 위치한 강한 근육들이다.

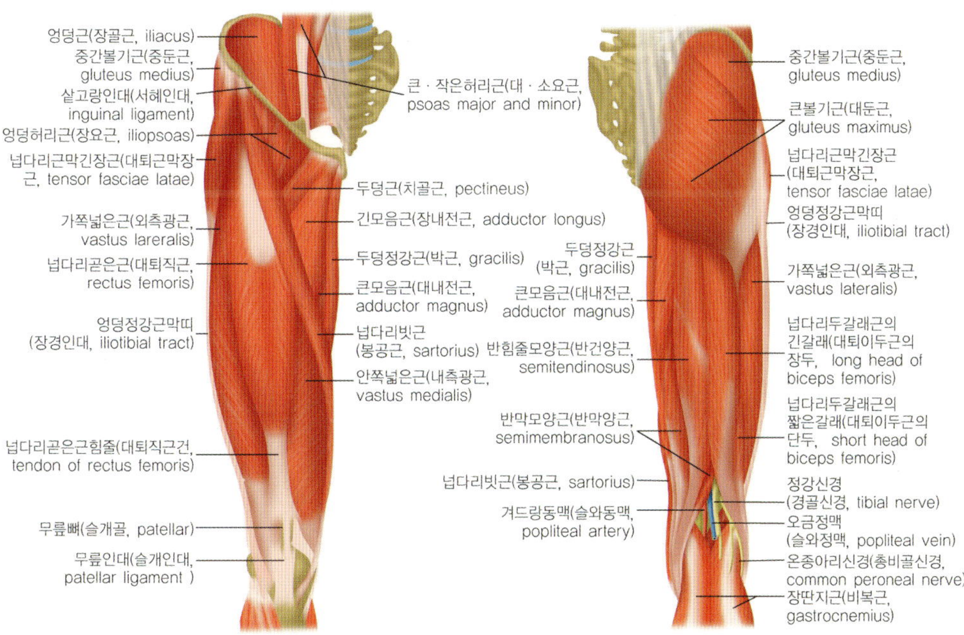

그림 1. 골반, 둔부, 대퇴의 근육

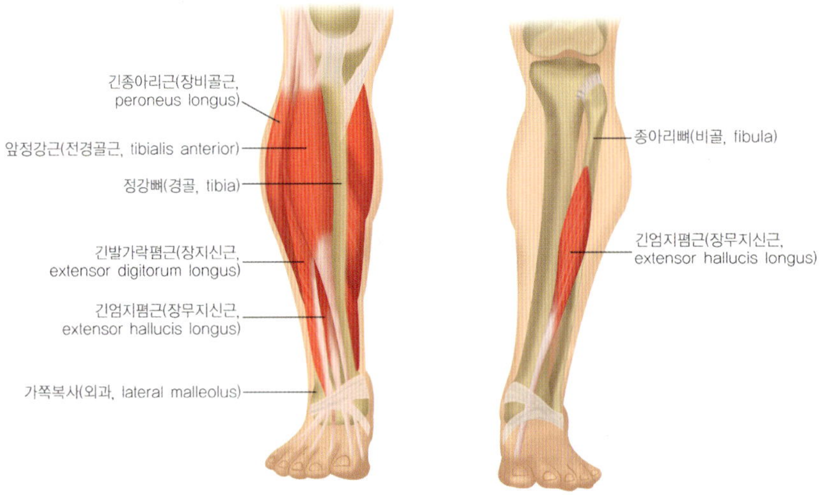

그림 2. 하퇴의 근육 전면

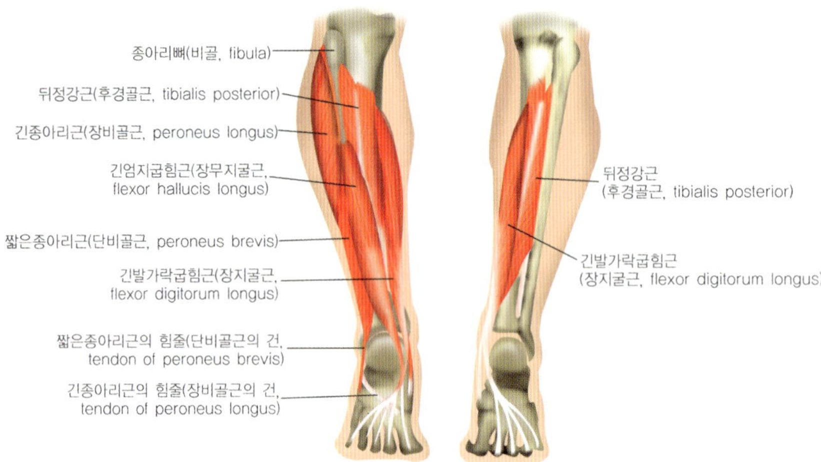

그림 3. 하퇴의 근육 후면

- **골반의 근** : 골반의 근육은 골반강의 안쪽을 이루는 속관절근인 엉덩근(장골근), 큰허리근(대요근), 작은허리근(소요근)이 있으며 이들 근육은 엉덩근막(장골근막)에 덮여 있고 엉덩근과 큰허리근은 샅고랑인대 밑을 지나 합쳐지면서 넙다리뼈(대퇴골)의 작은돌기(소전자)에 정지하며 이 둘이 합쳐진 근을 엉덩허리근(장요근)이라고 한다.
- **엉덩이의 근** : 엉덩이의 근은 골반 뒤쪽에 있는 바깥볼기근으로 엉덩이 근육을 형성하며 신체의 무게를 지탱하고 엉덩관절(고관절)을 신전시키는 작용을 한다.

- **넙다리의 근** : 넙다리의 근육은 엉덩관절과 무릎관절(슬관절)의 운동에 관여하며 앞넙다리근, 안쪽넙다리근, 뒤넙다리근으로 나눈다.
- **종아리의 근** : 종아리(하퇴)의 근육은 주로 발목과 발가락운동에 관여하며 앞종아리근, 가쪽종아리근, 뒤종아리근으로 구분한다.
- **발의 근** : 발의 근육은 발바닥에 발달되어 있으며 발들의 근육은 미약하다 발의 근들은 발가락의 운동에 관여하며 발등을 이루는 발등근육(족배근)과 발바닥을 이루는 장딴지빗근(족척근)으로 구분한다.

3) 다리의 혈점

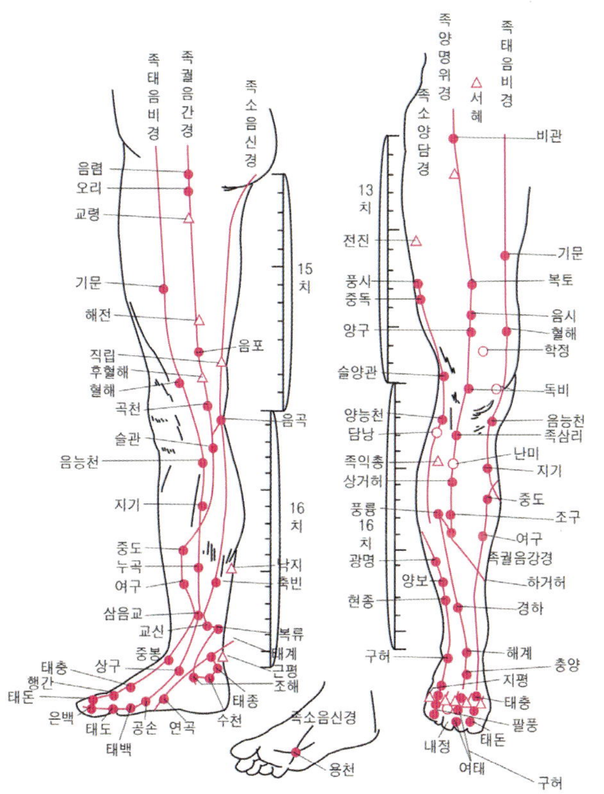

그림 4-1. 다리의 혈점

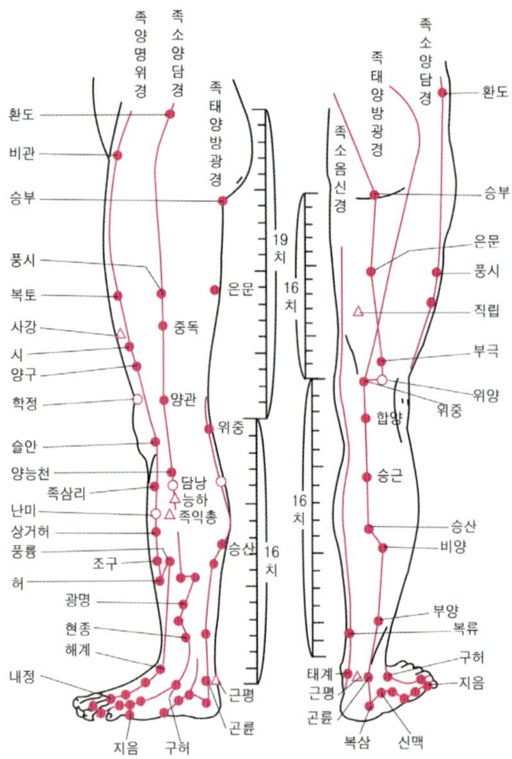

그림 4-1. 다리의 혈점

<다리 관리 장면 동영상>

2. 다리관리(후면) 순서

① 도포하기

② 다리 전체 쓰다듬기

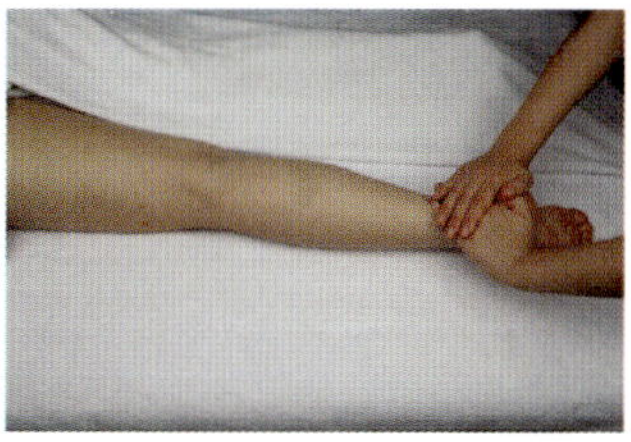

그림 1

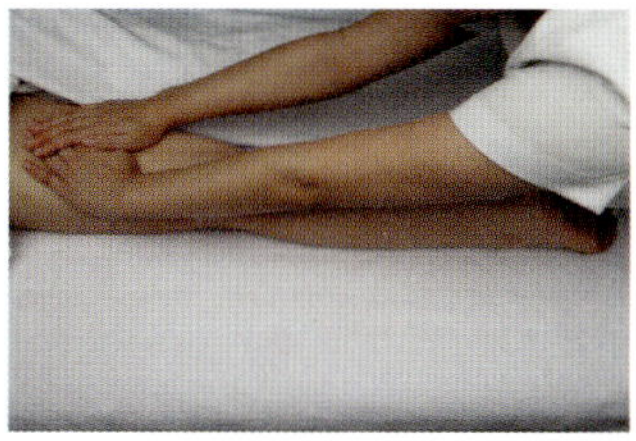

그림 2

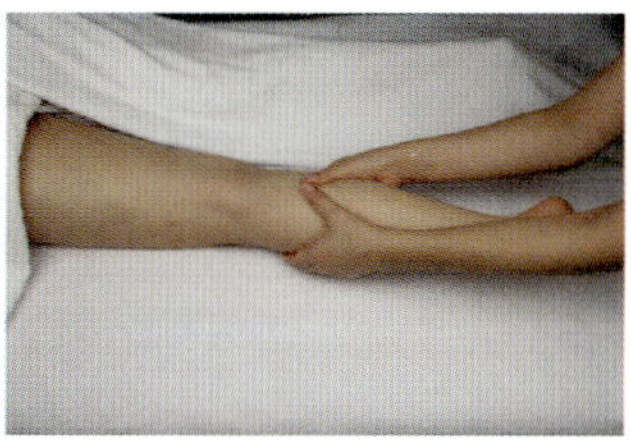

그림 3

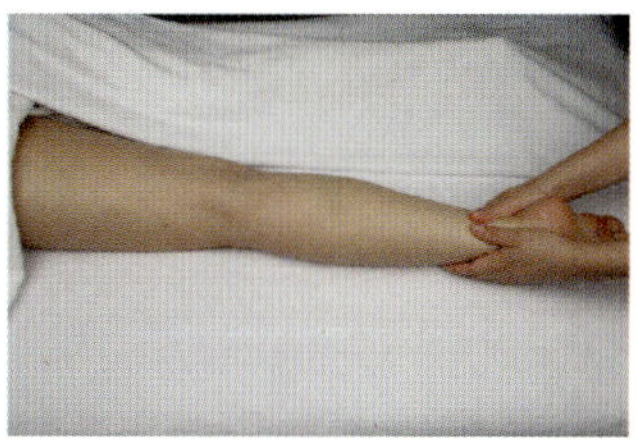

그림 4

③ 발바닥 관리 1 : 손바닥을 이용해 쓸기

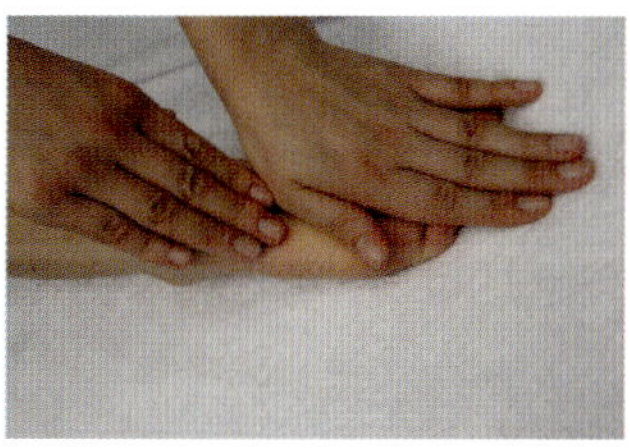

그림 1

④ 발바닥 관리 2 - 엄지를 이용해 용천혈을 지압하고 수뇨관과 방광의 반사구 길을 따라 빼기

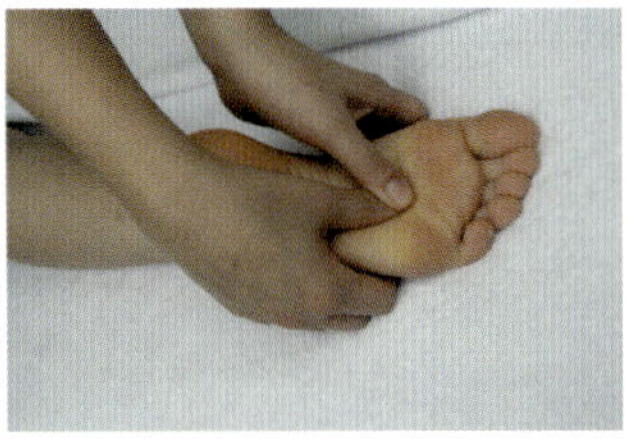

그림 1

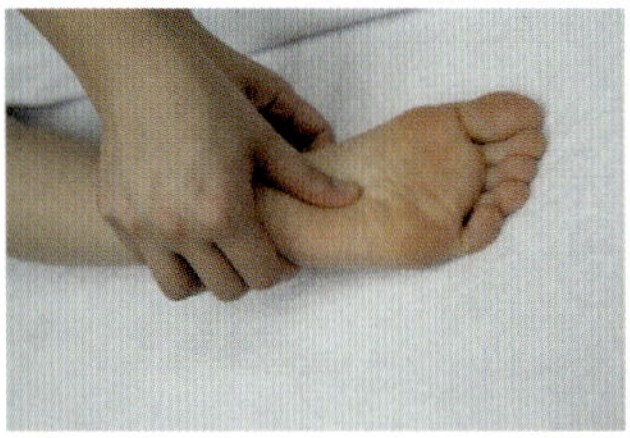

그림 2

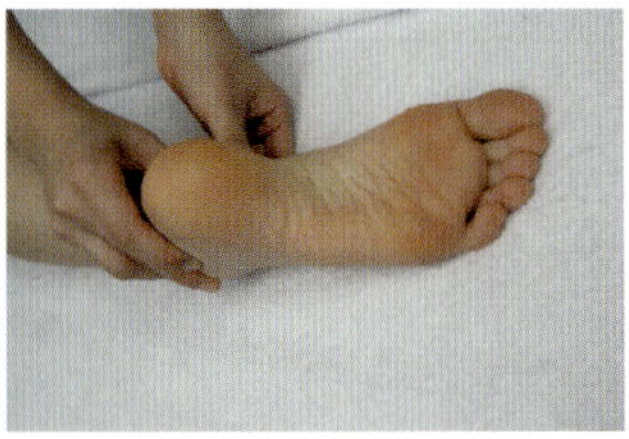

그림 3

⑤ 발바닥 관리 3 - 주먹으로 발바닥의 반사구를 전체적으로 문질러 자극 후 쓰다듬기 동작

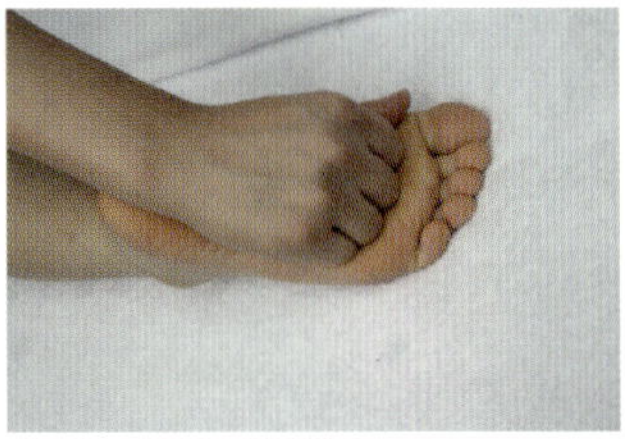

그림 1

⑥ 내, 외 복사뼈 돌려주기

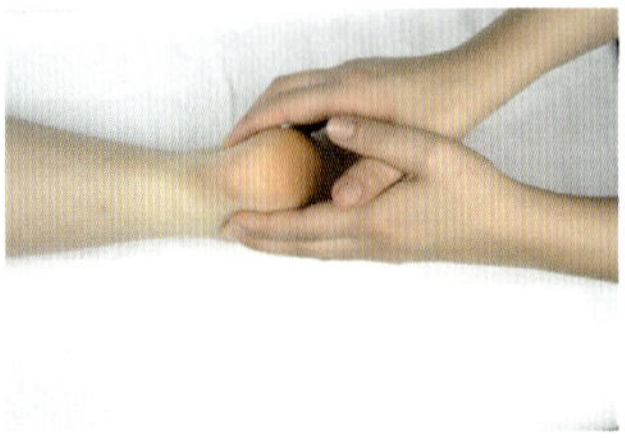

그림 1

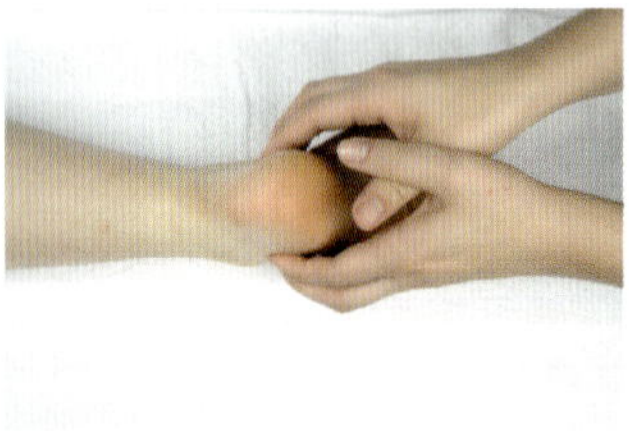

그림 2

⑦ 아킬레스건 풀어주기 – 엄지를 이용해 둥글게 돌려주고 주먹을 이용해 문지르기

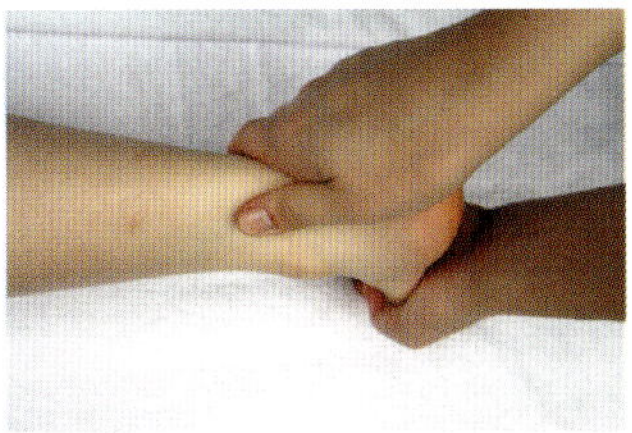
그림 1

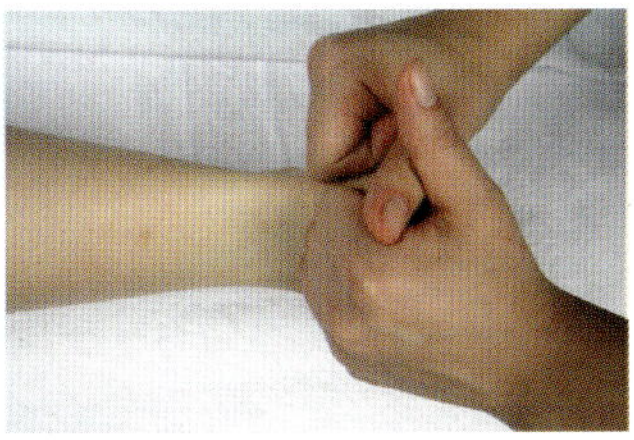
그림 2

⑧ 나선형으로 문지르며 종아리 쓰다듬기

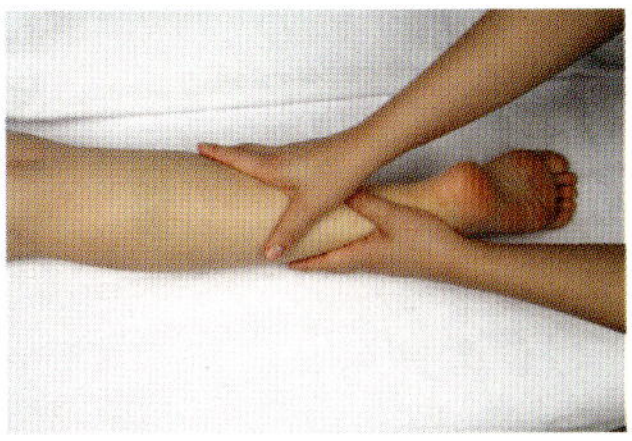
그림 1

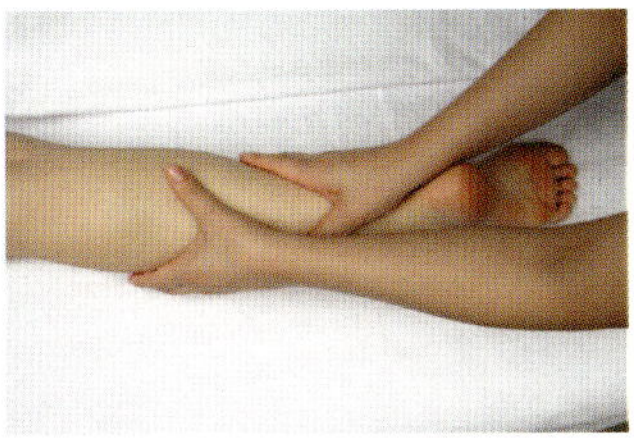
그림 2

⑨ 종아리 3선 문지르기

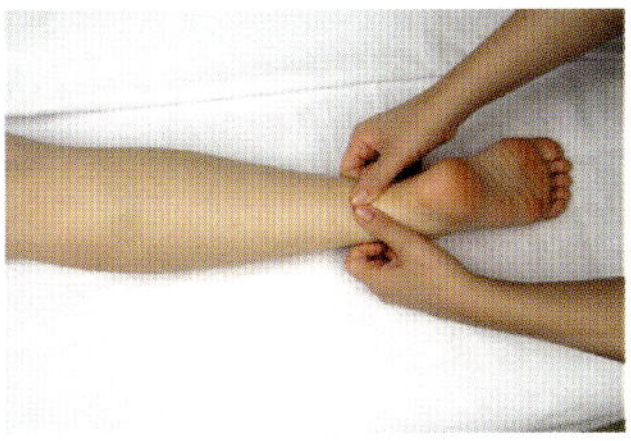
그림 1

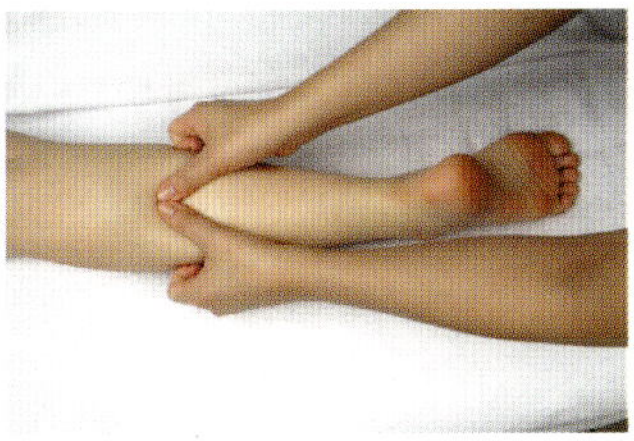
그림 2

⑩ 종아리 반주먹 지고 문지르기

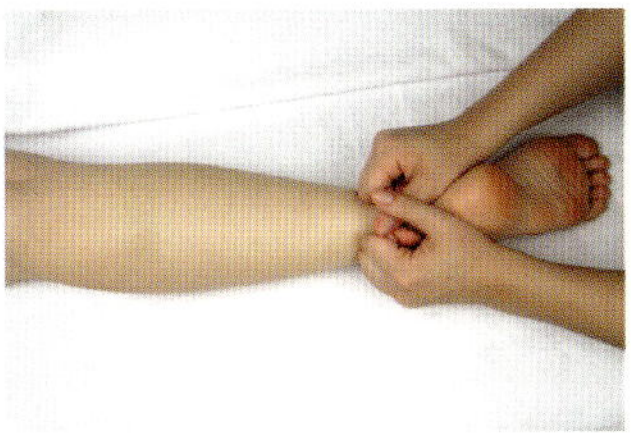
그림 1

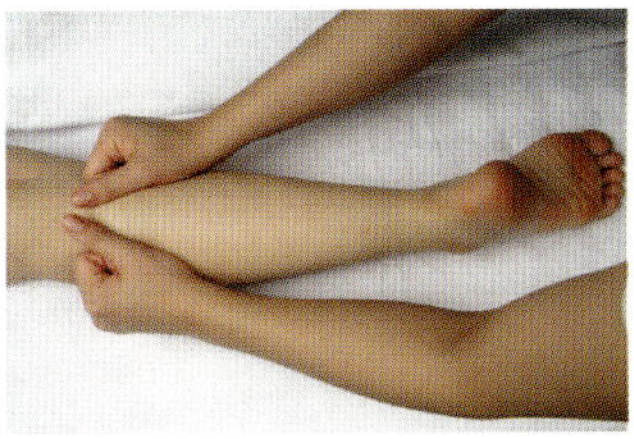
그림 2

⑪ 무릎관절 부위 풀어주기

⑫ 나선형으로 문지르며 허벅지 쓰다듬기

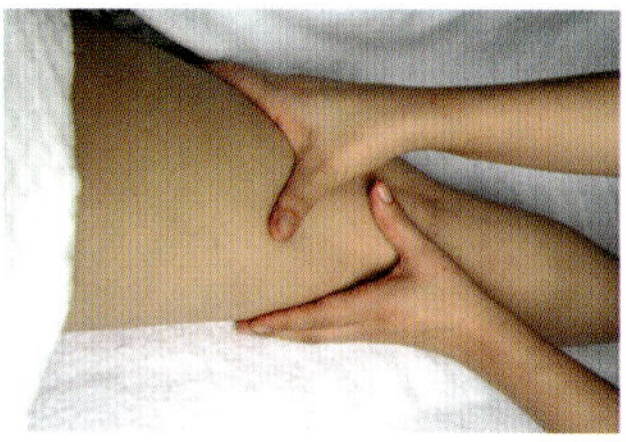

그림 1

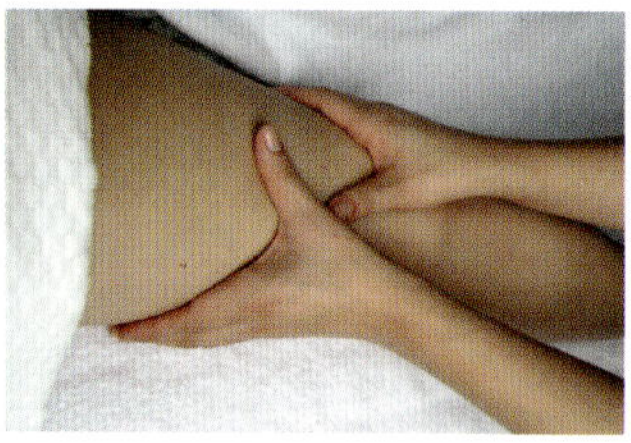

그림 2

⑬ 허벅지 3선 문지르기

⑭ 허벅지 반주먹 문지르기

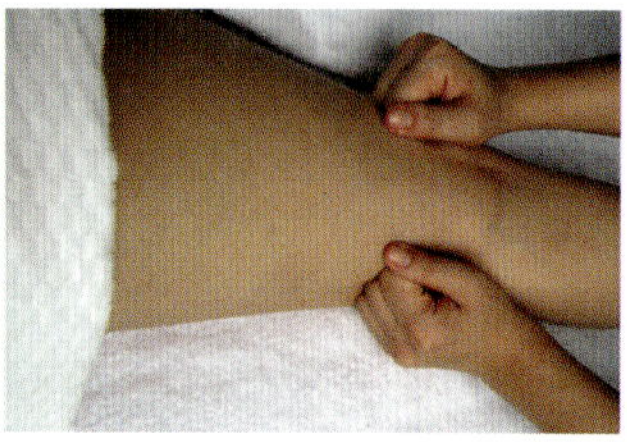

그림 1

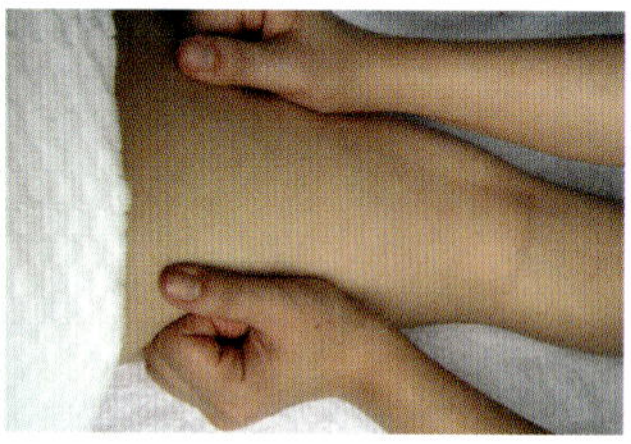

그림 2

⑮ 승부혈 압주어 풀기

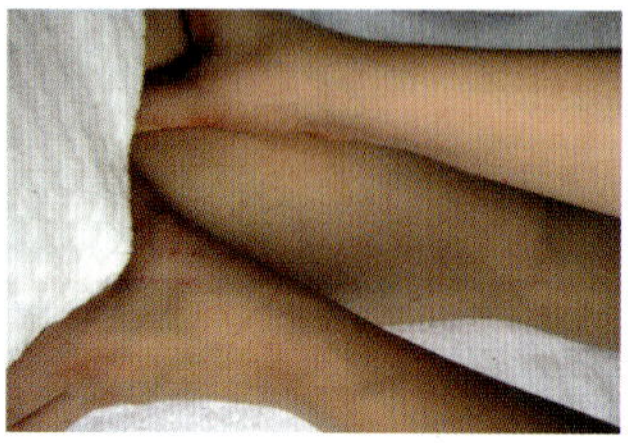

그림 1

⑯ 힙 라인 만들기

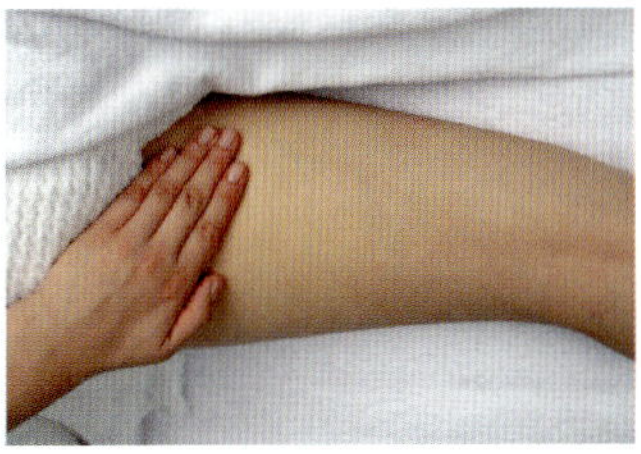

그림 1

⑰ 허벅지 안쪽 주무르기

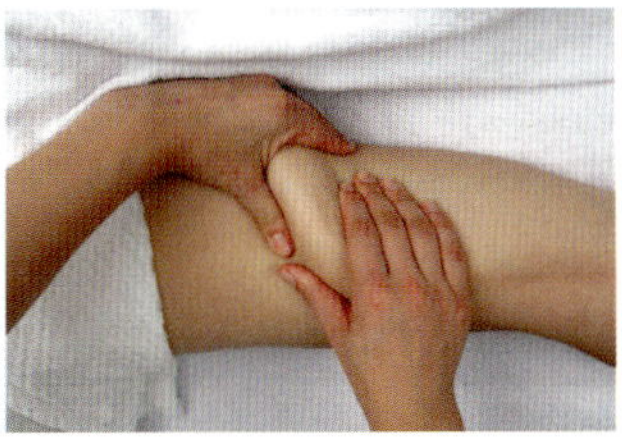

그림 1

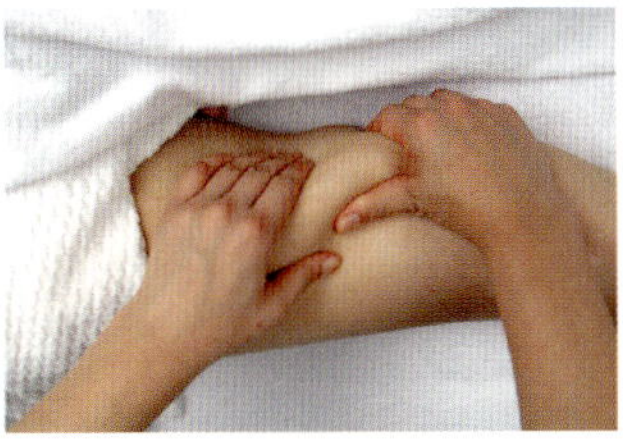

그림 2

⑱ 샅굴부절로 쓸기

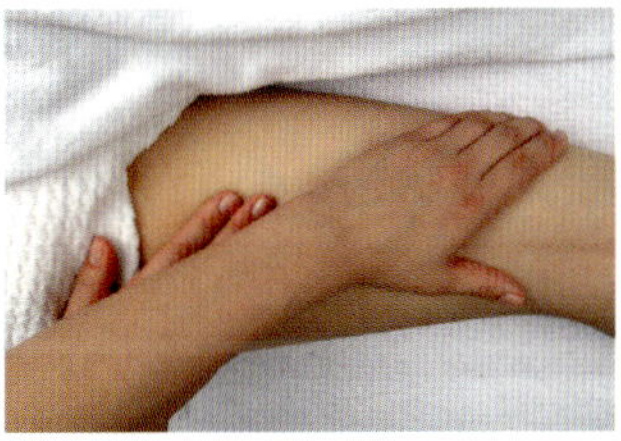

그림 1

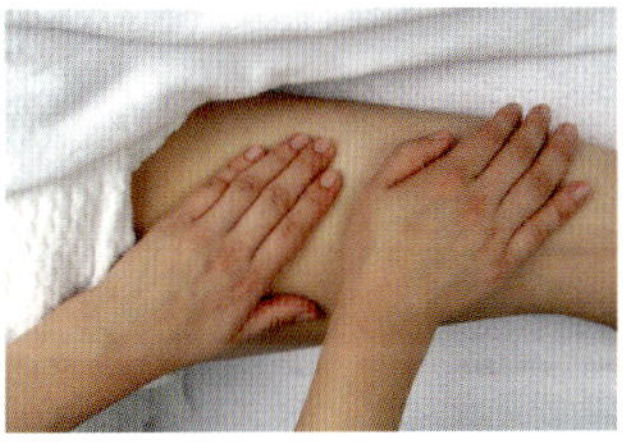

그림 2

⑲ 다리 전체 쓰다듬기

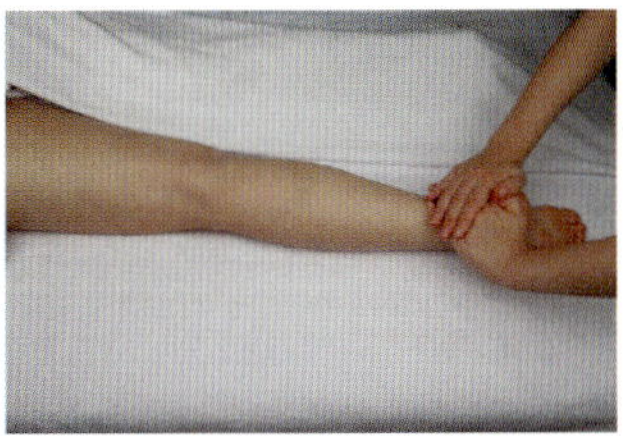

그림 1

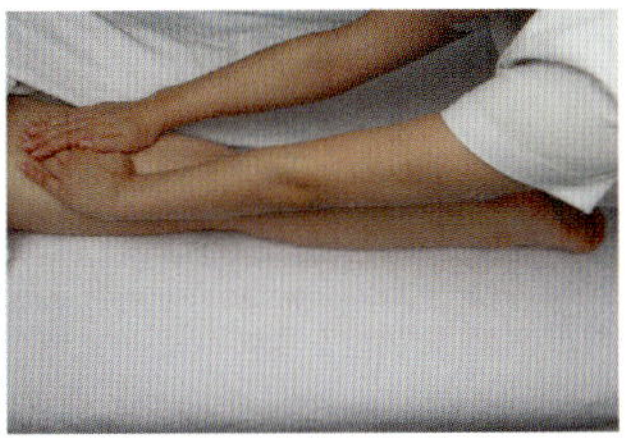

그림 2

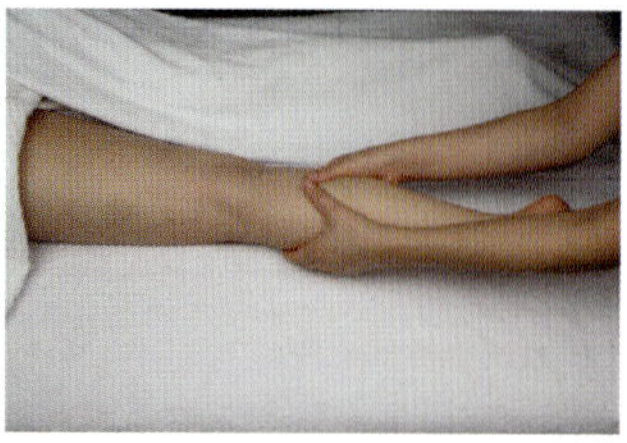

그림 3

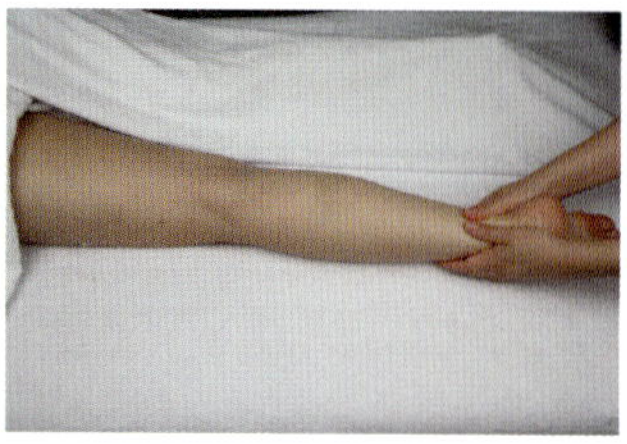

그림 4

⑳ 다리 전체 쓰다듬어 발목부위 3회 비틀어 발끝까지 빼기

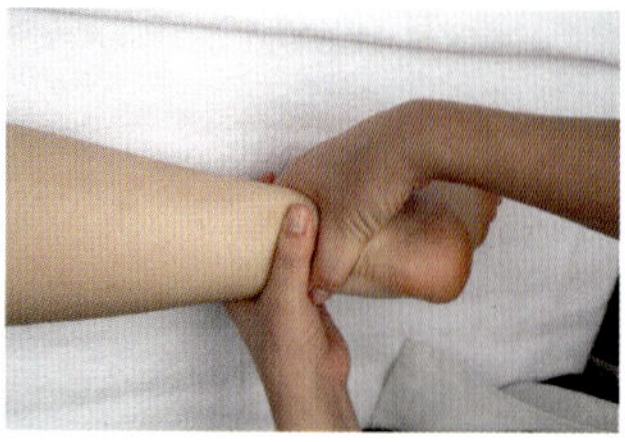

그림 1

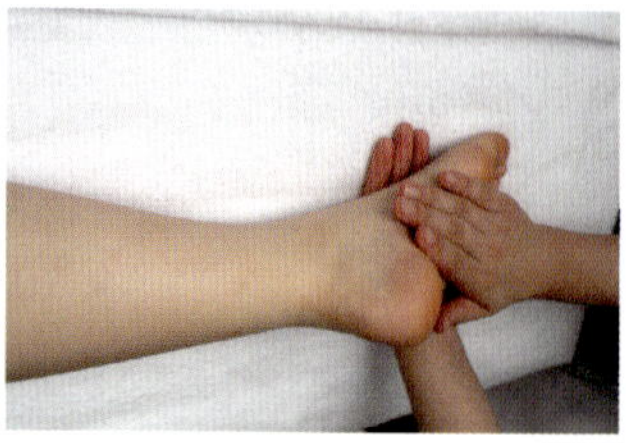

그림 2

㉑ 배농동작

3. 다리관리(전면) 순서

① 도포하기

② 다리 전체 쓰다듬기

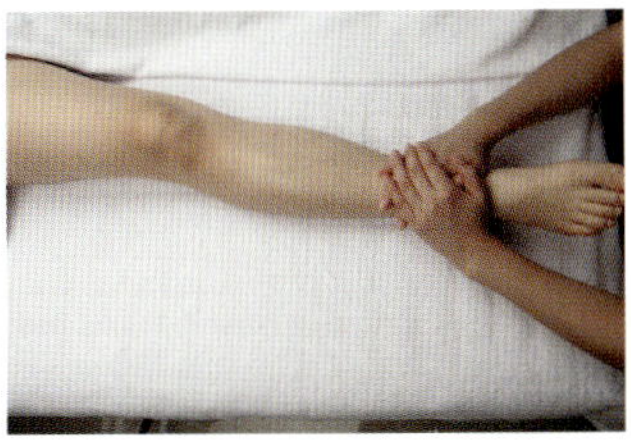

그림 1

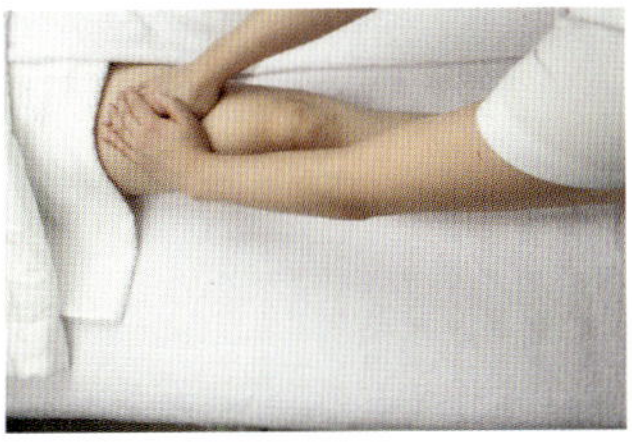

그림 2

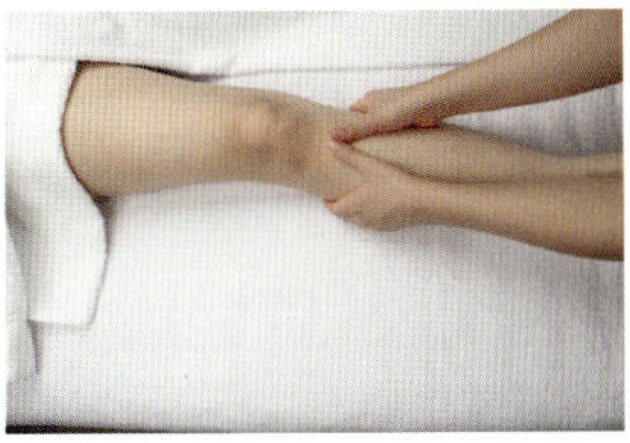

그림 3

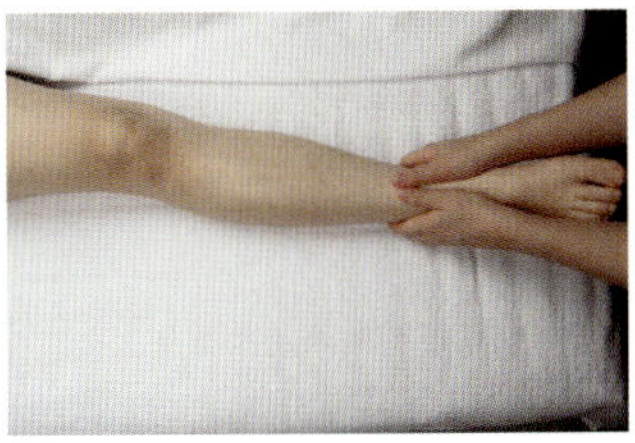

그림 4

③ 발목 팔자, 지그재그 풀기

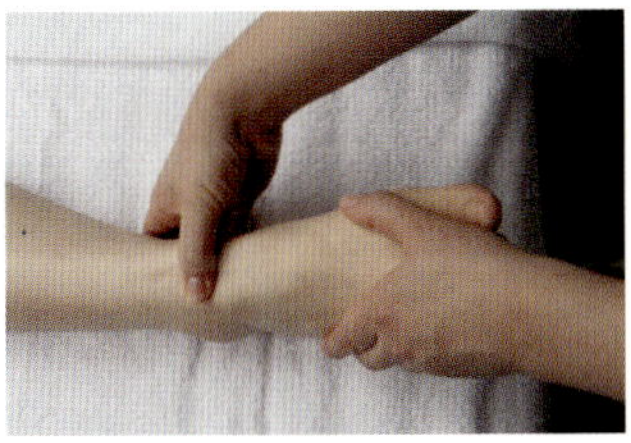

그림 1

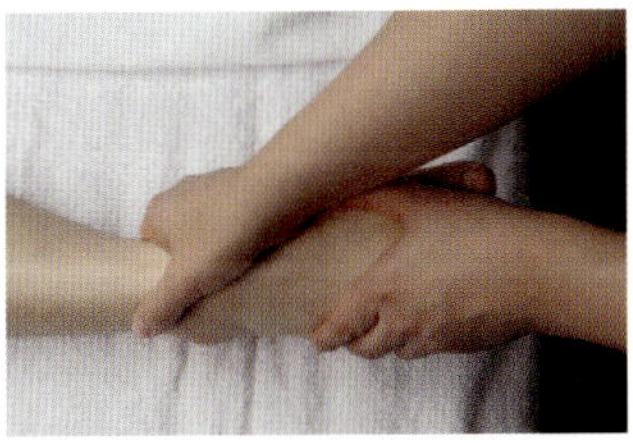

그림 2

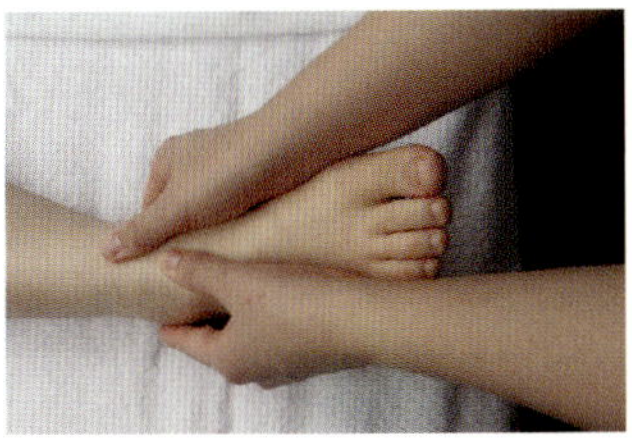

그림 3

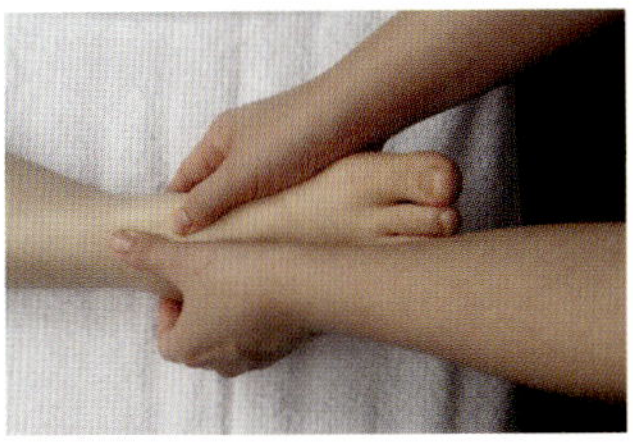

그림 4

④ 발허리뼈(중족골) 사이 파기

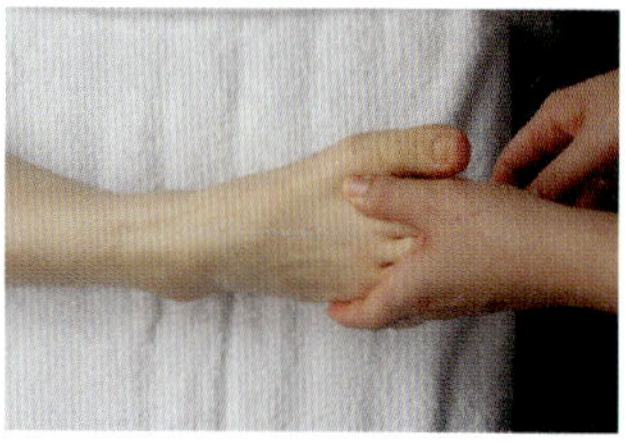

그림 1

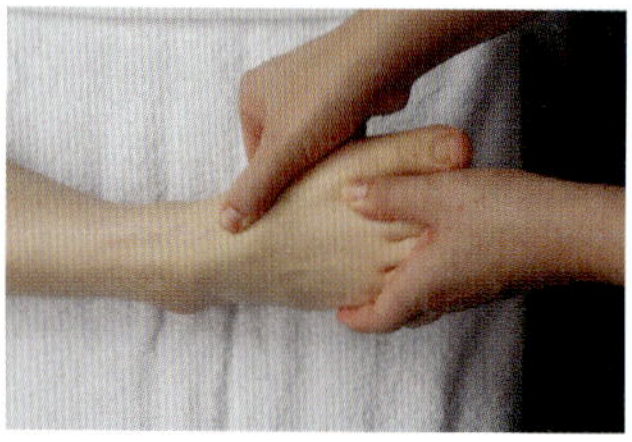

그림 2

⑤ 발가락 문지르기

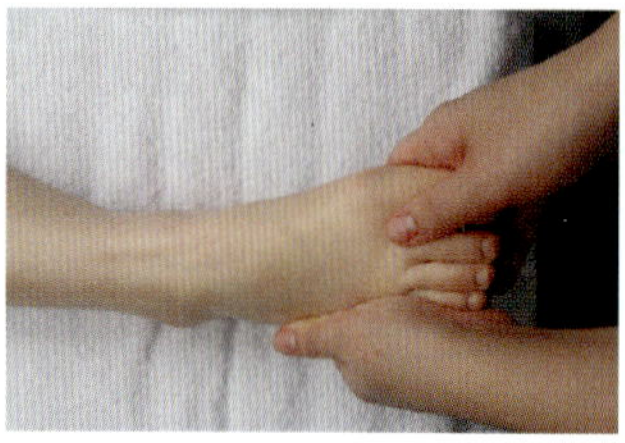

그림 1

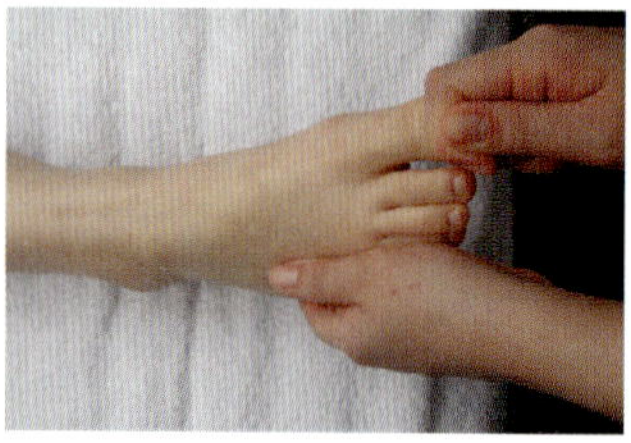

그림 2

⑥ 발등 위아래로 쓸어주어 빼기

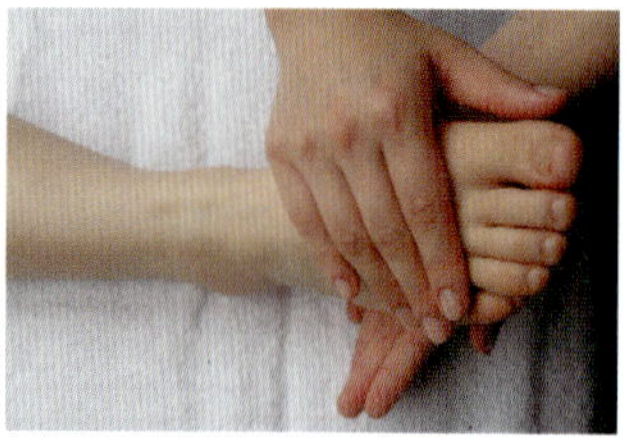

그림 1

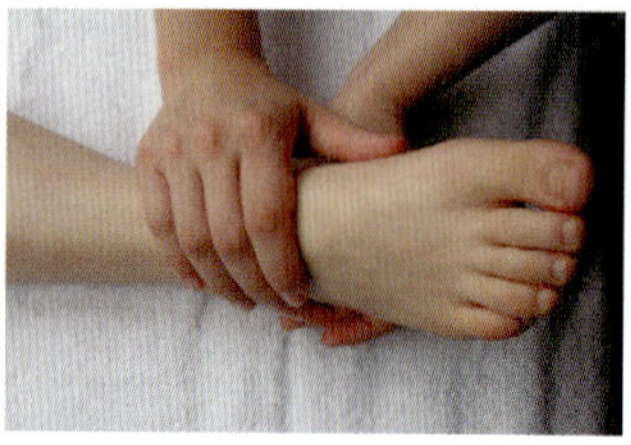

그림 2

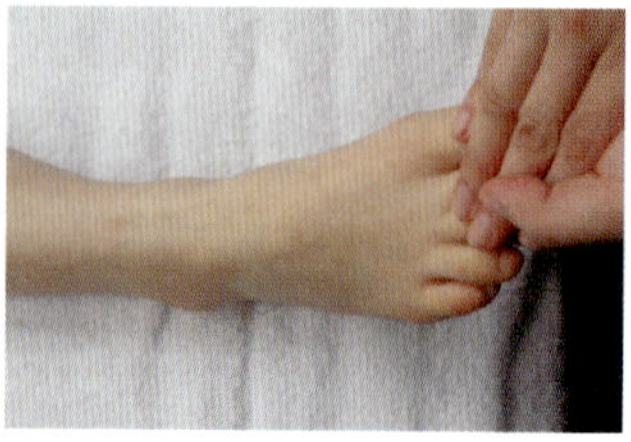

그림 3

⑦ 발 내외 복사뼈 풀기

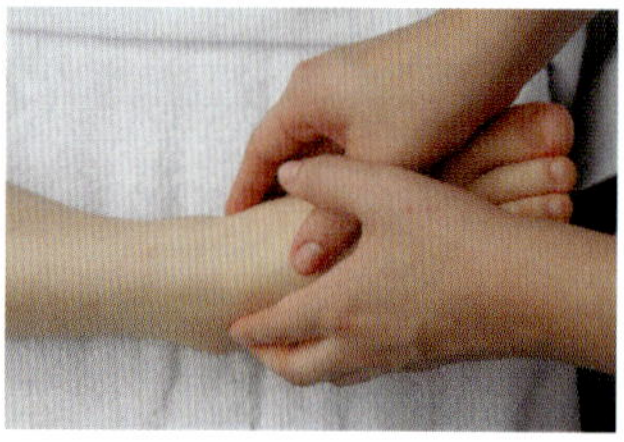

그림 1

⑧ 나선형으로 문지르며 종아리 쓰다듬기

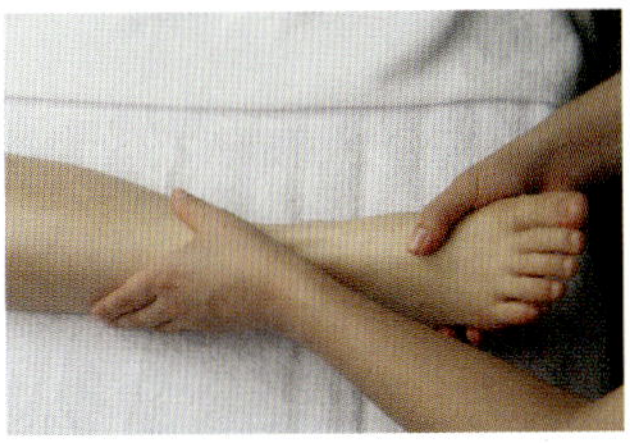

그림 1

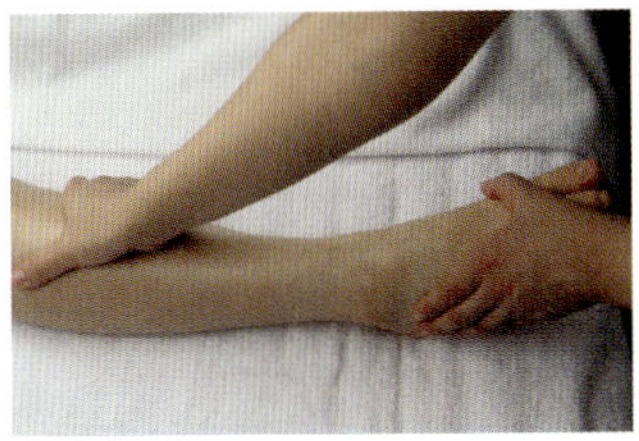

그림 2

⑨ 종아리 2선 엄지로 문지르기

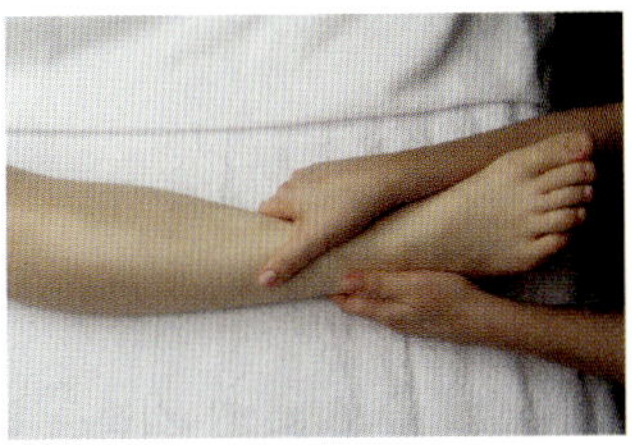

그림 1

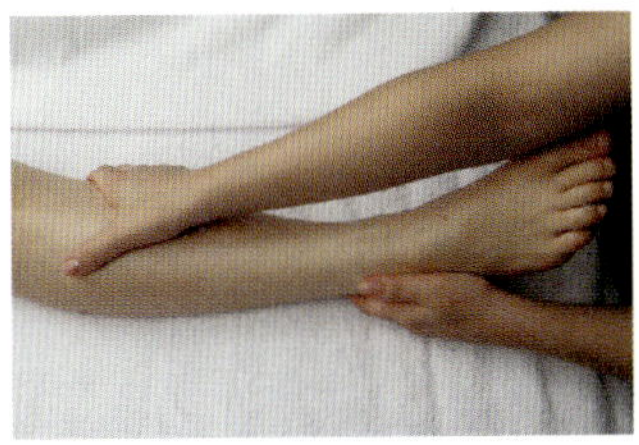

그림 2

⑩ 종아리 반 주먹으로 밀어 올라가기

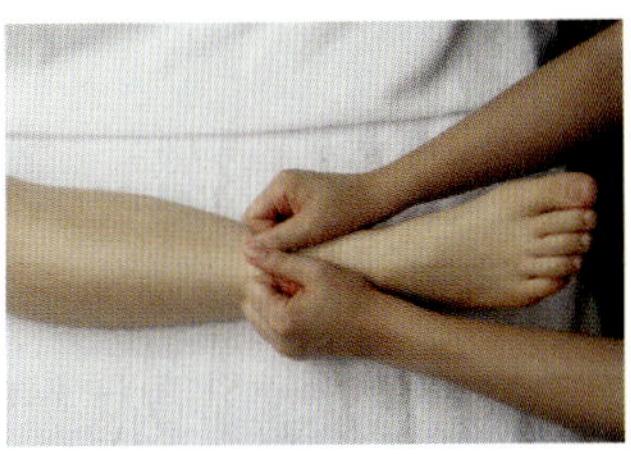

그림 1

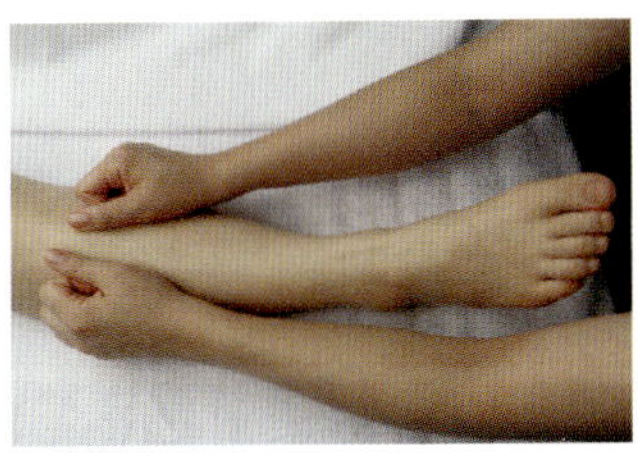

그림 2

⑪ 관절 풀어주기

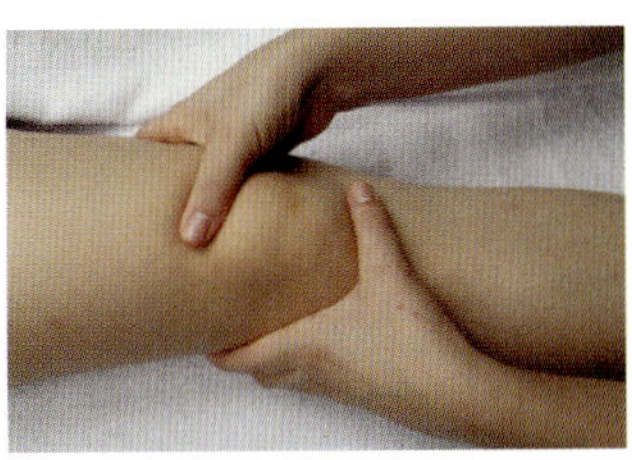

그림 1

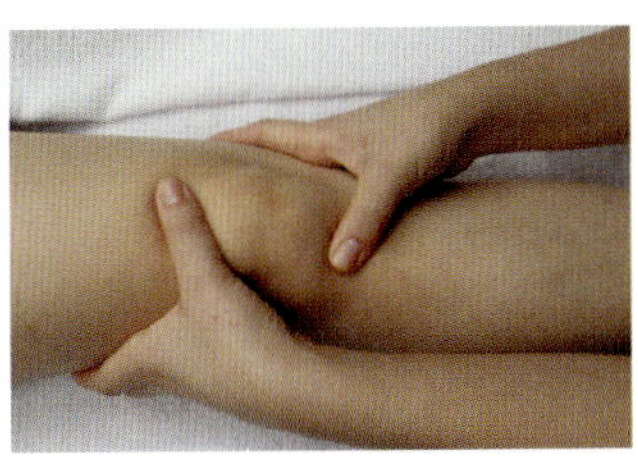

그림 2

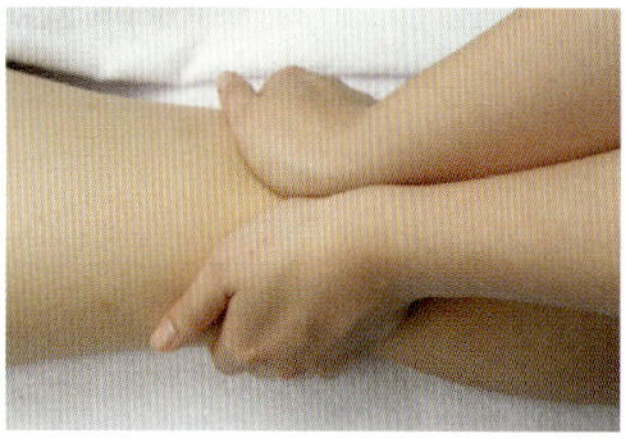

그림 3

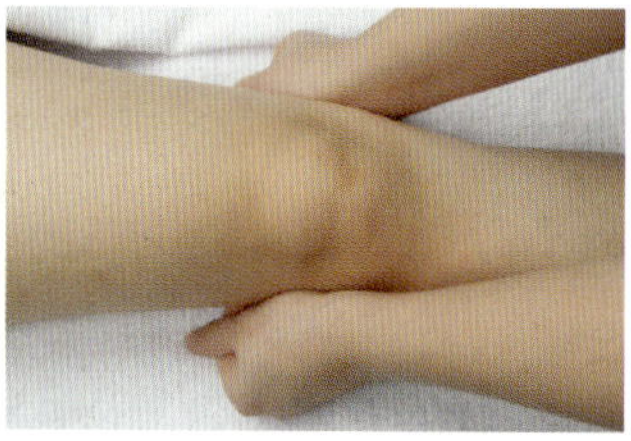

그림 4

⑫ 나선형으로 문지르며 넙다리 쓸어주기

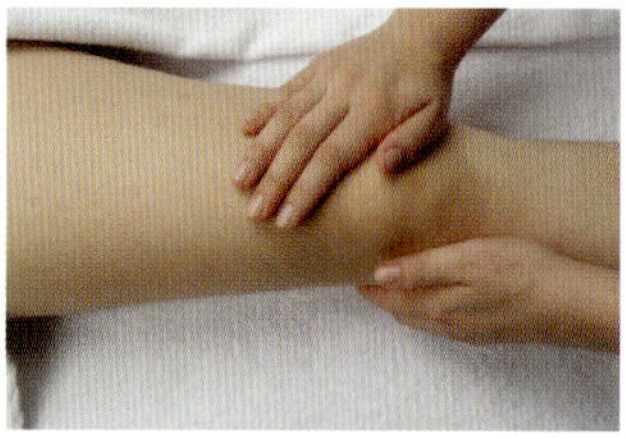

그림 1

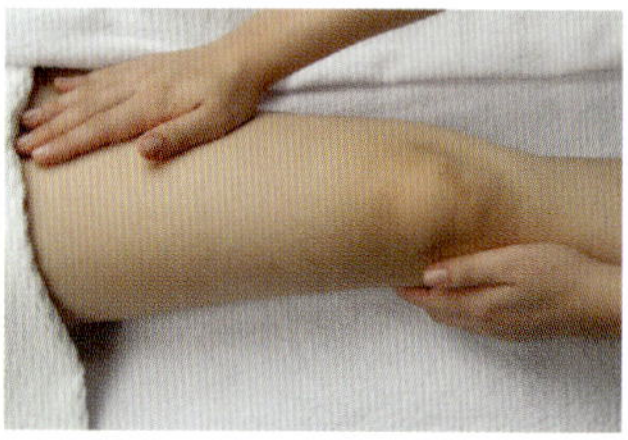

그림 2

⑬ 넙다리 3선 문지르기

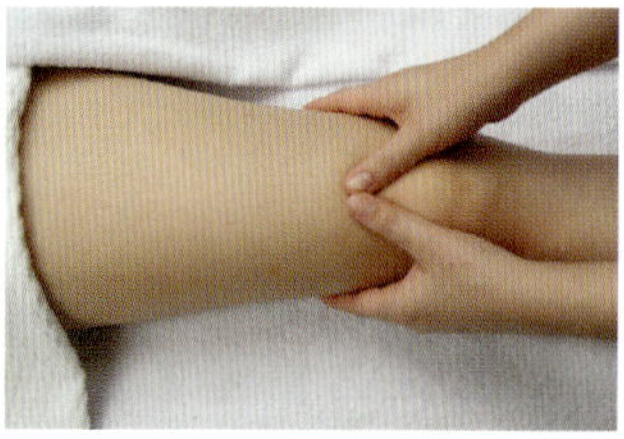

그림 1

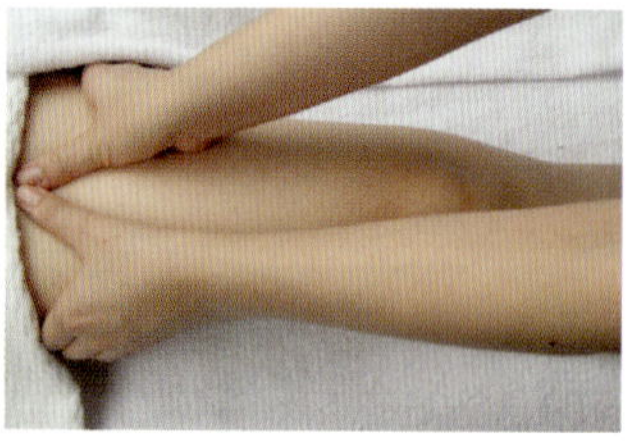

그림 2

⑭ 넙다리 반 주먹으로 밀어 올라가기

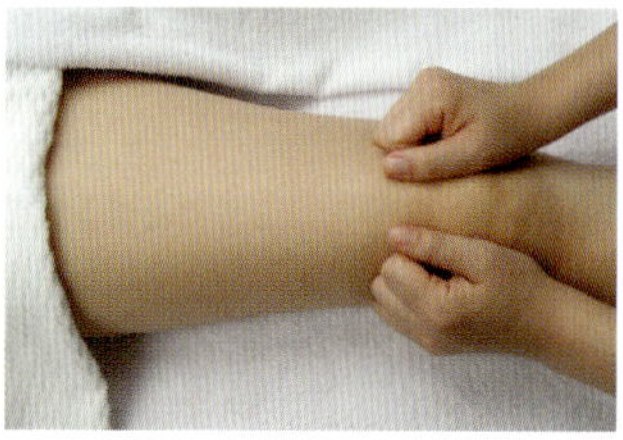

그림 1

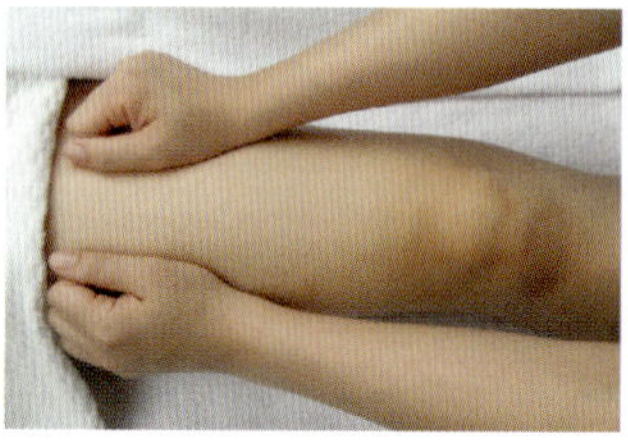

그림 2

⑮ 다리 'ㄱ'자로 접어 넙다리 안쪽 쓸기

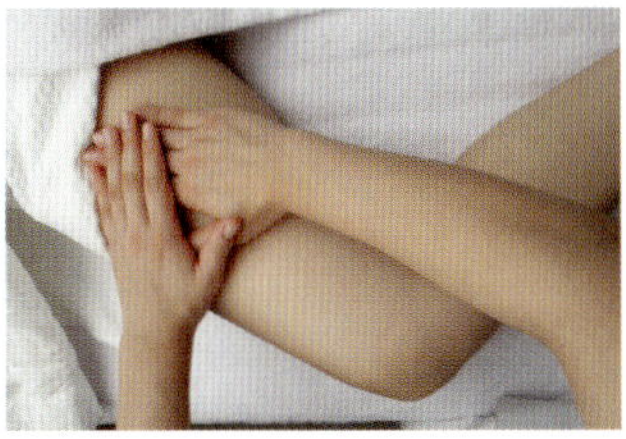

그림 1

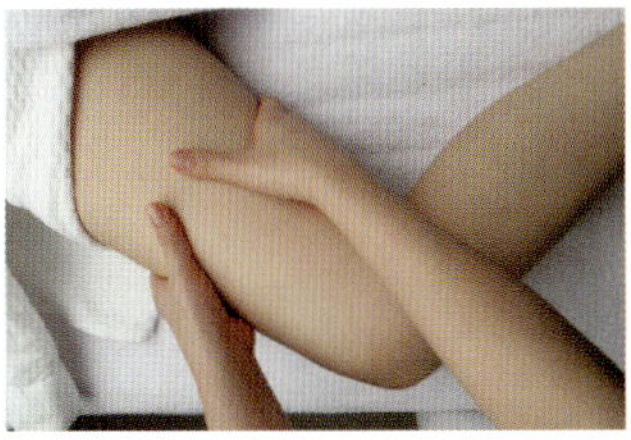

그림 2

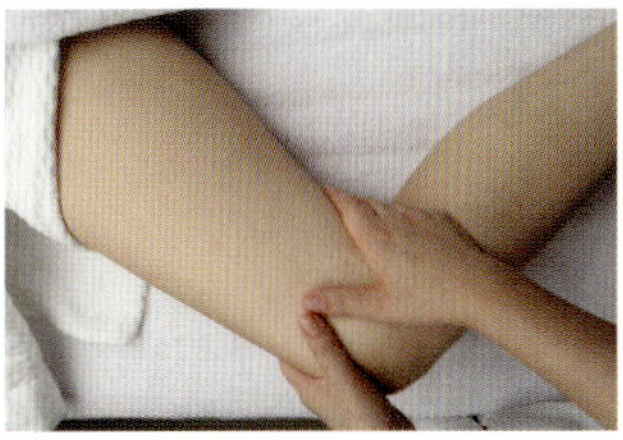

그림 3

⑯ 넙다리 안쪽 나비동작

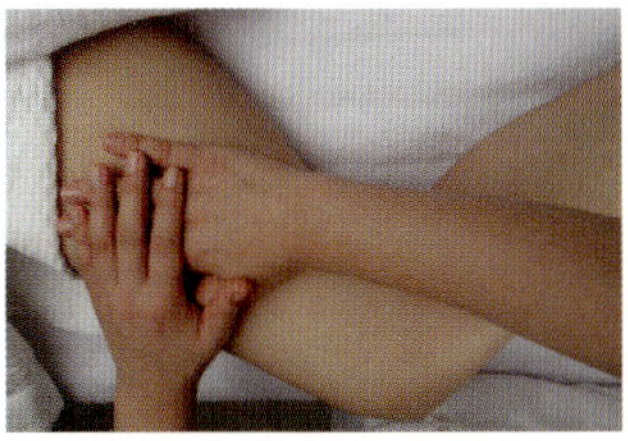

그림 1

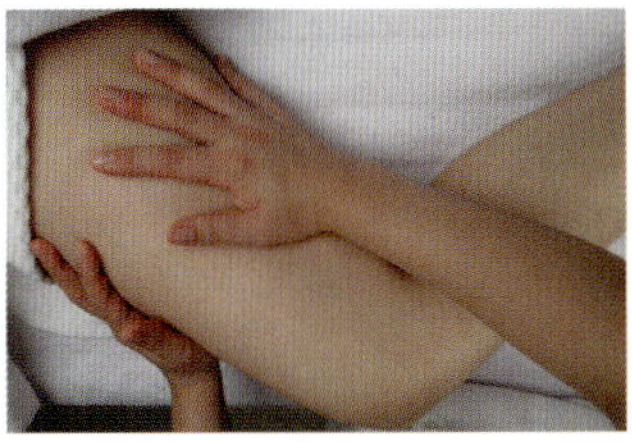

그림 2

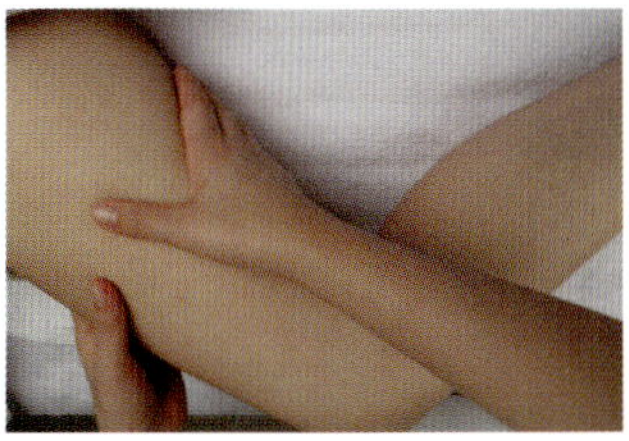

그림 3

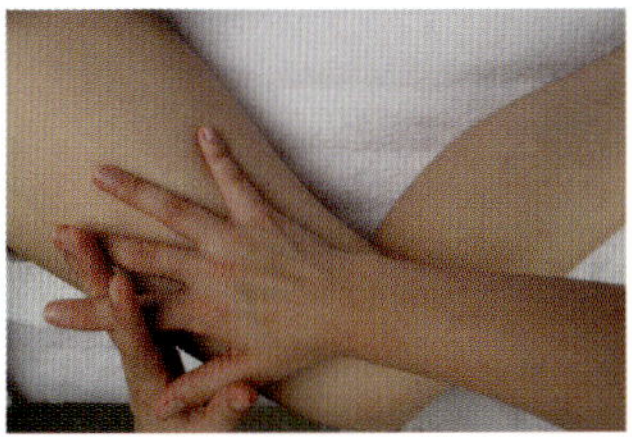

그림 4

⑰ 넙다리 안쪽 주무르기 동작

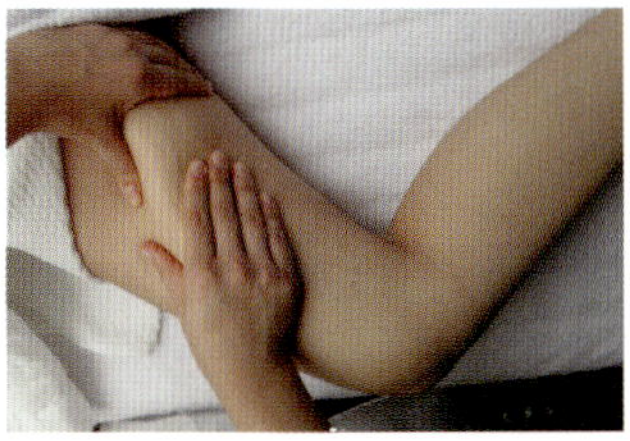

그림 1

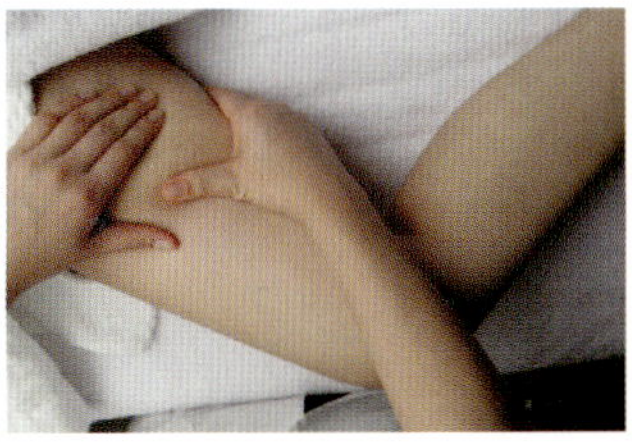

그림 2

⑱ 다리 펴기

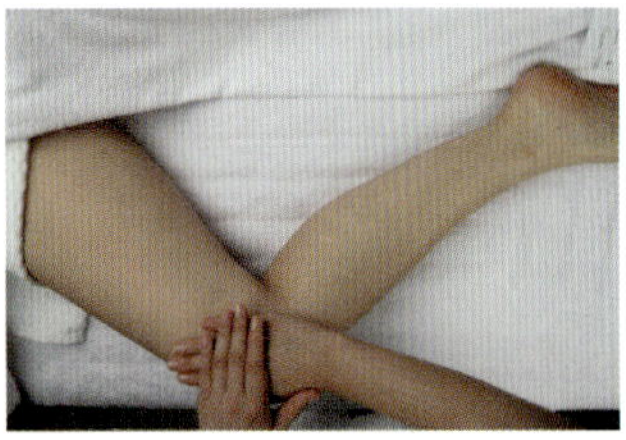

그림 1

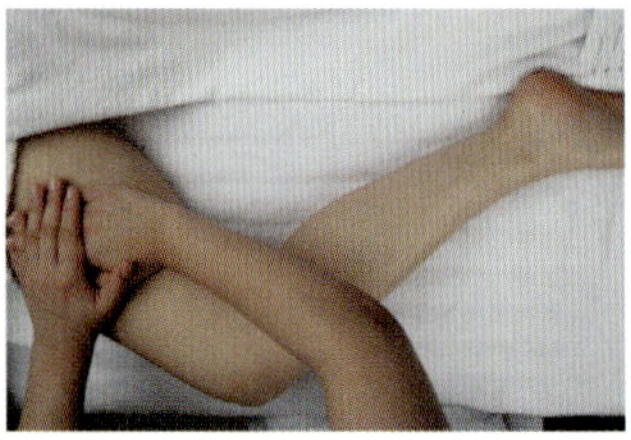

그림 2

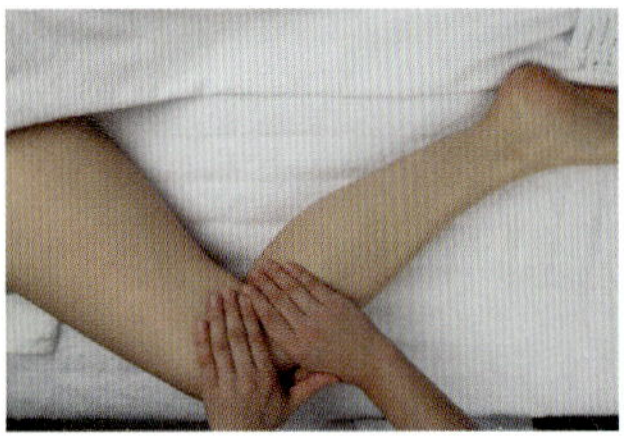

그림 3

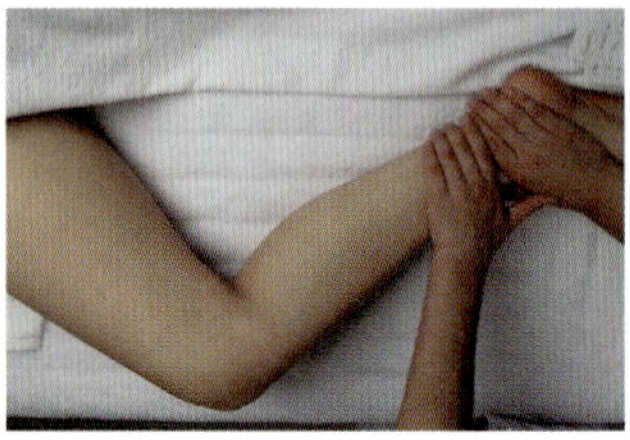

그림 4

⑲ 다리전체 쓰다듬기

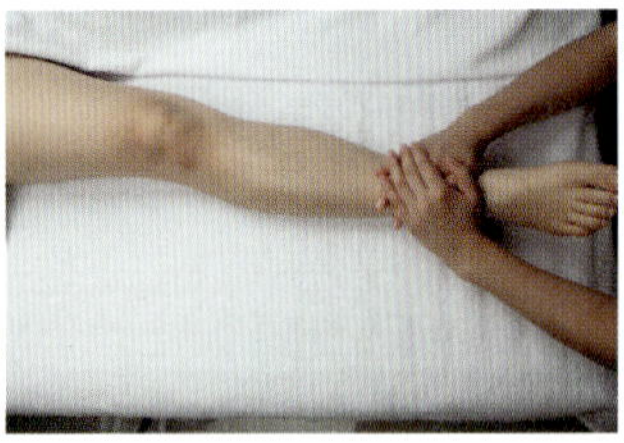

그림 1

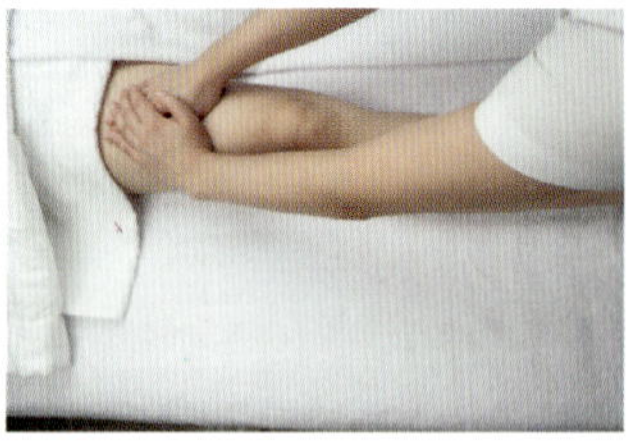

그림 2

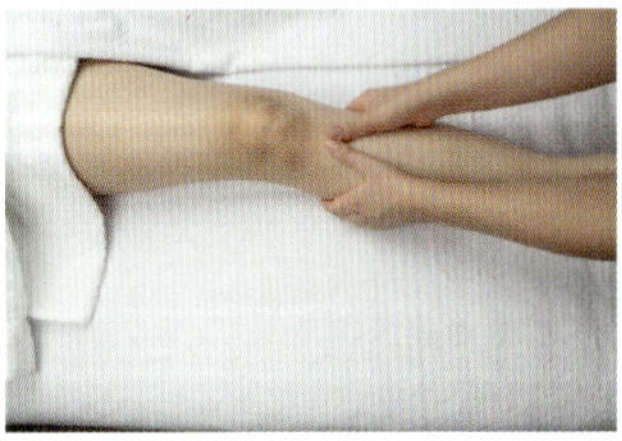

그림 3

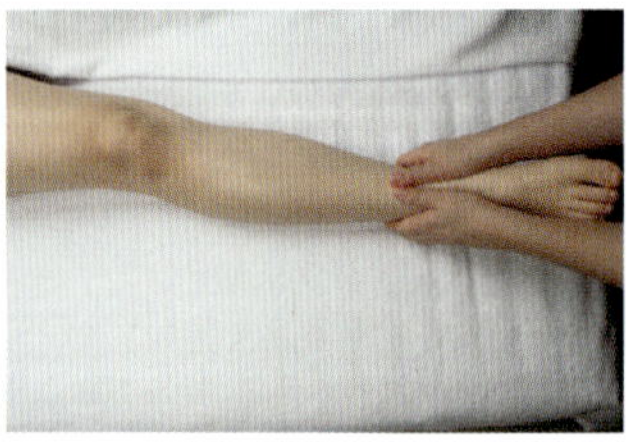

그림 4

⑳ 다리전체 쓰다듬어 발목부위 3회 비틀어 발끝까지 빼기

㉑ 배농동작

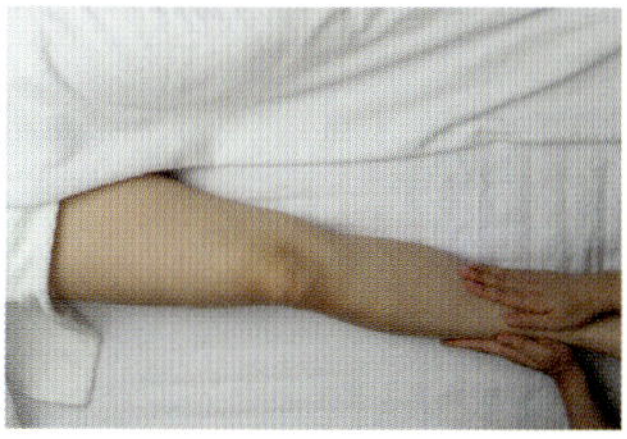

그림 1

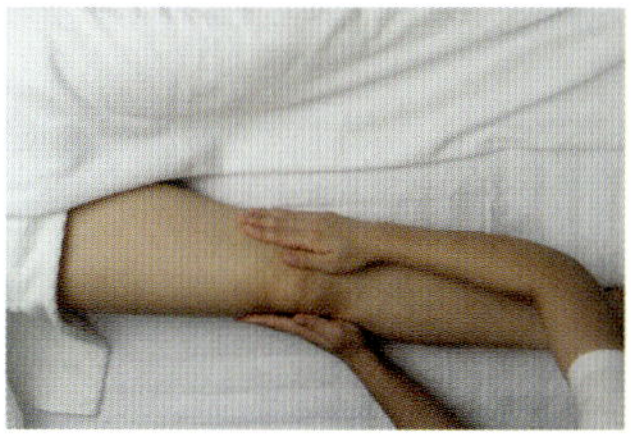

그림 2

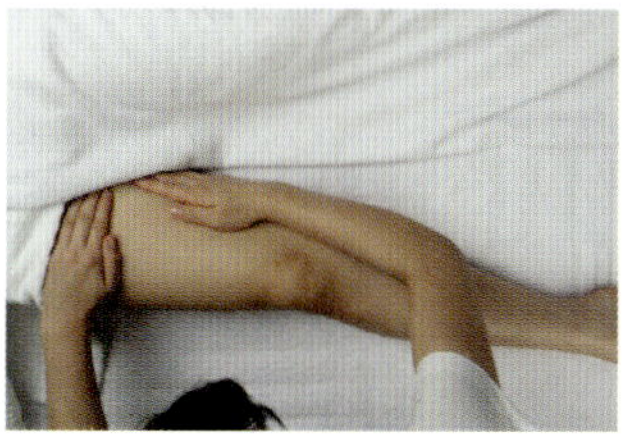

그림 3

<다리 관리 장면 동영상>

4. 아로마

1) 아로마 테라피란?

그림 5. 아로마의 종류

(1) 아로마 테라피는 향과 치료의 합성어이다.

아로마 테라피(Aromatherpy)는 Aroma(향)와 Therapy(치료)의 합성어로 식물에서 추출한 방향성 정유인 에센셜 오일(Essential Oil)을 이용하여 질병을 예방하고 치료하며 건강의 유지 및 증진을 도모하는 자연의학의 한 형태이다.

(2) 에센셜 오일은 식물에서 추출한 100% 천연 농축 호르몬이다.

에센셜 오일(Essential Oil)은 허브(herb)같은 특별한 효능이 있는 식물의 꽃, 잎, 줄기, 열매, 뿌리 등에서 추출한 100% 천연 고농축 호르몬이라고 할 수 있다. 한 식물에서 아주 조금밖에 얻을 수 없는 만큼 에너지로 꽉 차 있어 몇 방울로도 많은 효력을 발휘하며 모든 식물에는 자기를 번식, 성장시키는 힘과 병을 치유하고 상처를 낫게 하는 능력을 갖고 있는데 이러한 '생명력'과 '치유력'만을 스팀 증류법이나 압축, 용제추출법에 의해 고농축으로 추출해낸 것이다.

(3) 에센셜 오일의 목욕, 마사지, 흡입을 통하여 심신을 향상시킨다.

에센셜 오일은 가볍고 휘발성이 크므로 호흡기 및 피부를 통하여 우리의 몸속에 쉽게 흡수될 수 있으며 흡입법, 마사지법, 목욕법 등을 통하여 흡수된 향은 인간의 기억, 감정, 성적흥분 등을 활성화시키고 스트레스를 해소하거나 심신의 균형을 잡아주는 혜택과 이로움을 주어 몸과 마음, 감정 모두에 유익한 보물이다.

(4) 아로마 테라피는 현재 대체의학으로서 각광을 받고 있다.

이처럼 아로마 테라피는 건강을 향상시키고 유지시키며 스킨케어를 도와주고, 신체의 자체 회복력을 높이고 스트레스나 혹은 스트레스와 연관성을 갖는 증상에 의한 육체적 정신적인 여러 가지 질병에도 도움을 주어 동양의학과 더불어 대체의학으로 각광받고 있는 분야이다.

2) 아로마 테라피의 작용

(1) 신경안정 효과가 있다.

천연의 향인 아로마는 종류에 따라 감정을 안정시키는 기능이 있어 긴장을 풀어주고 피로회복과 스트레스로 인한 질병을 예방할 수 있다. 또한 각종 정신질환 치료에도 많은 도움을 준다.

(2) 피부미용에 효과가 탁월하다.

아로마 오일은 100% 순수한 자연 성분으로 마사지 요법을 통해 식물 천연의 생명력을 피부에 직접 전할 수 있어 피부의 재생효과가 뛰어나다

(3) 주위 환경을 맑고 향기롭게 만든다.

일반적인 화학적 방향제는 기존 냄새와 혼합하면 더욱 역겨운 냄새가 나는데 비해 아로마는 담배 냄새, 화장실 냄새 등 각종 악취를 원천적으로 제거하여 준다.

(4) 성생활을 즐겁고 활기차게 만든다.

아로마 오일 중에는 성 호르몬을 자극하는 향유가 있어 성적인 활력을 일으켜 주고 성기나 생식기관을 자극 및 강화시킴으로써 신체적 원인에 의한 불감증이나 성기능 장애를 극복하도록 도와준다.

(5) 신체기능을 즐겁고 활기차게 만든다.

대뇌의 신경 전달명령에 의해 신체 각 부위별 기능이 정상화되고 자율신경계가 하모니를 이루어 각종 신체 증상과 기능장애를 치유한다.

(6) 명상의 세계를 더욱 깊게 만든다.

천연의 향은 정신세계에 영향을 주어 몸을 이완시키고 깊은 명상에 몰입하도록 도와준다. 그런 이유로 고대로부터 현대에 이르기까지 종교적으로 영과 육의 완성을 위해 아로마 오일이 이용되어 왔다.

(7) 가정상비약으로 사용할 수 있다.

두통이나 소화불량, 긴장, 식욕부진, 불면증 등이 있을 때 아로마 요법을 이용하면 간단하게 치료될 수도 있다.

(8) 요리를 더욱 맛깔스럽게 만든다.

아로마 오일은 각종 요리나 샐러드를 만드는 데 사용되기도 한다. 여러 양념에 오일을 잘 섞으면 단 한 방울의 오일로도 맛깔스런 음식을 만들어 낼 수 있다.

3) 아로마 추출방법

(1) 증류법(distillation)

정유를 추출하는 주요한 방법으로 대부분의 정유 추출방법이다.

① 수증기 증류법 : 로마 시대에 개발된 정유의 추출법으로, 현재는 장치가 보다 크고 복잡하게 되어 있지만 기본 원리는 변하지 않고 있다.

② 직접 증류법 : 기본적으로 프로세스는 바뀌지 않지만, 식물을 찌는 것이 아니라 직접 물속에 넣어 비등시켜서 증류한다.

(2) 압착법(expression)

레몬 · 오렌지 · 그레이프후르츠 · 벨가못 · 라임 · 만다린 등의 감귤류의 정유를 추출하는 방법이다. 이러한 정유는 과피의 색이 있는 부분에 포함되어 있다.

지금은 기계로 압착하는 것이 주류이지만 최상의 정유는 역시 손으로 눌러서 짜낸 것이다. 이 방법은 열을 더하는 일 없이 정유를 추출하므로 다른 추출법으로 뽑아진 정유보다 변질하기 쉬운 것이 특징이다. 뚜껑을 열면 6개월 이내에 다 사용해야 한다.

(3) 냉침법(enfleurage)

로즈, 쟈스민 등의 꽃으로부터 가장 고품질의 정유를 추출하는 전통적인 방법이다. 많은 수고가 필요한 작업이므로 비용도 높아져 정유의 가격도 고가가 된다.

(4) 유기용제법(extraction)

약제를 이용하는 비교적 새로운 방법으로 몇 종류 꽃의 앱설루트가 생산되고 있다. 헥산, 석유, 벤젠이나 에테르 등의 유기용제를 이용해 정유를 추출하는 방법이다.

SAM_1313

SAM_1314

SAM_1315

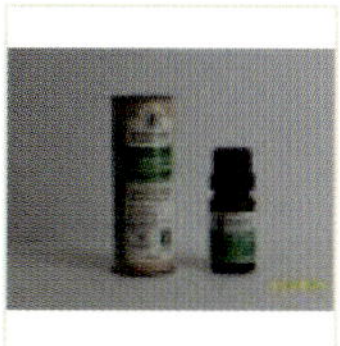
SAM_1316

그림 6. 아로마

4) 에센셜 오일의 흡수경로

에센셜 오일은 여러 가지 방법으로 몸으로 흡수된다. 피부를 통해 흡수되거나 폐를 통해 혈류로 흡수되거나 신경계를 통해 직접적으로 뇌의 변연계로 전달된다. 공기로 흡입했을 때 아로마향은 허파의 모세혈관이나 허파꽈리(폐포) 사이에서 기체 교환되어 흡수될 수 있다.

또한 오일 분자는 동시에 몸의 순환계로 통과할 수 있다. 크림이나 로션을 피부에 바르면 부분적으로 표피에 작용할 수 있다. 오일의 분자는 극히 작고 표피를 통해서 진피로 통과하며 피부층에 유연성을 주게 된다. 진피는 모세혈관에 잘 공급되기 때문에 오일 분자는 진피에서 모세혈관을 지나서 순환계에 침투한다.

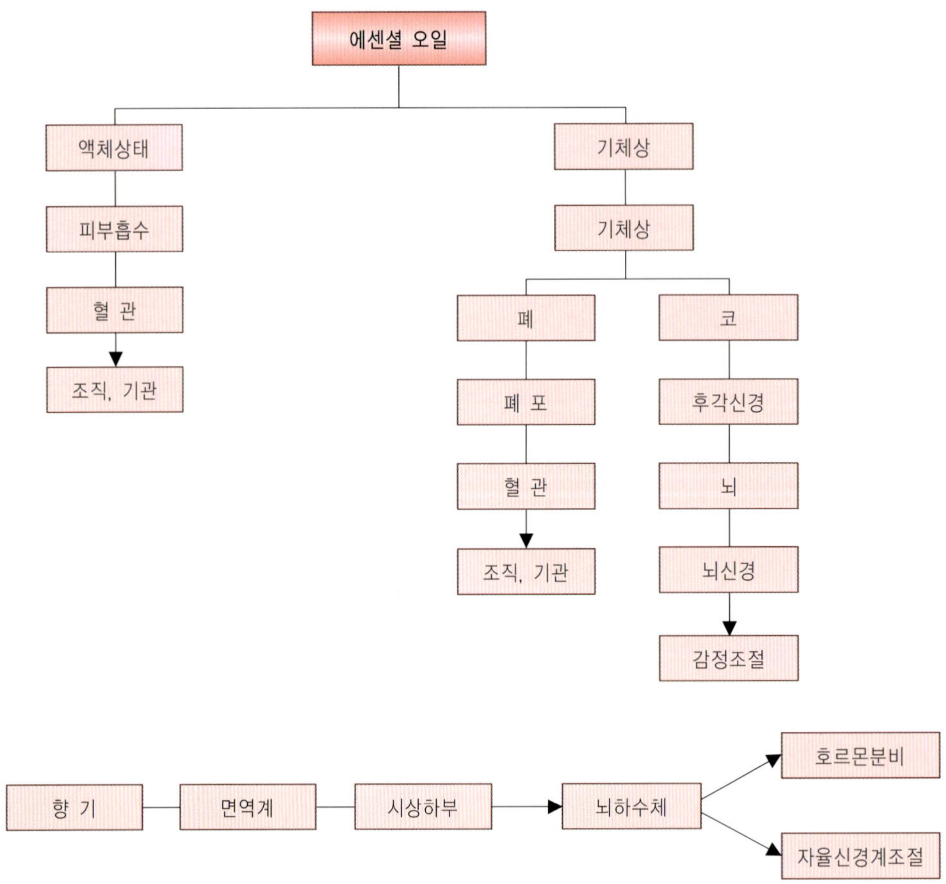

그림 7. 에센셜 오일의 흡수 경로 및 뇌에 미치는 영향

우리 몸에 이상이 생기면 세포들의 극성 배치에 혼란을 나타내는데 향유의 분자들이 세포 사이의 체액을 누비면서 헝클어진 자성의 배열을 바로 잡아주어 증세를 호전시키거나 치유를 도와준다. 특히 내인성 질환인 경우 몸속에 있는 독소, 무기광물질, 악질 콜레스테롤 등을 빨리 체외로 배출시켜야 되는데 그렇지 못하고 해로운 독소들이 몸에 축적된다.

이럴 때 100% 천연향유가 건강한 체액과 함께 세포를 깨끗하게 만들어 준다. 화학약품과 다르게 에센셜 오일은 몸에 남아있지 않다. 건강한 사람은 보통 3~6시간 정도가 지나면 다양한 방법(소변, 땀 등)으로 몸에서 빠져 나간다.

아로마 테라피의 에센셜 오일은 천연의 향유로서 생명의 에너지인 '기(氣)'가 있으며 분자가 다각형의 극성과 전기를 띠고 있고 자체적으로 강한 살균력과 회생력, 치유능력이 있기 때문에 우리 신체를 건강하게 만들어 준다.

5) 에센셜 오일(Essential oil)

에센셜 오일	부위	노트	향기	향기의 효과와 작용
일랑일랑	꽃	미들~ 베이스	후로랄로 이그조틱하고 농후한 향기	소독 · 진정 최음작용
오렌지(스위트)	과피	탑	감귤류 특유의 달고 후르틱한 향기	강장 · 소화 촉진 · 진정소독작용
캐모마일(로만)	꽃	미들	과일 맛으로 사과의 향기	강장 · 소화 · 진정 피부연화 작용
클라리 세이지	잎 · 꽃	탑~미들	허브조로 약간 후로랄한 향기	강장 · 최음 진정 · 데오도런트 작용
그레이프후르츠	과피	탑	달고 원기를 회복시키는 향기	강장 · 살균 소독 작용
사이프러스	잎 · 둥근과일	미들~ 베이스	웃디로 가볍고 스파이시한 향기	강장 · 건강회복 · 진정데오도런트 · 수렴작용
샌달우드	목	베이스	웃디로 달고 동양풍의 향기	강장 · 최음 · 수렴 · 소독 · 진정 · 피부연화 작용
쟈스민	꽃	미들~ 베이스	후로랄로 감미롭고 이그조틱한 향기	최음 · 소독 진정 · 피부연화 작용

Essential오일	부위	노트	향기	향기의 효과와 작용
쥬니퍼	액과	미들	웃디로 원기를 회복시키는 향기	강장 · 건위 · 최음 · 수렴 · 정혈작용
제라늄	꽃 · 잎	미들	중후하며 장미의 향기	강장 · 수렴 소독 · 데오도런트 작용
타임	꽃 · 잎	탑~미들	강한 단맛이 있는 강한 허브조의 향기	강장 · 최음 · 자극 · 살균 · 소독 · 식욕 증진 작용
티트리	엽	탑	신선하고 청결감이 있는 날카로운 향기	강진 · 살균 · 자극 · 소독 · 발한 작용
바질(스위트)	잎 · 꽃	탑	맑고 달콤하며 약간 스파이시한 향기	강장 · 건위 최음 · 소화 촉진 · 살균 소독 · 두뇌 명석화 작용
파츄올리	엽	베이스	이그조틱하고 뿌리는 스파이시한 향기	강장 · 최음 소염 · 수렴 · 소독 · 진정데오도런트 작용
펜넬 (스위트)	종자	탑~미들	후로랄의 허브조로 약간 스파이시인 향기	강장 · 건위 · 소염 · 소독 식욕 증진 · 발한 작용
페퍼민트	잎 · 꽃	탑	멘톨이 있어 환하고 시원한 향기	건위 · 자극 · 수렴 · 소염 · 소독 · 두뇌 명석 · 진통발한 작용
베르가못	과피	탑	시트러스계이지만 약간 후로랄한향기	소화 촉진 · 소독진정 · 데오도런트 작용
유칼립투스	엽	탑	무겁고 샤프한 웃디조의 향기	혈당값저하 · 항류머티즘 · 살균 · 소염 · 정혈 · 소독진통 · 데오도런트 작용
라임	과피	탑	샤프한 쓴 맛이 있는 달콤한 향기	강장 · 해열 · 건강 회복 항바이러스 · 소독
라벤더	꽃 · 엽경	탑~미들	후로랄로 달고 선명한 향기	혈압 강하 · 건강 회복 항바이러스 · 살균 항신경장애 · 항류머티즘 살균 · 데오도런트 작용
레몬	과피	탑	산뜻하고 원기를 회복하는 향기	강장 · 혈압 강하 · 혈당값 강하 · 항류머티즘 · 살균 수렴 · 정혈작용
레몬글라스	잎 · 줄기	탑	단 레몬님의 강한 향기	강장 · 살균 · 자극 · 데오도런트 작용
로즈	꽃 · 잎	미들~베이스	깊고 달콤하며 고귀한 향기	건위 · 최음 · 살균 · 수렴 · 소염 · 정혈 · 소독 · 진정작용
로즈메리	꽃 · 잎	미들	맑고 샤프하며 원기를 회복시키는 허브조의 향기	강장 · 건위 · 소독 · 항류머티즘 · 수렴 · 자극 두뇌 명석화 · 발한 작용

6) 캐리어 오일

종 류	효 능
호호바 오일	· 모든 타입 피부의 사람에게 적용 · 강한 냄새는 없고 비교적 시원한 기분의 오일로 산화하기가 어려움 · 다른 오일에 조금 혼합하면 산화 방지 역할을 함 · 침투성이 몹시 뛰어나 피부의 보호 작용, 소염 작용, 살균 작용, 자외선 방지 작용 · 전신 방향이 가능
스위트 아몬드	· 강한 냄새는 없고 시원시원한 기분의 오일로 약간 산화하기 어려움 · 비타민, 올레인산, 지방산, 미네랄이 풍부함 · 피부를 부드럽게 하는 효과가 있으며 점도가 낮고 보디방향 · 영양가가 높기 때문에 아기에게는 정유를 혼합하지 않고 이 오일 만으로도 효과적 · 항암작용이 있어 식용에도 넓게 사용되고 있음
마카데미아넛트	· 인간의 피지와 유사한 지방산 조직을 가지는 오일임 · 피부에 친숙해지기 쉬움 · 비타민을 풍부하게 포함하고 있으며 침투력이 뛰어남 · 산화하기 어렵고 안정적임 · 촉촉하고 성장력에 좋기 때문에 마사지용으로 적합함 · 전신 방향
정제 동백오일	· 강한 냄새는 없고 피부에의 침투성이 높기 때문에 끈적거리지 않음 · 산화하기 어렵고 피부를 부드럽게 하는 효과가 있음. · 전신 방향 고급 오일
달맞이꽃	· 최근 베이비후드 등으로 보이는 감마리놀렌산을 풍부하게 포함하고 있음 (감마리놀렌산은 알레르기나 생리통을 억제하는 기능이 있음) · 아토피성 피부염, 천식, 꽃가루 알레르기가 있는 사람은 캡슐에 넣어 내복하는 방법이 추천됨 · 다른 오일에 10~20%위 더해 사용하는 것이 좋음. · 산화하기 쉽기 때문에 주의
캐럿 오일	· 염증을 억제하는 힘을 가지는 캐리어 오일로 특히 건조피부나 노화피부에 효과적 · 피부의 손상, 타박상, 멍 등에 효과가 있음(베타카로틴 함유) · 단독 사용이나 고농도로의 사용은 피부가 오렌지색으로 물드는 경우가 있음 · 다른 베이스 오일에 1~10%의 저농도로 브렌드해서 사용하면 좋을 것임
아보카드	· 피부에 대한 침투력이 강하고, 비타민 A와 B, 미네랄, 엽록소 등 영양가가 높은 오일 · 촉촉함이 오일이므로 건조피부, 썬탠피부의 손질, 노화한 피부에 좋음 · 다른 오일에 조금 혼합해서 보습 효과를 높여주도록 사용.

종 류	효 능
포도 배정	· 포도의 종자로부터 얻는 오일 · 비타민을 풍부하게 포함하고 있으며 피부 자극이 적은 무취의 오일 · 비타민 E가 많기 때문에 산화하기 어렵고 피부를 젊어지게 함 · 리놀산을 많이 함축하여 미용액에도 적합함 · 지성인 사람에게 잘 어울리는 오일임
로즈힙	· 불포화 지방산을 많이 포함하고 있어 세포 기능을 높여 신진대사를 활발하게 하는 기능이 있음 · 햇빛에 그을린 피부나 노화한 피부에 좋음 · 피부의 손상을 회복하는 기능이 있어 피부 질환, 색소 침착의 피부 개선, 외상, 화상, 피부 노화 현상, 상처 자국 등 여러 가지 피부장애에 이 오일이 훌륭한 효능을 나타냄(라틴 아메리카의 피부병 연구에 의해 밝혀졌다고 함).
비타민E	· 비타민 E를 풍부하게 포함하고 있어 산화하기 어려움 · 다른 베이스 오일에 10% 더해 두면 산화하기 어려움 · 냄새나 촉촉함이 강한 오일로 건조피부, 노화 방지 효과, 피부를 젊어지게 하는 효과를 기대할 수 있음 · 다만, 밀에 대해서 알레르기가 있는 사람은 패치 테스트를 하고 나서 사용하는 편이 안전함

7) 아로마 마사지

먼저 피부를 통하여 오일의 흡수를 도와주는 마사지 방법이 있다. 마사지 그 자체로도 신진대사와 혈액순환을 도우며 근육통, 관절염 등을 줄일 수 있다. 아로마 마사지는 만성피로 스트레스 해소에 효과적이며 전체적으로 모든 근육 조직들을 이완시키므로 몸의 유연성을 길러주어 갑작스럽게 일어나는 외부적인 충격에 대처할 수 있어서 사고 등을 예방할 수 있으며 또한 피부의 탄력을 유지하도록 도와주기도 한다.

많은 마사지 테크닉이 있는데 아로마 테라피 오일을 함께 이용할 경우에는 부드럽고 천천히 림프관을 타고 오일을 바르는 방법이 좋고 목, 어깨나 허리 등 근육이 경직되기 쉬운 부분은 천천히 주무르는 방법이 좋다. 또한 부분적인 마사지를 할 경우에는 약 2kg정도의 힘으로 누르면서 근육을 따라 혹은 림프관을 따라 아주 천천히 엄지손가락이나 다른 네 손가락들을 이용한다.

아로마 테라피 마사지는 충분한 시간을 갖고 천천히 오일이 몸 안으로 흡수 되도록 도와주고 정신적으로는 향기를 마시면서 편안한 휴식을 취하도록 도와주는 것이다. 심하게 두근거리거나, 빠른 속도로 하는 일반 마사지에 블렌딩 된 오일을 함께 사용하면 오히려 근육을 경직시키거나 정신적으로 불안한 마음이 들게 할 수 있다. 그리고 지압을 이용하는 마사지와 함께 할 경우에는 너무 강한 힘으로 자극을 주는 것 보다는 편안하게 휴식을 취하며 시원하다는 감각을 느낄 정도의 힘을 가하는 것이 좋다. 특히 림프 마사지 처럼 아주 천천히 하는 마사지는 블렌딩 된 오일과 함께 사용한다면 더 효과적인 기대를 할 수 있다.

8) 아로마(정유) 사용시 주의 사항

아로마(정유) 사용 시 안전성 등을 고려하여 아래와 같은 사항을 준수하여 사용한다.

(1) 정유원액은 농축된 순도 높은 오일이기 때문에 원액을 그대로 피부에 사용하거나 마셔서는 안 된다. 예외적으로 라벤더 정유와 티트리 정유는 벌레 물린데, 여드름 등의 소독용으로 면봉의 끝에 1방울 묻혀서 국소 부위에만 사용할 수 있다.

(2) 정유를 피부에 이용하는 경우는 호호바유나 아몬드유 등의 식물유로 희석하거나 또는 더운물과 찬물에 분산시켜서 사용한다(욕조에 넣는 경우는 유막이 형성되지 않고 잘 섞이도록 한 후 사용한다).

(3) 정유는 가연성이므로 불로부터 멀리한다.

(4) 눈, 입술, 항문 등의 점막부위는 희석한 것이더라도 결코 사용하지 말아야 한다.

(5) 임산부나 유아, 중병이나 만성병이 있는 사람은 전문가와 상담 후에 사용한다.

(6) 정유를 만진 손으로 눈을 비비지 말아야 한다.

(7) 알레르기나 특이 체질인 사람이 정유(또는 그것을 성분으로 한 화장품 등)를 사용해 피부에 이상이 생긴 경우에는 즉시 사용을 중지하고 전문의의 지시에 따라야 한다.

(8) 간질이 있을 때에는 정유를 사용하기 전에 의사와 상담한다. 발작의 원인이 되는 정유가 있으므로 안전여부를 확인해야 한다.

(9) 장기간 같은 정유를 이용하지 않는다.

(10) 정유의 1일 사용량은 마사지의 경우 1일에 일반적인 체격의 어른을 기준으로 약5 방울 정도이다.

(11) 유아나 아이의 경우에는 어른 사용량의 반 또는 그 이하로 사용하는 것이 좋다.

SAM_1317

SAM_1318

SAM_1319

SAM_1322

그림 8. 아로마

9) 아로마 보관시 주의사항

(1) 아이나 애완동물의 손이 미치지 않는 곳에 보관한다.

(2) 아로마는 휘발성이기 때문에 사용 후는 곧바로 뚜껑을 닫아 냉암소에 보관한다 (감귤계는 휘발하기 쉽기 때문에 냉장보관을 권유한다).

(3) 용기는 갈색의 유리병(차광병)이 좋다. 스포이드를 이용하는 경우 고무제는 찢어질 위험이 있으니 실리콘제를 이용한다. 플라스틱 용기는 화학변화를 일으키기 때문에 사용하지 말아야 한다.

(4) 개봉 후에는 가능한 한 빨리(1년 이내, 수지계는 향기가 변질하지 않은 경우에는 수년 이내) 사용한다.

10) 기타 오일사용 시 유의사항

(1) 에센셜 오일 선택하는 방법

먼저 좋아한 향기로부터 선택하는 것을 추천한다. 처음에는 브랜딩을 하지 말고 1종류씩 이용하는 것을 추천한다. 개인에게 가장 좋은 향기를 찾을 수 있는 동시에 정유의 특성을 알아서 전체적인 브랜딩을 잘 다룰 수 있게 되는 지름길이 된다. 정유의 개성을 하나하나 신체로 기억해 갈 수 있는 방법으로 향후 훌륭한 브랜딩을 할 수 있게 된다.

(2) 패치테스트

민감 피부, 알레르기피부의 사람은 패치 테스트를 한다. 1%에 희석한 에센셜 오일을 면솜에 1~2물방울 떨어뜨린 후 이것을 팔의 안쪽에 바른 후 24시간 이상 두었다가 발적, 가려움의 유무로 패치 테스트를 하게 된다. 또 발적, 가려움이 없어서도 정유를 1~2주간 사용한 후에 반응이 나타나는 경우도 있으므로 1개월 정도는 주의 깊게 사용하는 것이 좋다.

(3) 감광작용

감귤계의 에센셜 오일에는 베르가프텐이라고 하는 성분이 포함되어 있는데 이것은 직사광선에 닿으면 변질하는 작용이 있다. 사용하고 나서 3시간 정도는 직사광선에 노출되지 않게 하고 겉으로 드러나지 않는 부위에 사용하는 것이 좋다.
(감귤계 오일 - 레몬, 오렌지, 그레이프푸르트, 베르가못, 만다린, 라임 등)

(4) 희석의 주의

에센셜 오일은 반드시 희석해서 이용하여야 한다. 통상 1%의 농도로 충분하다. 아로마테라피는 진하다고 해서 효과가 있는 것은 아니다. 따라서 최고 3% 이상은 절대 사용하지 말아야 한다(기본 : 에센셜 오일은 1물방울로 통상 0.05ml이다. 10ml에 2물방울의 비율로 1%가 된다).

제14주차

Salon Treatment
(기기 관리)

학습목표

※ 본 강의를 통해서 피부미용에 효과적인 주요기기를 이해하고 사용방법을 숙지하여 피부관리에 적용한다.

1. 피부미용 기기 관리

1) 피부미용 기기 관리의 필요성

현대는 최첨단 피부미용기기들의 활용으로 체계적이고 과학적인 피부관리를 요구하고 있다. 피부미용기기의 원리에 대한 충분한 이해를 바탕으로 한 정확한 조작과 효과적인 응용능력이 필수적으로 요구된다.

2) 전기와 인체

(1) 생체전기의 개념

- 생체전기란 생물전기라고도 하며, 피부미용에서는 바이오커런트라고 부르는 것으로서, 생물 내에서 일어나는 전기현상이다
- 생체 내에 다량 함유되어 있는 염류 또는 염기성 물질들이 해리하여 이온화하면서 일어나는 발전현상이다
- 생체전기는 생명활동의 에너지로서 기능, 즉 심장의 박동이라든지, 근육의 수축작용, 뇌와 중추신경의 활동을 가능하게 한다.

(2) 피부에서의 기능

- 영양물질을 흡수하고 노폐물을 배설하는 대사활동을 도움을 준다.
- 흡수한 영양물질로부터 생명 에너지를 합성한다.
- 피부가 감지한 모든 감각신호를 중추에 전달해 주고, 다시 중추로부터의 명령을 신경섬유를 통해서 몸의 각 부분에 전달해 주는 데에 필요한 신경 에너지를 생성한다.
- 피부층을 통한 이물질의 침투를 막는 흡수장벽의 기능을 돕는다.
- 화장품 등의 피부 내 흡수를 촉진 시킨다.

(3) 전기가 인체에 미치는 영향

- 인체는 수분이 체중의 약 70%를 차지하고 있어서, 인체에 전기를 가하면 전류가 통하게 된다. 이 원리를 응용하여 사용목적에 알맞도록 다양하게 전기응용 기기가 사용되고 있다.
- 체액에는 여러 가지 이온들이 녹아 있어서 비교적 전기가 잘 흐른다. 따라서 인체의 혈류나 근육은 전기 자극에 영향을 받으므로 이러한 특성을 적절히 활용할 수가 있다.
- 전기는 전류의 크기에 따라 인체에 다양하게 응용된다.
  ① 1mA : 전기가 전달되는 짜릿함이 느껴짐
  ② 5mA 정도 : 참기 힘든 고통이 수반
  ③ 10~20mA 이상 : 근육마비나 근육수축이 심하여 행동제어가 불가능
  ④ 50mA 정도 : 급격한 충격에 의한 통증 유발 및 심장이나 호흡기 계통의 이상적인 흥분으로 기절할 수 있음

(4) 기기의 사용시 안전 수칙

- 기기 사용법 및 효과를 완전히 숙지 후 사용한다.
- 비적용증을 세심하게 체크한다.
- 사용하기 전 기계작동이 잘되는지 체크한다.
- 손님에게 기기의 효과, 느낌, 과정, 주의사항 등을 충분히 전달 후 사용한다.
- 몸에 부착된 금속과 보석류는 제거한다.
- 기기가 안전하게 놓여 있는지, 사용하기 편리한 위치에 있는지 체크한다.
- 관리 전에 전류의 세기를 조절하는 모든 다이얼을 '0'으로 설정 후 사용한다.

3) 고주파

(1) 원리

- 고주파는 주파수가 100,000Hz 이상인 높은 진동률의 테슬러(Tasla) 전류이다.

- 인체조직에 고주파전류를 통전할시 초당 진폭이 매우 짧기 때문에 감각신경이나 운동신경을 자극하지 않으며 열에너지를 체내에 발생시켜 세포를 활성화시키는 교류기기이다.
- 열을 피부에 투과시키기 때문에 심부투열 또는 심부가열이라 한다.

(2) 효과

- 고주파 에너지가 열에너지로 전환되면서 국소조직의 온도가 상승하고 세포의 기능이 증진됨으로써 신진대사가 활발해 진다.
- 혈액순환, 림프순환이 촉진되어 노폐물 배출의 효과가 있다.
- 결합조직의 점성, 탄력성 등과 같은 물리적 성질을 현저하게 변화시켜 섬유조직의 신장력이 증가되어 근육의 긴장완화에 도움이 된다.
- 근육의 통증완화 및 혈류량을 증가 한다.
- 셀룰라이트 관리에 효과적이다.

(3) 사용방법

*** 원형 엘렉트로드를 사용할 때**

① 준비되어 있는 플레이트 또는 전극봉을 몸에 밀착시킨다.
(바디는 플레이트, 페이스는 전극봉을 사용한다.)

② 주파수와 시간, 강도를 조절한다.

③ 부위에 따라 원하는 원형 엘렉트로드를 이용하여 사용 순서에 따라 부드럽게 문질러 준다.

*** 멀티 타입의 엘렉트로드를 사용할 때**

① 플레이트를 고객의 몸에 밀착시킨 후 적용하고자 하는 부위에 멀티 타입의 엘렉트로드를 밀착 시킨다.

② 버튼을 눌러 주파수와 시간, 강도를 조절한다.

■ 고주파 부위별 적용법

	안 면 (원형 엘렉트로드)	전 신 (원형 엘렉트로드)	전 신 (멀티 엘렉트로드)
주파수	500Khz	250Khz	250Khz
시간	10분~15분	15분~ 20분	25분~30분
레벨	L1~5	L5~8	L6~8

(4) 비적용증

- 피부염증, 찰과상 피부
- 혈관이상이나 혈전증
- 심한 모세혈관 확장피부
- 고혈압, 심장병 질환자
- 임산부

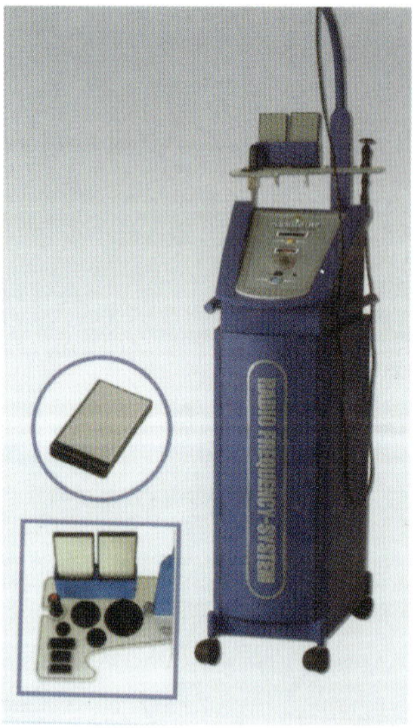

그림 1. 고주파 기기

(5) 고주파 관리

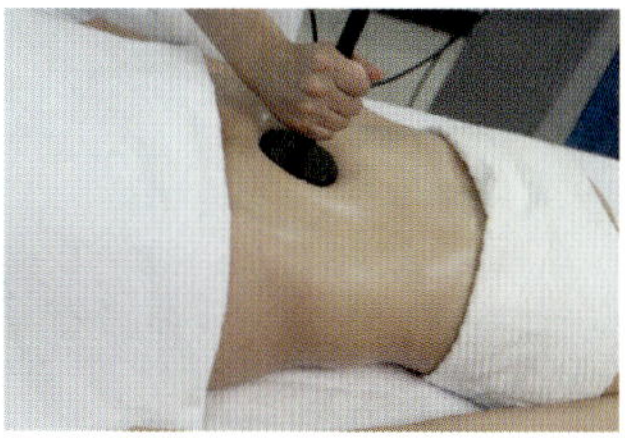

그림 1

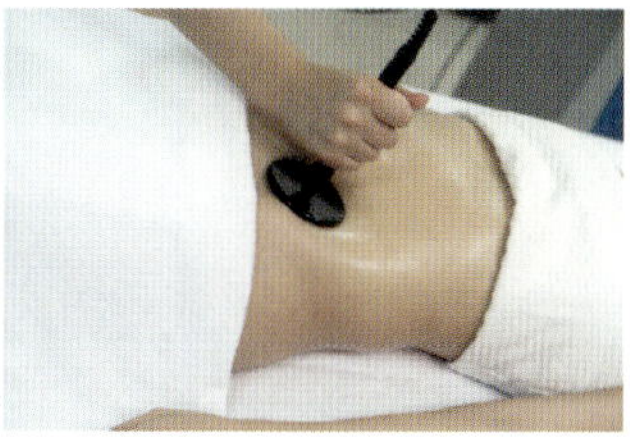

그림 2

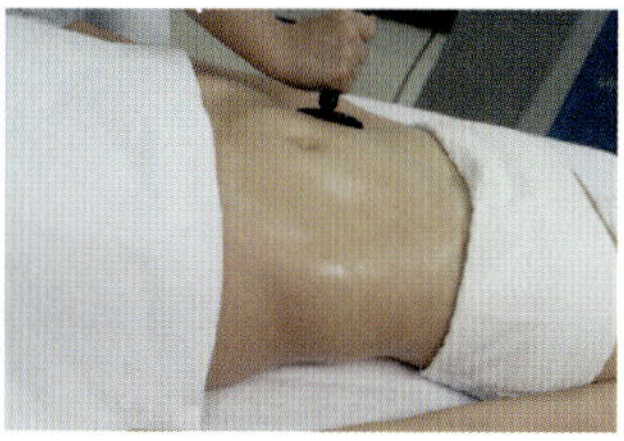

그림 3

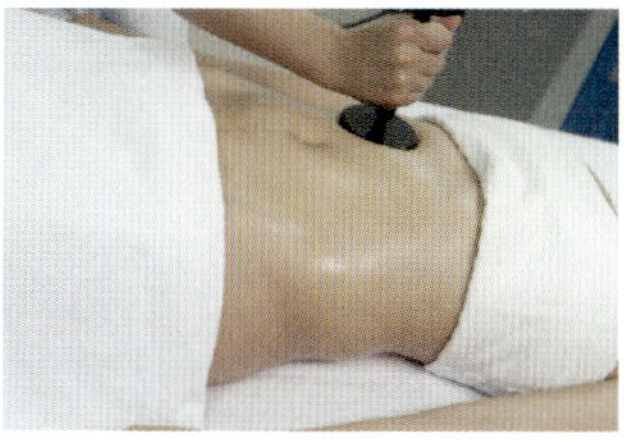

그림 4

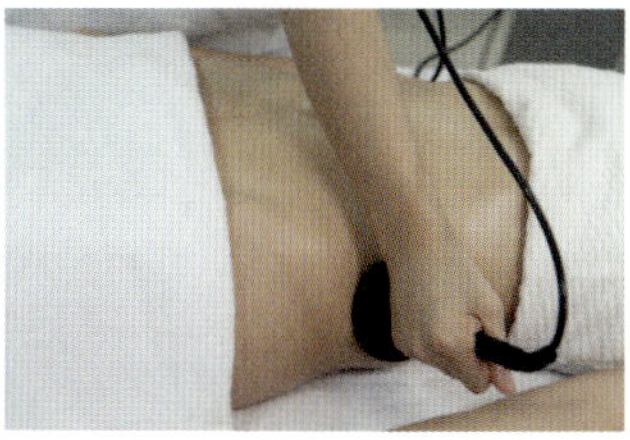

그림 5

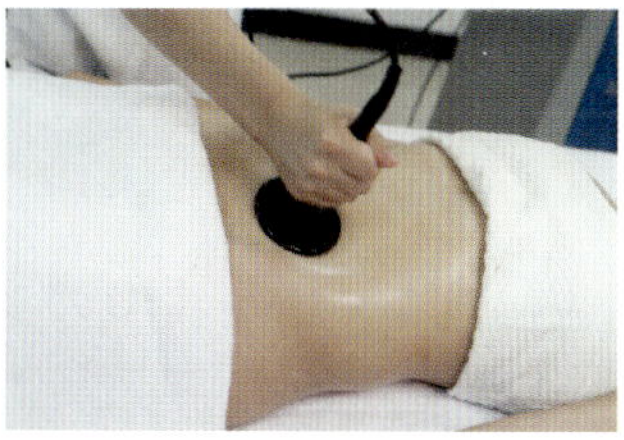

그림 6

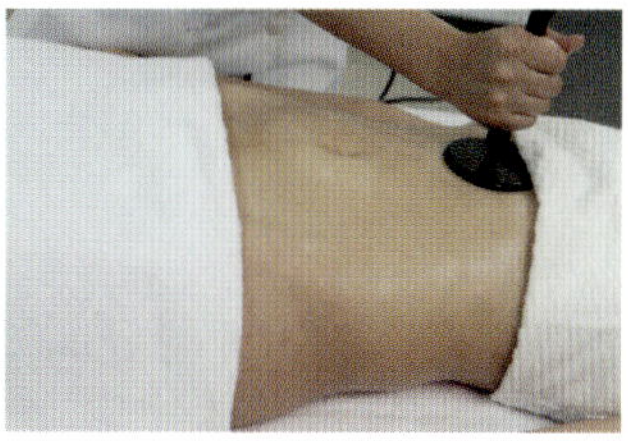

그림 7

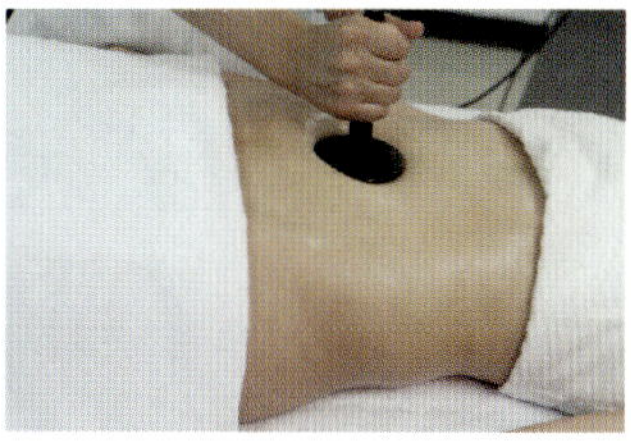

그림 8

<고주파 기기 관리 동영상 삽입>

4) 진공흡입기

(1) 원리

- 진공으로 빨아들이는 공기압이 작용하는 유리컵을 피부에 접촉하면 흡입력이 피부에 작용하여 물리적 자극을 가해 매뉴얼 테크닉 효과가 있다.
- 적용하는 부위에 따라 다양한 크기의 컵이 있으며 관리하고자 하는 부위에 적절한 크기를 선택하여 사용한다.

(2) 효과

- 컵의 움직임에 따라 혈관이 확장하거나 수축할 때 림프액이 끌려오기 때문에 림프 흐름이 촉진되어 부종, 노폐물 제거가 용이하다.
- 근육에 적당한 자극을 주어 경직된 근육을 풀어주며, 피부탄력기능을 강화한다.
- 혈액순환 촉진과 세포의 기초대사량을 증가시켜주고 신체의 면역기능을 높인다.
- 체지방 감소, 셀룰라이트 분해에 효과적이다.

(3) 시술방법

*** 림프의 흐름을 원활하게 하기 위한 방법**

컵 안의 압력을 최소화(20% 내외)하여 컵으로 피부조직을 흡입하게 한 후 림프액의 방향으로 컵을 움직여 림프액을 효과적으로 흐르도록 돕는다.

① 관리부위에 적절한 크기의 컵을 선택한다.

② 컵의 움직임을 원활하게 하기위해 크림이나 아로마 오일을 도포한다.

③ 유리컵의 압을 관리자의 팔 안쪽에 대고강도를 조절한다.
(컵 안의 피부가 10~20% 정도 흡입 되는 것이 적당하며 지나친 압력은 림프의 흐름에 효과적이지 않으므로 너무 세게 하지 않는다.)

④ 가장 가까운 림프절이 있는 곳으로 컵을 이동한다.

⑤ 갈바닉 관리를 한 후에는 피부가 예민해 질수 있으므로 진공흡입을 하지 않는다.

⑥ 관리가 끝난 후 시술부위를 닦아 주고 화장수로 마무리한다.

⑦ 사용한 유리컵은 반드시 세제로 세척하고 알코올로 소독한다.

*** 혈액순환을 원활하게 하기 위한 방법**

컵 안의 피부조직을 50% 정도의 약간 강한 압으로 근육조직의 방향으로 이동하여 체액의 정체와 울혈된 부위를 풀어주는 혈액순환의 원리로 전신체형관리에 효과가 있다.

① 관리부위에 적절한 크기의 컵을 선택한다.

② 컵의 움직임을 원활하게 하기위해 크림이나 아로마 오일을 도포한다.

③ 유리컵의 압을 관리자의 팔 안쪽에 대고강도를 조절한다

(컵 안의 피부가 40~50% 정도 흡입 되는 것이 적당하며 무리한 압력은 오히려 근육에 무리를 줄 수 있으므로 고객에게 맞는 적당한 압력을 선택한다).

④ 유리컵을 신체의 근육과 조직의 방향을 따라 이동시킨다.

⑤ 관리가 끝난 후 시술부위를 닦아 주고 화장수로 마무리한다.

⑥ 사용한 유리컵은 반드시 세제로 세척하고 알코올로 소독한다.

(4) 주의사항

- 시술부위에 맞는 적절한 크기의 컵을 선택한다.
- 압력을 체크하고 시술부위의 안전과 컵의 이동을 원활하게 하기 위해 충분한 오일을 도포한다.
- 한 부위를 지나치게 관리하지 않는다.
- 갈바닉 관리 후에는 진공 흡입을 사용하지 않는다.
- 진공흡입 후에 손 마사지로 관리 부위를 부드럽게 풀어 준다.

(5) 비적용증

- 민감성 피부, 모세혈관 확장 피부
- 피부염증이나 피부병
- 정맥류
- 상처나 찰과상이 있는 피부
- 일광 화상 피부

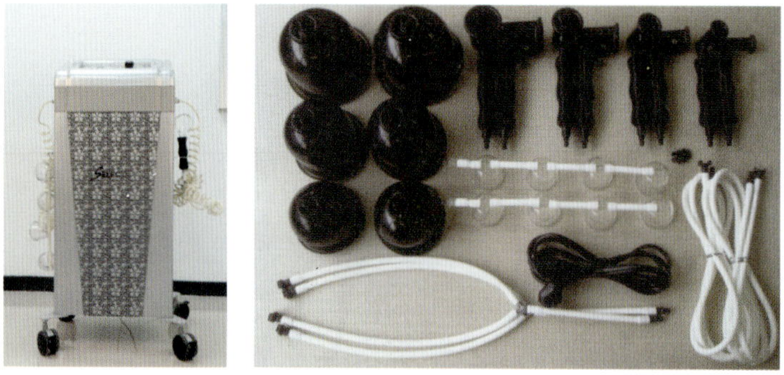

그림 2. 진공흡입기기

(6) 진공흡입기 관리

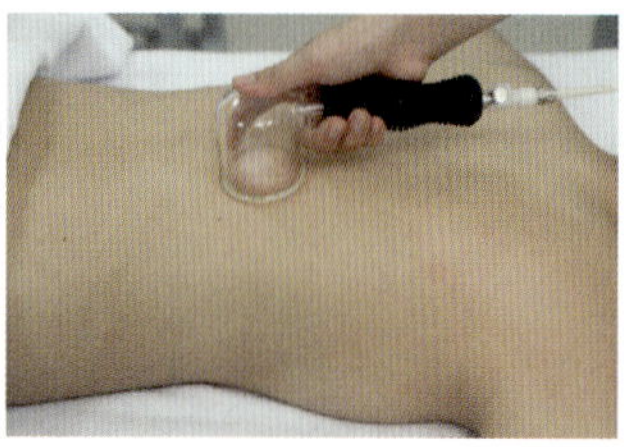

그림 1

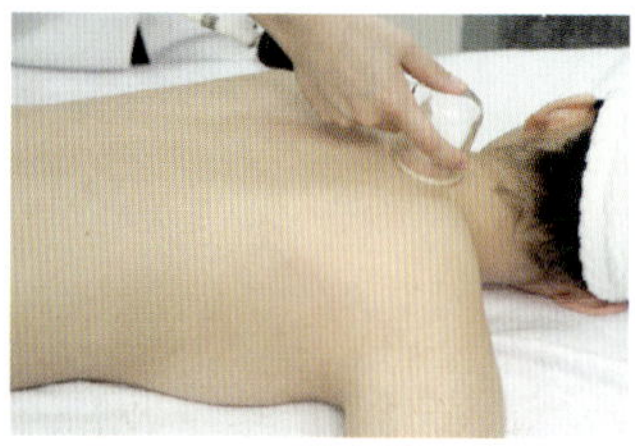

그림 2

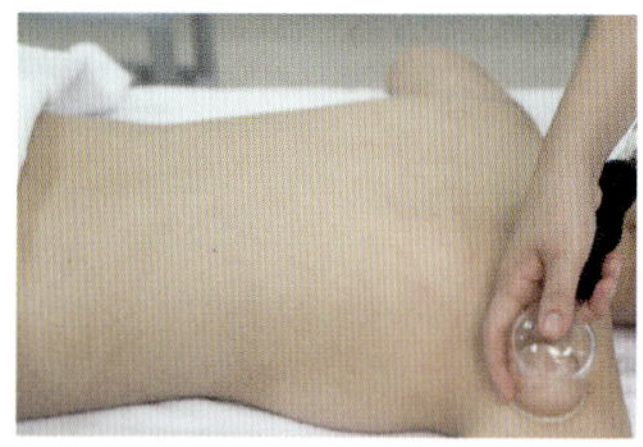

그림 3

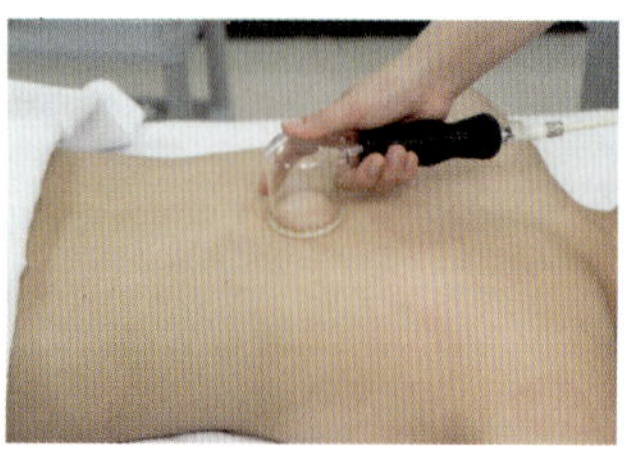

그림 4

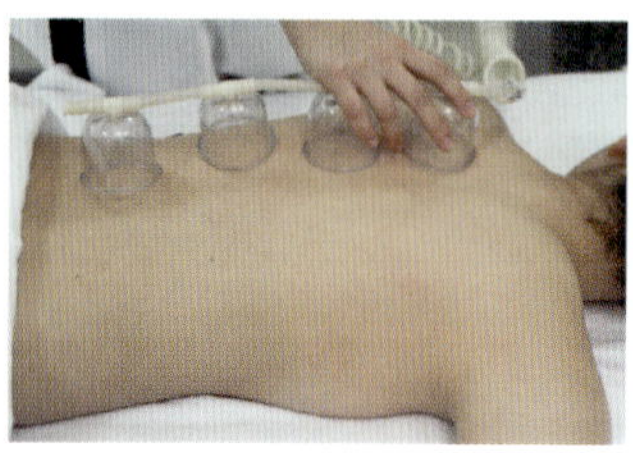

그림 5

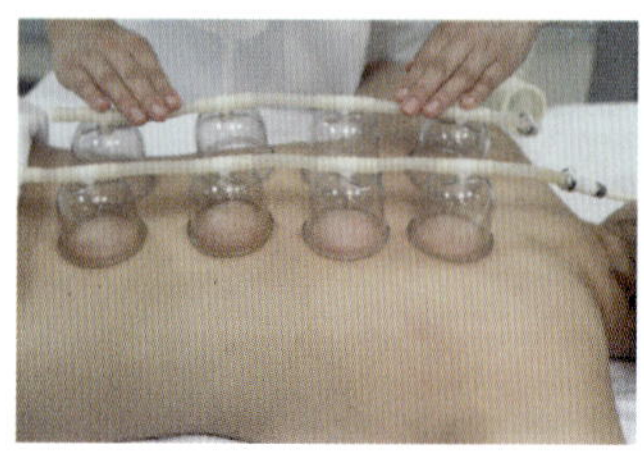

그림 6

제15주차

Test

학습목표

※ 학습한 내용을 바탕으로 하여 각 문항의 알맞은 답을 작성해 보시오.

1. 얼굴에 위치한 주요 혈점의 명칭을 쓰시오.

2. 석고팩의 사용방법 및 주의 사항에 대하여 쓰시오.

3. 아로마 사용 시 주의 사항에 대하여 쓰시오.

4. 복부의 위치한 장기의 명칭과 기능을 쓰시오.

5. 고주파 미용기기의 원리와 효과에 대하여 쓰시오.

6. 모델을 지정하여 하체(후면) → 등 → 하체(전면) → 복부 → 팔 순서로 전신관리를 시술해 본 후에, 시술과정 및 소감을 서술해 보시오.

참고문헌

바디 매뉴얼 트리트먼트, 훈민사, 임진숙 외, 2008

실전 전기 미용기기, 훈민사, 김춘자 외, 2008

아로마에센셜 오일 백과사전, 현문사, Julia Lawless, 2002

아로마테라피, 훈민사, 이치헌 외, 2009

인체해부학 아틀라스, 대한나래출판사, 연세대학교 의과대학 해부학 교실 외, 2008

피부미용경락과 지압, 청구문화사, 김선희 외, 2005

피부미용사시험, 광문각, 김주덕 외, 2009

Basic body treatment, 청구문화사, 강수경 외, 2006

Dr. franz Wagner. Reflexonen Massage. Grafe und Unze Verlag GmbH. 1994

H.and G. Wittlinger. Text book of Dr. Vodder's Manual Lymph Drainage Volume 1:Basic course. Haug Verlag GmbH. 1998

Jane Foulston, fae Major, Major, Margurerite Wynne, The Art and science of beauty Therapy, Cambridge, 2007

찾아보기

『ㄱ』

『ㄴ』

『ㄷ』

『ㄹ』

『ㅁ』

『ㅂ』

『ㅅ』

『ㅇ』

Skin Treatment Manual

2011년 3월 10일 초판 인쇄
2011년 3월 20일 초판 발행

지은이 : 김선희 · 이혜원 · 하문선
펴낸이 : 이상태
펴낸곳 : 청구문화사
주　소 : 120-831 서울특별시 서대문구 연희1동 436-1
전　화 : 02) 332-0541(代)　FAX : 02) 337-9577
등　록 : 1990년 11월 2일 제9-247호

정가 30,000원

ISBN 978-89-5616-439-7 93590